普通高等教育"十一五"国家级规划教材

化工原理

第二版

（上 册）

何潮洪　冯　霄　主编

科学出版社

北　京

内 容 简 介

本书由浙江大学、西安交通大学等6所院校的有关教师共同编写，作为浙江大学等院校的专业基础课教材。本书是在《化工原理》(科学出版社，2001年)使用多年的教学实践的基础上修订再版的。本书重视基本概念，阐述力求严谨，且注重对实际应用与工程观念的培养。在内容上重点论述化学工程中单元操作的基本原理，并简明扼要地介绍了相关的传递过程基础。本书分上、下两册出版，上册包括绪论、流体力学基础、流体输送机械、机械分离与固体流态化、热量传递基础、传热过程计算与换热器、蒸发等7部分；下册包括质量传递基础、气体吸收、蒸馏、气-液传质设备、液-液萃取和固-液萃取、干燥、其他分离过程等7部分。

本书可作为高等院校化工原理课程的教材，也可供化工部门从事研究、设计与生产的工程技术人员参考。

图书在版编目(CIP)数据

化工原理(上册)/何潮洪，冯霄主编. —2版. —北京：科学出版社，2007
 (普通高等教育"十一五"国家级规划教材)
 ISBN 978-7-03-019150-2

Ⅰ.化… Ⅱ.①何… ②冯… Ⅲ.化工原理-高等学校-教材 Ⅳ.TQ02

中国版本图书馆 CIP 数据核字(2007)第 127907 号

责任编辑：杨向萍 丁 里 陈雅娴／责任校对：张 琪
责任印制：徐晓晨／封面设计：耕者设计工作室

科学出版社 出版
北京东黄城根北街16号
邮政编码：100717
http://www.sciencep.com

北京京华虎彩印刷有限公司 印刷
科学出版社发行 各地新华书店经销

*

2001年 9 月第 一 版　开本：B5(720×1000)
2007年 8 月第 二 版　印张：22 1/2
2017年 1 月第十六次印刷　字数：424 000

定价：34.00元
(如有印装质量问题，我社负责调换)

第二版前言

本书第一版于2001年出版后,经过几年的使用,广大读者给予了肯定的评价,同时也提出了不少的意见和建议,主要是部分章节数学推导过多、难度偏大、内容不够精练,并存在一些印刷错误等。加之近几年的教学情况也有所变化,因此编者对第一版教材进行了修订。修订版被列入"普通高等教育'十一五'国家级规划教材"建设。

此次修订对第一版发现的错误作了更正,不够确切或严密的提法作了修改,对某些内容尤其是第一、三、五、十三章作了较大的调整。为了更好地适应不同院校的教学要求,将部分难度较大、要求较高的内容调整为选学内容(用小号字体进行编排),同时将原教材分成上、下两册出版。修订时,上册由何潮洪、冯霄主编,下册由冯霄、何潮洪主编,并由浙江大学、西安交通大学、浙江工业大学、西南石油大学、浙江科技学院和东华理工大学等6所院校的有关教师共同努力完成。具体修订分工如下:绪论(浙江大学何潮洪),第1章(浙江大学窦梅、南碎飞),第2章(西安交通大学李云),第3章(浙江大学窦梅、南碎飞),第4章(西安交通大学刘永忠),第5章(西安交通大学冯霄),第6章(西安交通大学王黎),附录(浙江大学窦梅、南碎飞),第7章(浙江大学何潮洪),第8章(西南石油大学王兵),第9章(浙江大学何潮洪、钱栋英),第10章(填料塔:西南石油大学诸林;板式塔、塔设备的比较和选型:浙江工业大学姚克俭、俞晓梅),第11章(浙江科技学院朱以勤、诸爱士),第12章(浙江大学窦梅、南碎飞),第13章(吸附:东华理工大学刘峙嵘、黄国林、邹丽霞;膜分离:浙江大学陈欢林)。

由于编者学识有限,书中难免有错误不妥之处,恳请广大读者批评指正。并在此对指出第一版教材不足的读者表示深切的谢意!

编　者
2007年5月

第一版前言

本书是根据原化学工业部人事教育司面向21世纪化工原理教材的要求而编写的。

本书重点论述化学工程中单元操作的基本原理,并简明扼要地介绍了相关的动量、热量、质量传递过程基础。之所以这样安排,是考虑到单元操作和传递过程之间的紧密依赖关系,希望以传递机理来深化单元操作,也能使传递理论更好地联系实际。编写过程中,力求阐述清楚基本概念、基本理论和方法,同时注意引导学生从工程角度考虑问题。

本书由浙江大学何潮洪、西安交通大学冯霄主编,由浙江大学、西安交通大学、浙江工业大学、西南石油大学、杭州应用工程技术学院和华东地质学院等6所院校的有关教师共同编写而成。执笔分工如下:绪论(浙江大学何潮洪),第一章(浙江大学南碎飞、窦梅),第二章(西安交通大学李云),第三章(浙江大学南碎飞、窦梅),第四、五章(西安交通大学刘永忠),第六章(西安交通大学王黎),第七章(浙江大学何潮洪、吕秀阳),第八章(西南石油学院王兵),第九章(浙江大学钱栋英、施耀),第十章(填料塔:西南石油学院诸林;板式塔、塔设备的比较和选型:浙江工业大学姚克俭、俞晓梅),第十一章(浙江科技学院朱以勤、诸爱士),第十二章(浙江大学南碎飞、窦梅;浙江工业大学田军、姚克俭),第十三章(吸附:华东地质学院邹丽霞、黄国林;膜分离:浙江大学陈欢林),附录(浙江大学南碎飞、窦梅)。

本书第一~六章及附录由冯霄、何潮洪统稿,第七~十三章由何潮洪、冯霄统稿。

由于编者学识有限,书中难免有错误和不妥之处,恳请读者批评指正,尽量指出其不足,以助日后之修订。

编 者
2001年5月

目 录

第二版前言

第一版前言

绪论 …………………………………………………………………………… 1

 参考文献 …………………………………………………………………… 5

第1章 流体力学基础 …………………………………………………… 6

1.1 概述 ………………………………………………………………… 6
1.2 流体静力学及其应用 ……………………………………………… 7
 1.2.1 静止流体所受的力 ……………………………………………… 7
 1.2.2 流体静力学基本方程 …………………………………………… 8
 1.2.3 静力学原理在压力和压力差测量上的应用 …………………… 10
1.3 流体流动的基本方程 ……………………………………………… 13
 1.3.1 基本概念 ………………………………………………………… 13
 1.3.2 质量衡算方程——连续性方程 ………………………………… 21
 1.3.3 运动方程 ………………………………………………………… 24
 1.3.4 总能量衡算和机械能衡算方程 ………………………………… 33
1.4 管路计算 …………………………………………………………… 53
 1.4.1 简单管路 ………………………………………………………… 53
 1.4.2 复杂管路 ………………………………………………………… 58
 1.4.3 管网简介 ………………………………………………………… 64
 1.4.4 可压缩流体的管路计算 ………………………………………… 64
1.5 边界层及边界层方程 ……………………………………………… 68
 1.5.1 普兰特边界层理论 ……………………………………………… 68
 1.5.2 边界层方程及其应用简介 ……………………………………… 70
 1.5.3 边界层分离 ……………………………………………………… 73
1.6 湍流 ………………………………………………………………… 74
 1.6.1 湍流特点及其研究方法 ………………………………………… 74
 1.6.2 湍流应力 ………………………………………………………… 75

1.7 流速、流量测量 ·· 76
    1.7.1 变压头流量计 ·· 76
    1.7.2 变截面流量计 ·· 81
主要符号说明 ··· 84
参考文献 ··· 85
习题 ·· 85

第2章 流体输送机械 ·· 92

2.1 概述 ··· 92
2.2 速度式流体输送机械 ·· 92
    2.2.1 离心式流体输送机械的基本方程 ·· 92
    2.2.2 离心泵与离心通风机的结构、工作原理与分类 ································· 94
    2.2.3 离心泵与离心通风机的性能 ··· 96
    2.2.4 离心泵与离心通风机的特性曲线 ··· 98
    2.2.5 离心泵与离心通风机的工作点和流量调节 ······································ 100
    2.2.6 离心泵与离心通风机的安装和选用 ··· 103
    2.2.7 离心鼓风机与离心压缩机 ··· 108
    2.2.8 轴流泵和轴流通风机 ··· 109
    2.2.9 旋涡泵 ·· 109
2.3 容积式流体输送机械 ··· 110
    2.3.1 往复式流体输送机械工作原理 ··· 110
    2.3.2 往复泵 ·· 111
    2.3.3 往复压缩机 ·· 113
    2.3.4 回转式流体输送机械 ··· 117
2.4 真空泵 ··· 119
    2.4.1 真空泵的典型结构和分类 ··· 120
    2.4.2 真空泵性能及选用 ·· 121
2.5 流体输送机械的特点 ··· 121
主要符号说明 ··· 123
参考文献 ··· 124
习题 ·· 124

第3章 机械分离与固体流态化 ·· 126

3.1 过滤 ·· 126
3.1.1 概述 ·· 126
3.1.2 过滤基本方程 ·· 128
3.1.3 过滤常数的测定 ··· 132
3.1.4 滤饼洗涤 ·· 133
3.1.5 过滤设备及过滤计算 ··· 134
3.2 沉降 ·· 142
3.2.1 重力沉降原理 ·· 143
3.2.2 重力沉降设备 ·· 146
3.2.3 离心沉降原理 ·· 149
3.2.4 离心沉降设备 ·· 150
3.2.5 离心机 ··· 153
3.3 固体流态化 ··· 155
3.3.1 基本概念 ·· 156
3.3.2 流化床的主要特性 ·· 157
3.3.3 流化床的操作气速范围 ·· 159
主要符号说明 ·· 159
参考文献 ·· 160
习题 ··· 160

第4章 热量传递基础 ·· 162
4.1 概述 ·· 162
4.1.1 基本概念 ·· 162
4.1.2 热量传递的三种基本方式 ··· 163
4.2 热传导 ··· 165
4.2.1 热传导的基本定律——傅里叶定律 ····································· 165
4.2.2 导热系数 ·· 165
4.2.3 热传导微分方程及其定解条件 ··· 167
4.2.4 稳态热传导 ··· 170
4.2.5 非稳态热传导 ·· 176
4.2.6 热传导问题的数值解法 ·· 180
4.3 对流传热 ·· 184

4.3.1 概述 ·· 184
4.3.2 层流流动对流传热的近似分析解法 ······················· 187
4.3.3 因次分析法在对流传热中的应用 ·························· 191
4.3.4 管内强制对流传热 ·· 193
4.3.5 管外强制对流传热 ·· 199
4.3.6 自然对流传热 ··· 203
4.4 冷凝与沸腾传热 ·· 205
4.4.1 冷凝传热 ·· 205
4.4.2 影响冷凝传热的因素和冷凝传热的强化 ··············· 210
4.4.3 沸腾传热过程 ··· 211
4.4.4 影响沸腾传热的因素及强化途径 ·························· 215
4.5 辐射传热 ··· 216
4.5.1 热辐射的基本概念 ·· 216
4.5.2 辐射基本定律 ··· 218
4.5.3 固体间的辐射传热 ·· 221
4.5.4 气体的热辐射 ··· 229
4.5.5 对流与辐射的复合传热 ······································· 232
主要符号说明 ·· 233
参考文献 ·· 235
习题 ·· 235

第5章 传热过程计算与换热器 ·· 238
5.1 换热器的分类与型式 ··· 238
5.1.1 换热器的分类 ··· 238
5.1.2 间壁式换热器 ··· 239
5.2 间壁式换热器中的传热过程分析 ·································· 247
5.3 传热过程的基本方程 ··· 247
5.3.1 热量衡算方程 ··· 247
5.3.2 传热速率方程 ··· 249
5.3.3 总传热系数与壁温计算 ······································· 249
5.4 传热过程的平均温差计算 ·· 253
5.4.1 恒温差传热 ·· 253

目录

5.4.2 变温差传热	253
5.5 传热效率和传热单元数	260
5.5.1 传热效率	260
5.5.2 传热单元数	261
5.5.3 传热效率和传热单元数的关系	262
5.6 换热器计算的设计型和操作型问题	265
5.6.1 设计型计算	265
5.6.2 操作型计算	266
5.7 传热系数变化的传热过程计算	269
5.8 列管式换热器的选用与设计原则	270
5.8.1 流体通道的选择	271
5.8.2 流体流速的选择	271
5.8.3 流体两端温度的确定	271
5.8.4 管径、管子排列方式和壳体直径的确定	272
5.8.5 管程和壳程数的确定	272
5.8.6 折流板	273
5.8.7 换热器中传热与流体流动阻力计算	273
5.8.8 列管式换热器的选用和设计的一般步骤	273
5.9 换热器的传热强化途径	274
5.9.1 扩展传热面积	274
5.9.2 增大传热平均温差	275
5.9.3 提高传热系数	275
主要符号说明	276
参考文献	277
习题	277
第 6 章 蒸发	280
6.1 概述	280
6.2 蒸发器及辅助设备	281
6.2.1 蒸发器的结构及特点	282
6.2.2 除沫器、冷凝器和真空装置	287
6.3 蒸发计算基础	288

####### 6.3.1 蒸发中的温度差损失 …………………………………… 288
####### 6.3.2 蒸发过程的传热系数 …………………………………… 291
####### 6.3.3 溶液的浓缩热及焓浓图 ………………………………… 292
6.4 单效蒸发的计算 ………………………………………………… 293
####### 6.4.1 蒸发器的物料衡算 ……………………………………… 293
####### 6.4.2 蒸发器的热量衡算 ……………………………………… 294
####### 6.4.3 蒸发器的传热面积 ……………………………………… 295
6.5 多效蒸发 …………………………………………………………… 295
####### 6.5.1 多效蒸发的流程 ………………………………………… 296
####### 6.5.2 多效蒸发的优缺点 ……………………………………… 298
####### 6.5.3 多效蒸发计算 …………………………………………… 300
6.6 提高蒸发经济性的其他措施 ……………………………………… 303
####### 6.6.1 额外蒸气的引出 ………………………………………… 303
####### 6.6.2 热泵蒸发器 ……………………………………………… 304
主要符号说明 …………………………………………………………… 304
参考文献 ………………………………………………………………… 305
习题 ……………………………………………………………………… 306
附录 ……………………………………………………………………… 307
一、单位换算表 ………………………………………………………… 307
二、空气的重要物性 …………………………………………………… 310
三、水的重要物性 ……………………………………………………… 311
四、饱和水蒸气的物性 ………………………………………………… 315
五、某些气体的重要物性 ……………………………………………… 318
六、某些液体及溶液的物性 …………………………………………… 324
七、某些固体的性质 …………………………………………………… 334
八、管子规格 …………………………………………………………… 335
九、离心泵和风机的规格 ……………………………………………… 337
十、列管式换热器规格 ………………………………………………… 342
十一、壁面污垢热阻 …………………………………………………… 346

绪　　论[1~6]

1. 本课程的性质、地位和内容

化工原理是化工类及其相近专业的一门重要的技术基础课,在培养"化学工程与工艺"专业学生综合素质的过程中更有其特殊的地位和作用。

1) 在教学计划中,这门课程是承前启后、由理及工的桥梁

先行的数学、物理、化学等课程主要是了解自然界的普遍规律,属于自然科学的范畴,而化工原理课程则属于工程技术科学的范畴,是化工专业课程的基础。

2) 化工原理课程具有显著的工程性

它要解决的问题是多因素、多变量的综合性的工业实际问题,因此分析和处理问题的方法也就与理科课程有较大的不同,这可能会导致部分学生在学习初期有些不适应。

3) 化工原理的内容主要涉及化工单元操作的基本原理及其相关基础

它来自化工实践,又面向化工实践,是化工技术工作者的看家本领所在,可以说"化工原理"四个字恰如其分地表达了这门课程的性质与重要性。

2. 化工过程、单元操作与传递基础

化工过程是指化学工业的生产过程,它的特点之一是操作步骤多,原料在各步骤中依次通过若干个或若干组设备,经历各种方式的处理之后才能成为产品。由于化学工业中不同行业所用的原料与所得的产品不同,所以各种化工过程的差别很大。

一个化工过程所包含的操作步骤可分为两大类:一类以进行化学反应为主,通常是在反应器中进行;另一类则为不进行化学反应的物理过程,包括原料预处理过程和反应产物后处理过程。尽管从生产某种产品的意义上讲,反应过程是生产过程的核心,但它在工厂的设备投资和操作费用中通常并不占据主要比例,实际上起决定作用的往往是众多的物理过程,它们决定了整个生产的经济效益,这一类重要的物理过程就是单元操作。

单元操作有下列特点:①它们都是物理性操作,即只改变物料的状态或其物理性质,而不改变其化学性质;②它们都是化工过程中共有的操作,但不同的化工过程中所包含的单元操作数目、名称与排列顺序各异;③某单元操作用于不同的化工过程,其基本原理并无不同,进行该操作的设备往往也是通用的。当然,具体运用

时也要结合各化工过程的特点来考虑,如原料与产品的物理、化学性质,生产规模的大小等。

随着化学工业的发展,单元操作也不断发展。目前化工生产中常用的单元操作如表 0-1 所示。

表 0-1 常用单元操作

传递基础	单元操作名称	目的
流体流动 (动量传递)	流体输送 沉降 过滤 搅拌 流态化	以一定流量将流体从一处送到另一处 从气体或液体中分离悬浮的固体颗粒、液滴或气泡 从气体或液体中分离悬浮的固体颗粒 使物料混和均匀或使过程加速 用流体使固体颗粒悬浮并使其具有流体状态的特性
热量传递	换热 蒸发	使物料升温、降温或改变相态 使溶液中的溶剂受热汽化而与不挥发的溶质分离,从而达到溶液浓缩的目的
质量传递	吸收 蒸馏 萃取 浸取 吸附 离子交换 膜分离	用液体吸收剂分离气体混合物 利用均相液体混合物中各组分挥发度不同而使液体混合物分离 用液体萃取剂分离均相液体混合物 用液体浸渍固体物料,将其中的可溶组分分离出来 用固体吸附剂分离气体或液体混合物 用离子交换剂从溶液中提取或除去某些离子 用固体膜或液体膜分离气体、液体混合物
热、质传递	干燥 增(减)湿 结晶	加热固体使其所含液体汽化而除去 调节气体中的水汽含量 使溶液中的溶质变成晶体析出

把各种不同的化工过程总结成为由数量不多的单元操作所组成的观点,是人们对化工过程认识的进步,它使人们看到了化工生产中的共性。把这种共性的东西抽象出来进行研究,可以对过程的本质了解得更为透彻。一旦人们对各个单元操作有了较深刻的理解,就会对由这些单元操作所组成的具体的化工过程有更好的掌握,这种认识的循环前进,推动了学科的发展。

经过对单元操作的深入研究,人们发现所有单元操作都属于速率过程,而且在大部分情况下,是动量、热量和质量的传递速率控制着过程的进行。换句话说在大部分单元操作中,最基本的过程是动量、热量和质量的传递(简称三传)。三个传递过程有时单独起作用,有时则两个或三个同时起作用,如表 0-1 所示。

因此,本书力求按照单元操作和传递过程之间的内在紧密联系,把两者有机地结合在一起进行编写,使学生在重点掌握好单元操作原理和过程特性的同时,对过程的机理有较深的了解,从而对化工过程有一个较完整的把握。

为学习单元操作而开设的课程,在我国习惯上称为化工原理。

3. 基本研究方法

在单元操作的发展过程中形成了两种基本研究方法，即实验研究法和数学模型法。

1）实验研究法

化工过程往往十分复杂，涉及的影响因素很多，各种因素的影响有时不能用迄今已掌握的物理、化学和数学等基本原理定量地分析和预测，而必须通过实验来解决，即所谓的实验研究法。它一般以因次分析法为指导，依靠实验建立过程参数之间的相互关系，而且通常是把各种参数的影响表示成为由若干个有关参数组成的、具有一定物理意义的无因次数群（也称准数）的影响。在本课程的学习过程中，将经常见到以无因次数群表示的关系式。

2）数学模型法

数学模型法首先要对化工实际问题的机理作深入分析，并在抓住过程本质的前提下作出某些合理的简化，得出能基本反映过程机理的物理模型，然后结合传递过程、物理化学的基本原理，得到描述此过程的数学模型，再用适当的数学方法求解。通常，数学模型法所得结果包括反映过程特性的模型参数，它必须通过实验才能确定，因而它是一种半经验、半理论的方法。

随着计算机及计算技术的飞速发展，复杂数学模型的求解已成为可能，所以数学模型方法将逐步成为单元操作中的主要研究方法。

在学习本课程时，学生应仔细体会不同单元操作中为什么有些采用实验法，有些采用数学模型法，有些则同时采用实验研究法和数学模型法。掌握这些方法论，将有助于增强分析问题与解决问题的能力。

4. 过程的衡算、平衡与速率

1）过程衡算

质量衡算、能量衡算是化工原理课程中分析问题的基本手段。质量衡算的依据是质量守恒定律，能量衡算的依据是能量守恒和热力学第一定律。

用衡算的方法来分析时，首先要划定衡算的范围（即控制体）。根据范围的大小，衡算分为微分衡算与总衡算两种。微分衡算取设备或管道中的一个微元体为衡算范围，如直角坐标中的 $dxdydz$；总衡算的范围不是微元体，而是设备的一个大的部分或整个设备，也可以是包括几个设备的一段生产流程或整个车间，甚至整个工厂。

对于给定的控制体，质量衡算、能量衡算的方程为

$$\text{进控制体的量} - \text{出控制体的量} = \text{控制体内的积累量}$$

若过程为稳态（稳定），则控制体内的有关变量均不随时间而变，其积累量为零，所

以结果简化为
$$进控制体的量 = 出控制体的量$$

2) 过程的平衡与速率

平衡与速率是分析单元操作过程的两个基本方面。

过程的平衡问题说明过程进行的方向和所能达到的极限。化工过程的平衡是化工热力学研究的问题，所以化工热力学是化工原理的一个重要基础。过程的速率是指过程进行的快慢。当过程不是处于平衡态时，则此过程必将以一定的速率进行。例如传热过程，当两物体温度不同时，即温度不平衡，就会有净热量从高温物体向低温物体传递，直到两物体的温度相等为止，此时过程达到平衡，两物体间也就没有净的热量传递。

过程的速率和"过程所处的状态与平衡状态的距离"及其他很多因素有关。过程所处的状态与平衡状态之间的距离通常称为过程的推动力。例如两物体间的传热过程，其过程的推动力就是两物体的温度差。

通常存在以下关系式：
$$过程速率 = 过程推动力/过程阻力$$
即过程的速率与推动力成正比，与阻力成反比。显然过程的阻力是各种因素对过程速率影响的总的体现。

物料衡算、能量衡算、平衡关系和过程速率，将反复出现在本书中，它们所形成的各单元操作的相应计算式，就是各单元操作的主要计算依据。抓住这条主线，会给学习本课程带来很大的帮助。

5. 工程观点

通过本课程的学习，学生要初步掌握化工过程开发、设计与操作的有关方法。这里的开发是指，以已研究出的某化工过程所包括的步骤为基础，把这些步骤连接起来使得生产进行时经济上合理有利，其主要工作是探索最佳的流程与设备，定出最佳的操作条件。设计通常是规定出设备应具有的性能，选出合适的型式并确定其主要尺寸。操作则除了对生产过程（包括正常工况与非正常工况）进行管理并使设备能正常运转以外，更重要的是对现有的生产过程与设备作各种改进以提高其效率。

需要引起充分重视的是，上述问题都具有强烈的工程性，具体表现如下：

1) 过程影响因素多

对于每一种单元操作，其影响因素通常包括物性因素（如密度、黏度）、操作因素（如温度、压力、流量）和结构因素（如设备形状、尺寸）三类。

2) 过程制约条件多

在工业上要实现一个具体的生产过程，客观上存在许多制约条件，如原料来源、冷却水来源、可供应的设备及其结构材料的质量和规格、当地的气温和气压变化范围等。同时单元设备在流程中的位置也会制约设备的进、出口条件。此外,还受安全防火、环保、设备加工、安装以及维修等条件的制约。

3) 经验公式与经验数据多

由于工业过程的复杂性,许多情况下,单纯依靠理论分析还解决不了问题,往往还需结合实验(包括工业试验),因此产生出许多经验公式与经验数据。它们都是在长期的生产实践中总结出来的,熟练地运用这些经验公式与经验数据,做到心中有"数"、"式",是十分必要的。

4) 效益是评价工程合理性的最终判据

自然科学研究的目的通常是希望发现规律,而工业过程的目的则是为了最大限度地取得经济效益和社会效益,这是工业过程的出发点,也是评价其是否成功的标志。

因此在分析有关过程时,要从工程实际出发,学会从多种角度,尤其是经济角度,去考虑技术问题,这是化工原理课程教学的一项重要任务,也是学生学习过程中须时时注意的关键所在。

参 考 文 献

[1] 谭天恩,麦本熙,丁惠华. 化工原理. 第二版. 北京:化学工业出版社,1990
[2] 陈维杻. 传递过程与单元操作. 杭州:浙江大学出版社,1993
[3] 陈敏恒,丛德滋,方图南,齐鸣斋. 化工原理. 北京:化学工业出版社,1999
[4] 蒋维钧,戴猷元,顾惠君. 化工原理. 北京:清华大学出版社,1992
[5] McCabe W L, Smith J C, Harriott P. Unit Operations of Chemical Engineering. 5th Ed. New York: McGraw-Hill, Inc,1993
[6] Geankoplis C J. Transport Processes and Unit Operations. 3rd Ed. Engelwood Cliffs,1993

第1章 流体力学基础

气体和液体都具有流动性,统称为流体。由于化工生产中所用的原料以及加工后得到的产物很多都是流体,它们在物理的、化学的加工过程中,常常处于流动状态,因此化工过程中常涉及流体流动问题。这里的流动不仅指流体在管内的流动,而且还包括在各个单元操作过程及设备中的流体流动。因此,我们有必要了解流体流动的基本规律。

研究流体流动规律的科学称为流体力学,包括流体静力学和流体动力学两大部分。本章将结合化工过程的特点,对流体静力学原理及其在化工中的应用、流体动力学基本方程及其在化工中的应用进行详细的介绍。

在进行上述介绍之前,先对有关的概念作些说明。

1.1 概 述

1. 连续介质模型

流体力学研究的是流体的宏观机械运动,尽管流体是由分子(或原子)所组成,但决定宏观运动性质的不是个别分子(或原子)的行为,而是对大量分子(或原子)统计平均后的总体效果。因此,流体力学研究可以不考虑流体的分子(或原子)结构,而采用连续介质模型,即认为流体由无数个流体微团(或流体质点)所组成,而且这些流体微团连续地分布在它所占有的空间内。

所谓流体微团指的是微观上充分大、宏观上充分小的分子团。一方面,它的尺度和分子运动的尺寸相比应是足够地大,大到其中包含大量的分子,从而能对分子运动作统计平均,以得到表征宏观现象的物理量;另一方面,分子团的尺度和所研究问题的特征尺寸相比要充分地小,小到在此微团内,每种物理量都可看成是均匀分布的常量,因而在数学上可以把此微团当作一个点来处理。对微团尺度的这种宏观上小、微观上大的要求,实际上完全可以实现,例如,气体在标准状态下,仅在 $10^{-5}\ cm^3$ 这样一个宏观上看来非常小的体积里,就包含着 2.7×10^{14} 个分子,这从微观上看又是非常大了。

应当指出,在某些特殊情况下,连续介质假定是不适用的。例如高度真空下,气体稀薄,分子的平均自由程与气体流动通道的直径几乎同量级时,连续介质模型就不适用了。

2. 流体的压缩性

流体体积随压力或温度变化而改变的性质称为可压缩性。实际流体都是可压缩的。液体的压缩性很小，在大多数情况下都可视为不可压缩。气体压缩性比液体大得多，一般应视为可压缩。但如果压力变化很小，温度变化也很小，则可近似认为气体也是不可压缩的。

3. 作用在流体上的力

作用在流体上的力可分为两类：体积力和表面力。

1) 体积力

体积力又称质量力，是指作用在所考察对象的每一个质点上的力，属于非接触性的力，例如重力、离心力、惯性力等都是体积力。

2) 表面力

表面力是指作用在所考察对象表面上的力，其又可分为法向力（垂直作用于表面上的力）和切向力（平行于表面的力，又称剪力）。

1.2 流体静力学及其应用

1.2.1 静止流体所受的力

前已述及，流体所受力有质量力和表面力两种，其中表面力又分为切向力和法向力。那么静止的流体将受到哪些外力呢？

静止的流体不能承受切向力。不管多小的切向力，只要持续地施加，都能使流体发生任意大的变形，流体的这个宏观性质称为易流动性。这与大家熟知的静止固体的性质截然不同，当固体受到切向作用力时，将沿切线方向发生微小的变形，而后达到平衡状态。

静止流体也不能承受法向拉力。流体所能承受的法向拉力是不会大于流体分子间的内聚力的，因为内聚力很小，所以工程上认为静止流体不能承受法向拉力。

由此可知，静止流体所受的外力有质量力和法向压力两种。

静止流体单位面积上所受到的法向压力称为压强，但习惯上又多称为（静）压力。因为静止流体中任一点不同方向的压力数值上相等，所以，压力只要说明其大小即可，通常用标量符号 p 表示。

1. 压力单位

在国际单位制（SI 制）中，压力的单位为 N/m^2，称为帕斯卡（Pa），帕斯卡与其他常用压力单位之间的换算关系为

$$1.013 \times 10^5 \text{Pa} = 101.3\text{kPa} = 0.1013\text{MPa} = 1\text{atm}(标准大气压)$$
$$= 1.033\text{at}(工程大气压) = 760\text{mmHg} = 10.33\text{mH}_2\text{O}$$

2. 压力大小的表征方法

压力大小的一种表征方法是用压力实际数值来表示,称为绝对压力,简称绝压。另外,因为整个地球都处在大气层的压力下,故压力还可以取当地大气压为基准来计量,通常用压力表或真空表测出,称为表压或真空度。表压或真空度与绝压的关系为

$$表压 = 绝压 - 当地大气压$$
$$真空度 = 当地大气压 - 绝压$$

在同一地理位置,表压越大,绝压也越大;真空度越大,绝压越小,真空程度越高。大气压即大气层压力的大小,与经纬度、海拔高度等因素有关,当地大气压可用气压计测量。

当压力数值用表压或真空度表示时,应分别注明,以免混淆,例如 100kPa(表压),100mmHg(真空),未注明时即认为是绝压。记录真空度或表压时,还要注明当地大气压,若没有注明,就认为是 1atm,即 101.3kPa。

1.2.2 流体静力学基本方程

对静止流体作力的平衡,可得到静力学方程式。为此,在静止流体中任意选取一微元六面体,其边长分别为 dx、dy、dz,如图 1-1 所示。

作用于该流体微元上的力有质量力和法向压力。设单位质量流体的质量力在 x、y、z 方向的分量大小分别为 g_x、g_y 和 g_z,则该流体微元的质量力在 x、y 和 z 方向的分量分别为 $\rho g_x dx dy dz$、$\rho g_y dx dy dz$ 和 $\rho g_z dx dy dz$。再设六面体的一个顶点 M 处的压力为 p,则过点 M 的三个微元面上受到的压力均为 p,作用在其余三个面上的压力则分别为 $p+(\partial p/\partial x)dx$,$p+(\partial p/\partial y)dy$ 和 $p+(\partial p/\partial z)dz$。

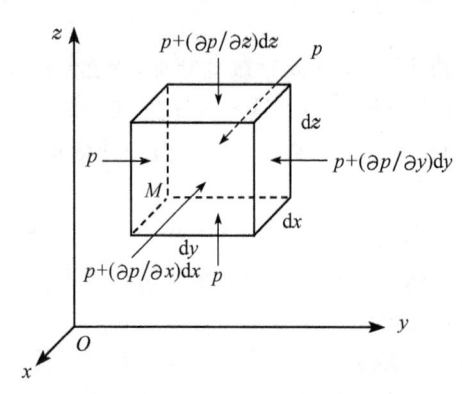

图 1-1 静止流体中的微元六面体

对微元体作 x 方向力的平衡,有

$$\rho g_x dx dy dz + p dy dz - \left(p + \frac{\partial p}{\partial x}dx\right)dy dz = 0$$

化简得

$$\rho g_x - \frac{\partial p}{\partial x} = 0 \qquad (1\text{-}1a)$$

同理,在 y、z 方向有

$$\rho g_y - \frac{\partial p}{\partial y} = 0 \qquad (1\text{-}1b)$$

$$\rho g_z - \frac{\partial p}{\partial z} = 0 \qquad (1\text{-}1c)$$

式(1-1)为流体静力学微分方程式。

若仅考虑重力,在图 1-1 所示的坐标系中,$g_x = g_y = 0$,$g_z = -g$,代入式(1-1)中,得

$$\frac{\partial p}{\partial x} = 0, \quad \frac{\partial p}{\partial y} = 0, \quad \rho g + \frac{\partial p}{\partial z} = 0$$

可见,p 只是 z 的函数,于是

$$\rho g + \frac{\mathrm{d}p}{\mathrm{d}z} = 0$$

对连续、均质且不可压缩流体,$\rho =$ 常数,积分上式得

$$\rho g z + p = 常数 \qquad (1\text{-}2)$$

对静止流体中任意两点 1 和 2 进行积分,如图 1-2 所示,则有

$$\boxed{p_2 = p_1 + \rho g(z_1 - z_2)} \qquad (1\text{-}3)$$

将式(1-3)两边同除以 ρg,得

$$\boxed{\frac{p_2}{\rho g} = \frac{p_1}{\rho g} + (z_1 - z_2)} \qquad (1\text{-}4)$$

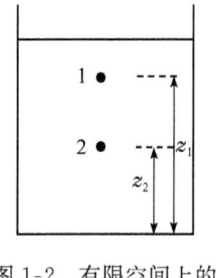

图 1-2 有限空间上的静止流体

式中,$p_1/\rho g$、$p_2/\rho g$ 有高度单位,称为静压头;相应地,z_1、z_2 称为位头。

式(1-2)~式(1-4)是积分形式的静力学方程,适用于重力场中静止、连续且均质的不可压缩流体。从这些式子中可得出如下结论:

(Ⅰ)式(1-2)表明,等高面(即水平面)就是等压面。

(Ⅱ)若记单位体积静止流体的总势能(即静压能 p 与位能 $\rho g z$ 之和)为 Γ,又称广义压力,即 $\Gamma = p + \rho g z$,则式(1-2)又表明:静止流体中各处的总势能相等。因此,位置越高的流体位能越大,其静压能则越小。

(Ⅲ)由式(1-2)可见,若某一平面上压力有任何变化,必将引起流体内部各点发生同样大小的变化,即压力可传递,这就是帕斯卡定理。

例 1-1 静力学方程的应用

如图 1-3 所示，三个容器 A、B、C 内均装有水，容器 C 敞口。密闭容器 A、B 间的液位差 $z_1=1$m，容器 B、C 间的液位差 $z_2=2$m，两 U 形管下部液体均为汞，其密度 $\rho_0=13600$kg/m³，高度差分别为 $R=0.2$m，$H=0.1$m。试求容器 A、B 上方压力表读数 p_A、p_B 的大小。

解 如图所示，选取面 1-1′、2-2′，显然面 1-1′、2-2′均为等压面，即 $p_1=p_1'$，$p_2=p_2'$。根据静力学原理及 $p_2=p_2'$，得

$$p_B+\rho g(z_2+H)=p_a+\rho_0 gH$$

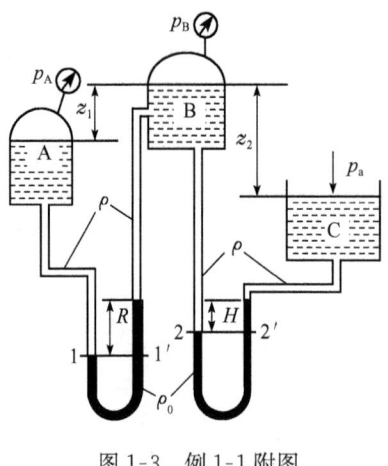

图 1-3 例 1-1 附图

于是

$$p_B-p_a=\rho_0 gH-\rho g(z_2+H)$$
$$=13600\times 9.81\times 0.1-1000\times 9.81\times(2+0.1)$$
$$=-7259(\text{Pa})=-7.259(\text{kPa})$$

由此可知，容器 B 上方真空表读数为 7.259kPa。

同理，根据 $p_1=p_1'$ 及静力学原理，得

$$p_A(\text{表})+\rho gR=p_B(\text{表})+\rho gz_1+\rho_0 gR$$

所以

$$p_A(\text{表})=p_B(\text{表})+\rho g(z_1-R)+\rho_0 gR$$
$$=-7259+1000\times 9.81\times(1-0.2)+13600\times 9.81\times 0.2$$
$$=2.727\times 10^4(\text{Pa})=27.27(\text{kPa})$$

1.2.3 静力学原理在压力和压力差测量上的应用

静力学原理在工程实际中应用相当广泛，液柱压差计就是利用流体静力学原理测量流体静压力的仪器，主要形式介绍如下：

1. 压力计

1）单管压力计

如图 1-4 所示，将一单管与被测压力容器 A 相连通，单管另一端通大气，这就构成了单管压力计。设单管中液面高度为 R，则由静力学方程可知测压口 1 处的绝压为

$$p_1=p_a+\rho gR$$

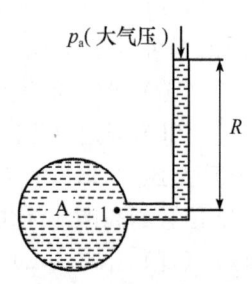

图 1-4 单管压力计

或表压
$$p'_1 = p_1 - p_a = \rho g R$$
式中，p_a 为当地大气压。

显然，单管压力计只能用来测量高于大气压的液体压力，不能测气体压力。如果被测压力太大，读数 R 也将很大，测量时显得很不方便，这时可以使用下述 U 形管压力计。

2) U 形管压力计

如图 1-5 所示，U 形管一端通大气，另一端与被测压力容器 A 相通。在 U 形管中注入某种液体，称为指示液。指示液密度须大于被测流体的密度，且与被测流体不互溶、不发生化学反应。

设 U 形管中指示液液面高度差为 R，指示液密度为 ρ_0，被测流体密度为 ρ，则由静力学方程可得

图 1-5　U 形管压力计

$$p_2 = p_1 + \rho g h$$
$$p'_2 = p_a + \rho_0 g R$$

又面 2-2′ 为等压面，即 $p_2 = p'_2$，故有

$$p_1 = p_a + \rho_0 g R - \rho g h$$

若容器 A 内为气体，则 $\rho g h$ 项很小可忽略，将上式简化可得点 1 处表压为

$$p_1 - p_a = \rho_0 g R$$

显然，U 形管压力计既可用来测量气体压力，又可用来测量液体压力，而且无论被测流体的压力比大气压大还是小。

2. 压差计

测量两处流体的压力差时，可使用压差计进行测量。

1) U 形管压差计

它的结构如图 1-6 所示，U 形管内装有指示液，指示液必须比被测流体密度大且与之不互溶。将 U 形管两端分别与两测压点相连，若两测压点处广义压力不等，则 U 形管两侧指示液就显示出高度差。

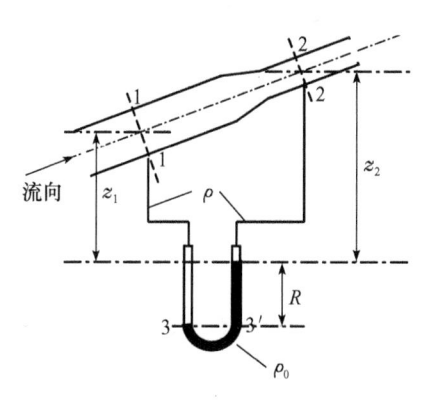

图 1-6　U 形管压差计

设 U 形管中指示液液面高度差为 R，指

示液密度为 ρ_0，被测流体密度为 ρ，则由静力学方程可得

$$p_3 = p_1 + \rho g(z_1 + R) \qquad p'_3 = p_2 + \rho g z_2 + \rho_0 g R$$

因 3-3′ 面为等压面，即 $p_3 = p'_3$，故

$$(p_1 + \rho g z_1) - (p_2 + \rho g z_2) = (\rho_0 - \rho) g R$$

根据广义压力的定义，上式又可写成

$$\Gamma_1 - \Gamma_2 = (\rho_0 - \rho) g R \tag{1-5}$$

两边同除以 ρg 得

$$\frac{\Gamma_1}{\rho g} - \frac{\Gamma_2}{\rho g} = \frac{\rho_0 - \rho}{\rho} R \tag{1-6}$$

式中，$\frac{\Gamma}{\rho g} = \frac{p}{\rho g} + z$ 为静压头与位头之和，又称为广义压头。

式(1-6)表明，U 形管压差计的读数 R 的大小反映了被测两点间广义压头之差。请思考：这一规律是否具有普遍性？

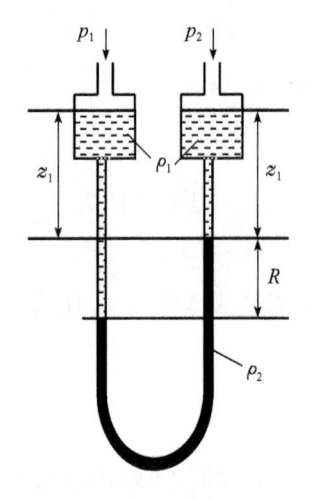

2) 双液柱压差计

双液柱压差计又称微差压差计。由式(1-6)可见，若所测广义压力头之差很小，则 U 形管压差计的读数 R 很小，可能导致读数的相对误差很大，这时若采用如图 1-7 所示的双液柱压差计则可使读数放大几倍或更多。该压差计的特点是在 U 形管两侧增设两个小室，小室的横截面积远大于管的横截面积；在小室和 U 形管中分别装入两种互不相溶而密度又相差不大的指示液，其密度分别为 ρ_1、ρ_2，且 ρ_1 略小于 ρ_2。

将双液柱压差计与两测压点相连，在被测压差作用下，两侧指示液显示出高度差。因为小室截面积足够大，故小室内液面高度变化可忽略不计。由静力学原理可推知：

$$p_1 - p_2 = (\rho_2 - \rho_1) g R$$

图 1-7 双液柱压差计

因为 ρ_2 与 ρ_1 相差不大，即 $(\rho_2 - \rho_1)$ 很小。这样，即使 $(p_1 - p_2)$ 很小，读数 R 也可能较大。

例 1-2 当被测压差较小时，为使压差计读数较大以减小测量中人为因素造成的相对误差，也常采用倾斜式压差计，其结构如图 1-8 所示。被测流体压力 $p_1 = 101.4 \text{kPa}$，p_2 端通大气，大气压为 101.3 kPa，指示液为乙醇溶液，其密度 $\rho_0 = 810 \text{kg/m}^3$。试求：

(1) 管的倾斜角 $\alpha = 10°$ 时，读数 R' 为多少(单位：cm)？

(2) 若将右管垂直放置,读数又为多少(单位:cm)?

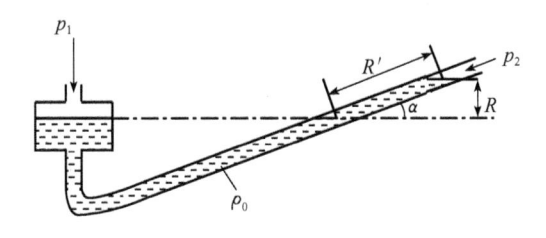

图 1-8 倾斜式压差计

解 (1) 由静力学原理可知:

$$p_1 - p_2 = \rho_0 g R = \rho_0 g R' \sin\alpha$$

将 $p_1 = 1.014 \times 10^5 \text{Pa}$, $p_2 = 1.013 \times 10^5 \text{Pa}$, $\rho_0 = 810 \text{kg/m}^3$, $\alpha = 10°$ 代入得

$$R' = \frac{p_1 - p_2}{\rho_0 g \sin\alpha} = \frac{1.014 \times 10^5 - 1.013 \times 10^5}{810 \times 9.81 \times \sin 10°} = 0.073(\text{m}) = 7.3(\text{cm})$$

(2) 若管垂直放置,则读数

$$R' = \frac{p_1 - p_2}{\rho_0 g \sin\alpha} = \frac{1.014 \times 10^5 - 1.013 \times 10^5}{810 \times 9.81 \times \sin 90°} = 0.013(\text{m}) = 1.3(\text{cm})$$

可见,倾斜角为 10°时,读数放大了 7.3/1.3=5.6 倍。

1.3 流体流动的基本方程

流体在流动过程中遵循质量守恒定律、动量定理和能量守恒定律,将它们应用在流体流动过程,可以获得流体流动基本方程式,即连续性方程、运动方程和能量方程。通过求解这些基本方程式可以获取流动过程中有关物理量的变化规律。这就是本节要介绍的内容。

对流体流动过程进行质量、动量和能量的衡算有两种方法:一种是对有一定宏观大小的对象进行衡算,称为宏观衡算;另一种是对流体中的微元体进行衡算,称为微观衡算。宏观衡算可以解决流动过程中流体与外部环境之间作用的物理量的变化规律,如流量、受力、交换的热、机械能等变化规律;而微观衡算则可以解决流动中流体内部的物理量随时间、空间的变化规律,其方程式通常为微分方程式。本节的微分衡算内容将作为选学内容供读者阅读。

1.3.1 基本概念

1. 稳定流动与不稳定流动

流体流动时,若任一点处的流速、压力、密度等与流动有关的物理参数都不随时间而变化,就称这种流动为稳定(稳态、定态)流动。反之,只要有一个物理参数随时间而变化,就属于不稳定流动。

2. 流速和流量

1) 流速

流体在流动方向上单位时间内通过的距离称为流速,用 v 表示,单位为 m/s。

2) 流量

流体在单位时间内通过流通截面的体积量,称为体积流量,又称体积流率,用 V 表示,单位为 m^3/s;流体在单位时间内通过流通截面的质量,称为质量流量,又称质量流率,用 m 表示,单位为 kg/s。二者的关系为

$$m = \rho V \tag{1-7}$$

式中,ρ 为流体密度,kg/m^3。

由于流体在流通截面上各点的速度可能不相等,所以体积流量与流速的关系为

$$V = \iint_A v \mathrm{d}A \tag{1-8}$$

式中,A 为流通截面积,m^2。

3) 平均流速

流体在流通截面上的速度有分布,在壁面处为零,离壁面越远则速度越大。工程上通常采用平均流速来代表这一速度分布。

体积流量 V 与流通截面积 A 之比称为平均流速,用 u 表示,单位为 m/s,在不会引起混淆的情况下,简称流速。质量流量 m 与流通截面积 A 之比称为平均质量流速,又称质量通量,用 G 表示,单位为 $kg/(m^2 \cdot s)$,即

$$u = \frac{V}{A} = \frac{1}{A}\iint_A v \mathrm{d}A \tag{1-9}$$

$$G = \rho u \tag{1-10}$$

3. 黏性及牛顿黏性定律

1) 黏性

众所周知,在水中或空气中运动的物体都会受到阻力,这些阻力产生的根本原因就是流体的黏性。下面通过如图 1-9 所示的假想实验来详细阐述黏性及其产生的原因。

设想两面积无限大平行平板之间充满了静止液体,若将下板固定,对上板施加一恒定外力,使上板以速度 v 沿 x 方向做匀速运动。可以想像,紧靠上板的液体将

黏附在其表面上而与之以相同的速度 v 向前运动；紧靠下板的液体也因黏附作用而与下板一起保持不动；而两板之间的液体则由于黏滞作用，从上到下速度逐渐由大变小，直至为零，如图 1-9 所示。

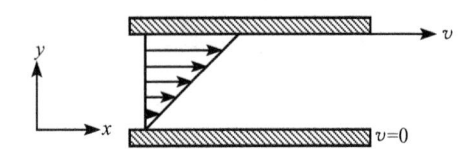

图 1-9 平板间黏性流体分层运动及速度分布

为什么两板间的流体会做如上的运动呢？这是因为流体有黏性。

对气体，黏性产生的原因可以用分子运动论作如下解释。图 1-10 所示为相邻的两薄层气体层 A-A 和 B-B。其中分子除了向右以速度 v_A、v_B 做定向运动外，还有无规则的热运动，后者使得分子在两薄层之间相互交换。速度较慢的薄层 A-A 的分子进入速度较快的薄层 B-B 后，会被加速而动量增大；同时产生一个与 v_B 方向相反的阻滞力 f_B。另一方面，速度较快的薄层 B-B 的分子进入速度较慢的薄层 A-A，会被减速而动量减小；同时产生一与 v_A 方向相同的推力 f_A。以上由动量传递产生的一对力 f_A 与 f_B 大小相等，方向相

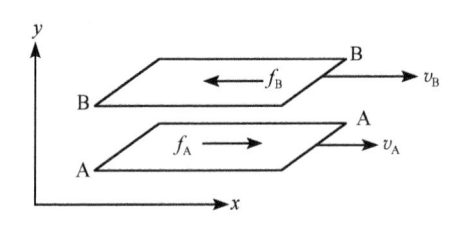

图 1-10 气体的内摩擦

反，这一对力就是黏性力或内摩擦力。这种传递一层一层进行，直至固体壁面。综上所述，气体的黏性力或内摩擦力产生的原因是速度不等的流体层之间的动量传递。流体所具有的这种阻碍流体相对运动的性质称为**黏性**。

至于液体，由于液体分子间平均距离比气体要小得多，黏性力主要由分子间的吸引力产生。

2) 牛顿黏性定律

大量实验证明，在上述这种一维分层流动中，两相邻流体层之间单位面积上的内摩擦力（实际上是表面力中的切应力，又称剪应力，用 τ_{yx} 表示）与两流体层间的速度梯度 dv/dy 成正比，即

$$\tau_{yx} = \mu \frac{dv}{dy} \tag{1-11}$$

式(1-11)称为牛顿黏性定律。服从此定律的流体称为牛顿型流体。所有的气体和大部分相对分子质量低于 5000 的液体均属于牛顿型流体。

3) 黏度

式(1-11)中的比例系数 μ 称为动力黏度，简称黏度。其物理意义为速度梯度为 1 时，单位受力面积上流体层之间内摩擦力的大小。显然，流体黏度是衡量流体黏性大小的一个物理量。

黏度的单位可由式(1-11)确定：

$$[\mu] = \left[\frac{\tau}{dv/dy}\right] = \frac{N/m^2}{(m/s)/m} = Pa \cdot s$$

在 cgs 制中，μ 的常用单位有 $dyn \cdot s/cm^2$，即泊(P)以及厘泊(cP)，它们和国际单位 $Pa \cdot s$ 的换算关系如下：

$$1Pa \cdot s = 10P = 1000cP$$

黏度作为流体的物性之一，可由实验测定。关于常用流体的黏度值，读者可以在有关手册或资料中查取。本书附录中列出了一些液体和气体的黏度，可以看出，大多数气体的黏度远小于液体黏度。

当缺乏实验数据时，黏度也可用经验公式计算。如对不缔合混合液体的黏度可由下式计算：

$$\lg\mu_m = \sum x_i \lg\mu_i \tag{1-12}$$

对于低压下大多数混合气体的黏度，则可采用 Wilke 的半经验公式进行估算：

$$\mu_m = \sum_{i=1}^{n} \frac{x_i \mu_i}{\sum_{j=1}^{n} x_j \Phi_{ij}} \tag{1-13}$$

而

$$\Phi_{ij} = \frac{1}{\sqrt{8}}\left(1 + \frac{M_i}{M_j}\right)^{\frac{1}{2}}\left[1 + \left(\frac{\mu_i}{\mu_j}\right)^{\frac{1}{2}}\left(\frac{M_j}{M_i}\right)^{\frac{1}{4}}\right]^2$$

式中，μ_m 为混合气体的黏度；x_i、μ_i、M_i 分别为混合气体中 i 组分的摩尔分数、黏度、摩尔质量。

流体的黏度随温度而变。温度升高，气体的黏度增大，液体的黏度减小。这是因为，温度升高时，气体分子运动的平均速率增大，两相邻气体层间分子交换速率加快，因而内摩擦力和黏度随之增大。对于液体，温度升高时，液体体积膨胀，分子间距离增大，吸引力迅速减小，因而黏度随之下降。

流体的黏度一般不随压力而变化。对于气体，压力增大时，单位体积的分子数增多，但分子运动的平均自由程相应减小，两个因素的作用相反。可以证明在相当宽的压力范围内两因素的影响正好相互抵消，分子交换速率不变，即气体的黏度不随压力变化而改变。对于液体，由于其不可压缩性，在相当宽的压力范围内分子间的距离及黏度不受影响。

由式(1-13)所得的黏度值与实测值的偏差通常在 2% 以内。

在文献上，还可查到流体的运动黏度 ν 也是流体的物理性质，单位为 m^2/s，运动黏度与黏度的关系为

$$\nu = \mu/\rho \tag{1-14}$$

4. 非牛顿型流体

凡是剪应力与速度梯度不符合牛顿黏性定律的流体均称为非牛顿型流体。一般地，浓稠的悬浮液、淤浆、乳浊液、长链聚合物溶液、生物流体、液体食品、涂料、黏土悬浮液以及混凝土混合物等均为非牛顿型流体。常见的非牛顿型流体的剪应力与速度梯度的关系曲线如图1-11所示。

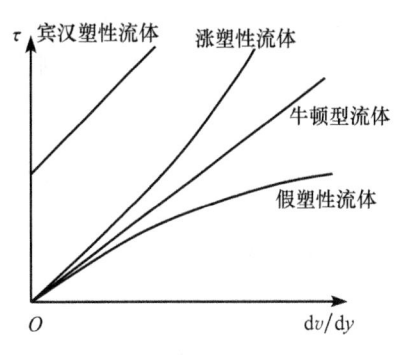

图 1-11 剪应力与速度梯度关系

非牛顿型流体可以分为三大类：第一类是流体的剪应力与速度梯度间的关系不随时间而变，图1-11所示的均属于此类。第二类是流体的剪应力与速度梯度间的关系与时间有关，但为非弹性的，这类流体的现时性质与它最近受过什么样的作用有关。例如番茄酱放着不动，会倒不出来，然而，一瓶刚刚摇过的番茄酱就容易倒出来。第三类是黏弹性非牛顿流体，这类流体兼有固体的弹性与流体的流动特性，应力除去后其变形能够部分地恢复。例如，面团受挤压通过小孔而成条状后，每条的截面积略大于孔面积。

目前在工程应用上对非牛顿型流体的研究，主要是集中在第一类，本节仅对这类非牛顿型流体作一简单介绍。

1) 宾汉塑性流体

宾汉塑性流体(Bingham plastic fluid)的剪应力与速度梯度呈线性关系，但直线不过原点(图1-11)，即

$$\tau = \tau_0 + \mu \frac{dv}{dy} \tag{1-15}$$

这个关系表示剪应力超过一定值后流体才开始流动，其解释是此种流体在静止时具有三维结构，其刚度足以抵抗一定的剪应力。当剪应力超过该数值后，三维结构被破坏，于是流体就显示出与牛顿流体一样的行为。属于此类的流体有纸浆、牙膏、岩粒的悬浮液、污泥浆等。

2) 假塑性流体和涨塑性流体

这两类流体剪应力与速度梯度符合指数规律，即

$$\tau = K \left(\frac{dv}{dy} \right)^n \tag{1-16}$$

式中，n 为流变指数(flowbehavior index)，无因次；K 为稠度指数(consistency index)，$N \cdot s^n/m^2$。

n、K 均需实验确定。假塑性流体(pseudoplastic fluid) $n<1$，涨塑性流体(dilatant fluid) $n>1$，牛顿型流体 $n=1$。与牛顿黏性定律相比，式(1-16)又可写成

$$\tau = K \left(\frac{dv}{dy} \right)^{n-1} \left(\frac{dv}{dy} \right) = \mu_a \frac{dv}{dy} \tag{1-17}$$

式中，$\mu_a = K \left(\frac{dv}{dy} \right)^{n-1}$ 称为表观黏度。

式(1-17)表明,表观黏度随速度梯度 dv/dy 而变。因此对非牛顿流体的表观黏度,必须指明是在某一速度梯度下的数值,否则是没有意义的。

假塑性流体是非牛顿流体中最重要的一类,大多数非牛顿型流体都属于这一类,例如聚合物溶液、熔融体、油脂、油漆等。

属于涨塑性流体的有淀粉、硅酸钾、阿拉伯树胶等的水溶液。

非牛顿型流体与牛顿型流体的流动特性有本质的区别,因此在流体阻力、传热、传质等方面也会表现出明显的差异。有关这方面的问题可查看有关的书籍。

5. 流动类型和雷诺数

当流体流动时,在不同条件下,可以观察到两种截然不同的流型。这一现象是由雷诺(Reynolds)于1883年首先发现的。在如图 1-12 所示的实验装置中,水以一定的平均速度 u 在稳定状态下通过一透明的管道,水流速度可由管出口处阀门来调节。在水槽上部放置一个有色液体贮器,下接一细的导管及细嘴将有色液体引入透明管内。通过观察有色液体的流动状况即可判断出管内水的质点的运动状况。

当水流速度较低时,有色液体成一根细线,如图 1-13(a)所示,这表明水的质点也做直线运动,此时,圆管内流体好像分成了无数个同心圆筒,各层圆筒上的流体质点互不混杂。这种流型叫层流或滞流(laminar flow)。当将出口阀门开度逐渐调大时,有色液体细线开始出现波动而成波浪形,继续调大阀门开度,波动加剧,细线断裂。当水流速度达到某一数值后,有色液体分散开来,使整个玻璃管中水呈现均匀的颜色,如图 1-13(b)所示。这表明,此时水的质点的速度在大小和方向上时时刻刻都在发生变化。这种流型叫湍流或紊流(turbulent flow)。在实验中可以观察到,湍流时不断有旋涡生成、移动、扩大、分裂和消失。

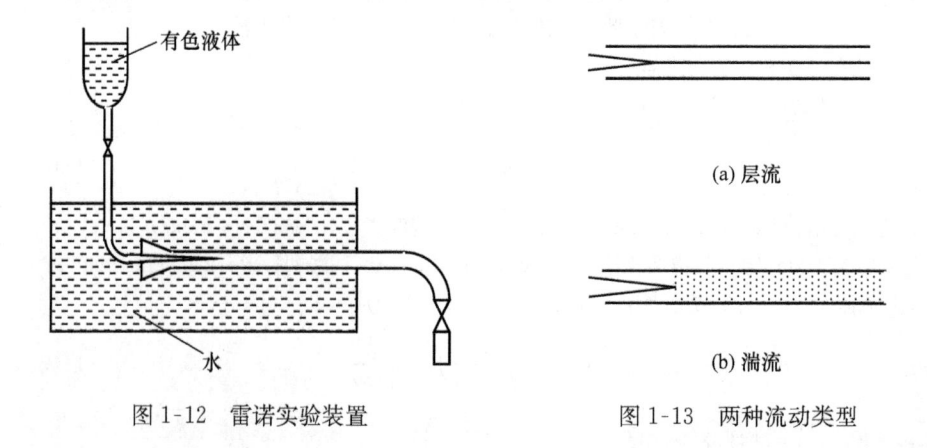

图 1-12　雷诺实验装置　　　　　　　图 1-13　两种流动类型

实验研究发现，圆管内流型由层流向湍流的转变不仅与流速 u 有关，而且还与流体的密度 ρ、黏度 μ 以及流动管道的直径 d 有关。将这些变量组合成一个数群 $du\rho/\mu$，根据该数群数值的大小可以判断流动类型。这个数群称为雷诺准数（简称雷诺数），用符号 Re 表示，即

$$\boxed{Re = du\rho/\mu} \tag{1-18}$$

其因次为

$$[Re] = \left[\frac{du\rho}{\mu}\right] = \frac{\mathrm{m} \cdot (\mathrm{m/s}) \cdot (\mathrm{kg/m^3})}{\mathrm{N} \cdot \mathrm{s/m^2}} = \mathrm{m^0 \, kg^0 \, s^0}$$

上式表明，雷诺数是一个无因次准数，故其值不会因采用不同的单位制而不同。但应当注意，数群中各物理量必须采用同一单位制。

层流转变为湍流时的雷诺数称为临界雷诺数，用 Re_c 表示。流体在圆形直管内流动时 Re_c 的下限是比较明确的，只要降到 2000（有的资料为 2100）以下，流动型态一定为层流，但如果尽可能减小进口处的扰动，Re_c 数的上限可以达到很高的数值，例如对于非常光滑的管道，在 10^5 下仍能保持层流。工程上一般认为，流体在圆形直管内流动，当 $Re \leqslant 2000$ 时为层流；当 $Re > 4000$ 时为湍流；当 Re 为 2000~4000，流动处于一种过渡状态，可能是层流也可能是湍流或是二者交替出现，这要视外界干扰而定，一般称这一雷诺数范围为过渡区。

准数都有其物理意义，雷诺数也一样。若将雷诺数形式变为

$$Re = \frac{du\rho}{\mu} = \frac{\rho u^2}{\mu u/d} \tag{1-19}$$

式中，ρu^2 与惯性力成正比，$\mu u/d$ 与黏性力成正比。由此可见，雷诺数的物理意义是惯性力与黏性力之比。惯性力加剧湍动，黏性力抑制湍动。若流体的速度大或黏度小，Re 便大，此时惯性力占主导地位，湍动程度也剧烈。若流体的速度小或黏度大，Re 便小，小到临界值以下，则黏性力占主导地位。

例 1-3 20℃的水在内径 50mm 的圆管内流动，质量流量为 0.2t/h，试计算：
(1) 雷诺数 Re，并判断流动型态；
(2) 使管内保持湍流的最小流速。

解 (1) 查附录三得 20℃水的黏度 $\mu = 1.005\mathrm{mPa \cdot s}$，密度 ρ 可取为 $1000\mathrm{kg/m^3}$，于是有

$$流速\; u = \frac{V}{\frac{1}{4}\pi d^2} = \frac{m/\rho}{\frac{1}{4}\pi d^2} = \frac{0.2 \times 10^3/(3600 \times 1000)}{\frac{1}{4}\pi \times 0.05^2} = 0.0283 (\mathrm{m/s})$$

$$Re = \frac{du\rho}{\mu} = \frac{0.05 \times 0.0283 \times 1000}{1.005 \times 10^{-3}} = 1408 < 2000$$

雷诺数 Re 也可如下计算得到：

$$Re = \frac{du\rho}{\mu} = \frac{\pi d^2 u\rho/4}{\mu \pi d/4} = \frac{m}{\mu \pi d/4}$$

$$= \frac{0.2 \times 1000/3600}{1.005 \times 10^{-3} \times \pi \times 0.05/4} = 1408 < 2000$$

故流动属层流。

（2）因 $Re > 4000$ 时属湍流，故使管内保持湍流的最小流速由下式计算：

$$Re = \frac{du_{\min}\rho}{\mu} = \frac{0.05 \times u_{\min} \times 1000}{1.005 \times 10^{-3}} > 4000$$

$$u_{\min} > \frac{4000 \times 1.005 \times 10^{-3}}{0.05 \times 1000} = 0.08(\text{m/s})$$

即管内保持湍流的最小流速为 0.08m/s。

6. 三种时间导数

1) 偏导数 $\dfrac{\partial}{\partial t}$

偏导数又称局部导数，表示在某一固定空间点上的流动参数，如密度、压力、速度、温度、组分浓度等随时间的变化率。

以人们观察河流中鱼群浓度 c 随时间的变化为例。观察者站在岸边观察河流中某一固定位置处鱼群浓度随时间的变化率，即为偏导数 $\partial/\partial t$。

2) 全导数 $\dfrac{\text{d}}{\text{d}t}$

如果观察者在流体中以任意速度运动（注意，这一任意速度并不一定等于流体的运动速度），设该速度在 x、y、z 方向上的分量分别为 $\text{d}x/\text{d}t$、$\text{d}y/\text{d}t$、$\text{d}z/\text{d}t$，此时观察者观测到的流动参数随时间的变化率称为全导数，可表示为

$$\frac{\text{d}}{\text{d}t} = \frac{\partial}{\partial t} + \frac{\text{d}x}{\text{d}t}\frac{\partial}{\partial x} + \frac{\text{d}y}{\text{d}t}\frac{\partial}{\partial y} + \frac{\text{d}z}{\text{d}t}\frac{\partial}{\partial z} \tag{1-20}$$

仍以观察河流中鱼群浓度变化为例。当观察者驾着船，在船上所观察到的水中鱼群浓度随时间的变化率就是全导数，它等于岸边观察的结果（$\partial/\partial t$）再叠加因船的运动而导致的鱼群浓度变化[式(1-20)中的后三项]。

3) 随体导数 $\dfrac{\text{D}}{\text{D}t}$

随体导数又称物质导数、拉格朗日导数，表示当观察者在流体中以与流体完全相同的速度运动时，观测到的流动参数随时间的变化率。此时式(1-20)中的 $\text{d}x/\text{d}t$、$\text{d}y/\text{d}t$、$\text{d}z/\text{d}t$ 分别为流体流速 v 在 x、y、z 方向上的分量 v_x、v_y、v_z。于是，随体导数可表示为

$$\frac{\text{D}}{\text{D}t} = \frac{\partial}{\partial t} + v_x\frac{\partial}{\partial x} + v_y\frac{\partial}{\partial y} + v_z\frac{\partial}{\partial z} \tag{1-21}$$

由随体导数的概念可知，随体导数是全导数的特例，为了区别于全导数，常用算符 $\text{D}/\text{D}t$ 表

示。式(1-21)中等号右边的$(v_x\partial/\partial x+v_y\partial/\partial y+v_z\partial/\partial z)$项称为对流导数,表示因流体流动而导致的流动参数随时间的变化率。

当船不加动力而让它跟随着流体一起漂流运动时,观察者在船上所观察到的水中鱼群浓度随时间的变化率就是随体导数。此时观察者的速度显然就是河流的速度。

1.3.2 质量衡算方程——连续性方程

化工生产中大量遇到的是流体在管内的流动,因此,本节以管内流动为主进行讨论。

1. 连续性方程的积分式——宏观质量衡算

图 1-14 为管内流动示意图。选取如图虚线所示的体积为控制体*,设其体积为 $\tilde{V}$。控制面由壁面和两个与流体流动方向相垂直的流通截面 1-1、2-2 所组成。对该控制体而言,质量守恒定律可以表述成以下形式:

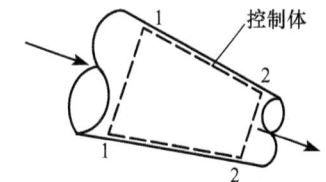

图 1-14 管道或容器内的流动

$$\begin{pmatrix}输出控制体\\的质量流量\end{pmatrix}-\begin{pmatrix}输入控制体\\的质量流量\end{pmatrix}+\begin{pmatrix}控制体内的质量\\随时间的变化率\end{pmatrix}=0 \quad (1-22)$$

即

$$m_2-m_1+\frac{\partial}{\partial t}\iiint_V \rho\,\mathrm{d}\tilde{V}=0 \quad (1-23)$$

式(1-23)即为管内流动的连续性方程。对于稳定流动,$\partial/\partial t=0$,式(1-23)变为

$$m_1=m_2$$

或写成

$$\rho_1 u_1 A_1=\rho_2 u_2 A_2 \quad (1-24)$$

式(1-24)即为管内稳定流动时的连续性方程积分形式。

对均质、不可压缩流体,$\rho_1=\rho_2=$常数,于是式(1-24)变为

$$u_1 A_1=u_2 A_2 \quad (1-25)$$

可见,对均质、不可压缩流体,平均流速与流通截面积成反比,即面积越大,流速越小;反之,面积越小,流速越大。

---

* 所谓控制体是指流体流动空间中任一固定不变的体积,流体可以自由地流经它,控制体的边界面称为控制面,控制面是封闭的表面。控制体通过控制面与外界可以进行质量、能量交换,还可以受到控制体以外的物质施加的力。如果选取控制体来研究流体流动过程,就是将着眼点放在某一固定空间,从而可以了解流体经空间每一点时的流体力学性质,进而掌握整个流体的运动状况。这种研究方法是由欧拉提出的,称为欧拉法。

对圆管，$A=\pi d^2/4$，d 为直径，于是

$$u_1 d_1^2 = u_2 d_2^2 \tag{1-26}$$

如果管道有分支，如图 1-15 所示，则稳定流动时总管中的质量流量应为各支管质量流量之和，故管内连续性方程为

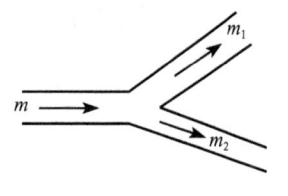

图 1-15 分支管路

$$m = m_1 + m_2 \tag{1-27}$$

例 1-4 一车间要求将 20℃水以 15kg/s 的流量送入某设备中，若选取平均流速为 1.1m/s，试计算所需无缝钢管的尺寸。

若在原水管上再接出一根 $\phi 102\text{mm} \times 3.5\text{mm}$ 的无缝钢管支管，如图 1-16 所示，以便将水流量的一半改送至另一车间，求当总水流量不变时，此支管内水流速度。

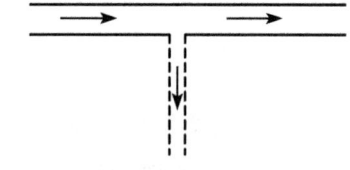

解 质量流量 $\quad m = \rho u A = \rho u \pi d^2/4$

图 1-16 例 1-4 附图

式中 $u=1.1\text{m/s}$，$m=32\text{kg/s}$，查得 20℃水的密度 $\rho=998\text{kg/m}^3$，代入上式，得

$$d = \sqrt{\frac{4 \times 15}{998 \times 1.1 \times 3.14}} = 0.132(\text{m}) = 132(\text{mm})$$

对照附录八，可选取 $\phi 146\text{mm} \times 5\text{mm}$ 的无缝钢管，其中 146mm 代表管外径，5mm 代表管壁厚度。于是管内实际平均流速为

$$u = \frac{4m/\rho}{\pi d^2} = \frac{4 \times 15/998}{\pi \times (146 - 2 \times 5)^2 \times 10^{-6}} = 1.04(\text{m/s})$$

若在原水管上再接出一根 $\phi 102\text{mm} \times 3.5\text{mm}$ 的无缝钢管支管，使支管内质量流量 $m_1 = m/2$，即

$$u_1 d_1^2 = u d^2/2$$

将 $d_1 = 102 - 2 \times 3.5 = 95\text{mm} = 0.095\text{ m}$，$d = 146 - 2 \times 5 = 207\text{mm} = 0.207\text{ m}$，$u=1.04\text{m/s}$ 代入，得

$$u_1 = \frac{1}{2} u \left(\frac{d}{d_1}\right)^2 = \frac{1}{2} \times 1.04 \times \left(\frac{0.136}{0.095}\right)^2 = 1.07(\text{m/s})$$

2. 连续性方程的微分式——微观质量衡算

连续性方程的微分式可由积分式经数学变换得到，也可以对微元体做质量衡算推得。现采用后一种方法进行推导。

为此取过流体中任一点 $M(x,y,z)$ 的微元六面体作为控制体，如图 1-17 所示，其边长分别为 $\text{d}x$、$\text{d}y$、$\text{d}z$。设点 M 处的速度矢量 $\boldsymbol{v}$ 沿 x、y、z 分量分别为 v_x、v_y、v_z，流体的密度为 ρ。v_x、v_y、

v_z 和 ρ 均为空间坐标和时间的函数。

将式(1-22)改写为

$$\begin{pmatrix} \text{净输出控制体} \\ \text{的质量流量} \end{pmatrix} + \begin{pmatrix} \text{控制体内的质量} \\ \text{随时间的变化率} \end{pmatrix} = 0 \tag{1-28}$$

式中

$$\begin{pmatrix} \text{净输出控制体} \\ \text{的质量流量} \end{pmatrix} = \begin{pmatrix} x \text{方向净输出控} \\ \text{制体的质量流量} \end{pmatrix} + \begin{pmatrix} y \text{方向净输出控} \\ \text{制体的质量流量} \end{pmatrix} + \begin{pmatrix} z \text{方向净输出控} \\ \text{制体的质量流量} \end{pmatrix}$$

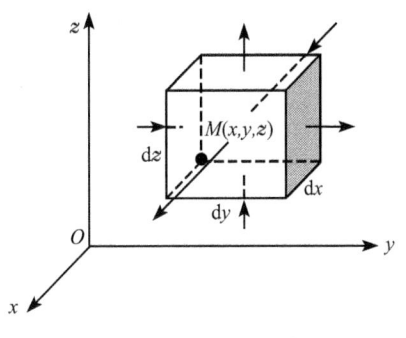

图 1-17 微元控制体

对 x 方向：输入微元体的质量流速为 ρv_x，则质量流量为 $\rho v_x \mathrm{d}y\mathrm{d}z$；输出微元体的质量流速为 $\left[\rho v_x + \dfrac{\partial(\rho v_x)}{\partial x}\mathrm{d}x\right]$，质量流量为 $\left[\rho v_x + \dfrac{\partial(\rho v_x)}{\partial x}\mathrm{d}x\right]\mathrm{d}y\mathrm{d}z$，故

$$\begin{pmatrix} x \text{方向净输出控} \\ \text{制体的质量流量} \end{pmatrix} = \left[\rho v_x + \frac{\partial(\rho v_x)}{\partial x}\mathrm{d}x\right]\mathrm{d}y\mathrm{d}z - \rho v_x \mathrm{d}y\mathrm{d}z = \frac{\partial(\rho v_x)}{\partial x}\mathrm{d}x\mathrm{d}y\mathrm{d}z$$

同理，y，z 方向上输出的净质量流量分别为 $\dfrac{\partial(\rho v_y)}{\partial y}\mathrm{d}x\mathrm{d}y\mathrm{d}z$ 和 $\dfrac{\partial(\rho v_z)}{\partial z}\mathrm{d}x\mathrm{d}y\mathrm{d}z$，于是

$$\begin{pmatrix} \text{净输出控制体} \\ \text{的质量流量} \end{pmatrix} = \left[\frac{\partial(\rho v_x)}{\partial x} + \frac{\partial(\rho v_y)}{\partial y} + \frac{\partial(\rho v_z)}{\partial z}\right]\mathrm{d}x\mathrm{d}y\mathrm{d}z \tag{1-29}$$

在某一时刻 t，微元体内质量为 $\rho \mathrm{d}x\mathrm{d}y\mathrm{d}z$，故

$$\begin{pmatrix} \text{控制体内的质量} \\ \text{随时间的变化率} \end{pmatrix} = \frac{\partial(\rho \mathrm{d}x\mathrm{d}y\mathrm{d}z)}{\partial t} = \frac{\partial \rho}{\partial t}\mathrm{d}x\mathrm{d}y\mathrm{d}z \tag{1-30}$$

将式(1-29)和式(1-30)代入式(1-28)中，并在两边同除以 $\mathrm{d}x\mathrm{d}y\mathrm{d}z$ 得

$$\frac{\partial \rho}{\partial t} + \frac{\partial(\rho v_x)}{\partial x} + \frac{\partial(\rho v_y)}{\partial y} + \frac{\partial(\rho v_z)}{\partial z} = 0 \tag{1-31}$$

将式(1-31)展开得

$$\frac{\partial \rho}{\partial t} + v_x\frac{\partial \rho}{\partial x} + v_y\frac{\partial \rho}{\partial y} + v_z\frac{\partial \rho}{\partial z} + \rho\left(\frac{\partial v_x}{\partial x} + \frac{\partial v_y}{\partial y} + \frac{\partial v_z}{\partial z}\right) = 0$$

根据随体导数的概念，上式可以写成

$$\frac{\mathrm{D}\rho}{\mathrm{D}t} + \rho\left(\frac{\partial v_x}{\partial x} + \frac{\partial v_y}{\partial y} + \frac{\partial v_z}{\partial z}\right) = 0 \tag{1-32}$$

式(1-32)为连续性方程的微分形式，它是研究动量、热量、质量传递过程的最基本也是最重要的方程之一。

若流体不可压缩，则 $\mathrm{D}\rho/\mathrm{D}t=0$（这是因为随流体同速运动的微元体质量和体积均不变），于是式(1-32)变为

$$\boxed{\frac{\partial v_x}{\partial x} + \frac{\partial v_y}{\partial y} + \frac{\partial v_z}{\partial z} = 0} \tag{1-33}$$

在某些场合下可能更需要柱坐标系和球坐标系(图 1-18)中的连续性方程。这两种坐标系下的连续性方程可以像前述直角坐标系下的类似推导获得，表达式如下：

柱坐标系 $\quad \dfrac{\mathrm{D}\rho}{\mathrm{D}t}+\rho\left[\dfrac{1}{r}\dfrac{\partial(rv_r)}{\partial r}+\dfrac{1}{r}\dfrac{\partial v_\theta}{\partial \theta}+\dfrac{\partial v_z}{\partial z}\right]=0 \quad (1\text{-}34)$

球坐标系 $\quad \dfrac{\mathrm{D}\rho}{\mathrm{D}t}+\rho\left[\dfrac{1}{r^2}\dfrac{\partial(r^2 v_r)}{\partial r}+\dfrac{1}{r\sin\theta}\dfrac{\partial(v_\theta\sin\theta)}{\partial \theta}+\dfrac{1}{r\sin\theta}\dfrac{\partial v_\phi}{\partial \phi}\right]=0 \quad (1\text{-}35)$

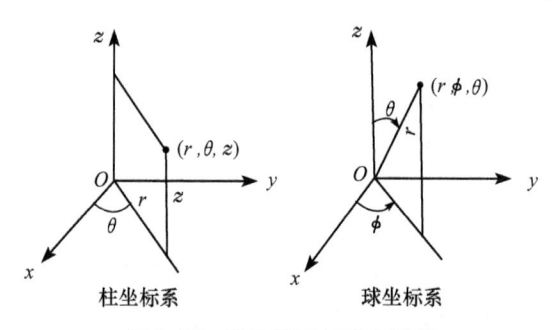

图 1-18 柱坐标系与球坐标系

1.3.3 运动方程

1. 运动方程的推导

如图 1-19 所示,在流场中任取一微元六面体作为流动系统*,其质量为 $\delta m=\rho\mathrm{d}x\mathrm{d}y\mathrm{d}z$,运动速度为 v。该流动系统与固体一样,仍遵循动量守恒原理即牛顿第二定律,即微元体的动量随时间的变化率等于作用在该微元体上所有外力之和,表达式如下:

$$\sum \delta \boldsymbol{F}=\dfrac{\mathrm{D}(\delta m\boldsymbol{v})}{\mathrm{D}t} \quad (1\text{-}36)$$

即

$$\sum \delta \boldsymbol{F}=(\delta m)\dfrac{\mathrm{D}\boldsymbol{v}}{\mathrm{D}t}+\boldsymbol{v}\dfrac{\mathrm{D}(\delta m)}{\mathrm{D}t}$$

又微元系统内流体的质量不随时间而变,即 $\mathrm{D}(\delta m)/\mathrm{D}t=0$,于是

$$\sum \delta \boldsymbol{F}=(\delta m)\dfrac{\mathrm{D}\boldsymbol{v}}{\mathrm{D}t}=\rho\mathrm{d}x\mathrm{d}y\mathrm{d}z\dfrac{\mathrm{D}\boldsymbol{v}}{\mathrm{D}t} \quad (1\text{-}37)$$

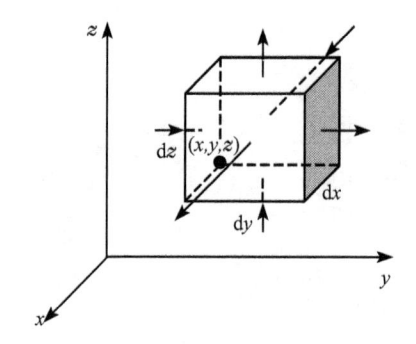

图 1-19 微元系统

---

* 所谓系统是指包含固定不变物质的集合。系统以外的一切称为环境,二者的分界称为边界。通过边界,系统可以与环境进行能量交换,也可以受到系统以外物质施加的力,但没有质量交换。如果选取系统来研究流体流动过程,就是将着眼点放在每个流体微团上,即追随流体微团来研究流体流动规律,这样可以了解每一个流体微团的位置变化和力学关系,从而由流体微团组成的整个流体的运动状况也就清楚了。这种研究方法称为拉格朗日法。拉格朗日法与前述的以控制体为对象的欧拉法是两种不同的研究方法。确切地说,质量守恒定律、动量定理和能量守恒定律等在"系统"中才成立。对控制体,应当称为质量衡算、动量衡算和能量衡算。

式(1-37)在直角坐标系下的三个分量式分别为

$$\left. \begin{array}{l} \sum \delta F_x = \rho \mathrm{d}x\mathrm{d}y\mathrm{d}z \left(\dfrac{\partial v_x}{\partial t} + v_x \dfrac{\partial v_x}{\partial x} + v_y \dfrac{\partial v_x}{\partial y} + v_z \dfrac{\partial v_x}{\partial z} \right) \\ \sum \delta F_y = \rho \mathrm{d}x\mathrm{d}y\mathrm{d}z \left(\dfrac{\partial v_y}{\partial t} + v_x \dfrac{\partial v_y}{\partial x} + v_y \dfrac{\partial v_y}{\partial y} + v_z \dfrac{\partial v_y}{\partial z} \right) \\ \sum \delta F_z = \rho \mathrm{d}x\mathrm{d}y\mathrm{d}z \left(\dfrac{\partial v_z}{\partial t} + v_x \dfrac{\partial v_z}{\partial x} + v_y \dfrac{\partial v_z}{\partial y} + v_z \dfrac{\partial v_z}{\partial z} \right) \end{array} \right\} \quad (1\text{-}38)$$

1) 作用在微元体上的力

在 1.1 节中已讲到，作用在流体上的所有外力可以分为质量力和表面力两种，现分别用 $\boldsymbol{F}_\mathrm{B}$ 和 $\boldsymbol{F}_\mathrm{S}$ 表示，于是对微元系统有

$$\sum \delta \boldsymbol{F} = \delta \boldsymbol{F}_\mathrm{B} + \delta \boldsymbol{F}_\mathrm{S} \quad (1\text{-}39)$$

或写成

$$\left. \begin{array}{l} \sum \delta F_x = \delta F_{\mathrm{B}x} + \delta F_{\mathrm{S}x} \\ \sum \delta F_y = \delta F_{\mathrm{B}y} + \delta F_{\mathrm{S}y} \\ \sum \delta F_z = \delta F_{\mathrm{B}z} + \delta F_{\mathrm{S}z} \end{array} \right\} \quad (1\text{-}40)$$

(1) 微元体上的质量力 $\delta \boldsymbol{F}_\mathrm{B}$

设单位质量流体的质量力为 $\boldsymbol{F}_{\mathrm{BM}} = g_x \boldsymbol{i} + g_y \boldsymbol{j} + g_z \boldsymbol{k}$，则

$$\delta \boldsymbol{F}_\mathrm{B} = \boldsymbol{F}_{\mathrm{BM}} \rho \mathrm{d}x\mathrm{d}y\mathrm{d}z \quad (1\text{-}41)$$

或写成

$$\left. \begin{array}{l} \delta F_{\mathrm{B}x} = g_x \rho \, \mathrm{d}x\mathrm{d}y\mathrm{d}z \\ \delta F_{\mathrm{B}y} = g_y \rho \, \mathrm{d}x\mathrm{d}y\mathrm{d}z \\ \delta F_{\mathrm{B}z} = g_z \rho \, \mathrm{d}x\mathrm{d}y\mathrm{d}z \end{array} \right\} \quad (1\text{-}42)$$

(2) 微元体上的表面力 $\delta \boldsymbol{F}_\mathrm{S}$

表面力是指作用在所考察对象表面上的力。单位面积上所受到的表面力称为应力，一般记作 τ_{ij}，第一个下标 i 表示该应力作用面的法线方向，第二个下标 j 表示该应力的方向。

任一面所受到的应力均可分解为一个法向应力和两个切向应力(又称剪应力)，例如图1-20 中与 z 轴垂直的面上受到的应力 τ_z 分解为 τ_{zz}(法向)、τ_{zx} 和 τ_{zy}(切向)，它们的矢量和为

$$\boldsymbol{\tau}_z = \tau_{zx}\boldsymbol{i} + \tau_{zy}\boldsymbol{j} + \tau_{zz}\boldsymbol{k} \quad (1\text{-}43)$$

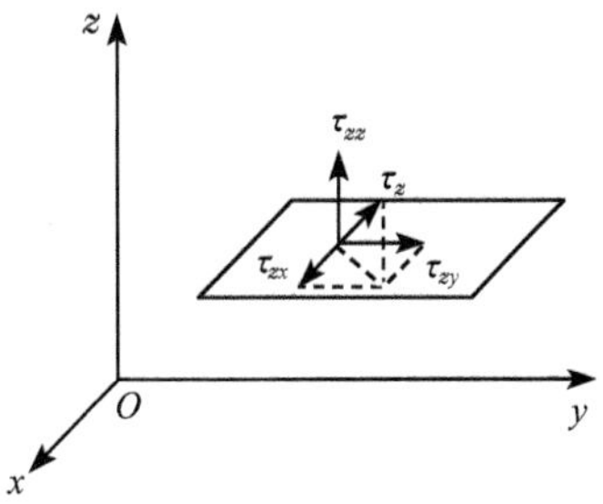

图 1-20 任一面上所受到的应力

类似地，与 x 轴、y 轴相垂直的面上[参见图 1-21(a)]受到的应力分别为

$$\boldsymbol{\tau}_x = \tau_{xx}\boldsymbol{i} + \tau_{xy}\boldsymbol{j} + \tau_{xz}\boldsymbol{k} \qquad \boldsymbol{\tau}_y = \tau_{yx}\boldsymbol{i} + \tau_{yy}\boldsymbol{j} + \tau_{yz}\boldsymbol{k} \quad (1\text{-}44)$$

微元体各个面上的表面力如图 1-21 所示。每个面上均有三个应力分量(一个法向应力和两个切向应力)，六个面共计十八个应力。

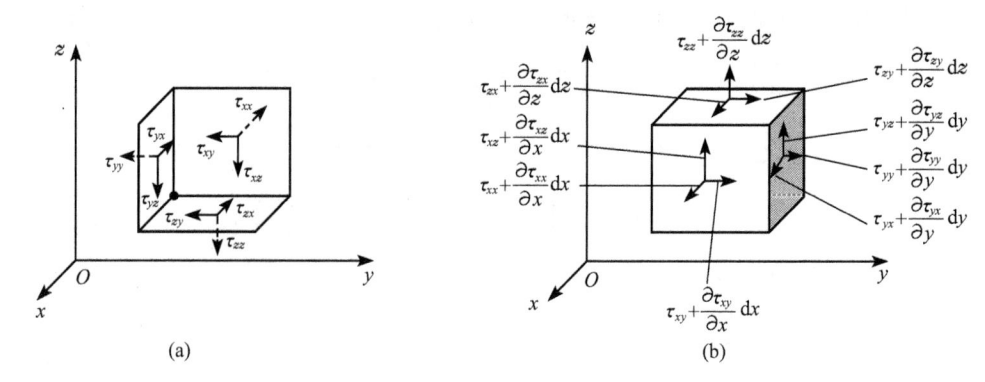

图 1-21　微元六面体的受力图

于是,微元体在 x 方向上所有表面力之和为

$$\delta F_{Sx} = \left(\tau_{xx} + \frac{\partial \tau_{xx}}{\partial x}dx - \tau_{xx}\right)dydz + \left(\tau_{yx} + \frac{\partial \tau_{yx}}{\partial y}dy - \tau_{yx}\right)dxdz$$

$$+ \left(\tau_{zx} + \frac{\partial \tau_{zx}}{\partial z}dz - \tau_{zx}\right)dxdy$$

$$= \left(\frac{\partial \tau_{xx}}{\partial x} + \frac{\partial \tau_{yx}}{\partial y} + \frac{\partial \tau_{zx}}{\partial z}\right)dxdydz \tag{1-45a}$$

类似地,y、z 方向上所有表面力之和分别为

$$\delta F_{Sy} = \left(\frac{\partial \tau_{xy}}{\partial x} + \frac{\partial \tau_{yy}}{\partial y} + \frac{\partial \tau_{zy}}{\partial z}\right)dxdydz \tag{1-45b}$$

$$\delta F_{Sz} = \left(\frac{\partial \tau_{xz}}{\partial x} + \frac{\partial \tau_{yz}}{\partial y} + \frac{\partial \tau_{zz}}{\partial z}\right)dxdydz \tag{1-45c}$$

将式(1-42)和式(1-45)代入式(1-40)中得

$$\left. \begin{aligned} \sum \delta F_x &= \delta F_{Bx} + \delta F_{Sx} = \left(\rho g_x + \frac{\partial \tau_{xx}}{\partial x} + \frac{\partial \tau_{yx}}{\partial y} + \frac{\partial \tau_{zx}}{\partial z}\right)dxdydz \\ \sum \delta F_y &= \delta F_{By} + \delta F_{Sy} = \left(\rho g_y + \frac{\partial \tau_{xy}}{\partial x} + \frac{\partial \tau_{yy}}{\partial y} + \frac{\partial \tau_{zy}}{\partial z}\right)dxdydz \\ \sum \delta F_z &= \delta F_{Bz} + \delta F_{Sz} = \left(\rho g_z + \frac{\partial \tau_{xz}}{\partial x} + \frac{\partial \tau_{yz}}{\partial y} + \frac{\partial \tau_{zz}}{\partial z}\right)dxdydz \end{aligned} \right\} \tag{1-46}$$

2) 运动方程

将式(1-46)代入式(1-38)中,并除以 $dxdydz$ 得

$$\left. \begin{aligned} \rho\left(\frac{\partial v_x}{\partial t} + v_x\frac{\partial v_x}{\partial x} + v_y\frac{\partial v_x}{\partial y} + v_z\frac{\partial v_x}{\partial z}\right) &= \rho g_x + \frac{\partial \tau_{xx}}{\partial x} + \frac{\partial \tau_{yx}}{\partial y} + \frac{\partial \tau_{zx}}{\partial z} \\ \rho\left(\frac{\partial v_y}{\partial t} + v_x\frac{\partial v_y}{\partial x} + v_y\frac{\partial v_y}{\partial y} + v_z\frac{\partial v_y}{\partial z}\right) &= \rho g_y + \frac{\partial \tau_{xy}}{\partial x} + \frac{\partial \tau_{yy}}{\partial y} + \frac{\partial \tau_{zy}}{\partial z} \\ \rho\left(\frac{\partial v_z}{\partial t} + v_x\frac{\partial v_z}{\partial x} + v_y\frac{\partial v_z}{\partial y} + v_z\frac{\partial v_z}{\partial z}\right) &= \rho g_z + \frac{\partial \tau_{xz}}{\partial x} + \frac{\partial \tau_{yz}}{\partial y} + \frac{\partial \tau_{zz}}{\partial z} \end{aligned} \right\} \tag{1-47}$$

这就是以应力形式表示的黏性流体的微分动量衡算方程,也称为运动方程。

若将式(1-47)中的应力用速度梯度代替,这种形式的运动方程就是著名的奈维(Navier)-斯托克斯方程(1822年法国的奈维首次提出)。

3) 奈维-斯托克斯方程

(1) 应力与速度梯度之间的关系——本构方程

前已述及,对一维层流流动的牛顿型流体,牛顿黏性定律成立,即

$$\tau_{yx} = \mu \frac{\mathrm{d}v_x}{\mathrm{d}y}$$

上式即为一维层流流动时的剪应力 τ_{yx} 与速度梯度 $\mathrm{d}v_x/\mathrm{d}y$ 之间的关系。对于三维层流流动,剪应力与速度梯度之间的关系较为复杂,本书不作推导,感兴趣的读者可参阅有关流体力学专著,下面只将最后结果列出:

$$\left. \begin{aligned} \tau_{xy} &= \tau_{yx} = \mu\left(\frac{\partial v_x}{\partial y} + \frac{\partial v_y}{\partial x}\right) \\ \tau_{yz} &= \tau_{zy} = \mu\left(\frac{\partial v_y}{\partial z} + \frac{\partial v_z}{\partial y}\right) \\ \tau_{zx} &= \tau_{xz} = \mu\left(\frac{\partial v_x}{\partial z} + \frac{\partial v_z}{\partial x}\right) \\ \tau_{xx} &= -p + 2\mu\frac{\partial v_x}{\partial x} - \frac{2}{3}\mu\left(\frac{\partial v_x}{\partial x} + \frac{\partial v_y}{\partial y} + \frac{\partial v_z}{\partial z}\right) \\ \tau_{yy} &= -p + 2\mu\frac{\partial v_y}{\partial y} - \frac{2}{3}\mu\left(\frac{\partial v_x}{\partial x} + \frac{\partial v_y}{\partial y} + \frac{\partial v_z}{\partial z}\right) \\ \tau_{zz} &= -p + 2\mu\frac{\partial v_z}{\partial z} - \frac{2}{3}\mu\left(\frac{\partial v_x}{\partial x} + \frac{\partial v_y}{\partial y} + \frac{\partial v_z}{\partial z}\right) \end{aligned} \right\} \quad (1\text{-}48)$$

式(1-48)称为牛顿型流体的本构方程,不适用于非牛顿型流体。式中 p 就是热力学中的压力。

(2) 奈维-斯托克斯方程

将本构方程代入式(1-47)中并整理得

$$\rho\left(\frac{\partial v_x}{\partial t} + v_x\frac{\partial v_x}{\partial x} + v_y\frac{\partial v_x}{\partial y} + v_z\frac{\partial v_x}{\partial z}\right) = \rho g_x - \frac{\partial p}{\partial x} + \mu\left(\frac{\partial^2 v_x}{\partial x^2} + \frac{\partial^2 v_x}{\partial y^2} + \frac{\partial^2 v_x}{\partial z^2}\right)$$
$$+ \frac{1}{3}\mu\frac{\partial}{\partial x}\left(\frac{\partial v_x}{\partial x} + \frac{\partial v_y}{\partial y} + \frac{\partial v_z}{\partial z}\right) \quad (1\text{-}49\mathrm{a})$$

$$\rho\left(\frac{\partial v_y}{\partial t} + v_x\frac{\partial v_y}{\partial x} + v_y\frac{\partial v_y}{\partial y} + v_z\frac{\partial v_y}{\partial z}\right) = \rho g_y - \frac{\partial p}{\partial y} + \mu\left(\frac{\partial^2 v_y}{\partial x^2} + \frac{\partial^2 v_y}{\partial y^2} + \frac{\partial^2 v_y}{\partial z^2}\right)$$
$$+ \frac{1}{3}\mu\frac{\partial}{\partial y}\left(\frac{\partial v_x}{\partial x} + \frac{\partial v_y}{\partial y} + \frac{\partial v_z}{\partial z}\right) \quad (1\text{-}49\mathrm{b})$$

$$\rho\left(\frac{\partial v_z}{\partial t} + v_x\frac{\partial v_z}{\partial x} + v_y\frac{\partial v_z}{\partial y} + v_z\frac{\partial v_z}{\partial z}\right) = \rho g_z - \frac{\partial p}{\partial z} + \mu\left(\frac{\partial^2 v_z}{\partial x^2} + \frac{\partial^2 v_z}{\partial y^2} + \frac{\partial^2 v_z}{\partial z^2}\right)$$
$$+ \frac{1}{3}\mu\frac{\partial}{\partial z}\left(\frac{\partial v_x}{\partial x} + \frac{\partial v_y}{\partial y} + \frac{\partial v_z}{\partial z}\right) \quad (1\text{-}49\mathrm{c})$$

式(1-49)即为直角坐标系下牛顿型黏性流体的奈维-斯托克斯方程,简称 N-S 方程。

前已述及，对不可压缩流体，有

$$\frac{\partial v_x}{\partial x} + \frac{\partial v_y}{\partial y} + \frac{\partial v_z}{\partial z} = 0$$

代入式(1-49)中得

$$\left.\begin{aligned}\rho\left(\frac{\partial v_x}{\partial t} + v_x\frac{\partial v_x}{\partial x} + v_y\frac{\partial v_x}{\partial y} + v_z\frac{\partial v_x}{\partial z}\right) &= \rho g_x - \frac{\partial p}{\partial x} + \mu\left(\frac{\partial^2 v_x}{\partial x^2} + \frac{\partial^2 v_x}{\partial y^2} + \frac{\partial^2 v_x}{\partial z^2}\right) \\ \rho\left(\frac{\partial v_y}{\partial t} + v_x\frac{\partial v_y}{\partial x} + v_y\frac{\partial v_y}{\partial y} + v_z\frac{\partial v_y}{\partial z}\right) &= \rho g_y - \frac{\partial p}{\partial y} + \mu\left(\frac{\partial^2 v_y}{\partial x^2} + \frac{\partial^2 v_y}{\partial y^2} + \frac{\partial^2 v_y}{\partial z^2}\right) \\ \rho\left(\frac{\partial v_z}{\partial t} + v_x\frac{\partial v_z}{\partial x} + v_y\frac{\partial v_z}{\partial y} + v_z\frac{\partial v_z}{\partial z}\right) &= \rho g_z - \frac{\partial p}{\partial z} + \mu\left(\frac{\partial^2 v_z}{\partial x^2} + \frac{\partial^2 v_z}{\partial y^2} + \frac{\partial^2 v_z}{\partial z^2}\right)\end{aligned}\right\} \quad (1\text{-}50)$$

式(1-50)是不可压缩黏性流体的 N-S 方程。等式左边四项代表惯性力，右边第三项代表黏性力。右边第一项和第二项分别与质量力和压力有关。在 1.2.2 节已提及，质量力与压力之和是广义压力，下面以 z 方向为例证明上式右边第一、二项可以用广义压力梯度代替。

如图 1-1 所示，与 z 轴相垂直的两个面上的广义压力分别可表示为

$$\Gamma|_z = p + \rho g z = p - \rho g_z z$$

$$\Gamma|_{z+\mathrm{d}z} = \left(p + \frac{\partial p}{\partial z}\mathrm{d}z\right) - \rho g_z(z+\mathrm{d}z)$$

以上两式相减，并除以 $\mathrm{d}z$ 得

$$\frac{\Gamma|_{z+\mathrm{d}z} - \Gamma|_z}{\mathrm{d}z} = \frac{\partial p}{\partial z} - \rho g_z$$

或写成

$$-\frac{\partial \Gamma}{\partial z} = \rho g_z - \frac{\partial p}{\partial z}$$

同理可证明：

$$-\frac{\partial \Gamma}{\partial x} = \rho g_x - \frac{\partial p}{\partial x}$$

$$-\frac{\partial \Gamma}{\partial y} = \rho g_y - \frac{\partial p}{\partial y}$$

代入式(1-50)中，则 N-S 方程变为

$$\left.\begin{aligned}\rho\left(\frac{\partial v_x}{\partial t} + v_x\frac{\partial v_x}{\partial x} + v_y\frac{\partial v_x}{\partial y} + v_z\frac{\partial v_x}{\partial z}\right) &= -\frac{\partial \Gamma}{\partial x} + \mu\left(\frac{\partial^2 v_x}{\partial x^2} + \frac{\partial^2 v_x}{\partial y^2} + \frac{\partial^2 v_x}{\partial z^2}\right) \\ \rho\left(\frac{\partial v_y}{\partial t} + v_x\frac{\partial v_y}{\partial x} + v_y\frac{\partial v_y}{\partial y} + v_z\frac{\partial v_y}{\partial z}\right) &= -\frac{\partial \Gamma}{\partial y} + \mu\left(\frac{\partial^2 v_y}{\partial x^2} + \frac{\partial^2 v_y}{\partial y^2} + \frac{\partial^2 v_y}{\partial z^2}\right) \\ \rho\left(\frac{\partial v_z}{\partial t} + v_x\frac{\partial v_z}{\partial x} + v_y\frac{\partial v_z}{\partial y} + v_z\frac{\partial v_z}{\partial z}\right) &= -\frac{\partial \Gamma}{\partial z} + \mu\left(\frac{\partial^2 v_z}{\partial x^2} + \frac{\partial^2 v_z}{\partial y^2} + \frac{\partial^2 v_z}{\partial z^2}\right)\end{aligned}\right\} \quad (1\text{-}51)$$

式中将不出现质量力项，这在某些场合下较为方便。

类似地，可得柱坐标系和球坐标系下的不可压缩流体的 N-S 方程表达式如下：

a. 柱坐标系

r 分量: $\rho\left(\dfrac{\partial v_r}{\partial t}+v_r\dfrac{\partial v_r}{\partial r}+\dfrac{v_\theta}{r}\dfrac{\partial v_r}{\partial \theta}-\dfrac{v_\theta^2}{r}+v_z\dfrac{\partial v_r}{\partial z}\right)$

$=-\dfrac{\partial \Gamma}{\partial r}+\mu\left\{\dfrac{\partial}{\partial r}\left[\dfrac{1}{r}\dfrac{\partial}{\partial r}(rv_r)\right]+\dfrac{1}{r^2}\dfrac{\partial^2 v_r}{\partial \theta^2}-\dfrac{2}{r^2}\dfrac{\partial v_\theta}{\partial \theta}+\dfrac{\partial^2 v_r}{\partial z^2}\right\}$

θ 分量: $\rho\left(\dfrac{\partial v_\theta}{\partial t}+v_r\dfrac{\partial v_\theta}{\partial r}+\dfrac{v_\theta}{r}\dfrac{\partial v_\theta}{\partial \theta}+\dfrac{v_r v_\theta}{r}+v_z\dfrac{\partial v_\theta}{\partial z}\right)$

$=-\dfrac{1}{r}\dfrac{\partial \Gamma}{\partial \theta}+\mu\left\{\dfrac{\partial}{\partial r}\left[\dfrac{1}{r}\dfrac{\partial}{\partial r}(rv_\theta)\right]+\dfrac{1}{r^2}\dfrac{\partial^2 v_\theta}{\partial \theta^2}+\dfrac{2}{r^2}\dfrac{\partial v_r}{\partial \theta}+\dfrac{\partial^2 v_\theta}{\partial z^2}\right\}$

z 分量: $\rho\left(\dfrac{\partial v_z}{\partial t}+v_r\dfrac{\partial v_z}{\partial r}+\dfrac{v_\theta}{r}\dfrac{\partial v_z}{\partial \theta}+v_z\dfrac{\partial v_z}{\partial z}\right)$

$=-\dfrac{\partial \Gamma}{\partial z}+\mu\left[\dfrac{1}{r}\dfrac{\partial}{\partial r}\left(r\dfrac{\partial v_z}{\partial r}\right)+\dfrac{1}{r^2}\dfrac{\partial^2 v_z}{\partial \theta^2}+\dfrac{\partial^2 v_z}{\partial z^2}\right]$
(1-52)

式中 $\quad \dfrac{\partial \Gamma}{\partial r}=\dfrac{\partial p}{\partial r}-\rho g_r,\quad \dfrac{1}{r}\dfrac{\partial \Gamma}{\partial \theta}=\dfrac{1}{r}\dfrac{\partial p}{\partial \theta}-\rho g_\theta,\quad \dfrac{\partial \Gamma}{\partial z}=\dfrac{\partial p}{\partial z}-\rho g_z$

应力与速度梯度的关系为

$$\begin{cases}\tau_{rr}=-p+2\mu\dfrac{\partial v_r}{\partial r},\tau_{r\theta}=\tau_{\theta r}=\mu\left[r\dfrac{\partial}{\partial r}\left(\dfrac{v_\theta}{r}\right)+\dfrac{1}{r}\dfrac{\partial v_r}{\partial \theta}\right],\tau_{zr}=\tau_{rz}=\mu\left(\dfrac{\partial v_z}{\partial r}+\dfrac{\partial v_r}{\partial z}\right)\\ \tau_{\theta\theta}=-p+2\mu\left(\dfrac{1}{r}\dfrac{\partial v_\theta}{\partial \theta}+\dfrac{v_r}{r}\right),\tau_{zz}=-p+2\mu\dfrac{\partial v_z}{\partial z},\tau_{\theta z}=\tau_{z\theta}=\mu\left(\dfrac{\partial v_\theta}{\partial z}+\dfrac{1}{r}\dfrac{\partial v_z}{\partial \theta}\right)\end{cases}$$
(1-53)

b. 球坐标系

r 分量: $\rho\left(\dfrac{\partial v_r}{\partial t}+v_r\dfrac{\partial v_r}{\partial r}+\dfrac{v_\theta}{r}\dfrac{\partial v_r}{\partial \theta}+\dfrac{v_\phi}{r\sin\theta}\dfrac{\partial v_r}{\partial \phi}-\dfrac{v_\theta^2+v_\phi^2}{r}\right)$

$=-\dfrac{\partial \Gamma}{\partial r}+\mu\left[\dfrac{1}{r^2}\dfrac{\partial}{\partial r}\left(r^2\dfrac{\partial v_r}{\partial r}\right)+\dfrac{1}{r^2\sin\theta}\dfrac{\partial}{\partial \theta}\left(\sin\theta\dfrac{\partial v_r}{\partial \theta}\right)\right.$

$\left.+\dfrac{1}{r^2\sin^2\theta}\dfrac{\partial^2 v_r}{\partial \phi^2}-\dfrac{2}{r^2}v_r-\dfrac{2}{r^2}\dfrac{\partial v_\theta}{\partial \theta}-\dfrac{2}{r^2}v_\theta\mathrm{ctg}\theta-\dfrac{2}{r^2\sin\theta}\dfrac{\partial v_\phi}{\partial \phi}\right]$

θ 分量: $\rho\left(\dfrac{\partial v_\theta}{\partial t}+v_r\dfrac{\partial v_\theta}{\partial r}+\dfrac{v_\theta}{r}\dfrac{\partial v_\theta}{\partial \theta}+\dfrac{v_\phi}{r\sin\theta}\dfrac{\partial v_\theta}{\partial \phi}+\dfrac{v_r v_\theta}{r}-\dfrac{v_\phi^2\mathrm{ctg}\theta}{r}\right)$

$=-\dfrac{1}{r}\dfrac{\partial \Gamma}{\partial \theta}+\mu\left[\dfrac{1}{r^2}\dfrac{\partial}{\partial r}\left(r^2\dfrac{\partial v_\theta}{\partial r}\right)+\dfrac{1}{r^2\sin\theta}\dfrac{\partial}{\partial \theta}\left(\sin\theta\dfrac{\partial v_\theta}{\partial \theta}\right)\right.$

$\left.+\dfrac{1}{r^2\sin^2\theta}\dfrac{\partial^2 v_\theta}{\partial \phi^2}+\dfrac{2}{r^2}\dfrac{\partial v_r}{\partial \theta}-\dfrac{v_\theta}{r^2\sin^2\theta}-\dfrac{2\cos\theta}{r^2\sin^2\theta}\dfrac{\partial v_\phi}{\partial \phi}\right]$

ϕ 分量: $\rho\left(\dfrac{\partial v_\phi}{\partial t}+v_r\dfrac{\partial v_\phi}{\partial r}+\dfrac{v_\theta}{r}\dfrac{\partial v_\phi}{\partial \theta}+\dfrac{v_\phi}{r\sin\theta}\dfrac{\partial v_\phi}{\partial \phi}+\dfrac{v_\phi v_r}{r}+\dfrac{v_\theta v_\phi}{r}\mathrm{ctg}\theta\right)$

$=-\dfrac{1}{r\sin\theta}\dfrac{\partial \Gamma}{\partial \phi}+\mu\left[\dfrac{1}{r^2}\dfrac{\partial}{\partial r}\left(r^2\dfrac{\partial v_\phi}{\partial r}\right)+\dfrac{1}{r^2\sin\theta}\dfrac{\partial}{\partial \theta}\left(\sin\theta\dfrac{\partial v_\phi}{\partial \theta}\right)\right.$

$\left.+\dfrac{1}{r^2\sin^2\theta}\dfrac{\partial^2 v_\phi}{\partial \phi^2}-\dfrac{v_\phi}{r^2\sin^2\theta}+\dfrac{2}{r^2\sin\theta}\dfrac{\partial v_r}{\partial \phi}+\dfrac{2\cos\theta}{r^2\sin^2\theta}\dfrac{\partial v_\theta}{\partial \phi}\right]$
(1-54)

应力与速度梯度的关系为

$$\begin{cases} \tau_{rr} = -p + 2\mu \dfrac{\partial v_r}{\partial r} \\ \tau_{\theta\theta} = -p + 2\mu \left(\dfrac{1}{r} \dfrac{\partial v_\theta}{\partial \theta} + \dfrac{v_r}{r} \right) \\ \tau_{\phi\phi} = -p + 2\mu \left(\dfrac{1}{r\sin\theta} \dfrac{\partial v_\phi}{\partial \phi} + \dfrac{v_r}{r} + \dfrac{v_\theta \operatorname{ctg}\theta}{r} \right) \\ \tau_{r\theta} = \tau_{\theta r} = \mu \left(\dfrac{1}{r} \dfrac{\partial v_r}{\partial \theta} + \dfrac{\partial v_\theta}{\partial r} - \dfrac{v_\theta}{r} \right) \\ \tau_{\theta\phi} = \tau_{\phi\theta} = \mu \left(\dfrac{1}{r\sin\theta} \dfrac{\partial v_\theta}{\partial \phi} + \dfrac{1}{r} \dfrac{\partial v_\phi}{\partial \theta} - \dfrac{v_\phi \operatorname{ctg}\theta}{r} \right) \\ \tau_{\phi r} = \tau_{r\phi} = \mu \left(\dfrac{\partial v_\phi}{\partial r} + \dfrac{1}{r\sin\theta} \dfrac{\partial v_r}{\partial \phi} - \dfrac{v_\phi}{r} \right) \end{cases} \quad (1\text{-}55)$$

4) 欧拉方程

对于黏度为零的流体(称为理想流体)，其运动方程则可简化为

$$\left. \begin{aligned} \rho \left(\dfrac{\partial v_x}{\partial t} + v_x \dfrac{\partial v_x}{\partial x} + v_y \dfrac{\partial v_x}{\partial y} + v_z \dfrac{\partial v_x}{\partial z} \right) &= \rho g_x - \dfrac{\partial p}{\partial x} \\ \rho \left(\dfrac{\partial v_y}{\partial t} + v_x \dfrac{\partial v_y}{\partial x} + v_y \dfrac{\partial v_y}{\partial y} + v_z \dfrac{\partial v_y}{\partial z} \right) &= \rho g_y - \dfrac{\partial p}{\partial y} \\ \rho \left(\dfrac{\partial v_z}{\partial t} + v_x \dfrac{\partial v_z}{\partial x} + v_y \dfrac{\partial v_z}{\partial y} + v_z \dfrac{\partial v_z}{\partial z} \right) &= \rho g_z - \dfrac{\partial p}{\partial z} \end{aligned} \right\} \quad (1\text{-}56)$$

式(1-56)称为欧拉(Euler)方程，是理想流体力学的基本方程。

2. N-S 方程的若干解

目前，采用计算机数值流体力学的方法求解连续性方程、运动方程以及流体的状态方程 $f(\rho,p,T)=0$ 等 5 个方程组成的方程组，再结合具体问题的初始条件和边界条件，可获得速度场、压力场和密度场，现已成功解决了许多湍流问题。读者可阅有关专著。不过，由于方程组中含有非线性项，如 $v_x(\partial v_x/\partial x)$、$\rho(\partial v_x/\partial t)$ 等，求解过程仍十分困难。

至于解析解，到目前为止，只在极少数的几个简单问题中才获得。例如：

（Ⅰ）在某些特定的流动问题中，N-S 方程中若干项等于零，从而使方程大大简化，由偏微分方程组转化为一个常微分方程。典型的例子是圆管内的层流流动问题、环隙内流体层流流动问题等，此时可得到其精确解。

（Ⅱ）当方程中的某些项相对于其他项可以略去不计时，也可使 N-S 方程简化而求出其近似解。例如，对于 $Re<1$ 的极慢流动(又称爬流)，惯性力相对于黏性力来说可以略去不计，此时方程的求解就简单很多。

（Ⅲ）对于雷诺数很大的实际流体绕物体的流动，可以将流体分为两个区域，一个是靠近壁面的边界层区域(指壁面附近速度变化较大的区域)，另一个是边界层以外的外流区域(指速度变化很小的区域)。外流区域的流体可以看作理想流体，而用欧拉方程来计算。至于边界层内的流动，则可根据边界层理论对 N-S 方程进行若干简化而求其近似解。

下面我们将就第（Ⅰ）种情况举例介绍 N-S 方程的解析过程。

1) 圆管内的稳定层流

在化工生产中经常遇到不可压缩流体在圆管内的稳定层流流动,如图 1-22 所示。对圆管内的流动,采用柱坐标系下的方程最为方便。

流体不可压缩,$D\rho/Dt=0$;流动稳定,$\partial/\partial t=0$;流动属一维,$v_r=v_\theta=0$;且流动轴向对称,$\partial/\partial\theta=0$。将以上条件代入不可压缩流体柱坐标系下的连续性方程[式(1-34)]和 N-S 方程[式(1-52)]中化简得

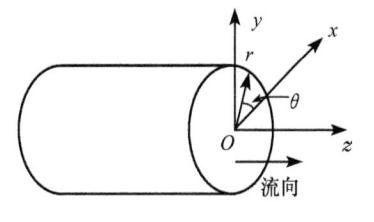

图 1-22　圆管内的稳定层流流动

$$\frac{\partial v_z}{\partial z}=0,\quad \frac{\partial \Gamma}{\partial r}=0,\quad \frac{\partial \Gamma}{\partial \theta}=0,\quad \frac{\partial \Gamma}{\partial z}=\mu\frac{1}{r}\frac{\partial}{\partial r}\left(r\frac{\partial v_z}{\partial r}\right) \tag{1-57}$$

由 $\partial/\partial\theta=0$ 和式(1-57)可知 v_z 只是 r 的函数,Γ 只是 z 的函数。因此可将式(1-57)中最后一个表达式中的偏微分写成常微分,并将 v_z 用 v 代替,即

$$\frac{d\Gamma}{dz}=\mu\frac{1}{r}\frac{d}{dr}\left(r\frac{dv}{dr}\right) \tag{1-58}$$

经过上述简化,非线性的 N-S 方程转化成了常微分方程。式的左边是 z 的函数,而右边是 r 的函数,根据数理方程的基本知识,只有两侧同时等于一常数时该式才成立,即

$$\frac{d\Gamma}{dz}=\mu\frac{1}{r}\frac{d}{dr}\left(r\frac{dv}{dr}\right)=\text{常数}$$

设管长 L 内广义压力降为 $\Delta\Gamma=\Gamma_1-\Gamma_2$,则

$$\frac{d\Gamma}{dz}=\mu\frac{1}{r}\frac{d}{dr}\left(r\frac{dv}{dr}\right)=-\frac{\Delta\Gamma}{L}$$

对上式进行两次积分可得通解为

$$v=-\frac{\Delta\Gamma}{4\mu L}r^2+c_1\ln r+c_2$$

边界条件:$r=R$(圆管半径)时,$v=0$;$r=0$ 时,v 为有限值。将边界条件代入得积分常数为

$$c_1=0,\quad c_2=\frac{\Delta\Gamma}{4\mu L}R^2$$

于是,不可压缩流体在圆管内稳定层流时的速度分布方程为

$$v=\frac{\Delta\Gamma}{4\mu L}R^2\left[1-\left(\frac{r}{R}\right)^2\right] \tag{1-59}$$

可见,速度分布为抛物线,如图 1-23 所示。当 $r=0$ 时,即在管中心处,v 达到最大,由式(1-59)得

$$v_{max}=\frac{\Delta\Gamma}{4\mu L}R^2 \tag{1-60}$$

图 1-23　管内层流时的速度分布

对比式(1-59)和式(1-60),可得 v 与 v_{max} 之间的关系为

$$\boxed{\frac{v}{v_{max}}=1-\left(\frac{r}{R}\right)^2} \tag{1-61}$$

平均流速

$$u=\frac{1}{\pi R^2}\int_0^R v\cdot 2\pi r dr=\frac{1}{\pi R^2}\int_0^R 2\pi v_{max}\left[1-\left(\frac{r}{R}\right)^2\right]r dr=\frac{v_{max}}{2} \tag{1-62}$$

通过以上推导得到了圆管内层流时的速度分布,由此可以进一步求算出工程上有着十分重要意义的阻力系数。阻力系数又称范宁因子,用 f 表示,其定义为

$$f = \frac{2|\tau_w|}{\rho u^2} \tag{1-63}$$

式中,τ_w 为壁应力。$\tau_w = \tau_{rz}$,由式(1-53)可知,圆管内层流时

$$\tau_w = \mu \frac{dv}{dr}\bigg|_{r=R} = -\frac{2}{R}\mu v_{max} = -\frac{4}{R}\mu u \tag{1-64}$$

代入式(1-63)中化简得

$$f = \frac{16\mu}{\rho u d} = \frac{16}{Re} \tag{1-65}$$

式中,d 为管内径;$Re = du\rho/\mu$。

对管道流动问题,工程上也常用摩擦系数 λ 表示阻力系数,$\lambda = 4f$,于是

$$\boxed{\lambda = 4f = \frac{64}{Re}} \tag{1-66}$$

式(1-65)和式(1-66)适用范围为 $Re = du\rho/\mu \leqslant 2000$。

上述 N-S 方程求解结果,无论在速度分布,还是平均流速、阻力系数等方面均与实验结果十分吻合。

以上推导采用了广义压力概念,故管子无论倾斜放置还是水平放置,上述结果均适用。

2) 环隙内流体的周向运动

如图 1-24 所示,两同心套筒内充满不可压缩流体,内筒静止,外筒以恒定角速度 ω 旋转,则套筒环隙间的流体将在圆环内作稳定周向流动。设外管内径为 R_2,内管外径为 R_1。

由于流动稳定,$\partial/\partial t = 0$。设圆筒很长,忽略端面效应,故 $v_z = 0$,$\partial/\partial z = 0$。又流动为一维的,$v_r = 0$,且流动周向对称,$\partial/\partial \theta = 0$。

将以上条件代入不可压缩流体柱坐标系下的连续性方程,得 $\partial v_\theta/\partial \theta = 0$,又因 $\partial/\partial z = 0$,可见 v_θ 只是 r 的函数。

化简式(1-52),考虑到 v_θ 只是 r 的函数,故可将式中的偏微分写成全微分,得

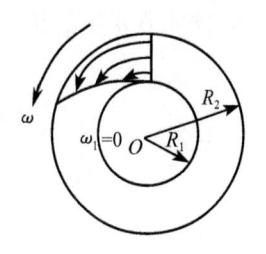

图 1-24 环隙内流体的周向流动

$$\frac{d}{dr}\left[\frac{1}{r}\frac{d}{dr}(rv_\theta)\right] = 0$$

对上式积分两次,得

$$v_\theta = C_1 r + \frac{C_2}{r}$$

边界条件为

$$r = R_1, \quad v_\theta = 0; \quad r = R_2, \quad v_\theta = \omega R_2$$

代入上式得积分常数为

$$C_1 = \frac{\omega R_2^2}{R_2^2 - R_1^2}, \quad C_2 = -\frac{\omega R_2^2 R_1^2}{R_2^2 - R_1^2}$$

于是,速度分布方程为

$$v_\theta = \frac{\omega R_2^2 R_1}{R_2^2 - R_1^2}\left(\frac{r}{R_1} - \frac{R_1}{r}\right)$$

根据式(1-53),外圆筒内壁所受到的剪应力

$$\tau_{r\theta}\bigg|_{R_2} = \mu\left[r\frac{\partial}{\partial r}\left(\frac{v_\theta}{r}\right) + \frac{1}{r}\frac{\partial v_r}{\partial \theta}\right]\bigg|_{R_2} = \mu r\frac{\mathrm{d}}{\mathrm{d}r}\left(\frac{v_\theta}{r}\right)\bigg|_{R_2} = \frac{2\mu\omega R_1^2}{R_2^2 - R_1^2}$$

若圆筒长为 L,则外圆筒内壁上所受到的扭矩 M 为

$$M = \tau_{r\theta}\bigg|_{R_2} AR_2 = \tau_{r\theta}\bigg|_{R_2} 2\pi R_2 LR_2 = \frac{4\pi\mu L\omega R_1^2 R_2^2}{R_2^2 - R_1^2} = K\mu\omega \tag{1-67}$$

式中,$K = \frac{4\pi L R_1^2 R_2^2}{R_2^2 - R_1^2}$,在圆筒尺寸一定条件下,$K$ 为常数。

由此可见,扭矩 M 与角速度 ω、流体黏度 μ 成正比。若已知套筒的几何尺寸,通过实验再测出扭矩 M、角速度 ω,则由式(1-67)可计算得到被测流体黏度 μ。这就是双圆筒黏度计(又称旋转黏度计)的测量原理。

例 1-5 20℃水以 0.1m/s 的平均速度流过内径 $d = 0.01$m 的圆管,试求 1m 的管子壁上所受到的流体黏性摩擦力大小。

解 首先确定流型。

查附录三得 20℃水的物性:$\rho = 998.2 \text{kg/m}^3$,$\mu = 1.005 \times 10^{-3} \text{Pa·s}$,于是有

$$Re = \frac{du\rho}{\mu} = \frac{0.01 \times 0.1 \times 998.2}{1.005 \times 10^{-3}} = 993.2 < 2000$$

可见属层流流动。由式(1-64)得

$$\tau_w = -\frac{4\mu u}{R} = -\frac{8\mu u}{d} = -\frac{8 \times 1.005 \times 10^{-3} \times 0.1}{0.01} = -0.0804(\text{N/m}^2)$$

1m管子所受的总的黏性摩擦力

$$F = -\tau_w \pi dL = \pi \times 0.0804 \times 0.01 \times 1 = 0.0025(\text{N})$$

1.3.4 总能量衡算和机械能衡算方程

运动的流体除了遵循质量守恒定律、动量定理以外,还满足能量守恒定律,依此可以得到十分重要的机械能衡算方程。

首先导出理想流体(黏度为零)的机械能衡算方程,然后再给出实际流体的机械能衡算方程。

1. 理想流体的机械能衡算方程

设有一流动系统,如图 1-25 所示。现选取其所占据的空间作为控制体,控制面由壁面和两个与流体流动方向相垂直的流通截面面 1-1、面 2-2 组成。

对该控制体中理想流体的稳定流动作总能量衡算,有

$$\begin{pmatrix}\text{输入控制体}\\\text{的能量速率}\end{pmatrix} = \begin{pmatrix}\text{输出控制体}\\\text{的能量速率}\end{pmatrix} \tag{1-68}$$

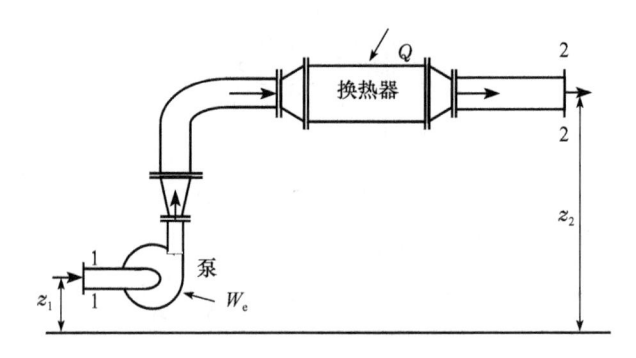

图 1-25 管路系统

运动着的流体涉及多种能量形式,分别有:
1) 热力学能、动能、位能

热力学能是贮存在流体内部的能量,它取决于流体温度,压力的影响一般可忽略。单位质量流体的热力学能用 U 表示,单位 J/kg。

动能是指流体因宏观运动而具有的能量。单位质量流体的动能用 $v^2/2$ 表示,单位 J/kg。

位能是指流体因处在重力场中而具有的能量。单位质量流体的位能用 gz 表示,单位 J/kg。

热力学能、动能和位能是流体本身所具有的能量。

上述三项能量通过控制面 1-1 输入控制体的速率为 $\iint_{A_1}\left(U+gz+\dfrac{v^2}{2}\right)\rho v dA$,单位 J/s。上述三项能量通过控制面 2-2 输出控制体的速率为 $\iint_{A_2}\left(U+gz+\dfrac{v^2}{2}\right)\rho v dA$。

2) 热

当控制体内有加热装置、冷却装置或内热源(由电或化学反应等原因引起)时,流体通过时便会吸热或放热。单位时间吸收或放出的热量(称为传热速率)用 Q 表示,单位 J/s,这里规定,吸热时 Q 为正,放热时 Q 为负。

3) 功

单位时间内外界与控制体内流体所交换的功,称为功率,单位 J/s 或 W。它包括有效轴功率和表面力所做的功率。

(1) 有效轴功率

有效轴功率又称有效功率,记作 W_e,单位 W,是指流体通过输送机械轴的传递而与外界交换的功率,例如泵、风机在输送流体时对流体所加的功率,流体对水轮机、气轮机所做的功率等。这里规定,外界提供给流体轴功时,W_e 为正,流体传递给外界轴功时,W_e 为负。

(2) 表面力对流体所做功率

表面力对流体所做功率是指外界通过控制面对控制体内流体所做的功率,单位 W。对理想流体,因其黏度为零,表面力中只有法向压力有数值,切向力均为零。由于在管侧壁没有流体进出,故管侧壁处法向压力所做功率为零,仅在流通截面 1-1、2-2 上有值,又根据功率=力×速度,故有

$$\text{表面力在流通截面 1-1 处对流体所做功率} = \iint_{A_1} pv\,\mathrm{d}A$$

$$\text{表面力在流通截面 2-2 处对流体所做功率} = -\iint_{A_2} pv\,\mathrm{d}A$$

上式负号表示流体对抗控制面 2-2 上的压力将流体压出控制体而对外做功,此时流动功率为负。

由以上分析可见：

$$\binom{\text{输入控制体}}{\text{的能量速率}} = Q + W_e + \iint_{A_1} pv\,\mathrm{d}A - \iint_{A_2} pv\,\mathrm{d}A + \iint_{A_1}\left(U + gz + \frac{v^2}{2}\right)\rho v\,\mathrm{d}A$$

$$\binom{\text{输出控制体}}{\text{的能量速率}} = \iint_{A_2}\left(U + gz + \frac{v^2}{2}\right)\rho v\,\mathrm{d}A$$

代入式(1-68)得

$$Q + W_e + \iint_{A_1}\left(U + gz + \frac{v^2}{2} + \frac{p}{\rho}\right)\rho v\,\mathrm{d}A - \iint_{A_2}\left(U + gz + \frac{v^2}{2} + \frac{p}{\rho}\right)\rho v\,\mathrm{d}A = 0 \tag{1-69}$$

式(1-69)即为理想流体稳定流动时的总能量衡算式。

式中所包括的能量可分为两类。一类是机械能,包括位能 gz、动能 $v^2/2$、压力能 p/ρ,有效轴功也可以归入在内。此类能量可直接用于输送流体,且在流体流动过程中既可以相互转变,也可以转变为热或流体的热力学能。另一类包括热力学能和热,此类能量在流体流动过程中不能直接转变为用于输送流体的机械能。

可以证明,对不可压缩流体,若将式(1-69)中的热力学能和热等非机械能项去掉,而只考虑机械能之间的相互转化关系,该式仍然成立,即为

$$W_e + \iint_{A_1}\left(gz + \frac{v^2}{2} + \frac{p}{\rho}\right)\rho v\,\mathrm{d}A - \iint_{A_2}\left(gz + \frac{v^2}{2} + \frac{p}{\rho}\right)\rho v\,\mathrm{d}A = 0 \tag{1-70}$$

式(1-70)中位能与压力能之和可以用截面中心处的值代替,并作为常数提到积分号外面,即

$$\iint_{A_1}\left(gz + \frac{p}{\rho}\right)\rho v\,\mathrm{d}A = \left(gz_1 + \frac{p_1}{\rho_1}\right)\iint_{A_1}\rho v\,\mathrm{d}A = m\left(gz_1 + \frac{p_1}{\rho_1}\right)$$

$$\iint_{A_2}\left(gz+\frac{p}{\rho}\right)\rho v\mathrm{d}A = \left(gz_2+\frac{p_2}{\rho_2}\right)\iint_{A_2}\rho v\mathrm{d}A = m\left(gz_2+\frac{p_2}{\rho_2}\right)$$

式中,z_1、p_1、ρ_1、z_2、p_2、ρ_2 均为截面 A_1、A_2 中心处的值。

至于动能项,可引入平均动能,其定义如下:

$$\left(\frac{v^2}{2}\right)_{\mathrm{av}} = \frac{\iint_A \frac{v^2}{2}\rho v\mathrm{d}A}{\iint_A \rho v\mathrm{d}A} = \frac{\iint_A \frac{v^2}{2}\rho v\mathrm{d}A}{m} \tag{1-71}$$

于是式(1-70)变为

$$W_{\mathrm{e}} = m\left[gz_2 - gz_1 + \left(\frac{v^2}{2}\right)_{2\mathrm{av}} - \left(\frac{v^2}{2}\right)_{1\mathrm{av}} + \frac{p_2}{\rho_2} - \frac{p_1}{\rho_1}\right]$$

两边同除以 m,得

$$w_{\mathrm{e}} = g(z_2 - z_1) + \left(\frac{v^2}{2}\right)_{2\mathrm{av}} - \left(\frac{v^2}{2}\right)_{1\mathrm{av}} + \left(\frac{p_2}{\rho_2} - \frac{p_1}{\rho_1}\right) \tag{1-72}$$

式中,$w_{\mathrm{e}} = W_{\mathrm{e}}/m$,为以单位质量计的有效轴功,J/kg。

对管内层流,速度分布方程为 $v = v_{\max}[1-(r/R)^2]$,且 $u = 0.5 v_{\max}$(详见 1.3.3 节),代入式(1-71)中解得

$$(v^2/2)_{\mathrm{av}} = u^2$$

对管内湍流,由于大量的流体微团做无规则运动,使速度侧形图变得比较平坦,如图 1-26 所示。研究表明,当 $Re = 10^5 \sim 3.2 \times 10^6$ 时,管内湍流速度分布方程可近似表示为 $v = v_{\max}(1-r/R)^{\frac{1}{7}}$,由此可得 $u = 0.817 v_{\max}$,代入式(1-71)中解得 $(v^2/2)_{\mathrm{av}} = 0.529 u^2 \approx 0.5 u^2$。

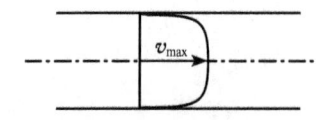

图 1-26 管内湍流时的速度分布

可见,无论层流还是湍流,平均动能均正比于 u^2,可统一表示为 $(v^2/2)_{\mathrm{av}} = u^2/2\alpha$。层流时,取 $\alpha = 0.5$;湍流时,$\alpha \approx 1$。

在工程计算中,因为平均动能差这一项与式(1-72)中其他能量项相比往往所占比例甚小,而且工程上又常为湍流,故为简单起见,不论层流还是湍流均取 $\alpha = 1$,即 $(v^2/2)_{\mathrm{av}} = u^2/2$,此种取法所引起的误差一般可忽略。于是式(1-72)可写为

$$w_{\mathrm{e}} = g(z_2 - z_1) + \left(\frac{u_2^2}{2} - \frac{u_1^2}{2}\right) + \left(\frac{p_2}{\rho_2} - \frac{p_1}{\rho_1}\right) \tag{1-73}$$

对均质、不可压缩流体,$\rho_1 = \rho_2 = \rho$;又若无外加轴功,$w_{\mathrm{e}} = 0$,式(1-73)可写成

$$\boxed{gz_1 + \frac{u_1^2}{2} + \frac{p_1}{\rho} = gz_2 + \frac{u_2^2}{2} + \frac{p_2}{\rho}} \tag{1-74}$$

式(1-74)就是均质、不可压缩理想流体在管道内稳定流动时的机械能衡算方程(以

单位质量流体为基准),又称伯努利(Bernouli)方程。

2. 实际流体的机械能衡算方程

若在如图 1-25 所示的流动系统中流动的是实际流体,而实际流体有黏性,则流动时要消耗机械能以克服阻力。消耗了的机械能转化为热,此热不能自动地变回机械能,只是将流体的温度略微升高,即略微增加流体的内能。这微量的热也可以视为散失到流动系统以外去,因此,此项机械能损耗应列入输出项中,即在式(1-74)的右边输出项目中增加一项 w_f——单位质量流体通过流动系统的机械能损失,简称**摩擦损失或阻力损失**,其单位与 w_e 相同,为 J/kg。若再计入外功 w_e,于是有

$$gz_1 + \frac{u_1^2}{2} + \frac{p_1}{\rho} + w_e = gz_2 + \frac{u_2^2}{2} + \frac{p_2}{\rho} + w_f \tag{1-75}$$

式(1-75)就是均质、不可压缩实际流体在管道内等温或不等温稳定流动时的机械能衡算方程。

以上的实际流体机械能衡算方程的推导不是非常严格,严格推导请参见参考文献[3]。

若记

$$Et = gz + \frac{u^2}{2} + \frac{p}{\rho} \tag{1-76}$$

式中,Et 代表某一流通截面上单位质量流体的总机械能,则式(1-75)又可写成

$$Et_1 + w_e = Et_2 + w_f \tag{1-77}$$

将式(1-75)两边同除以重力加速度 g,且令 $w_e/g = h_e$,$w_f/g = h_f$,则可得到以单位重量流体为基准的机械能衡算方程:

$$z_1 + \frac{u_1^2}{2g} + \frac{p_1}{\rho g} + h_e = z_2 + \frac{u_2^2}{2g} + \frac{p_2}{\rho g} + h_f \tag{1-78}$$

显然,式(1-78)中各项均具有高度的量纲,z 称为位头,$u^2/2g$ 称为动压头(速度头),$p/\rho g$ 称为静压头(压力头),h_e 称为外加压头,h_f 称为压头损失。

关于机械能衡算方程的讨论:

(Ⅰ)若流体静止,则 $u=0$,$w_e=0$,$w_f=0$,于是机械能衡算方程变为

$$gz_1 + \frac{p_1}{\rho} = gz_2 + \frac{p_2}{\rho}$$

此即流体静力学方程,可见流体静止状态是流体流动的一种特殊形式。

(Ⅱ)若流动系统无外加轴功,即 $w_e=0$,则机械能衡算方程变为

$$Et_1 = Et_2 + w_f$$

由于 $w_f > 0$,故 $Et_1 > Et_2$。这表明,在无外加功的情况下,流体将自动从高

(机械能)能位流向低(机械能)能位,据此可以判定流体的流向。

(Ⅲ) 使用机械能衡算方程时,应注意以下几点:

a. 作示意图 为了有助于正确解题,在计算前可先根据题意画出流程示意图。

b. 控制面的选取 控制面之间的流体必须是连续不断的,有流体进出的那些控制面(流通截面)应与流动方向相垂直。所选的控制面已知条件应最多,并包含要求的未知数在内。通常选取系统进、出口处截面作为流通截面。

c. 基准水平面的选取 由于等号两边都有位能,故基准水平面可以任意选取而不影响计算结果,但为了计算方便,一般可将基准面定在某一流通截面的中心上,这样该流通截面的位能就为零。

d. 压力 由于等号两边都有压力项,故可用绝压或表压,但等号两边必须统一。

例 1-6 关于能头转化

如图 1-27 所示,一高位槽中液面高度为 H,高位槽下接一管路。在管路上 2、3、4 处各接两个垂直细管,一个是直的,用来测静压;一个有弯头,用来测动压头与静压头之和,因为流体流到弯头前时,速度变为零,动能全部转化为静压能,使得静压头增大为 $(p/\rho g + u^2/2g)$。假设流体是理想的,高位槽液面高度一直保持不变,2 点处直的细管内液柱高度如图所示;2、3 处为等径管。试定性画出其余各细管内的液柱高度。

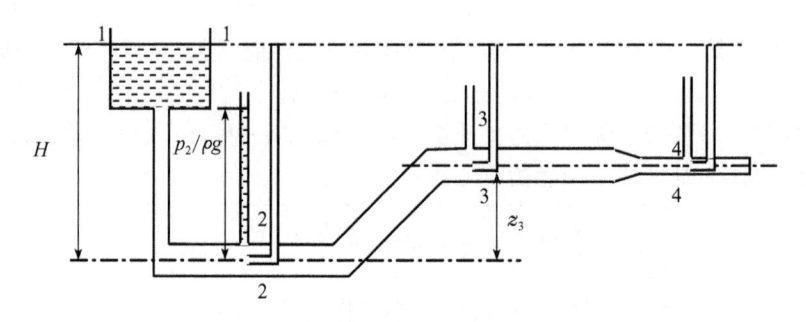

图 1-27 例 1-6 附图 1

解 如图 1-27 所示,选取控制面 1-1、面 2-2、面 3-3 和面 4-4。对面 1-1 和面 2-2 间的控制体而言,理想流体的伯努利方程为

$$H + \frac{u_1^2}{2g} + \frac{p_1}{\rho g} = z_2 + \frac{u_2^2}{2g} + \frac{p_2}{\rho g}$$

式中,$u_1=0$,$p_1=0$(表压),$z_2=0$(取为基准面),于是上式变为

$$H = \frac{u_2^2}{2g} + \frac{p_2}{\rho g} \tag{i}$$

这就是 2 点处有弯头的细管中的液柱高度(图 1-28),其中比左边垂直管高出的部分代表动压头大小。

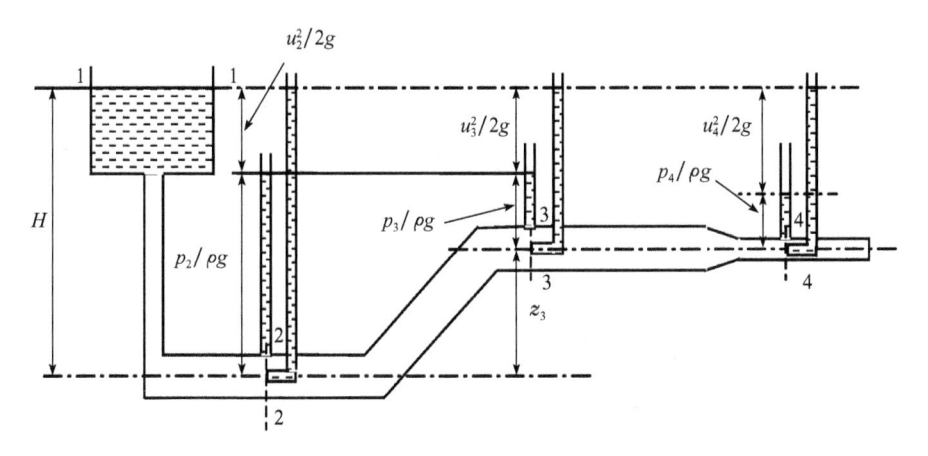

图 1-28 例 1-6 附图 2

同理,对面 1-1 和面 3-3 间的控制体有

$$H = z_3 + \frac{u_3^2}{2g} + \frac{p_3}{\rho g} \tag{ii}$$

可见,3 点处有弯头的细管中的液柱高度也与槽中液面等高,又因为 2、3 处等径,故 $u_2 = u_3$,而 $z_3 > z_2 = 0$,故由式(i)和式(ii)对比可知 $(p_3/\rho g) < (p_2/\rho g)$,静压头高度如图 1-28 所示。

在面 1-1 和面 4-4 间列伯努利方程有

$$H = z_4 + \frac{u_4^2}{2g} + \frac{p_4}{\rho g} \tag{iii}$$

可见,4 点处有弯头的细管中的液柱高度也与槽中液面等高。又 $z_3 = z_4$,$u_4 > u_3$,对比式(iii)和式(ii)有

$$\frac{p_4}{\rho g} < \frac{p_3}{\rho g}$$

例 1-7 轴功的计算

如图 1-29 所示,用泵将河水打入洗涤塔中经喷嘴喷出,喷淋下来后流入废水池。已知管道尺寸为 $\phi 114\text{mm} \times 4\text{mm}$,流量为 $85\text{m}^3/\text{h}$,水在管路中流动时的总摩擦损失为 10J/kg(不包括出口阻力损失),喷头处压力较塔内压力高 20kPa,水从塔中流入下水道的摩擦损失可忽略不计。求泵的有效功率。

解 取河面为面 1-1,喷嘴上方管截面为面 2-2,洗涤塔底部水面为面 3-3,废水池水面为面 4-4。

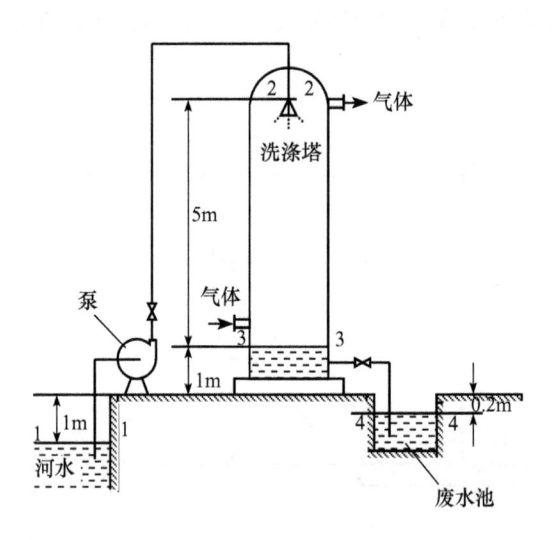

图 1-29 例 1-7 附图

河水经整个输送系统流至废水池的过程中并不是都连续的,在面 2-2 和面 3-3 之间是间断的,因此,机械能衡算方程只能在 1-2、3-4 之间成立。

在面 1-1 和面 2-2 间列机械能衡算方程:

$$gz_1 + \frac{u_1^2}{2} + \frac{p_1}{\rho} + w_e = gz_2 + \frac{u_2^2}{2} + \frac{p_2}{\rho} + w_f$$

取河面为基准面,则 $z_1 = 0, z_2 = 7\text{m}$,又 $u_1 \approx 0$(河面较管道截面大得多,可近似认为其流速为零),$u_2 = \dfrac{V}{\pi d^2/4} = \dfrac{85/3600}{\pi \times (114-2\times 4)^2 \times 10^{-6}/4} = 2.68(\text{m/s})$,$p_1 = 0$(表),$w_f = 10\text{J/kg}$。将以上各值代入上式,得

$$w_e = 7 \times 9.81 + \frac{2.68^2}{2} + \frac{p_2(\text{表})}{\rho} + 10 = 82.26 + \frac{p_2(\text{表})}{\rho}$$

上式中的 p_2 由面 3-3 与面 4-4 间的机械能衡算求取。因流体在面 3、4 间的流动损失不计,故有

$$gz_3 + \frac{u_3^2}{2} + \frac{p_3(\text{表})}{\rho} = gz_4 + \frac{u_4^2}{2} + \frac{p_4(\text{表})}{\rho}$$

取面 4-4 为基准面,则 $z_3 = 1.2\text{m}, z_4 = 0$,又 $u_3 \approx u_4 \approx 0, p_4(\text{表}) = 0$。代入上式解得

$$\frac{p_3(\text{表})}{\rho} = -z_3 g = -1.2 \times 9.81 = -11.77(\text{J/kg})$$

而

$$\frac{p_2(\text{表})}{\rho} = \frac{p_3(\text{表})}{\rho} + \frac{20 \times 10^3}{\rho} = -11.77 + \frac{20 \times 10^3}{1000} = 8.23(\text{J/kg})$$

于是

$$w_e = 82.26 + 8.23 = 90.49 (\text{J/kg})$$

故泵的有效功率为

$$mw_e = \rho V w_e = 1000 \times 85 \times 90.49/3600 = 2137(\text{W}) \approx 2.14(\text{kW})$$

3. 摩擦损失 w_f 的计算

工程上的管路输送系统主要由两类部件组成：一是等径直管，二是弯头、三通、阀门等各种管件和阀件(图 1-30)。

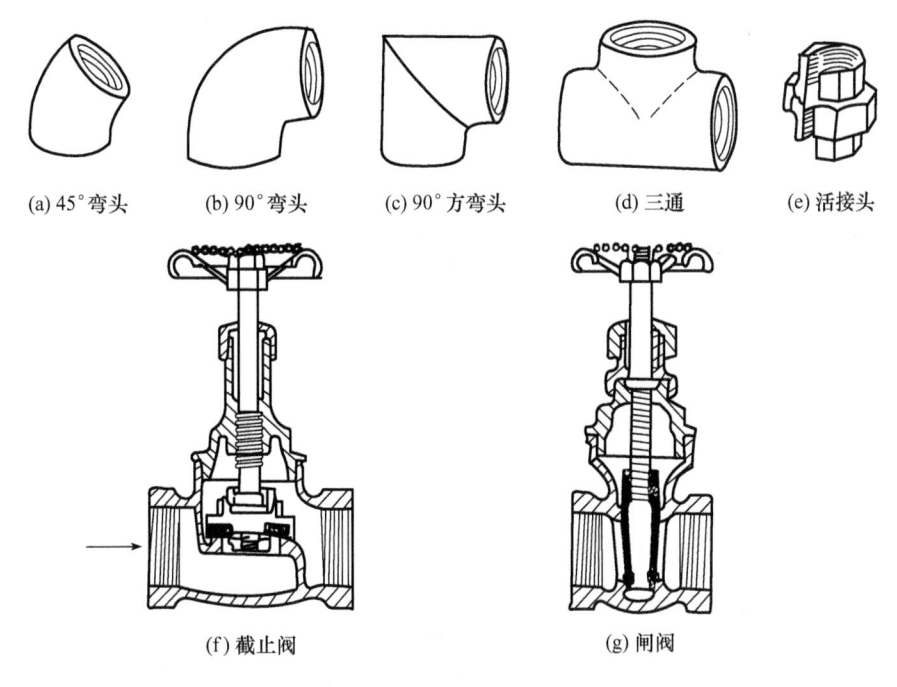

(a) 45°弯头　　(b) 90°弯头　　(c) 90°方弯头　　(d) 三通　　(e) 活接头

(f) 截止阀　　　　　　　(g) 闸阀

图 1-30　几种管件和阀件

流体流经直管时的机械能损失称为直管摩擦损失(或称沿程摩擦损失)。流体流经各种管件和阀件时，由于流速大小或方向突然改变，从而产生大量旋涡，导致机械能损失很大，这种机械能损失应属于形体阻力损失，其值要比该过程中的沿程摩擦损失大得多。因该摩擦损失只发生在管件等局部部位，故称之为局部摩擦损失。

无论是直管摩擦损失还是局部摩擦损失，本质都是相同的，其产生的根本原因是流体内部及流体与固体壁面之间的黏性摩擦作用。

下面分别介绍这两种摩擦损失的计算公式。

1) 直管摩擦损失计算通式

对圆形等径直管内的流动，如图 1-31 所示，根据机械能衡算方程可知长度 l 管段内的摩擦损失为

$$w_\mathrm{f} = \frac{p_1 - p_2}{\rho} + g(z_1 - z_2) = \frac{\Delta p}{\rho} - gh \tag{1-79}$$

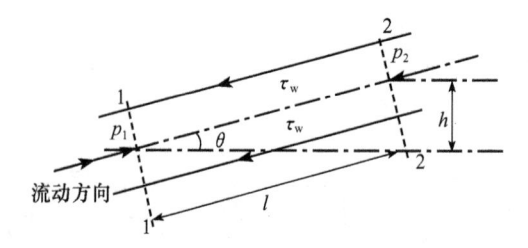

图 1-31 圆形等径直管内流动

再对整个管内的流体柱作受力分析。如图 1-31 所示，上游截面 1-1 处的流体所受总压力为 $\pi R^2 p_1$，下游截面 2-2 处的流体所受总压力为 $\pi R^2 p_2$，流体柱四周的表面所受壁面剪力为 $2\pi R l \tau_\mathrm{w}$。此外，流体柱重力沿管轴方向的分量为 $\pi R^2 l \rho g \sin\theta$ 即 $\pi R^2 \rho g h$，其中 $R = d/2$ 为管半径。

因流体匀速运动，故上述四个力达到平衡，即

$$\pi R^2 (p_1 - p_2) = 2\pi R l \tau_\mathrm{w} + \pi R^2 \rho g h$$

$$\frac{\Delta p}{\rho} = \frac{4\tau_\mathrm{w} l}{\rho d} + gh \tag{1-80}$$

由式(1-79)和式(1-80)得

$$w_\mathrm{f} = \frac{4\tau_\mathrm{w} l}{\rho d} \tag{1-81}$$

通常将阻力损失 w_f 表达成动能 $u^2/2$ 的某个倍数，而将式(1-81)改写为

$$w_\mathrm{f} = 8 \frac{\tau_\mathrm{w}}{\rho u^2} \frac{l}{d} \frac{u^2}{2} \tag{1-82}$$

式中，l/d 为描述圆形直管几何因素的无因次准数，$\tau_\mathrm{w}/\rho u^2$ 代表壁面剪应力（沿程损失与之成正比）与单位体积流体的动能之比，也是一个无因次准数。令

$$\lambda = 8\tau_\mathrm{w}/\rho u^2 \tag{1-83}$$

λ 称为**摩擦系数**或**摩擦因数**。[注：式(1-83)与选学内容 1.3.3 节中的式(1-66)一致]于是式(1-82)改写为

$$\boxed{w_\mathrm{f} = \lambda \frac{l}{d} \frac{u^2}{2}} \tag{1-84}$$

式(1-84)为直管摩擦损失的计算通式,对层流和湍流均适用。由式(1-84)计算w_f,关键是λ的获取。层流和湍流时的λ求法不尽相同,下面分别讨论。

(1) 层流时的λ

在1.3.3节中已经从理论上推得[式(1-66)],圆管内层流时($Re \leqslant 2000$)摩擦系数λ为

$$\boxed{\lambda = \frac{64}{Re}}$$

式中,$Re = du\rho/\mu$。

由此可见,层流时摩擦系数只是雷诺数 Re 的函数。

(2) 湍流时的λ

由于湍流的复杂性,理论上还不能直接计算λ,目前湍流λ的计算主要依靠实验方法或用半理论半经验的方法建立经验关联式。

在进行实验时,通常是每一次改变一个变量而将其他变量固定,若涉及的变量很多,工作量必然很大,而且将实验结果关联成便于应用的表达式也较困难。因此,为解决以上问题,工程上常采用下面的因次分析法。

因次分析法的依据是白金汉(Buckingham)的**π定理**,其内容如下:一个表示 n 个物理量间关系的方程,通常可以转换成包含 $(n-r)$ 个独立的无因次准数间的关系式;r 指 n 个物理量中所涉及的基本因次的数目。

由π定理可知,无因次准数的数目总是比变量的数目少,这样实验与关联工作都能够简化。因次分析法在工程实验研究中应用很广泛。下面通过湍流直管摩擦损失的因次分析过程介绍因次分析法的内容及步骤。

(Ⅰ) 首先根据实验结果及对摩擦损失的内因分析,找到影响摩擦损失的主要因素。

实验中发现,影响湍流摩擦损失的主要因素有管径 d、管长 l、平均速度 u、流体密度 ρ、黏度 μ 及管壁绝对粗糙度 ε,即

$$w_f = f(d, l, u, \rho, \mu, \varepsilon) \tag{1-85}$$

管壁凹凸部分的平均高度为管壁的绝对粗糙度,简称粗糙度,用 ε 表示。ε 与管直径 d 之比 ε/d 称为相对粗糙度。

(Ⅱ) 找出各物理量因次中所涉及的基本因次数目 r。

用符号[X]表示物理量 X 的因次,则式(1-85)中各物理量的因次表示如下:

$$[w_f] = J/kg = m^2/s^2 \quad [d] = [l] = m \quad [u] = m/s$$
$$[\rho] = kg/m^3 \quad [\mu] = Pa \cdot s = kg/(m \cdot s) \quad [\varepsilon] = m$$

可见所涉及的基本因次数目 $r=3$。根据π定理可知,无因次准数的数目为 $7-3=$

4个。下面就具体找出这4个无因次准数。

（Ⅲ）选择 r 个物理量作为基本物理量(要求该 r 个物理量的因次中必须涉及上述3个基本因次)。

这是 $r=3$，所以应选择3个物理量作为基本物理量，例如选 d、u 及 ρ。值得指出的是，所得的无因次准数的形式与选取的基本物理量有关，若不选取 d、u、ρ，而选取其他3个物理量作为基本物理量，也可以得到4个无因次准数，它们将与上述不完全相同，但最后所得的经验式则本质上相同。

（Ⅳ）将其余 $(n-r)$ 个物理量逐一与基本物理量组成无因次准数。

这是 $n-r=4$。无因次准数总采用幂指数形式表示，用字母 π 表示无因次准数，有

$$\pi_1 = l \times (d^{a_1} u^{b_1} \rho^{c_1}) \tag{1-86}$$

$$\pi_2 = \mu \times (d^{a_2} u^{b_2} \rho^{c_2}) \tag{1-87}$$

$$\pi_3 = \varepsilon \times (d^{a_3} u^{b_3} \rho^{c_3}) \tag{1-88}$$

$$\pi_4 = w_f \times (d^{a_4} u^{b_4} \rho^{c_4}) \tag{1-89}$$

式中各指数值待定。

（Ⅴ）根据因次一致性原则确定上述待定指数。

因次一致性原则是指每一个物理方程的各项必需具有相同的因次。下面以 π_2 为例，将 μ、d、u、ρ 的因次代入式(1-87)得

$$[\pi_2] = (\text{kg} \cdot \text{m}^{-1} \cdot \text{s}^{-1})\text{m}^{a_2}(\text{m} \cdot \text{s}^{-1})^{b_2}(\text{kg} \cdot \text{m}^{-3})^{c_2} = \text{m}^{-1+a_2+b_2-3c_2}\text{s}^{-1-b_2}\text{kg}^{1+c_2}$$

根据因次一致性原则，等号右边各因次的指数必为零，即

$$\begin{cases} -1+a_2+b_2-3c_2=0 \\ -1-b_2=0 \\ 1+c_2=0 \end{cases}$$

解得

$$a_2=-1 \quad b_2=-1 \quad c_2=-1$$

将上述 a_2、b_2、c_2 值代入式(1-87)得

$$\pi_2 = \mu(d^{-1}u^{-1}\rho^{-1}) = \left(\frac{du\rho}{\mu}\right)^{-1} = Re^{-1}$$

类似可得

$$\pi_1 = l/d \quad \pi_3 = \varepsilon/d \quad \pi_4 = w_f/u^2$$

至此，找到4个无因次准数，分别为长径比 l/d、雷诺数 Re、相对粗糙度 ε/d 和欧拉数 $Eu = w_f/u^2$，欧拉数的物理意义是阻力损失与动能之比。于是式(1-85)转

化为

$$\frac{w_\mathrm{f}}{u^2} = F\left(Re, \frac{\varepsilon}{d}, \frac{l}{d}\right) \tag{1-90}$$

在其他变量不变时,经过实验发现,$w_\mathrm{f} \propto l/d$,故将上式与式(1-84)对照后,可改写如下:

$$w_\mathrm{f} = \phi\left(Re, \frac{\varepsilon}{d}\right)\frac{l}{d}\frac{u^2}{2}$$

可知:

$$\lambda = \phi(Re, \varepsilon/d) \tag{1-91}$$

通过上述因次分析过程,将原来含有 7 个物理量的式(1-85)转变成了只含有 4 个无因次准数的式(1-90)。如果以无因次准数为变量进行实验,显然实验工作量将大大地减少。

由式(1-91)可知,λ 是雷诺数 Re 和相对粗糙度 ε/d 的函数。不同的流型、管壁状况下,Re 和 ε/d 对 λ 的影响不同。

若以 Re 为横坐标,λ 为纵坐标,ε/d 为参变量,将实验结果标绘在双对数坐标系中,得到如图 1-32 所示的一簇曲线。该图称为莫狄(Moody)图。

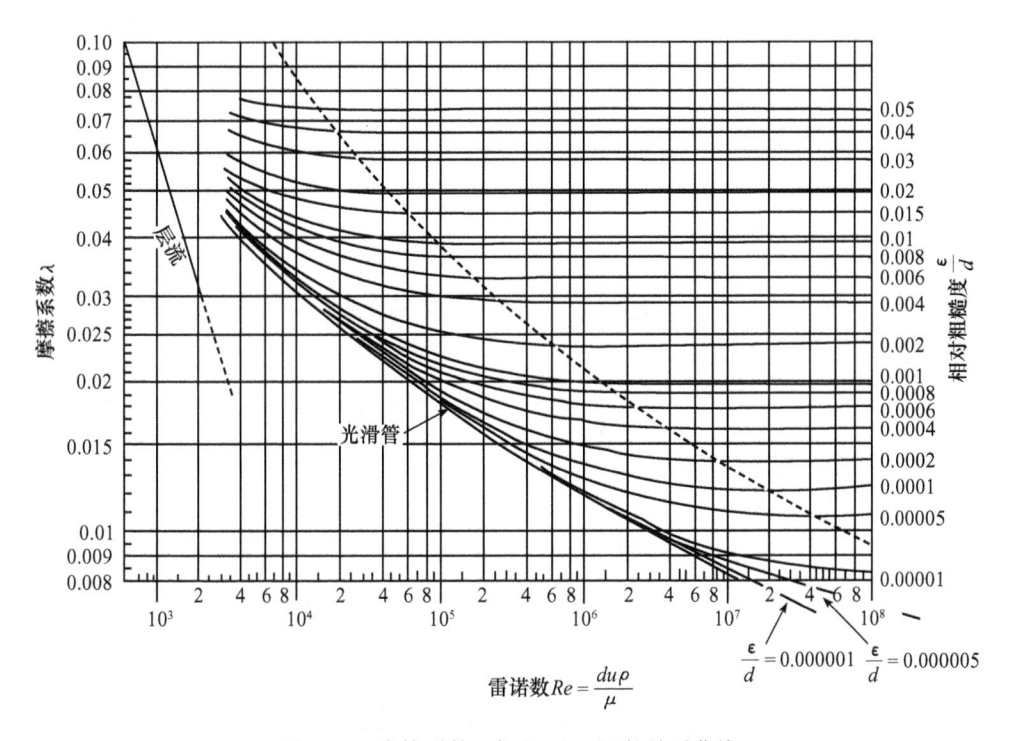

图 1-32 摩擦系数 λ 与 Re 和 ε/d 的关系曲线

图中各区域简述如下：

a. 层流区　$Re \leqslant 2000$

当流体层流流动时，管壁上凹凸不平的粗糙峰被平稳地滑动着的流体层所掩盖[图1-33(a)]，流体在其上流过与在光滑管壁上没有区别，因此 λ 只是 Re 的函数。式(1-66)及图1-32均表明此时 $\lg\lambda$ 与 $\lg Re$ 为直线关系。

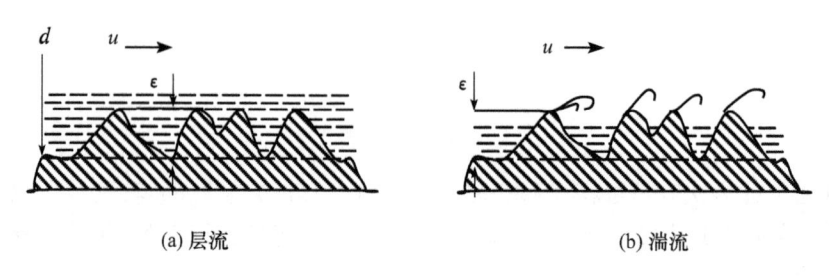

(a) 层流　　　　　(b) 湍流

图1-33　粗糙管内流动情况

b. 湍流区　$Re > 4000$

光滑管　当流体湍流流过光滑管(或水力光滑管)时，因为管的粗糙峰很小或近似为零，粗糙峰都处在湍流的层流底层之下，如图1-33(a)所示，故 ε/d 对流动阻力不产生任何影响，这时 λ 只是 Re 的函数。图1-32中湍流区的最下面的一条曲线就是流体流过光滑管(或水力光滑管)时 λ 与 Re 的关系曲线。下面再给出几个光滑管内湍流经验公式：

柏拉修斯(Blasius)式

$$\lambda = \frac{0.3164}{Re^{0.25}} \quad (2100 < Re < 10^5) \tag{1-92}$$

普兰特(Prandtl)式

$$1/\sqrt{\lambda} = 2.0 \lg(Re\sqrt{\lambda}) - 0.8 \quad (2300 < Re < 4\times 10^6) \tag{1-93}$$

顾毓珍等公式

$$\lambda = 0.0056 + \frac{0.500}{Re^{0.32}} \quad (3000 < Re < 3\times 10^6) \tag{1-94}$$

粗糙管　流体在粗糙管内湍流流动时，Re、ε/d 对 λ 均有影响，且随着 Re 的增大，ε/d 对 λ 的影响越来越重要，相反，Re 对 λ 的影响却越来越弱。这是因为，ε/d 一定时，Re 越大，则层流底层相对越薄，暴露在湍流主体区的粗糙峰就越多，如图1-33(b)所示，ε/d 对 λ 的影响越大；当 Re 增大到一定值后，几乎所有的粗糙峰均暴露在湍流主体区内，此时若再增大 Re，ε/d 对 λ 的影响也不变了，即 λ 为常数，这时摩擦损失 $w_\mathrm{f} \propto u^2$，我们称这时流动进入了阻力平方区(也称完全湍流区)，如图1-32中虚线以上区域所示。该区域的各曲线趋近于水平线。

粗糙管内湍流时的 λ 经验式有

顾毓珍等公式

$$\lambda = 0.01227 + \frac{0.7543}{Re^{0.38}} \quad (1\text{-}95)$$

式(1-95)适用范围为 $Re=3\times10^3\sim3\times10^6$，管内径 50～200mm 的新钢、铁管。

科尔布鲁克(Colebrook)公式

$$\frac{1}{\sqrt{\lambda}} = 1.14 - 2\lg\left(\frac{\varepsilon}{d} + \frac{9.35}{Re\sqrt{\lambda}}\right) \quad (1\text{-}96)$$

式(1-96)适用范围为 $Re=4\times10^3\sim10^8$，$\varepsilon/d=5\times10^{-2}\sim10^{-6}$，从水力光滑管至粗糙管的各种情形。

在阻力平方区，因 Re 很大，科尔布鲁克式中 $\frac{9.35}{Re\sqrt{\lambda}}$ 项很小，可忽略，于是

$$\frac{1}{\sqrt{\lambda}} = 1.14 - 2\lg\frac{\varepsilon}{d} \quad (1\text{-}97)$$

除以上传统公式外，近年又得出一些新的经验式，现推荐一个简单、适用、经修正的公式如下：

$$\lambda = 0.100\left(\frac{\varepsilon}{d} + \frac{68}{Re}\right)^{0.23} \quad (1\text{-}98)$$

式(1-98)适用范围为 $Re\geqslant 4000$ 及 $\varepsilon/d\leqslant 0.005$。

c. 过渡区　$2000<Re<4000$

在此区域查取或计算 λ 时，一般按给定的粗糙度将湍流时的曲线延伸出去或按湍流公式计算。

绝对粗糙度 ε 可查表 1-1。该表中的 ε 值只代表粗糙峰的平均高度，且都是指新管而言。若管子经长时间使用或由于腐蚀、结垢等原因，ε 值可能会发生显著变化。

表 1-1　某些工业管材的绝对粗糙度 ε 约值

金属管道	ε/mm	非金属管道	ε/mm
新的无缝钢管	0.02～0.10	清洁的玻璃管	0.0015～0.01
中等腐蚀的无缝钢管	～0.4	橡皮软管	0.01～0.03
钢管、铅管	0.01～0.05	木管、板刨得较好	0.30
铝管	0.015～0.06	板刨得较粗	1.0
普通镀锌钢管	0.1～0.15	上釉陶器管	1.4
新的焊接钢管	0.04～0.10	石棉水泥管，新	0.05～0.10
使用多年的煤气总管	～0.5	石棉水泥管，中等状况	～0.60
新铸铁管	0.25～1.0	混凝土管，表面抹得较好	0.3～0.8
使用过的水管(铸铁管)	～1.4	水泥管，表面平整	0.3～0.8

(3) 非圆管内的摩擦损失

前面所讨论的都是流体在圆管内的流动。在化工生产中常会遇到非圆形管

道，例如矩形管、套管环隙等。对于非圆形管内的流体流动，如采用下面定义的当量直径 d_e 代替圆管直径，其摩擦系数仍可近似按圆管内流动的公式进行计算或用莫狄图查取。

$$d_e = \frac{4 \times 流通截面积}{润湿周边} = 4 \times 水力半径 \quad (1-99)$$

式中，润湿周边指流体与管壁面接触的周边长度。例如圆形管，流通截面积为 $\pi d^2/4$，润湿周边为 πd，其 $d_e = d$。再如，由内径为 D 的外管、外径为 d 的内管所组成的套管环隙，其 $d_e = 4 \times \frac{\pi(D^2 - d^2)}{4} \Big/ \pi(D+d) = D - d$。

当量直径的定义是经验性的，并无理论根据。研究结果表明，当量直径方法用于湍流情况的阻力计算才比较可靠，并且若为矩形管，其长、宽之比不得超过 3∶1，而对于截面为环形的管道，其可靠性就较差。计算层流的阻力，则应将式(1-66)修正为

$$\lambda = C/Re \quad (1-100)$$

式中，C 为常数，无因次。对于正方形和等边三角形，C 分别取 57 和 53。对流体在复杂通道内做层流流动时的摩擦损失计算可参考文献[5]。

2) 局部摩擦损失的计算

前面已提及，当流体流经弯头、阀门、三通、管进出口等处时，由于流体的流速或流动方向突然发生变化，产生大量漩涡，从而导致形体阻力。由于引起局部摩擦损失机理的复杂性，只有少数情况可进行理论分析，多数情况需要实验方法确定。

(1) 局部摩擦损失的两种近似算法

a. 当量长度法

此法近似地将局部摩擦损失看作与某一长度为 l_e 的同直径的管道所产生的摩擦损失相当，此折合的管道长度 l_e 称为当量长度。于是局部摩擦损失计算式为

$$w_f = \lambda \frac{l_e}{d} \frac{u^2}{2} \quad (1-101)$$

l_e 值由实验确定，图 1-34 中列出了某些常用管件和阀件的 l_e 值。

b. 局部阻力系数法

此法近似认为局部摩擦损失是平均动能的某一个倍数，即

$$w_f = \zeta \frac{u^2}{2} \quad (1-102)$$

式中，ζ 是局部阻力系数，由实验测定。常用管件和阀件的 ζ 值列于表 1-2。

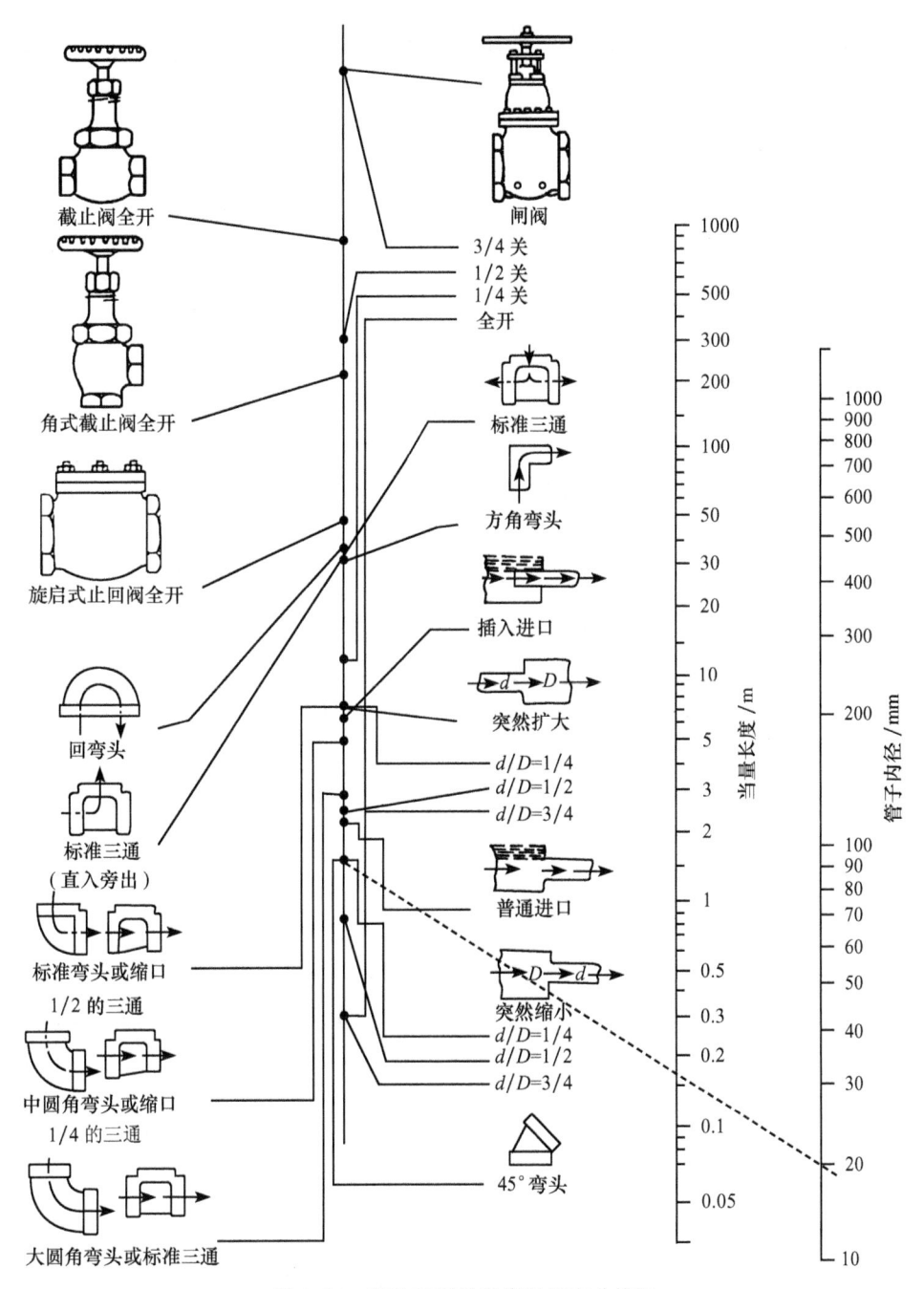

图 1-34 管件和阀件的当量长度共线图

本图的使用方法如图中虚线所示,根据管件或阀件的种类,在最左边一列找到相应的点;再根据管内径大小在最右边一列找到相应的点。连接以上两点,与中间一列相交,可读出当量长度值

表 1-2 管件和阀件的局部阻力系数 ζ 值

管件和阀件名称	ζ 值							
标准弯头	45°，$\zeta=0.35$				90°，$\zeta=0.75$			
90°方形弯头	1.3							
180°回弯头	1.5							
活接管接头	0.04							

弯管	φ / R/d	30°	45°	60°	75°	90°	105°	120°
	1.5	0.08	0.11	0.14	0.16	0.175	0.19	0.20
	2.0	0.07	0.10	0.12	0.14	0.15	0.16	0.17

突然扩大	A_1/A_2	0	0.1	0.2	0.3	0.4	0.5	0.6	0.7	0.8	0.9	1
	ζ	1	0.81	0.64	0.49	0.36	0.25	0.16	0.09	0.04	0.01	0

突然缩小	A_1/A_2	0	0.1	0.2	0.3	0.4	0.5	0.6	0.7	0.8	0.9	1
	ζ	0.5	0.47	0.45	0.38	0.34	0.3	0.25	0.20	0.15	0.09	0

管出口	$\zeta=1$

管入口	锐缘进口 $\zeta=0.5$；圆角进口 $\zeta=0.25$；流线形进口 $\zeta=0.04$；管道伸入进口 $\zeta=0.56$；$\zeta=3\sim1.3$；$\zeta=0.5+0.5\cos\theta+0.2\cos^2\theta$

标准三通管	$\zeta=0.4$	$\zeta=1.5$ 当弯头用	$\zeta=1.3$ 当弯头用	$\zeta=1$

闸阀	全开	3/4 开	1/2 开	1/4 开
	0.17	0.9	4.5	24

球心阀	全开 $\zeta=6.0$	$\frac{1}{2}$ 开 $\zeta=9.5$

蝶阀	α	5°	10°	20°	30°	40°	45°	50°	60°	70°
	ζ	0.24	0.52	1.54	3.91	10.8	18.7	30.6	118	751

旋塞	θ	5°	10°	20°	40°	60°
	ζ	0.05	0.29	1.56	17.3	206

单向阀(止逆阀)	摇板式 $\zeta=2$	球形式 $\zeta=70$
角阀(90°)	全开 2.0	
底阀	1.5	
滤水器(或滤水网)	2	
水表(盘形)	7	

注：管件、阀件的规格结构形式很多，制造水平、加工精度往往差别较大，所以当量长度 l_e 与局部阻力系数 ζ 的变动范围也是很大的。表 1-2 与图 1-34 中的数值只是约略值，仅作参考。其他管件、阀件等的 l_e 或 ζ 值可参考文献[5]。

注意,计算时,式(1-101)和式(1-102)中流速要用较小管道中的值。

以上两种方法均为近似估算方法,而且两种计算方法所得结果不会完全一致。但从工程角度看,两种方法均可。

在管路系统中,直管摩擦损失与局部摩擦损失之和等于总摩擦损失,对等径管,则

$$\sum w_\mathrm{f} = \left(\lambda \frac{l}{d} + \sum \zeta\right)\frac{u^2}{2} = \lambda\left(\frac{l + \sum l_\mathrm{e}}{d}\right)\frac{u^2}{2} \tag{1-103}$$

显然,采用当量长度法便于将直管摩擦损失与局部摩擦损失合起来计算。

长距离输送时以直管摩擦损失为主,短程输送时则以局部摩擦损失为主。

(2) 突然扩大和突然缩小

在尺寸不同的两个管子连接处或管子与管件、阀件等连接处常会遇到管径突然扩大或突然缩小的问题,如图 1-35 所示。

(a) 突然扩大　　　　　　(b) 突然缩小

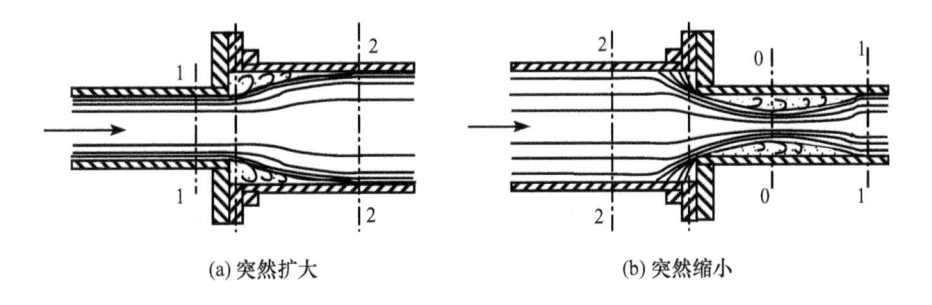

图 1-35　突然扩大与突然缩小

a. 突然扩大

流体流过突然扩大管道时,由于流道突然扩大,流速减小,压力相应增大,流体在这种逆压流动过程中极易发生边界层分离(1.5 节),产生旋涡,如图 1-35(a)所示。由边界层分离所造成的机械能损失要远大于此过程中流体与壁面间的摩擦损失。通过理论分析可以证明,突然扩大时摩擦损失的计算式为

$$w_\mathrm{f} = \left(1 - \frac{A_1}{A_2}\right)^2 \frac{u_1^2}{2} \tag{1-104}$$

故局部阻力系数

$$\zeta = \left(1 - \frac{A_1}{A_2}\right)^2 \tag{1-105}$$

式中,A_1、A_2 分别为小管、大管的横截面积;u_1 为小管中的平均流速。

不同 A_1/A_2 下的 ζ 值如表 1-2 所示。管出口情形,即流体从管流入容器,是突然扩大中的一种特殊情况,此时 $A_1 \ll A_2$,$A_1/A_2 \approx 0$,由式(1-105)得管出口的局部阻力系数 $\zeta_o = 1$。

b. 突然缩小

如图 1-35(b)所示,当流体由大管流入小管时,流股突然缩小。此后,由于流动惯性,流股将继续缩小,直到面 0-0 时,流股截面缩到最小,此处称为缩脉。经过缩脉后,流股开始逐渐扩大,直至在面 1-1 处重新充满整个管截面。流体在缩脉之前是顺压流动的,而在缩脉之后则和突然扩大情形类似为逆压流动,因而在缩脉之后会产生边界层分离和涡流。可见,突然缩小的机械能损失主要还在于突然扩大。

突然缩小时的摩擦损失计算式为

$$w_f = 0.5\left(1 - \frac{A_1}{A_2}\right)\frac{u_1^2}{2} \qquad (1\text{-}106)$$

局部阻力系数

$$\zeta = 0.5\left(1 - \frac{A_1}{A_2}\right) \qquad (1\text{-}107)$$

式中各项的物理意义同式(1-105)。

不同 A_1/A_2 下的 ζ 值如表 1-2 所示。管入口情形,即流体由容器流入管子,是突然缩小中的一种特殊情况,此时 $A_1/A_2 \approx 0$,由式(1-107)得管入口的局部阻力系数 $\zeta_i = 0.5$。

例 1-8 如图 1-36 所示,将敞口高位槽中密度 870kg/m^3、黏度 0.8×10^{-3} Pa·s 的溶液送入某一设备 B 中。设 B 中压力为 10kPa(表),输送管道为 $\phi 38\text{mm} \times 2.5\text{mm}$ 无缝钢管,其直管段部分总长为 10m,管路上有一个 90°标准弯头、一个球心阀(全开)。为使溶液能以 $4\text{m}^3/\text{h}$ 的流量流入设备中,问高位槽应高出设备多少(单位:m)?

解 选取高位槽液面为面 1-1、管出口截面(内侧)为面 2-2,并取面 2-2

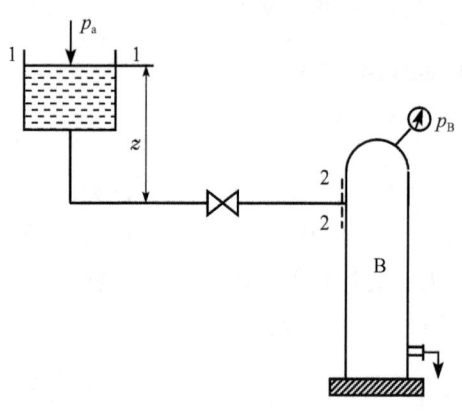

图 1-36 例 1-8 附图

为位能基准面。在面 1-1 与面 2-2 间列机械能衡算式:

$$gz + 0 + \frac{p_1(\text{表})}{\rho} = 0 + \frac{u_2^2}{2} + \frac{p_2(\text{表})}{\rho} + w_f \qquad \text{(i)}$$

式中，$p_1(表)=0$，$p_2(表)=1.0\times10^4\text{Pa}$，$\rho=870\text{kg/m}^3$，$u_2=\dfrac{V}{\pi d^2/4}=\dfrac{4/3600}{\pi\times0.033^2/4}=1.30(\text{m/s})$，$Re=\dfrac{du\rho}{\mu}=\dfrac{0.033\times1.30\times870}{0.8\times10^{-3}}=4.665\times10^4$，可见属湍流流动，查表1-1并取管壁绝对粗糙度 $\varepsilon=0.05\text{mm}$，则 $\varepsilon/d=0.05/33=0.001515$，查图1-32或按式(1-98)计算得 $\lambda=0.026$。

查表1-2得有关的各管件局部阻力系数分别为

突然缩小　$\zeta_1=0.5$；　90°标准弯头　$\zeta_2=0.75$；　球心阀(全开)　$\zeta_3=6.0$

于是有

$$\sum\zeta=0.5+0.75+6.0=7.25$$

$$w_f=\left(\lambda\dfrac{l}{d}+\sum\zeta\right)\dfrac{u_2^2}{2}$$

$$=\left(0.026\times\dfrac{10}{0.033}+7.25\right)\times\dfrac{1.30^2}{2}=12.78(\text{J/kg})$$

将以上各数据代入式(i)中，得

$$z=\dfrac{p_2(表)}{\rho g}+\dfrac{u_2^2}{2g}+\dfrac{w_f}{g}=\dfrac{1.0\times10^4}{870\times9.81}+\dfrac{1.30^2}{2\times9.81}+\dfrac{12.78}{9.81}=2.56(\text{m})$$

本题也可将面2-2取在管出口外侧，此时，$u_2=0$，而 w_f 中则要多一项突然扩大局部损失项，其值恰好为 $u_2^2/2$，故管出口截面的两种取法，其计算结果完全相同。

1.4　管路计算

前面已导出了连续性方程、机械能衡算方程以及摩擦损失的计算式，据此可以进行不可压缩流体输送管路的计算；对于可压缩流体，则还需要表征过程性质的状态方程式。

管路按其布设方式，可分为简单管路和复杂管路(包括管网)两类，下面分别加以介绍。

1.4.1　简单管路

简单管路是单一管路，即没有分支和汇合的管路，如图1-37所示为一典型的简单管路系统。

1. 简单管路的特点

（Ⅰ）通过各管段的质量流量不变，对不可压缩流体，则体积流量不变，即

$$V_1 = V_2 = \cdots$$

（Ⅱ）整个管路的总摩擦损失为各管段摩擦损失之和，即

$$\sum w_f = w_{f1} + w_{f2} + \cdots$$

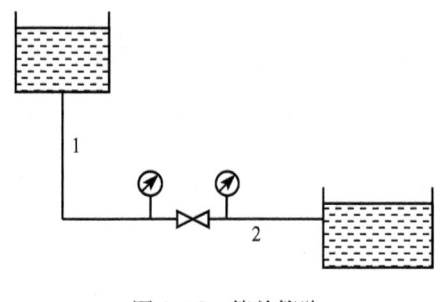

图 1-37　简单管路

简单管路计算按其目的不同可分为设计型和操作型两类。这两类问题的计算方法都是联立求解连续性方程、机械能衡算方程、摩擦损失计算式（或再加上状态方程），但由于这两类问题已知量不同，计算过程也不相同。

2. 设计型问题的计算及优化

所谓设计型，是指给定输送任务，如体积流量 V，要求设计出经济、合理的管路系统，主要指确定最经济的管径 d 的大小：

$$d = \sqrt{\frac{4V}{\pi u}} \tag{1-108}$$

式中，u 为平均流速。

由式(1-108)可知，若给定体积流量 V，则 u 越大，d 越小，设备费用就越小；但流体流动过程中的摩擦损失却随 u 增大而变大，因而输送流体所需的有效轴功也就越大，这意味着操作费用的增加。由此可见，u 的大小直接关系到管路输送系统的总经济费用（包括每年的操作费和按使用年限的设备折旧费）问题。u 与总费用之间的关系可用图 1-38 定性表示，图中操作费用包括能耗及每年的大修费，大修费是设备费的某一百分数，故流速过小时，操作费反而升高。

使总费用最小的平均流速称为最适宜流速 u_{opt}，其值须通过优化计算确定，但工程上根据经验总结，已有某些流体经济流速的大致范围，如表 1-3 所示。

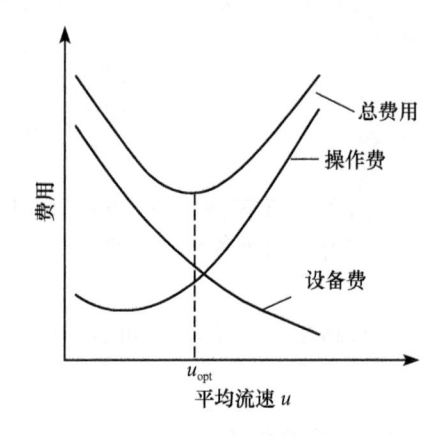

图 1-38　流速与费用关系

设计型问题就是要首先选定适宜流速，然后按式(1-108)算出管径 d。在选择流速时，应考虑流体的性质，如黏度较大的流体（如油类），流速应较低；含有固体悬浮物的液体，为防止管路的堵塞，流速则不能取得太低；密度较大的液体，流速不宜高；而密度很小的气体，流速则可取得比液体的大得多；气体输送中，容易获得压力

表 1-3　某些流体在管内的常用流速范围[5]

流体类别	常用流速范围/m/s	流体类别	常用流速范围/m/s
水及黏度相近液体		乙醚、苯、二硫化碳	<1
$p=0.1\sim0.3$MPa	$0.5\sim2$	低压蒸气(<1MPa)	$15\sim20$
$p\leqslant1\sim8$MPa	$2\sim3$	中压蒸气($1\sim4$MPa)	$20\sim40$
油及黏度大的液体		高压蒸气($4\sim12$MPa)	$40\sim60$
50mPa·s	$0.5\sim1.6$	气体(<0.3MPa)	$8\sim12$
100mPa·s	$0.1\sim0.35$	气体($0.3\sim0.6$MPa)	$10\sim20$

的气体(如饱和水蒸气),流速可高;而对一般气体,输送的压力来之不易,流速不宜太高;对于真空管路,流速的选择必须保证产生的压降低于允许值。

由式(1-108)算出的管径 d 必须根据管道标准规格进行圆整,管道标准规格见附录九。有时最小管径要受到结构上的限制,如支撑在跨距 5m 以上的普通钢管,管径不应小于 40mm。

3. 操作型问题的分析

操作型问题是指管路系统已定,要求核算出在给定条件下管路系统的输送能力或某项技术指标。

在这类问题中,若输送能力未知,则平均流速 u 未知,而 λ 又是 u 的复杂函数,因此,在联立求解连续性方程、机械能衡算方程和摩擦损失计算式时就需要试差。因为 λ 变化范围不大,试差计算时通常将 λ 作为试差变量,可取已进入阻力平方区的 λ 作为计算初值,或在其常见值 $0.02\sim0.03$ 取一值作为初值。

下面通过几个例题论述简单管路的上述这两种类型问题的计算或分析过程。

例 1-9　设计型问题

已知一自来水总管(无缝钢管)内水压为 2×10^5Pa(表),现需从该处引出一支管将 20℃ 自来水以 $3\text{m}^3/\text{h}$ 的流量送至 1000m 的用户(常压),管路上有 10 个 90° 标准弯头,2 个球心阀(半开),试计算该支管的直径。

解　由于输送距离较长,位差可忽略不计。从支管引出处至用户之间列机械能衡算方程,得

$$\frac{p_1-p_2}{\rho}=w_f=\left(\lambda\frac{l}{d}+\sum\zeta\right)\frac{u^2}{2} \tag{i}$$

式中,$p_1=2\times10^5$Pa,$p_2=0$,$\rho=1000$kg/m³,$\mu=1.005\times10^{-3}$Pa·s,$l=1000$m,查表 1-2 得,90°标准弯头 10 个:$\zeta_1=0.75\times10=7.5$;球心阀(半开)2 个:$\zeta_2=9.5\times2=19$。所以

$$\sum\zeta=\zeta_1+\zeta_2=7.5+19=26.5$$

$$u = \frac{V}{\pi d^2/4} = \frac{3/3600}{\pi d^2/4} = \frac{1.062 \times 10^{-3}}{d^2}$$

代入式(i)得

$$\left(\frac{\lambda}{d} + 0.0265\right)\frac{1}{d^4} = 3.547 \times 10^5 \qquad (ii)$$

式(ii)表明 λ 与 d 有复杂的函数关系,故由此式求 d 需用试差法。λ 变化较小,试差时可选 λ 作为试差变量。试差过程如下：

因为工程上 λ 大多为 $0.02 \sim 0.03$,故首先假设 λ 的初始值 $\lambda = 0.03$,由式(ii)试差得 $d = 0.03876m$,于是

$$Re = \frac{du\rho}{\mu} = \frac{4\rho V}{\pi \mu d} = \frac{4 \times 1000 \times 3/3600}{\pi \times 1.005 \times 10^{-3} d} = \frac{1.056 \times 10^3}{d} = 2.724 \times 10^4$$

可见属湍流。对无缝钢管,可取 $\varepsilon = 0.05mm$,则

$$\frac{\varepsilon}{d} = \frac{0.05 \times 10^{-3}}{0.03876} = 0.00129$$

查图 1-32 或由式(1-98)计算得 $\lambda = 0.0277$,代入式(ii)试差得 $d = 0.0382m$。计算得此时 $Re = 2.764 \times 10^4$,属湍流。再由 $\varepsilon/d = 0.00131$ 及 Re 查图 1-32 或由式(1-98)计算得

$$\lambda = 0.0277$$

与上次试差结果相同,试差结束。最后结果为 $d = 38.2mm$。根据管子标准规格(附录八)圆整,可选用 $\phi48mm \times 4mm$ 的无缝钢。此时管内流速为

$$u = \frac{4V}{\pi d^2} = \frac{4 \times 3/3600}{\pi \times 0.04^2} = 0.66 (m/s)$$

可见,u 处在经济流速范围内。

例 1-10 操作型问题分析

如图 1-39 所示,通过一高位槽将液体沿等径管输送至某一车间,高位槽内液面保持恒定。现将阀门开度减小,试定性分析以下各流动参数:管内流量、阀门前后压力表读数 p_A、p_B 如何变化？

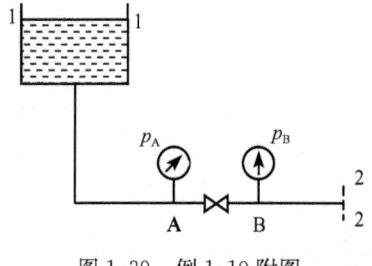

图 1-39 例 1-10 附图

解 （1）管内流量变化分析

将阀门开度关小后,管内流量必定减小。下面为了给出对这类问题的分析方法,对这一结果加以证明。

取管出口截面面 2-2 为位能基准面,在高位槽液面面 1-1 和面 2-2 间列机械能衡算方程：

$$gz_1 + \frac{p_1}{\rho} = \frac{p_2}{\rho} + \frac{u_2^2}{2} + w_f$$

而

$$w_f = \left(\lambda \frac{l}{d} + \sum \zeta\right)\frac{u_2^2}{2}$$

于是

$$gz_1 + \frac{p_1 - p_2}{\rho} = \left(\lambda \frac{l}{d} + \sum \zeta + 1\right)\frac{u_2^2}{2}$$

将阀门开度减小后，上式等号左边各项均不变，而右边括号内各项除 $\sum \zeta$ 增大外其余量均不变(λ 一般变化很小，可近似认为是常数)，故由此可推断，u_2 必减小，即管内流量减小。

(2) 阀门前后压力表读数 p_A、p_B 变化分析

取压力表 p_A 所在管截面为面 A-A，列面 1-1、面 A-A 间的机械能衡算方程：

$$\frac{p_A}{\rho} = gz_1 + \frac{p_1}{\rho} - \left(\lambda \frac{l}{d} + \sum \zeta + 1\right)_{1\text{-}A} \frac{u_A^2}{2}$$

当阀门关小时，上式等号右边各项除 u_A 减小外，其余量均不变，故 p_A 必增大。

p_B 的变化可由面 B-B、面 2-2 间的机械能衡算分析得到

$$\frac{p_B}{\rho} = \frac{p_2}{\rho} + \left(\lambda \frac{l}{d} + \sum \zeta\right)_{B\text{-}2} \frac{u_2^2}{2}$$

当阀门关小时，上式等号右边各项除 u_2 减小外，其余量均不变，故 p_B 必减小。

讨论 由本题可引出如下结论：简单管路中局部阻力系数变大，如阀门关小，将导致管内流量减小，阀门上游压力上升，下游压力下降。这个规律具有普遍性。

例 1-11 操作型问题计算

用水塔给水槽供水，如图 1-40 所示，水塔和水槽均为敞口。已知水塔水面高出管出口 12m，输水管为 $\phi 114\text{mm} \times 4\text{mm}$，管路总长 100m(包括所有局部损失的当量长度在内)，管的绝对粗糙度 $\varepsilon = 0.3\text{mm}$，水温 20℃。试求管路的输水量 V。

解 因管出口局部摩擦损失已计入总损失中，故面 2-2 取在管出口截面外侧，此时 $u_2 = 0$。在水塔水面面 1-1 与面 2-2 间列机械能衡算方程，得

$$gz_1 = \lambda \frac{l + \sum l_e}{d} \frac{u^2}{2}$$

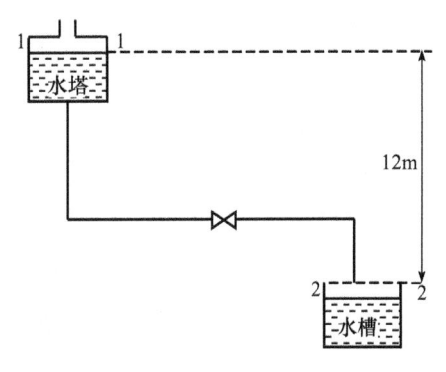

图 1-40 例 1-11 附图

将 $z_1=12\text{m}, l+\sum l_e=100\text{m}, d=114-2\times4=106\text{mm}=0.106\text{m}$ 代入并化简得

$$\lambda u^2=0.25$$

由此式求 u 需试差。

假设流动进入阻力平方区，由 $\varepsilon/d=0.3/106=0.0028$ 查图得 $\lambda=0.026$，代入上式得 $u=3.1\text{m/s}$。近似取 20℃水 $\rho=1000\text{kg/m}^3, \mu=1\times10^{-3}\text{Pa}\cdot\text{s}$，于是

$$Re=\frac{du\rho}{\mu}=\frac{0.106\times3.1\times1000}{1\times10^{-3}}=3.29\times10^5$$

由 Re 和 $\varepsilon/d=0.0028$ 重新查图得 $\lambda=0.026$，与假设值相同，试差结束。

流量 $V=\dfrac{\pi}{4}d^2u=\dfrac{\pi}{4}\times0.106^2\times3.1=0.0273(\text{m}^3/\text{s})=98.4(\text{m}^3/\text{h})$

1.4.2 复杂管路

复杂管路指有分支的管路，包括并联管路[图 1-41(a)]、分支(或汇合)管路[图 1-41(b)]。

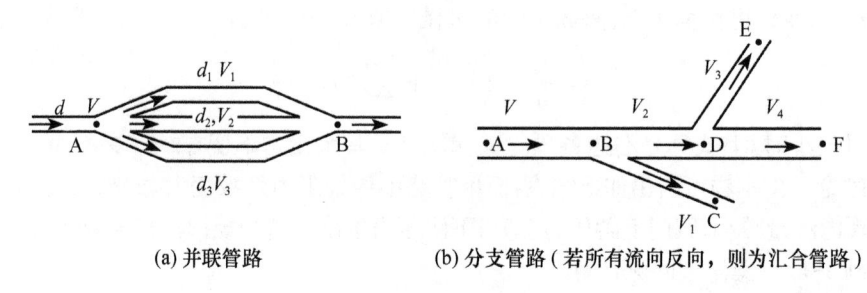

(a) 并联管路

(b) 分支管路(若所有流向反向，则为汇合管路)

图 1-41 复杂管路

1. 并联管路

并联管路的特点如下：

（Ⅰ）总管流量等于并联各支管流量之和，对不可压缩流体，则有

$$V=V_1+V_2+V_3 \tag{1-109}$$

（Ⅱ）就单位质量流体而言，并联的各支管摩擦损失相等，即

$$\boxed{w_{f1}=w_{f2}=w_{f3}=w_f} \tag{1-110}$$

这是因为，并联的各支管起始于同一分流点 A 和终结于同一汇合点 B(严格讲应

分别在 A 点上游和 B 点下游的两点),因此,对通过各并联支管的单位质量流体而言均有

$$Et_A = Et_B + w_{f1}, \quad Et_A = Et_B + w_{f2}, \quad Et_A = Et_B + w_{f3}$$

故 w_{f1}、w_{f2}、w_{f3} 均相等。

将摩擦损失计算式代入式(1-110),可将其改写成

$$\lambda_1 \frac{l_1}{d_1} \frac{u_1^2}{2} = \lambda_2 \frac{l_2}{d_2} \frac{u_2^2}{2} = \lambda_3 \frac{l_3}{d_3} \frac{u_3^2}{2}$$

将 $u = \dfrac{4V}{\pi d^2}$ 代入得

$$V_1 : V_2 : V_3 = \sqrt{\frac{d_1^5}{\lambda_1 l_1}} : \sqrt{\frac{d_2^5}{\lambda_2 l_2}} : \sqrt{\frac{d_3^5}{\lambda_3 l_3}} \tag{1-111}$$

式(1-111)表明,长而细的支管通过的流量小,短而粗的支管则流量大。

如果管路系统由总管部分和并联支管部分串联而成,则在计算总摩擦损失 w_f 时,只要考虑并联部分中的任一支管即可,绝不能将并联的各支管的摩擦损失加在一起作为并联部分的摩擦损失。

2. 分支(或汇合)管路

这类管路的特点如下:

(Ⅰ)总管流量等于各支管流量之和,对如图 1-41(b)所示的不可压缩流体,则有

$$V = V_1 + V_2, \quad V_2 = V_3 + V_4$$

即

$$V = V_1 + V_3 + V_4 \tag{1-112}$$

(Ⅱ)对单位质量流体而言,无论分支(或汇合)管路多么复杂,均可沿流体流向,将其分为若干个简单管路,对每一段简单管路,仍然满足单位质量流体的机械能衡算方程,以 ABC 段为例,有

$$Et_A = Et_B + w_{fA\text{-}B} \quad \text{及} \quad Et_B = Et_C + w_{fB\text{-}C}$$

因此

$$Et_A = Et_C + w_{fA\text{-}B} + w_{fB\text{-}C} = Et_C + w_{fA\text{-}C} \tag{1-113}$$

注意,式(1-113)在复杂管路计算中应用很广,应仔细体会。

应当指出,当流体流过分支点(或汇合点)时有动量交换,动量交换的结果一方面造成局部机械能损失,另一方面在各流股之间产生机械能转移,通常把这种转移所引起的机械能变化也归并在局部摩擦损失中。若能搞清因动量交换所引起的机械能损失和转移,则 $w_{fA\text{-}B}$、$w_{fB\text{-}C}$ 也就可以确定了。

工程上通常将分支处(或汇合处)视为三通管件,由实验测定不同情况下三通

的局部阻力系数 ζ。当单位质量流体流过三通时若机械能有所增加，则 ζ 值为负，若能量减小则为正。若管子很长或其他局部损失较大，则分支点（或汇合处）的能量变化可忽略不计。

复杂管路问题也可分为两类：设计型问题和操作型问题。

例 1-12 设计型问题

某一贮罐内贮有 40℃、密度为 710kg/m³ 的某液体，液面维持恒定。现要求用泵将液体分别送到设备 A 及设备 B 中，有关部位的高度和压力如图 1-42 所示。送往设备 A 的最大流量为 10800kg/h，送往设备 B 的最大流量为 6400kg/h。已知 1、2 间管段长 $l_{12}=8m$，管子尺寸为 $\phi108mm\times4mm$；通向设备 A 的支管段长 $l_{23}=50m$，管子尺寸为 $\phi76mm\times3mm$；通向设备 B 的支管段长 $l_{24}=40m$，管子尺寸为 $\phi76mm\times3mm$。以上管长均包括了局部损失的当量长度在内，且阀门均处在全开状态。流体流动的摩擦系数 λ 均可取为 0.03。求所需泵的有效功率 N_e。

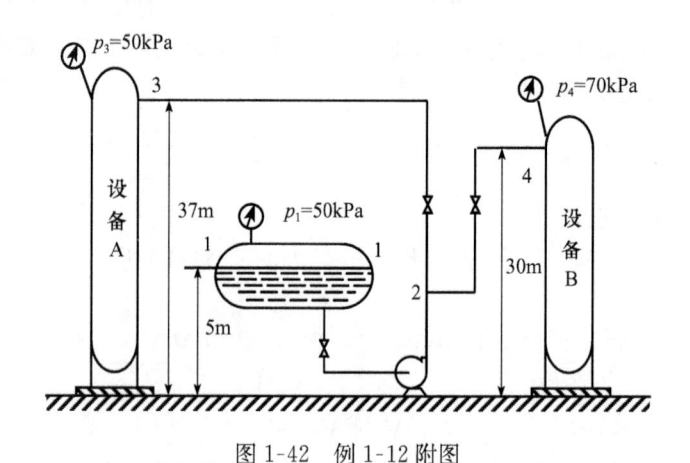

图 1-42 例 1-12 附图

解 这是一个分支管路设计型问题。将贮罐内液体以不同流量分别送至不同的两设备，所需的外加功率不一定相等，设计时应按所需功率最大的支路进行计算，为此，先不计动能项（长距离输送时动能项常可忽略不计），并以地面作为位能基准面，确定为达到指定的输送任务，三通处 2 所需的最大机械能。

$$Et_3 = gz_3 + \frac{p_3(\text{表})}{\rho} = 9.81\times 37 + \frac{5.0\times 10^4}{710} = 433.4(\text{J/kg})$$

$$Et_4 = gz_4 + \frac{p_4(\text{表})}{\rho} = 9.81\times 30 + \frac{7.0\times 10^4}{710} = 392.9(\text{J/kg})$$

可见 $Et_3 > Et_4$，又通向设备 A 的支路比通向设备 B 的支路长，所以有可能设备 A 所需的外加功率大。故下面先按支路 23 进行设计。

在2、3间列机械能衡算方程：

$$Et_2 = Et_3 + w_{f2\text{-}3} = Et_3 + \lambda \frac{l_{23}}{d_{23}} \frac{u_{23}^2}{2}$$

将 $Et_3 = 433.4\text{J/kg}$, $\lambda = 0.03$, $l_{23} = 50\text{m}$, $d_{23} = 0.07\text{m}$, $u_{23} = \frac{4m_{23}/\rho}{\pi d_{23}^2} = \frac{4 \times 10800/(3600 \times 710)}{\pi \times 0.07^2} = 1.1(\text{m/s})$ 代入,得

$$Et_2 = 433.4 + 0.03 \times \frac{50}{0.07} \times \frac{1.1^2}{2} = 446.4(\text{J/kg})$$

再在2、4间列机械能衡算方程：

$$Et_2 = Et_4 + \lambda \frac{l_{24}}{d_{24}} \frac{u_{24}^2}{2}$$

将有关数据代入得

$$u_{24} = 2.50\text{m/s}$$

$$m_{24} = \frac{\pi}{4} d_{24}^2 \rho u_{24} = \frac{\pi}{4} \times 0.07^2 \times 710 \times 2.50$$
$$= 6.83(\text{kg/s}) = 24588(\text{kg/h}) > 6400(\text{kg/h})$$

可见,当通向设备A的支路满足流量要求时,另一支路的流量便比要求的大,这个问题可通过关小该支路上的阀门来解决。所以,按支路23进行设计的设想是正确的。

下面求所需外加有效功率。在1、2间列机械能衡算方程：

$$gz_1 + \frac{p_1}{\rho} + w_e = Et_2 + \lambda \frac{l_{12}}{d_{12}} \frac{u_{12}^2}{2}$$

将 $z_1=5\text{m}$, $p_1=5.0 \times 10^4\text{Pa}$, $Et_2=446.4\text{J/kg}$, $\lambda=0.03$, $l_{12}=8\text{m}$, $d_{12}=0.1\text{m}$, $u_{12} = \frac{m/\rho}{\pi d_{12}^2/4} = \frac{(10800+6400)/(3600 \times 710)}{\pi \times 0.1^2/4} = 0.86(\text{m/s})$ 代入,得

$$w_e = 446.4 + 0.03 \times \frac{8}{0.1} \times \frac{0.86^2}{2} - \left(9.81 \times 5 + \frac{5.0 \times 10^4}{710}\right) = 327.8(\text{J/kg})$$

泵的有效功率

$$N_e = mw_e = (10800+6400) \times 327.8/3600 = 1566(\text{W}) \approx 1.57(\text{kW})$$

例1-13 操作型问题分析

如图1-43所示为含有并联支路的管路输送系统,假设总管直径均相同,现将支路1上的阀门 k_1 关小,则下列流动参数将如何变化？

(1) 总管流量 V 及支管1、2、3的流量 V_1、V_2、V_3;

(2) 压力表读数 p_A、p_B。

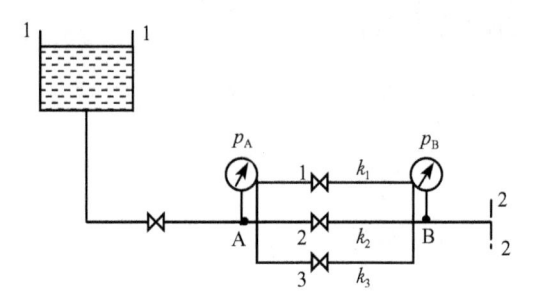

图 1-43　例 1-13 附图

解　(1) 总管及各支管流量分析

当阀门 k_1 关小时,支管 1 的流量 V_1 必然减小。

此外,k_1 的关小将导致支管 1 及管路 A→B 的阻力损失增大,而根据截面 1-1 至 2-2 的机械能衡算可知总阻力损失 w_{f12} 一定,故($w_{fA}+w_{fB2}$)必减小,因此总管流量 V 将变小。

由面 1-A 间、B-2 间机械能衡算知,因 w_{fA}、w_{fB2} 变小,则 E_{tA} 增大,E_{tB} 减小,于是 A、B 间的机械能之差增大,因此支管 2 及支管 3 的流量 V_2、V_3 将增大。

(2) 压力表读数 p_A、p_B 的变化分析

因 E_{tA} 变大,而 E_{tA} 中位能不变、动能减小,故压力能必增大,即 p_A 增大。

由 B 与 2-2 间的机械能衡算式 $\dfrac{p_B}{\rho}=(z_2-z_B)g+\dfrac{p_2}{\rho}+w_{fB2}$ 可知,由于 w_{fB2} 减小,故 p_B 减小。

讨论　本例表明,并联管路上的任一支管局部阻力系数变大,必然导致该支管和总管内流量减小,该支管上游压力增大,下游压力减小,而其他并联支管流量增大。这一规律与简单管路在同样变化条件下所遵循的规律一致(例 1-10)。

注意:以上规律适用于并联支路摩擦损失与总管摩擦损失相当的情形,若总管摩擦损失很小可忽略,则任一支管的局部阻力的变化对其他支管就几乎没有影响。

例 1-14　操作型问题计算

高位槽中水经总管流入两支管 1、2,然后排入大气(图 1-44),测得当阀门 k、k_1 处在全开状态而 k_2 处在 1/4 开度状态时,支管 1 内流量为 $0.5\text{m}^3/\text{h}$,求支管 2 中流量。

若将阀门 k_2 全开,则支管 1 中是否有水流出?

已知管内径均为 30mm,支管 1 比支

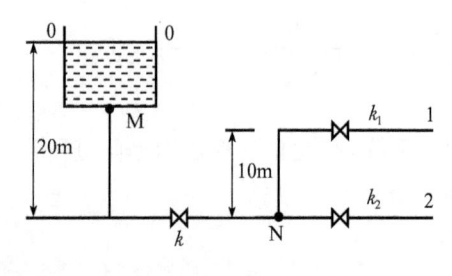

图 1-44　例 1-14 附图

管 2 高 10m，MN 段直管长为 70m，N1 段直管长为 16m，N2 段直管长为 5m，当管路上所有阀门均处在全开状态时，总管、支管 1、2 的局部阻力当量长度分别为 $\sum l_e = 11\text{m}, \sum l_{e1} = 12\text{m}, \sum l_{e2} = 10\text{m}$。管内摩擦系数 λ 可取为 0.025。

解 （1）支管 2 中流量

在面 0-0 与面 1-1 间列机械能衡算方程：

$$gz_0 = gz_1 + \lambda \frac{l + \sum l_e}{d} \frac{u^2}{2} + \lambda \frac{l_1 + \sum l_{e1}}{d} \frac{u_1^2}{2}$$

将 $z_0 - z_1 = 20 - 10 = 10\text{m}, \lambda = 0.025, l + \sum l_e = 70 + 11 = 81\text{m}, d = 0.03\text{m}$，
$l_1 + \sum l_{e1} = 16 + 12 = 28\text{m}, u_1 = \dfrac{V_1}{\pi d^2/4} = \dfrac{0.5/3600}{\pi \times 0.03^2/4} = 0.2(\text{m/s})$ 代入得

$$u = 1.7\text{m/s}$$

总管流量

$$V = \frac{\pi}{4}d^2 u = \frac{\pi}{4} \times 0.03^2 \times 1.7 = 0.0012(\text{m}^3/\text{s}) = 4.3(\text{m}^3/\text{h})$$

故

$$V_2 = V - V_1 = 4.3 - 0.5 = 3.8(\text{m}^3/\text{h})$$

（2）阀门 k_2 全开时

支管 2 上的阀门 k_2 全开后，N2 段管路阻力下降，而根据 0-2 间机械能衡算知 w_{f02} 不变，故 w_{fMN} 变大，因而总管内流量 V 将增大。在 0-0 截面与 N 处应用机械能衡算式不难得知 N 处的压力下降，所以支管 1 内流量 V_1 将减小，甚至有可能导致 $V_1 = 0$。

假设支管 1 中无水流出，由 0-0 与 2-2 间的机械能衡算可知：

$$gz_0 = \lambda \frac{(l + \sum l_e) + (l_2 + \sum l_{e2})}{d} \frac{u^2}{2}$$

$$9.81 \times 20 = 0.025 \times \frac{70 + 11 + 5 + 10}{0.03} \times \frac{u^2}{2}$$

$$u = 2.21\text{m/s}$$

再由 N 处与 2-2 截面间的机械能衡算可知：

$$Et_N = Et_2 + w_{fN2} = 0 + \lambda \frac{l_2 + \sum l_{e2}}{d} \frac{u^2}{2}$$

$$= 0.025 \times \frac{5 + 10}{0.03} \times \frac{2.21^2}{2} = 30.5(\text{J/kg})$$

而

$$Et_1 = gz_1 = 9.81 \times 10 = 98.1(\text{J/kg})$$

可见，$Et_N < Et_1$，支管1中无水流出的假设是正确的。若 $Et_N > Et_1$，则支管1中有水流出，原假设错误，此时需按分支管路重新进行计算。

1.4.3 管网简介

管网是由简单管路组成的网络系统，其中包含并联、分支或汇合等管路组合形式。如图1-45所示是一简单的管网。

管网的计算原则：

（Ⅰ）管网中任一单根管路都是简单管路，其计算与前述的简单管路计算遵循着同样的定律。

（Ⅱ）在管网的每一结点上，输入流量与输出流量相等。

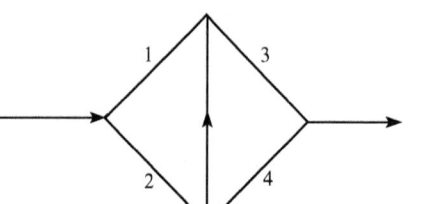

图1-45　简单的管网

（Ⅲ）若无外功输入，则在管网的每一个封闭的回路上压头损失的代数和等于零。

管网计算就是解结点上的质量守恒方程和回路上的机械能衡算方程等组成的方程组，对于层流，可用矩阵求解；对于湍流，则需用多变量迭代法求解，较为复杂，这里不作介绍。

1.4.4 可压缩流体的管路计算

前面介绍的管路计算主要是针对不可压缩流体的。对可压缩流体，由于流动过程中压力改变会导致密度、速度等的变化，因此，可压缩流体的管路计算要复杂些。下面介绍可压缩流体管路计算的一般式。

由前面的介绍可知，均质、不可压缩流体在管路系统中流动且无轴功时的机械能衡算方程为

$$g\Delta z + \Delta\left(\frac{u^2}{2}\right) + \frac{\Delta p}{\rho} + w_f = 0 \qquad (1-114)$$

对于图1-46所示的管道内均质、可压缩流体的稳定流动，任取一微元段，在该微元管段中，流体可视为不可压缩，因此式(1-114)仍然适用。对于气体而言，密度

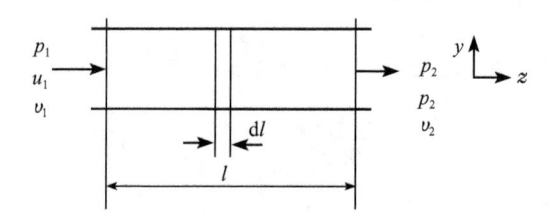

图1-46　可压缩流体在管道内的稳定流动

很小，位能项常可忽略。于是式(1-114)可改写为

$$d\left(\frac{u^2}{2}\right)+\frac{dp}{\rho}+dw_f=0 \tag{1-115}$$

其摩擦损失可用下式进行计算：

$$dw_f=\lambda\frac{dl}{d}\frac{u^2}{2} \tag{1-116}$$

将式(1-116)代入式(1-115)中，得

$$d\left(\frac{u^2}{2}\right)+\frac{dp}{\rho}+\lambda\frac{dl}{d}\frac{u^2}{2}=0 \tag{1-117}$$

或

$$d\left(\frac{u^2}{2}\right)+vdp+\lambda\frac{dl}{d}\frac{u^2}{2}=0 \tag{1-118}$$

式中，$v=1/\rho$，为比容*。考虑到气体流动时，平均流速 u 沿管长变化而质量流速 G 不变，将 $G=\rho u$ 关系代入式(1-118)，使 u 均被 G 所代替。经转化得

$$G^2vdv+vdp+\frac{G^2\lambda v^2}{2d}dl=0$$

两边同除以 v^2 得

$$G^2\frac{dv}{v}+\frac{dp}{v}+\frac{G^2\lambda}{2d}dl=0$$

沿管长进行积分得

$$G^2\ln\frac{v_2}{v_1}+\int_{p_1}^{p_2}\frac{dp}{v}+\frac{G^2}{2d}\int_0^l\lambda dl=0 \tag{1-119}$$

这就是可压缩流体在等径管内流动时的机械能衡算方程。若找到 v 与 p 的关系，代入式(1-119)可得到各种情况下的机械能衡算方程形式。

1. 等温流动

等温流动时，温度 T 为常数，μ、$Re=du\rho/\mu=Gd/\mu$ 基本不变，因而 λ 可视为常数。又由等温时气体状态方程可知：

$$pv=p_1v_1=p_2v_2=RT/M=常数$$

式中，M 为气体的摩尔质量。

将其代入式(1-119)积分得

$$G^2\ln\frac{v_2}{v_1}+\frac{M}{2RT}(p_2^2-p_1^2)+\frac{G^2\lambda l}{2d}=0$$

为了使用方便，将上式改写成

---

* 比容为旧称，《中华人民共和国法定计量单位使用方法》规定应为质量体积。本书考虑到行业习惯和教学要求，故仍沿用比容。

$$p_1^2 - p_2^2 = \frac{2RTG^2}{M}\left(\ln\frac{p_1}{p_2} + \frac{\lambda l}{2d}\right) \qquad (1\text{-}120)$$

式(1-120)为可压缩流体在等径管内等温流动时的机械能衡算方程。注意,式中 p 应用绝压。等号右边包括两项,从推导过程可知,第一项反映了动能的变化,第二项反映摩擦损失。若管道很长或 p_1、p_2 相差不大[一般指$(p_1-p_2)/p_1 < 20\%$],第一项比第二项小得多,可略去,于是式(1-120)变为

$$p_1^2 - p_2^2 = \lambda \frac{l}{d}\frac{RT}{M}G^2 \qquad (1\text{-}121)$$

由于整个管长内的平均密度

$$\rho_m = \frac{p_m M}{RT} = \frac{(p_1+p_2)M}{2RT}$$

则式(1-121)变为

$$\frac{p_1-p_2}{\rho_m} = \lambda\frac{l}{d}\frac{G^2}{2\rho_m^2} = \lambda\frac{l}{d}\frac{u_m^2}{2} \qquad (1\text{-}122)$$

式中,$u_m = G/\rho_m$。可见,式(1-122)形式上与不可压缩流体水平等径管的机械能衡算式完全相同。

采用式(1-120)或式(1-122)进行计算时常需试差。

2. 绝热过程

气体在管道内流动时,由于压力降低、体积膨胀,温度往往要下降。

对理想气体在等径管内的水平绝热流动,由总能量衡算式和热力学方程可推知,其压力与比容的关系为[3]

$$\frac{p_2}{p_1} = \frac{v_1}{v_2}\left[1 + \frac{\gamma-1}{2\gamma}\frac{v_1}{p_1}G^2\left(1 - \frac{v_2^2}{v_1^2}\right)\right] \qquad (1\text{-}123)$$

式中,γ 为绝热指数,且 $\gamma = \dfrac{c_p}{c_V}$。对于单原子气体 $\gamma = 1.667$;双原子气体 $\gamma = 1.4$;多原子气体 $\gamma = 1.33$。

再由式(1-119)(假设 λ 基本不变)可推得[3]

$$G^2\frac{\gamma+1}{\gamma}\ln\frac{v_2}{v_1} + \left(\frac{p_1}{v_1}\right)\left[\left(\frac{v_2}{v_1}\right)^2 - 1\right] + G^2\frac{\gamma-1}{2\gamma}\left[\left(\frac{v_1}{v_2}\right)^2 - 1\right] + \lambda\frac{l}{d}G^2 = 0$$
$$(1\text{-}124)$$

例 1-15 气体输送计算

如图 1-47 所示,打算用一通风机将 25℃ 常压甲烷气体输送至距离 1000m

的某常压地点(包括所有局部阻力当量长度在内),所用的输送管为内径 0.3m 的钢管,绝对粗糙度为 ε=0.3mm,要求每小时送气量为 5000kg,求:

(1) 风机出口处气压至少为多少(单位:Pa)?

(2) 若将风机置于输送目的地,如图 1-48 所示,管长、管路布置均不变,则此时风机进口处的气压为多大?假定输送过程为等温过程。

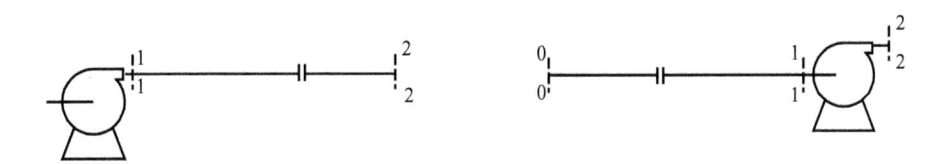

图 1-47　例 1-15 附图 1　　　　　图 1-48　例 1-15 附图 2

解　(1) 风机置于系统前端时(图 1-47)

这是一个长距离等温输送问题,可用式(1-121)计算:

$$p_1^2 - p_2^2 = \lambda \frac{l}{d} \frac{RT}{M} G^2 \tag{i}$$

式中,$p_2 = 1.013 \times 10^5$Pa,$l = 1000$m,$d = 0.3$m,$M = 16$kg/kmol,$R = 8314$J/(kmol·K),$T = 273 + 25 = 298$(K),$G = \dfrac{5000/3600}{\pi \times 0.3^2/4} = 19.66$[kg/(m²·s)]。

查附录五可得常压、25℃下甲烷的黏度 $\mu = 1.1 \times 10^{-5}$Pa·s,则 $Re = \dfrac{du\rho}{\mu} = \dfrac{Gd}{\mu} = \dfrac{19.66 \times 0.3}{1.1 \times 10^{-5}} = 5.362 \times 10^5$,$\dfrac{\varepsilon}{d} = \dfrac{0.3}{300} = 0.001$,查图 1-32 得 $\lambda = 0.0208$。将以上数据代入式(i),得

$$p_1 = 1.200 \times 10^5 \text{Pa}$$

(2) 风机置于系统末端时(图 1-48)

面 0-0 与面 1-1 间仍满足式(i):

$$p_0^2 - p_1^2 = \lambda \frac{l}{d} \frac{RT}{M} G^2$$

此时式中 $p_0 = 1.013 \times 10^5$Pa,λ、l、d、R、T、M、G 数值同式(i),于是得

$$p_1 = 0.782 \times 10^5 \text{Pa}$$

由本题计算结果可见,当风机置于系统前端时,气体以正压(>1atm)状态在管道内流动;当风机置于系统末端时,气体则以负压(<1atm)状态在管道内流动。

1.5 边界层及边界层方程

1.5.1 普兰特边界层理论

1. 普兰特边界层理论

18~19世纪,流体力学中存在两个学派,一是经验地处理工程实际问题,积累了大量经验数据,建立了许多经验方程,繁琐但实用,称为水力学派;另一是忽略流体黏性,理论地研究理想流体并进行数学计算,有完整的理论体系,称为水动力学派。运用理想流体流动的数学模型虽然有许多可取之处,但在处理流动阻力这一最基本的流动问题上却陷入了困境,出现了"流体对潜流物体的运动不产生阻力"这样显然是违背实际情况的结论,因而理想流体的处理方法难以为工程界所接受。两种学派,也可以说两种理论持续多年,"水动力学家计算的,不能为实验所证实;水力学所观察到的,不能作计算"。理论与实际之间存在矛盾,成了边界层理论产生的客观背景。1904年,普兰特提出了"边界层"概念。虽然也曾有一些学者在先前提出过这样的见解,然而是普兰特及其学生给予了完整的表述,建立了严谨的数学方程,并进行了求解。经过许多科学家的努力,边界层理论现已成为黏性流体力学的基础,它的应用遍及航空、造船、气象以及包括化工在内的许多工业技术领域。

普兰特边界层理论认为,当实际流体沿固体壁面流动时,整个流体区域可分成流动性质很不相同的两个区域:

(Ⅰ)紧贴壁面非常薄的一区域,流体速度的变化主要发生在这里,这一薄层称为边界层。

以流体流过平板为例。如图1-49所示,流体以均匀速度流向平板,流体一进入平板就开始受到板面的影响,紧贴板面的流体速度降为零,由于流体黏性作用,与其相邻的流体层将受到一个黏性应力(剪应力)作用使之流速减慢,从而在垂直于流动方向上形成了速度梯度。随着流体向前流动,这种剪应力的作用逐渐渗透到流体深处,从而形成了如图1-49所示的速度分布。存在着速度梯度的区域(虚线以下)紧靠壁面,厚度很薄,这一区域即为边界层区。由于边界层内存在着很大的速度梯度,即使 μ 很小,其黏性应力 $\mu(\partial v_x/\partial y)$ 仍然可以很大,因此该区域内不能忽略黏性力的作用。

(Ⅱ)边界层以外的流动区域,称为主体区或外流区。

图1-49中,虚线以外的区域即为主体区,该区域内流体速度变化很小,因此黏性应力也很小,与惯性力相比可略去,

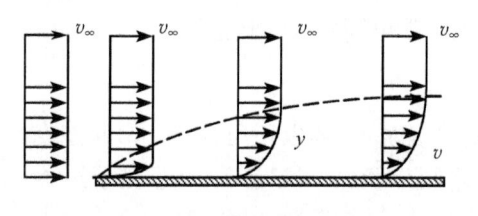

图1-49 平板上的边界层

故这一区域的流体流动可近似视为理想流体流动,可以用前述的欧拉方程来描述。

根据上述普兰特边界层理论,研究流体阻力时,只要集中研究边界层即可。

2. 边界层厚度

如何确定边界层厚度呢？由于流体速度由壁面处的零增大到主体速度是渐变的。因此,通常人为地约定,将流体速度达到主体速度的 99% 处(即 $v_x=0.99v_\infty$ 处)的流体层厚度称为边界层厚度,图 1-49 中的虚线即为边界层外边界线。

3. 边界层的形成和发展

流体流经固体壁前缘时,边界层的流动一般为层流,称为层流边界层。随着沿 x 方向的流动距离的增大,$Re_x=\rho v_\infty x/\mu$ 数值变大,边界层内流动将会出现不稳定状态,并逐渐过渡为湍流,此后的边界层称为湍流边界层,如图 1-50 所示。即使在湍流边界层中,紧靠壁面处仍然存在一个非常薄的层流流体层,称为层流底层。层流底层内速度梯度很大。对于从层流边界层向湍流边界层过渡的临界雷诺数 Re_c 的大小,目前从理论上还不能完全解决,尚须靠实验来确定。例如,经实验测得,流体流过光滑平板时,$Re_c \approx 2\times 10^5$；当 $Re=xu_\infty\rho/\mu < Re_c$ 时,边界层内为层流,$Re > 3\times 10^6$ 时边界层内为湍流,Re 在两者之间时为过渡流。流体绕过圆柱体流动时可取 $Re_c=5\times 10^5$,流体绕过圆球流动时 $Re_c=3\times 10^5$。

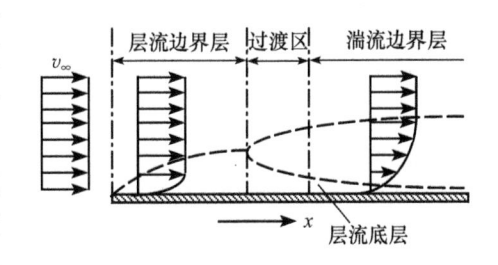

图 1-50 边界层的发展

在化学工业中,较多地遇到流体在圆管内流动的情况。圆管内的流动边界层是如何发展的呢？如图 1-51 所示,流体以均匀流速进入有光滑入口的圆管,在管内壁形成边界层,且逐渐加厚。在离进口某一距离处,边界层在管中心汇合,这以后边界层便占据管的全部截面,厚度不再增加,速度分布不再发生改变,称此时的流动为充分发展流动。若边界层汇合时流体流动类型为层流,则这以后管内流动一直保持为层流,如图 1-51(a)所示；反之,若边界层内流动类型已是湍流,则管内

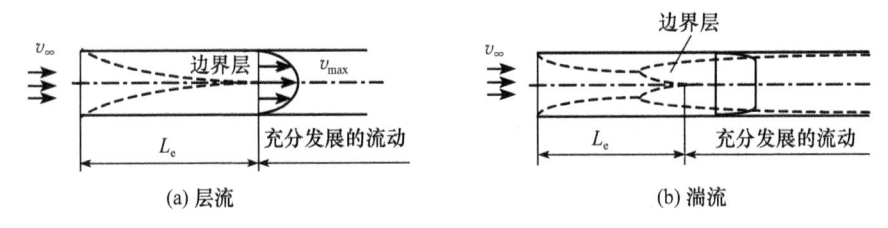

(a) 层流 (b) 湍流

图 1-51 圆管内边界层的发展

流动就将保持为湍流,如图1-51(b)所示。

流动达到充分发展所需的管长称为"进口段长度",并用L_e表示。层流时,$L_e/d≈0.05Re$;湍流时$L_e/d≈40～50$,这里雷诺数$Re=\rho u d/\mu$。

1.5.2 边界层方程及其应用简介

1. 普兰特边界层方程及其应用简介

现以均质、不可压缩黏性流体在平板上做二维层流流动为例,如图1-52所示,假设流体来流均匀。对边界层区域,其连续性方程和N-S方程分别为

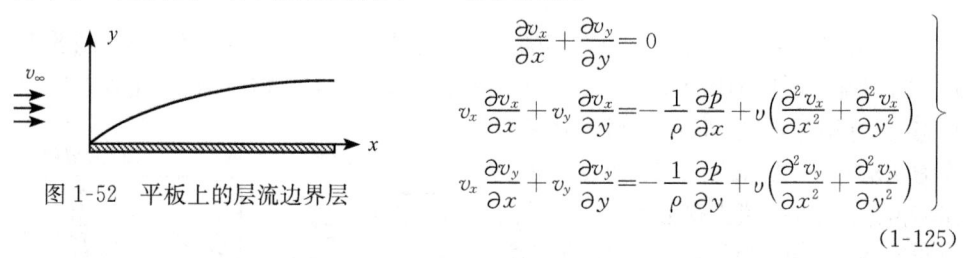

图1-52 平板上的层流边界层

$$\left.\begin{aligned}&\frac{\partial v_x}{\partial x}+\frac{\partial v_y}{\partial y}=0\\&v_x\frac{\partial v_x}{\partial x}+v_y\frac{\partial v_x}{\partial y}=-\frac{1}{\rho}\frac{\partial p}{\partial x}+v\left(\frac{\partial^2 v_x}{\partial x^2}+\frac{\partial^2 v_x}{\partial y^2}\right)\\&v_x\frac{\partial v_y}{\partial x}+v_y\frac{\partial v_y}{\partial y}=-\frac{1}{\rho}\frac{\partial p}{\partial y}+v\left(\frac{\partial^2 v_y}{\partial x^2}+\frac{\partial^2 v_y}{\partial y^2}\right)\end{aligned}\right\} \quad (1-125)$$

注意,式(1-125)忽略了质量力项。

根据普兰特边界层理论,上述方程中的某些项可以通过数量级大小的比较消去。

在上例中,取平板长度L、外流速度v_∞为估级标准。具体估级过程请参见参考文献[6],这里就不详述了。最后结果为

$$\left.\begin{aligned}&\frac{\partial v_x}{\partial x}+\frac{\partial v_y}{\partial y}=0\\&v_x\frac{\partial v_x}{\partial x}+v_y\frac{\partial v_x}{\partial y}=-\frac{1}{\rho}\frac{\partial p}{\partial x}+v\frac{\partial^2 v_x}{\partial y^2}\end{aligned}\right\} \quad (1-126)$$

式(1-126)称为普兰特边界层方程。可以证明,式中压力$p(x)$等于主体区的理想流体的压力,而对均匀来流其主体区内$p=$常数,即$\mathrm{d}p/\mathrm{d}x=0$。于是,普兰特边界层方程简化为

$$\left.\begin{aligned}&\frac{\partial v_x}{\partial x}+\frac{\partial v_y}{\partial y}=0\\&v_x\frac{\partial v_x}{\partial x}+v_y\frac{\partial v_x}{\partial y}=v\frac{\partial^2 v_x}{\partial y^2}\end{aligned}\right\} \quad (1-127)$$

边界条件:

$$\left.\begin{aligned}&y=0,x\geqslant 0\text{时},v_x=v_y=0\\&y\to\infty\text{时},\quad v_x=v_\infty\end{aligned}\right\}$$

应用变量替换,可将式(1-127)转化为常微分方程,再结合边界条件可求出边界层内v_x和v_y。柏拉修斯等人解得边界层厚度δ的表达式为

$$\delta=5.0\sqrt{v x/v_\infty} \quad (1-128)$$

以上结果适用范围为$Re_x<2\times 10^5\sim 3\times 10^6$。

由式(1-128)可知δ与x关系为抛物线,这与实验结果符合得很好。

2. 边界层积分动量方程及其应用简介

由普兰特边界层方程获得其解析解通常非常困难,只有在少数几种情形,例如平板、楔形物体等才能得到,而工程上遇到的实际问题大多是任意形状物体的绕流问题,往往得不到精确解。为此,人们不得不采用各种近似方法求解。下面介绍其中最为简单的一种近似方法——边界层动量积分方法。此法避开直接求解复杂的 N-S 方程而对边界层进行动量衡算,再利用边界层理论导出积分动量方程,然后再求解。这个方法由冯·卡门(Von Kármán)在 1921 年首先提出。

仍以均质、不可压缩黏性流体在平板上做二维层流流动为例(图 1-52),现在边界层内任取一微元体作为控制体,如图 1-53 所示,在 x、y 方向上对该微元控制体进行动量衡算:

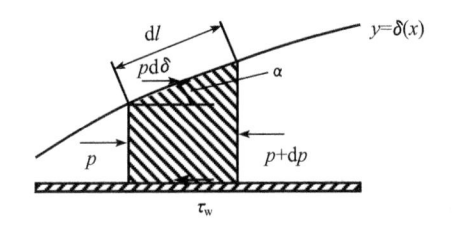

图 1-53 微元控制体受力情况

$$\begin{pmatrix} x\text{ 或 }y\text{ 方向上净输出} \\ \text{控制体的动量速率} \end{pmatrix} = \begin{pmatrix} \text{控制体在 }x\text{ 或 }y\text{ 方} \\ \text{向上所受外力之和} \end{pmatrix} \quad (1\text{-}129)$$

具体衡算过程请参见参考文献[1],这里就不详述了。再结合边界层的特征,最后结果为

$$\frac{\partial}{\partial x}\int_0^\delta \rho v_x(v_\infty - v_x)\mathrm{d}y + \frac{\mathrm{d}v_\infty}{\mathrm{d}x}\int_0^\delta \rho(v_\infty - v_x)\mathrm{d}y = \tau_w\big|_x \quad (1\text{-}130)$$

式(1-130)为卡门边界层积分动量方程。解此方程需预先假设速度分布方程,故通常称边界层积分动量方程的解为近似解,其近似程度在于假设的 v_x 与 y 的函数关系与真实速度分布的接近程度。

对于无限大平板,流体均匀来流,v_∞ 为常数,则卡门边界层积分动量方程变为

$$\frac{\partial}{\partial x}\int_0^\delta \rho v_x(v_\infty - v_x)\mathrm{d}y = \tau_w\big|_x \quad (1\text{-}131)$$

假定速度分布方程可表示为 y 的三次多项式,即

$$v_x = a + by + cy^2 + dy^3 \quad (1\text{-}132)$$

式中,a、b、c 和 d 为待定系数,可以通过 4 个边界条件来确定。

条件(a):$y=0$ 处,$v_x=0$,$v_y=0$(黏附条件)。

条件(b):$y=0$ 处,$\partial^2 v_x/\partial y^2=0$。将 $v_x=v_y=0$、$\partial p/\partial x=0$ 代入式(1-126)中第二式即可得此条件。

条件(c):$y=\delta$ 处,$v_x=v_\infty$。

条件(d):$y=\delta$ 处,$\partial v_x/\partial y=0$,$\partial^2 v_x/\partial y^2=0$,$\partial^3 v_x/\partial y^3=0$,$\cdots$。这就是说,黏性流体的速度分量在边界层的外边界上应当和外流的速度 v_∞ 相衔接。

将条件(a)~(d)代入式(1-132)中解得

$$a=0, \quad c=0, \quad b=\frac{3v_\infty}{2\delta}, \quad d=-\frac{v_\infty}{2\delta^3}$$

于是,速度分布方程为

$$\frac{v_x}{v_\infty} = \frac{3}{2}\frac{y}{\delta} - \frac{1}{2}\left(\frac{y}{\delta}\right)^3 \quad (1\text{-}133)$$

将式(1-133)代入式(1-131)中并结合牛顿黏性定律积分得

$$\delta = 4.64\sqrt{\frac{\upsilon x}{v_\infty}} \tag{1-134}$$

对比式(1-134)与式(1-128)可知,积分动量法的近似解与普兰特边界层方程的解析解非常接近。

板面上局部壁应力

$$\tau_w\mid x = \mu\left(\frac{\partial v_x}{\partial y}\right)_{y=0} = \frac{3\mu v_\infty}{2\delta}$$

$$= 0.323\sqrt{\frac{\rho\mu v_\infty^3}{x}} = \frac{0.323\rho v_\infty^2}{\sqrt{Re_x}}$$

局部阻力系数

$$f_x = \frac{\tau_w\mid_x}{\rho v_\infty^2/2} = \frac{0.646}{\sqrt{Re_x}} \tag{1-135}$$

式中,$Re_x = xv_\infty/\upsilon$。

对长为 L 的平板而言,其平均阻力系数为

$$f = \frac{1}{L}\int_0^L f_x\mathrm{d}x = \frac{1.292}{\sqrt{v_\infty L/\upsilon}} = \frac{1.292}{\sqrt{Re_L}} \tag{1-136}$$

式中,$Re_L = Lv_\infty/\upsilon$。

例 1-16 20℃ 的空气在常压下以 5m/s 的速度流过一块光滑平板,板宽 $B=1$m,试求:
(1) 距平板前缘 0.5m 处的边界层厚度;
(2) 这一段平板的平均阻力系数和摩擦阻力。
已知层流边界层过渡到湍流边界层的临界雷诺数 $Re_c = 2\times10^5$。

解 由附录查得 20℃、常压空气的物性如下:

$$\rho = 1.205\text{kg/m}^3, \quad \mu = 1.81\times10^{-5}\text{Pa}\cdot\text{s}, \quad \upsilon = 1.502\times10^{-5}\text{m}^2/\text{s}$$

于是,$x=0.5$m 处的局部雷诺数

$$Re_x = \frac{xv_\infty\rho}{\mu} = \frac{0.5\times5\times1.205}{1.81\times10^{-5}} = 1.664\times10^5 < 2\times10^5$$

故此时的边界层为层流边界层。

(1) 距平板前缘 0.5m 处的边界层厚度
由式(1-128)可知:

$$\delta = 5.0\sqrt{\frac{\upsilon x}{v_\infty}} = 5.0\sqrt{\frac{1.502\times10^{-5}\times0.5}{5}} = 0.0061(\text{m}) = 6.1(\text{mm})$$

或由式(1-134)计算得

$$\delta = 4.64\sqrt{\frac{\upsilon x}{v_\infty}} = 0.0057(\text{m}) = 5.7(\text{mm})$$

(2) 平均阻力系数和摩擦阻力
由式(1-136)得

$$f = \frac{1.292}{\sqrt{Re_L}} = \frac{1.292}{\sqrt{0.5\times5/1.502\times10^{-5}}} = 0.00317$$

摩擦阻力

$$F = f\frac{\rho v_\infty^2}{2}xB = 0.00317 \times \frac{1.205 \times 5^2}{2} \times 0.5 \times 1 = 0.0239(\text{N})$$

1.5.3 边界层分离

实验告诉我们,当流体流过非流线型物体时会发生边界层脱离壁面的现象,称为边界层分离。当边界层分离现象发生时,在分离点后面会形成尾涡区,从而造成很大的尾涡阻力,消耗流体大量的能量。

下面以流体流过圆柱体为例来定性说明边界层分离现象产生的原因。如图 1-54 所示,流体以均匀来流速度绕过圆柱体,在上游迎流区(图 1-54 中虚线以左)由于流体加速,压力沿程降低,具正压梯度,推动边界层内流体微团向下游流动;而在下游背流区(图 1-54 中虚线以右),流体减速,压力沿程升高,具逆压梯度。这时,边界层内壁面附近速度较慢的流体质点既要克服黏性摩擦,又要承受逆压的作用,因此,流体质点在圆柱后半周很快地减速,当其动能逐渐消耗,不能克服逆压时,于 S 点处则"失速"停滞,外流流体则因动能较大,继续向下游流动。边界层内被阻滞的流体不断堆积,继而在逆压作用下向相反方向即逆流方向而流动,出现了回流,并以旋涡形式离开物体壁面。这旋涡像楔子一样将边界层与物面分离开来,这一现象称为边界层分离(或脱体)。S 点称为分离点。在旋涡区内部,流体质点进行着强烈的湍流互混,消耗能量。这一部分能量的损耗又称为形体阻力。一般地,当雷诺数较大时,圆柱形的物体其形体阻力要比沿程的表面摩擦阻力大得多。因此,若将圆柱改为流线形,使边界层不发生分离,如图 1-55 所示,虽然接触面积增加了不少,但总阻力却因形体阻力的大大减小而降低。

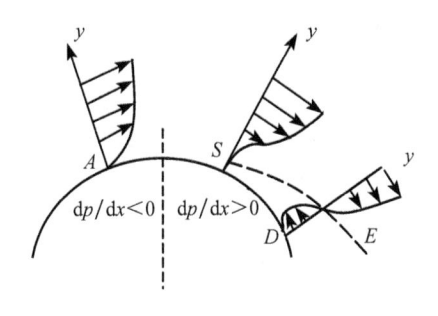

图 1-54 圆柱体绕流时边界层分离

图 1-55 流线形对称体

从上面的分析可知,边界层分离的必要条件是逆压和流体具有黏性。这两个因素缺一不可。

1.6 湍 流

在工程实际中,湍流流动更为常见,因此研究湍流运动十分重要。

由于湍流是一种复杂的、极不稳定的随机流动,到目前为止,人们对湍流的本质还不很清楚,因此还没有一个完整的理论能够满意地解决湍流运动中的所有问题。但对这一物理现象,研究者们还是取得了不少有意义的成果。

1.6.1 湍流特点及其研究方法

1. 湍流特点

湍流中流体质点的运动是杂乱无章的。考察任一空间点上流体的运动时发现,流体质点除了随流体主体向前运动外,在任一方向还叠加了一个随机的脉动运动,这就使得流体质点的速度在大小和方向上随时间随机地变化着。图1-56示出了湍流流场中某一空间点处 x 方向速度大小随时间变化情况的测量结果。由图可见,x 方向瞬时速度的大小变化极不规则、极不稳定,但又围绕着某一平均值(图中水平线)而上下波动,波动时大时小,大的时候可达±30%以上,这种无规则的波动就是脉动(fluctuation)现象。除速度外,湍流流场中其他物理量,如压力、温度、浓度等也都是脉动的。

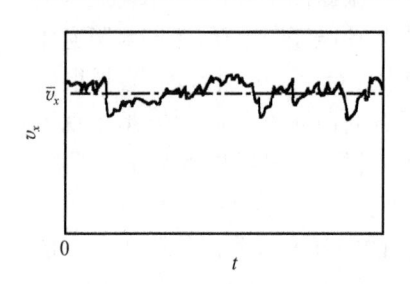

图1-56 湍流中的脉动

1) 湍流测量

湍流测量由传感器和数据处理部分组成。传感器主要有热丝和热膜、激光束等。

2) 热丝(膜)流速仪

热丝(膜)流速仪的原理是将通电加热的金属丝(膜)置于流场中作为传感元件,流体绕过时带走热量,导致热损耗,温度下降。由于散热量随流体速度而变化,金属丝(膜)电阻值随温度而改变;因此,热丝电阻与流体速度间将具有一一对应关系。

热丝用于测量气速,热膜用于测定液速。

热丝测速仪响应时间很短,可测量高频的气流脉动。其灵敏度很高,可测量很低的流速,但探针的插入对流场产生干扰。

3) 激光测速仪

当光接受器与激光源之间具有相对运动时,所接收到的发射光频率将发生变化,变化量与相对速度的大小、方向和激光波长有关,当两者距离减小,频率增高。反之频率减小。这个现象称为光学多普勒效应。

应用上述光学多普勒效应,在运动的流体中加入极细的示踪微粒。当跟随流体运动的微粒被激光束照射后,形成的散射光频率则与照射光的频率发生差异,此值称为多普勒频移,其与粒子的运动速度成正比。若粒子在流体中具有良好的跟随性,通过适当的多普勒频移检测方法和处理,则可得到示踪粒子即流体的瞬时速度。

这种方法的特点是,流场中没有设置干扰元件,是一种非接触式的测量,加之响应快,测速范围宽,目前已广泛应用于湍流流场的测试。然而选用的散射粒子对于流体必须具有良好的跟随性。

2. 湍流的研究方法——时均化

就工程而言,人们对湍流中每一空间点的瞬时物理量并不感兴趣,而且工程上和实验中测出的物理量也都是平均意义下的数值,因此,统计平均方法在湍流问题的研究中具有重要的意义。统计平均方法有多种,可以按时间平均,按体积平均,或两者一起平均。对时间的平均容易进行实验测量,因此湍流研究采用时均法。

雷诺提出,湍流瞬时速度 v 可分解为时均速度 $\bar{v}$ 和脉动速度 v',如图 1-56 所示。时均速度是瞬时速度对时间所取的平均值。脉动速度是瞬时速度对时均速度的偏离值,即

$$v = \bar{v} + v' \tag{1-137}$$

$$\bar{v} = \frac{1}{T}\int_0^T v \mathrm{d}t \tag{1-138}$$

式中,T 称为平均周期,是一个常数。T 相对于脉动周期而言应足够长,以便得到稳定的平均值。显然

$$\frac{1}{T}\int_0^T v' \mathrm{d}t = 0 \tag{1-139}$$

即脉动量的时均值为零。这就是说,在平均周期 T 内,正脉动和负脉动相互抵消。

3. 湍流强度

湍流强度(intensity of turbulence)的大小决定了湍流混合的程度,湍流强度越大,混合越迅速,越有效地促进湍流传热和湍流扩散。

不同的湍流状况,湍流强度的数值有很大差别。例如,流体在圆管内湍流时,湍流强度的数值范围为 1‰~10%,而对于尾流、自由喷射流这样的湍流流动,湍流强度的数值可达 40%。

1.6.2 湍流应力

在 1.3.1 节中已述及,层流时两相邻流体层间的剪应力 τ 是由分子热运动或分子间吸引力所引起。而湍流中两相邻流体层间的剪应力 τ_t,除了由上述分子原因所引起的 τ 以外,还有质点脉动所引起的剪应力 τ',称为**湍流应力**或**雷诺应力**。

例如 $\tau'_{xx} = \rho \overline{v'^2_x}$ 称为法向雷诺应力，$\tau'_{yx} = \rho \overline{v'_x v'_y}$，$\tau'_{zx} = \rho \overline{v'_x v'_z}$ 称为切向雷诺应力。于是

$$\tau_t = \tau + \tau'$$

由于质点是众多分子的集合，质量和动量比分子大得多，故湍流中 $\tau' \gg \tau$。参照牛顿黏性定律，上式可表达为

$$\tau_t = (\mu + \varepsilon)\frac{d\overline{v}}{dy} \qquad (1-140)$$

式中，ε 称为**湍流黏度**，用来表征脉动的强弱，它取决于管内的雷诺数及离壁的距离。与黏度 μ 不同，ε 已不再是流体的物性，其值难以直接测定，故式(1-140)并不能用于湍流剪应力的计算。

为了解决湍流流动问题，必须在雷诺应力与时均速度之间建立起关系式。这方面的理论工作主要沿着两个方向进行，一个方向是湍流的统计理论，试图利用统计数学的方法来描绘流场，探讨脉动元的变化规律，研究湍流内部的结构，从而建立湍流运动的封闭方程组。迄今为止，人们只是在均向同性湍流理论方面获得了一些比较令人满意的结果，但距实际应用还相差甚远。另一个方向是湍流的半经验理论，它是根据一些假设及实验结果建立雷诺应力和时均速度之间的关系，从而建立起封闭方程组，也就是"模化"这些未知量。模化的方式多种多样，于是构成了各种"模型"，如 Boussinesq 的湍流黏性系数模型、普兰特混合长模型、湍动能模型、k-ε 双方程模型等。半经验理论虽然在理论上有很大的局限性和缺陷，但在一定条件下往往能够得出与实际相符合的结果，因此在工程技术中得到广泛的应用。有兴趣的读者可参阅有关专著。

1.7 流速、流量测量

化工生产过程中经常要对各种操作参数进行测量并加以控制。流体流速、流量是其中重要参数之一。

测量流速、流量的方法很多，下面仅介绍以流体机械能相互转化原理为基础的测量仪器。

1.7.1 变压头流量计

1. 测速管

1) 测速管结构及测速原理

测速管又称皮托(Pitot)管，构造如图 1-57 所示，它由两根同心套管组成，内管前端敞开，正对着迎面而来的被测流体；外管前端封闭，近端

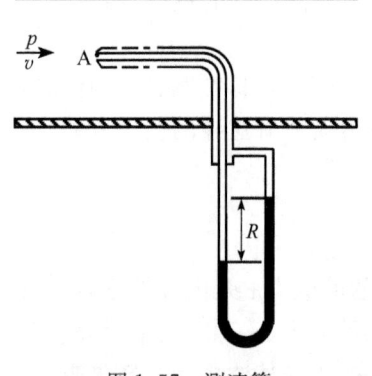

图 1-57 测速管

点处的侧壁上开有若干个小孔。内、外管的另一端各与压差计的接口相连。

流体以流速 v 流向测速管，在内管端口 A 处速度降为 0，根据伯努利方程可知：

$$\frac{p_A}{\rho g} = \frac{p}{\rho g} + \frac{v^2}{2g}$$

即内管端口测得的是静压头和动压头之和，称为冲压头；而外管侧壁上测压小孔测得的是流体的静压头。若 U 形压差计内指示液密度为 ρ_0，则由静力学原理可得

$$p_A - p = R(\rho_0 - \rho)g$$

即

$$\rho \frac{v^2}{2} = R(\rho_0 - \rho)g$$

$$v = \sqrt{\frac{2gR(\rho_0 - \rho)}{\rho}} \qquad (1\text{-}141)$$

若被测流体为气体，$\rho_0 \gg \rho$，式(1-141)可简化为

$$v = \sqrt{\frac{2gR\rho_0}{\rho}} \qquad (1\text{-}142)$$

测速管所测得的是流体在管道截面上某一点的速度，故用测速管可测量截面上的速度分布。若要测量流量，可通过测出管轴心处的最大点速度，然后根据 v_{max} 与平均速度 u 的关系，查图 1-58 得到平均速度，由此再算出流量。

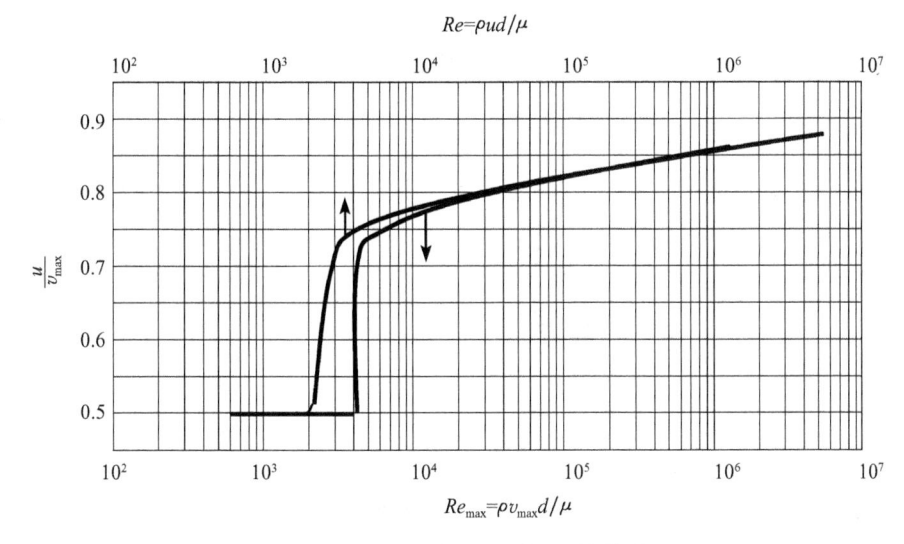

图 1-58 u/v_{max} 与 Re_{max} 或 Re 的关系

2) 测速管加工及使用注意事项

使用测速管测量时，测速管必须探入流场中，因此测速管的尺寸不可过大，否

则将干扰流场，使流速分布发生改变，一般测速管直径不应超过管道直径的1/50。

测速管安装时，必须保证安装点位于充分发展流段，一般测量点的上、下游最好各有 $50d$ 以上的直管段作为稳定段。另外，测速管管口截面要严格垂直于流动方向，否则会造成测量结果的负偏差。

测速管的优点是结构简单、阻力小、使用方便，尤其适用于测量气体管道内的流速。缺点是不能直接测出平均速度，且压差计读数小，常需放大才能读得准确。

2. 孔板流量计

1）孔板流量计结构及测量原理

在管道内垂直于流动方向上插入一片中央开有较小圆孔的薄金属板，如图 1-59 所示，就构成了孔板流量计。板上孔口经精致加工，一般呈 45°倒锐角。

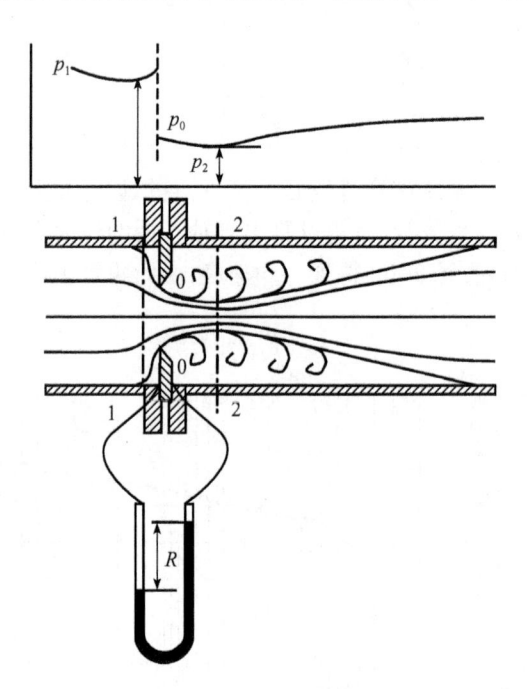

图 1-59 孔板流量计

当流体流过孔板的孔口时，流道发生突然收缩，类似于前述的突然缩小情形，流股通过孔口后将继续收缩，流至一定距离(约等于 $d/3 \sim 2d/3$)时达到最小，称为"缩脉"，此处流速最大。而后，流股再转而逐渐扩大，直至又充满整个管道。孔板前后动能的变化必引起静压能的变化，图 1-59 示出孔板前后静压力变化情况。在流股扩大过程中，由于逆压流动，导致边界层分离，产生大量旋涡，消耗大量机械能。显然流速越大，该机械能损失越大。由孔板前后机械能衡算方程可知，机械能损失越大,压降也越大,因此,若在孔板前后各引出一个取压口,则在孔板结构一定条件下,这两个测压点间的压力差与流速之间必存在一定关系。孔板流量计就是利用这一关系通过压差来测得流速或流量。

取压方法一般采用角接法,即取压口在安置孔板的前、后两片法兰上,其位置尽量靠近孔板。

管内流速与孔板前、后压差的关系可用机械能衡算导出。先忽略摩擦损失,对图 1-59 中的孔板前截面 1-1 与孔口截面 0-0 列衡算式,可得

$$\frac{p_1}{\rho} + \frac{u_1^2}{2} = \frac{p_0}{\rho} + \frac{u_0^2}{2} \tag{1-143}$$

根据不可压缩流体连续性方程可知:

$$A_1 u_1 = A_0 u_0 \tag{1-144}$$

将式(1-144)代入式(1-143)得

$$u_0 = \frac{1}{\sqrt{1-(A_0/A_1)^2}} \sqrt{\frac{2(p_1-p_0)}{\rho}}$$

考虑到流体在两取压口间有机械能损失,故将上式右边加一校正系数 C_D,从而改写为

$$u_0 = \frac{C_D}{\sqrt{1-(A_0/A_1)^2}} \sqrt{\frac{2(p_1-p_0)}{\rho}} = C_0 \sqrt{\frac{2(p_1-p_0)}{\rho}} \tag{1-145}$$

式中,$C_0 = \dfrac{C_D}{\sqrt{1-(A_0/A_1)^2}}$,称为孔流系数。

设 U 形压差计中的指示液密度为 ρ_0,压差计读数为 R。根据静力学原理,有

$$p_1 - p_0 = R(\rho_0 - \rho)g$$

代入式(1-145)得

$$u_0 = C_0 \sqrt{\frac{2gR(\rho_0-\rho)}{\rho}} \tag{1-146}$$

体积流量

$$V = u_0 A_0 = C_0 A_0 \sqrt{\frac{2gR(\rho_0-\rho)}{\rho}} \tag{1-147}$$

孔流系数与截面积比 A_0/A_1、管道雷诺数 $Re_1 = du_1\rho/\mu$、取压位置、孔口的形状及加工精度等有关,需由实验确定。对于测压方式、结构尺寸、加工状况等均已规定的标准孔板,孔流系数 C_0 可以表示为

$$C_0 = f\left(Re_1, \frac{A_0}{A_1}\right)$$

图 1-60 给出标准孔板的 C_0 值。由图 1-60 可见,当 Re_1 增大到一定值后,C_0

不再随 Re_1 而变,成为一个仅与 A_0/A_1 有关的常数,在孔板流量计的设计和使用中应尽量落在该范围内。设计合适的孔板流量计,其 C_0 值多为 0.6~0.7。

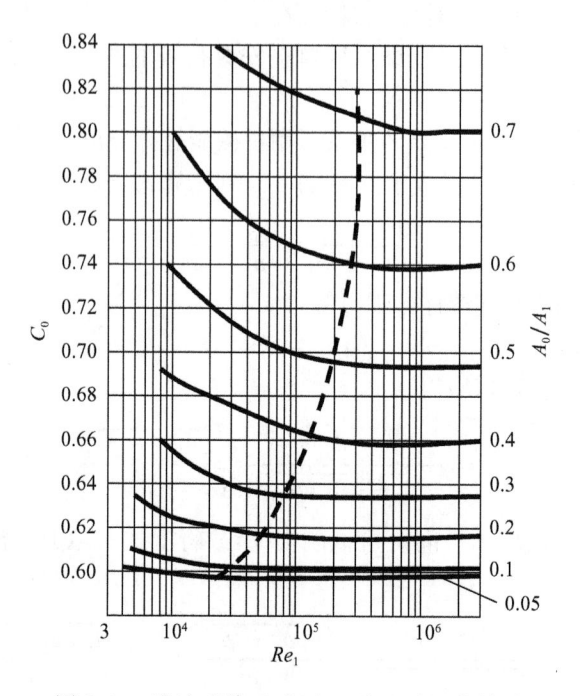

图 1-60　孔流系数 C_0 与 Re_1 及 A_0/A_1 的关系

2) 孔板流量计的安装

孔板流量计安装时应在其上、下游各有一段直管段作为稳定段,上游长度至少应为 $10d_1$,下游为 $5d_1$。

孔板流量计构造简单,制造和安装都很方便,其主要缺点是机械能损失大。由于机械能损失,下游速度复原后,压力不能恢复到孔板前的值,称为永久损失。d_0/d_1 的值越小,永久损失越大。

3. 文丘里流量计

孔板流量计的主要缺点是机械能损失很大,为了克服这一缺点,可采用一渐缩渐扩管,如图 1-61 所示,当流体流过这样的锥管时,不会出现边界层分离及旋涡,从而大大降低了机械能损失。这种管称为文丘里(Venturi)管。

文丘里管收缩段锥角通常取 15°~25°,扩大段锥角要取得小些,一般为 5°~7°,使流速改变平缓,因为机械能损失主要发生在突然扩大处。

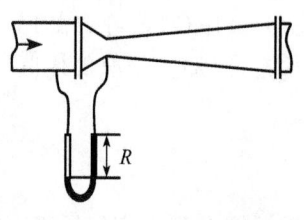

图 1-61　文丘里流量计

文丘里流量计测量原理与孔板完全相同,只不过永久损失要小很多。流速、流量计算仍可用式(1-146)和式(1-147),式中 u_0 仍代表最小截面处(称为文氏喉)的流速。文丘里管的孔流系数 C_0 约为 0.98~0.99。机械能损失约为

$$w_f = 0.1 u_0^2 \tag{1-148}$$

文丘里流量计的缺点是加工比孔板复杂,因而造价高,且安装时需占去一定管长位置,但其永久损失小,故尤其适用于低压气体的输送。

1.7.2 变截面流量计

孔板流量计和文丘里流量计的收缩口面积是固定的,而流体通过收缩口的压降则随流量大小而变,据此来测量流量,因此称其为变压头流量计。另一类流量计中,当流体通过时,压降不变,但收缩口面积却随流量而改变,故称这类流量计为变截面流量计。变截面流量计的典型代表是转子流量计。

1. 转子流量计构造及测量原理

转子流量计构造如图 1-62 所示,其主体是一上大下小的微锥形玻璃管,锥角约为 4°左右。管内装有一个直径略小于玻璃管内径的转子(或称浮子)。转子形状各异,一般用金属或塑料等材料制成,转子密度须大于被测流体的密度。转子平时沉在管底部,当被测流体自下而上通过流量计时,转子将上浮,最后稳定地停留在某一位置。流量不同,转子停留的位置高度也不同,如果在每一高度刻上体积流量数值,那么由转子的停留位置可直接读出体积流量来。下面通过转子的受力和流体的机械能转化关系分析这一测量原理。

先按理想流体来分析。转子在理想流体中一方面受到重力作用(向下),另一方面受到压差作用(向上)。当转子处在某一平衡位置时,这两个力应相等,如将图 1-63 中的转子视为一圆柱体,则有

$$(p_1 - p_0) A_f = V_f \rho_f g \tag{1-149}$$

式中,p_0、p_1 分别为转子上、下两端平面处的流体压力;A_f、V_f 和 ρ_f 分别为转子的截面积、体积和密度。

再取图 1-63 中转子上端所在的环隙截面为面 0-0,下端所在截面为面 1-1,在

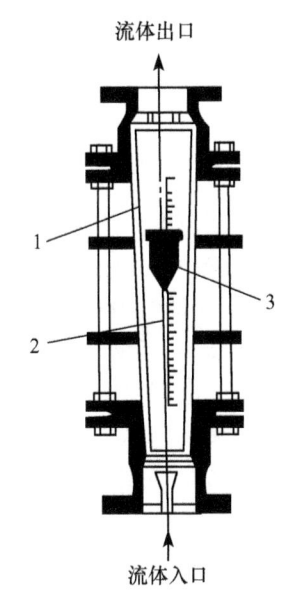

图 1-62 转子流量计
1. 玻璃管;2. 刻度;3. 转子

两面间列理想流体的伯努利方程,则

$$p_1 - p_0 = \rho g(z_0 - z_1) + \frac{\rho}{2}(u_0^2 - u_1^2)$$

上式两边同乘以转子的横截面积 A_f,得

$$(p_1 - p_0)A_f = \rho g(z_0 - z_1)A_f + \frac{\rho}{2}(u_0^2 - u_1^2)A_f \tag{1-150}$$

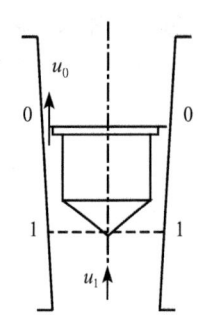

图 1-63 转子的受力平衡

由式(1-150)可见,转子所受到的压差由两方面原因所造成,一是位能提高,即式(1-150)等号右边第一项,这部分压差实际上就是转子受到的浮力,其数值为 $\rho g(z_0-z_1)A_f = \rho g V_f$,方向向上;二是动能变化引起的压降,即式(1-150)等号右边第二项,由于 $u_0 > u_1$,故这部分力的方向也向上,这里称为升力。

将式(1-150)代入式(1-149)中得

$$\frac{\rho}{2}(u_0^2 - u_1^2)A_f = V_f(\rho_f - \rho)g \tag{1-151}$$

当被测流体流量增大时,升力[式(1-151)等号左边项]随速度增大而变大,而转子的净重力[重力-浮力,式(1-151)等号右边项]却保持不变,由式(1-151)可见,转子的受力平衡被打破,转子上浮。随着转子的上浮,环隙面积逐渐增大,环隙内流速 u_0 将减小,于是升力也随之减小。当转子上浮至某一高度时,转子所受升力又与净重力相等,转子受力重新达到平衡,并停留在这一高度上。转子流量计就是依据这一原理,用转子的位置来指示流量大小的。

将 $u_0 A_0 = u_1 A_1$ 代入式(1-151)中得

$$\frac{\rho}{2}u_0^2\left[1-\left(\frac{A_0}{A_1}\right)^2\right]A_f = V_f(\rho_f - \rho)g$$

于是

$$u_0 = \frac{1}{\sqrt{1-(A_0/A_1)^2}}\sqrt{\frac{2V_f(\rho_f - \rho)g}{\rho A_f}}$$

考虑到实际转子的形状不是圆柱体以及流体的非理想性,在上式中引入校正系数,并将此校正系数与 $\dfrac{1}{\sqrt{1-(A_0/A_1)^2}}$ 项合写为系数 C_R(称为流量系数),于是上式变为

$$u_0 = C_R \sqrt{\frac{2V_f(\rho_f - \rho)g}{\rho A_f}} \tag{1-152}$$

流量

$$V = u_0 A_0 = C_R A_0 \sqrt{\frac{2V_f(\rho_f - \rho)g}{\rho A_f}} \qquad (1\text{-}153)$$

对于特定形状的转子流量计，流量系数 C_R 是环隙雷诺数 Re_0 的函数，其值可由实验测定，如图 1-64 所示。

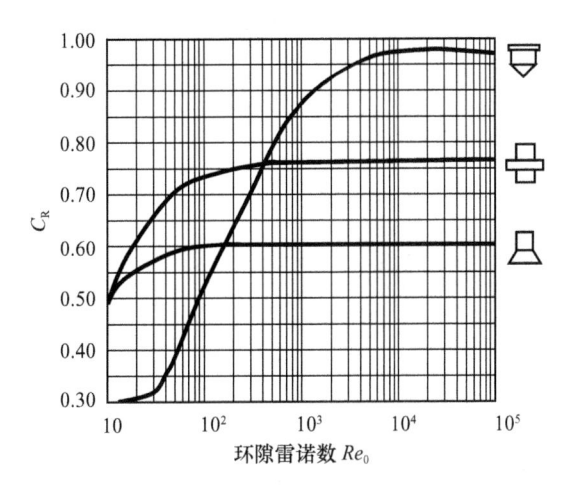

图 1-64　转子流量计的流量系数

由图可见，当雷诺数超过一定值后，C_R 为常数。而当转子一定时，$\sqrt{\dfrac{2V_f(\rho_f - \rho)g}{\rho A_f}}$ 值也一定，故由式(1-152)可知，u_0 是一个常数，因此转子流量计的永久阻力损失 $w_f = \zeta \dfrac{u_0^2}{2}$ 将不随流量而变，所以转子流量计常用于测量流量变化范围较宽的场合。

此外，由式(1-149)可见转子两端压差 $(p_1 - p_0)$ 为常数，即转子流量计具有恒压差的特点。

2. 转子流量计安装、使用注意事项

转子流量计安装时必须垂直，流体自下向上流过流量计，且应安装旁路以便于检修，如图 1-65 所示。

与孔板流量计不同，转子流量计出厂前不是提供流量系数，而是将用 20℃ 水或 20℃、1atm 的空气标定的流量值刻于玻璃管上，如果使用时被测流体物性 $(\rho、\mu)$ 与上述标定用流体不同，则流量计刻度必须加以换算。在流量系数 C_R 不变条件下，由式(1-153)可知换算公式为

图 1-65　转子流量计安装图

$$\frac{V'}{V} = \sqrt{\frac{\rho(\rho_f - \rho')}{\rho'(\rho_f - \rho)}} \qquad (1\text{-}154)$$

式中，V'、ρ'分别为实际被测流体的流量、密度；V、ρ分别为标定用流体的流量、密度。

转子流量计读取流量方便，流体阻力小，测量精确度较高，能用于腐蚀性流体的测量；流量计前后无须保留稳定段。缺点是玻璃管易碎，且不耐高温、高压。

主要符号说明

符　号	意　　义	单　位
A	流通截面积	m^2
d	管内径	m
d_e	当量直径	m
E_t	以单位质量流体计的总机械能	J/kg
f	范宁因子	—
$\boldsymbol{F}$	力	N
$\boldsymbol{F}_B$	质量力	N
$\boldsymbol{F}_S$	表面力	N
$\boldsymbol{F}_{BM}$	单位质量流体的质量力	N/kg
g	重力加速度	m/s^2
G	平均质量流速	$kg/(m^2 \cdot s)$
h_f	压头损失	m
l	长度	m
l_e	当量长度	m
m	质量流量	kg/s
M	扭矩	$N \cdot m$
p	压力	Pa
r	径向距离	m
R	半径	m
Re	雷诺数	—
t	时间	s
T	平均周期	s
u	平均速度	m/s
v	点速度	m/s
v'	脉动速度	m/s
V	体积流量	m^3/s
$\tilde{V}$	体积	m^3
w_e	单位质量流体的有效轴功率	J/kg
w_f	单位质量流体的阻力损失	J/kg
z	位头	m

ε	粗糙度	m
λ	摩擦系数	—
μ	黏度	Pa·s
ν	运动黏度	m²/s
ρ	密度	kg/m³
τ_{ij}	剪应力	N/m²
τ_w	壁应力	N/m²
τ'_{ij}	雷诺应力	N/m²
υ	比容	m³/kg
ζ	阻力系数	—
Γ	广义压力	Pa

参 考 文 献

[1] 何潮洪,冯霄.化工原理.北京:科学出版社,2001
[2] 谭天恩,窦梅,周明华.化工原理(上册).第三版.北京:化学工业出版社,2006
[3] 博德,斯图沃特,莱特富特.传递现象.戴干策,戎顺熙,石炎福译.北京:化学工业出版社,2004
[4] McCabe W L, Smith J C, Harriott P. Unit Operations of Chemical Engineering. 6th ed. New York: McGraw-Hill,2001(英文影印版).化学工程单元操作.北京:化学工业出版社,2003)
[5] 时钧等.化学工程手册(上、下卷).北京:化学工业出版社,1996
[6] 戴干策等.传递现象导论.北京:化学工业出版社,1996

习 题

1. 如附图所示,用一U形压力计测量某密闭气罐中压力,指示液为水,密度 $\rho_0=1000\text{kg/m}^3$。因气体易溶于水,故在水与气体之间用惰性溶剂(密度 $\rho'_0=890\text{kg/m}^3$)将二者隔开。现已知 $h=10\text{cm}, R=24\text{cm}$,求气罐内绝对压力、表压(分别用 Pa 和 mH₂O 表示)。

〔答:绝压为 $1.028\times10^5\text{Pa}$ 或 $10.48\text{mH}_2\text{O}$;表压为 1481.3Pa 或 $0.15\text{mH}_2\text{O}$〕

2. 如附图所示,用一复式U形压差计和倒U形压差计同时测量水管中 A、B 两点间的压差,复式压差计的指示液为汞,两段汞柱之间为空气,倒U形压差计指示液为空气。今若测得 $h_1=1.2\text{m}, h_2=0.6\text{m}, R_1=0.10\text{m}, R_2=0.07\text{m}$,问 A、B 两点间的压差 Δp_{AB} 为多少(单位:Pa)? 倒U形压差计读数 R_3 为多少(单位:m)?

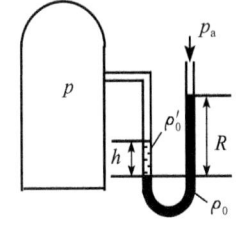

习题1附图

〔答:$1.679\times10^4\text{Pa}, 1.71\text{m}$〕

3. 用双液柱压差计测定两点间压差,如附图所示。管与杯的直径之比为 d/D,试证明,若测量时考虑小杯液面间的高度差 Δh,则实际压差为

$$p_1-p_2=(\rho_2-\rho_1)gR+\rho_1(d^2/D^2)gR$$

今测得 $R=320\text{mm}$,且已知 $\rho_1=910\text{kg/m}^3, \rho_2=1000\text{kg/m}^3, D=190\text{mm}, d=6\text{mm}$,求高度差 Δh 及不考虑 Δh 所造成的压差测量的相对误差。

〔答:$0.32\text{mm}, 1.0\%$〕

习题 2 附图   习题 3 附图

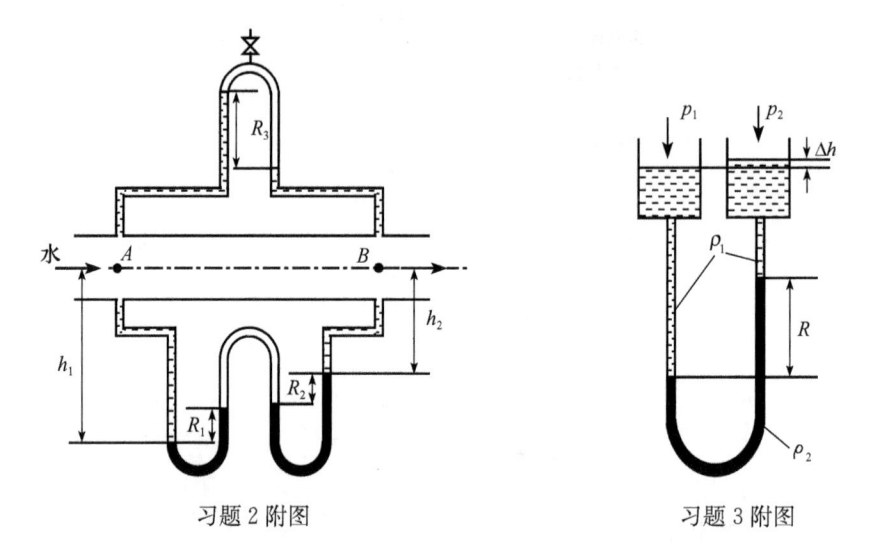

*4. 有一敞口容器盛有 90℃的水,水深 2m,大气压为 101.3kPa。若使容器向下做加速运动,则:
(1) 当加速度 $a=4.9\text{m/s}^2$ 时,容器底部的压力为多少?
(2) 要想使容器底部产生气泡,则加速度至少为多大?
〔答:(1)110.8kPa;(2)26.0m/s^2〕

5. 密度为 1200kg/m^3 的某液体在 ϕ76mm×4mm 的管道内流动,体积流量为 19m^3/h,试求液体在管道中的流速、质量流量和质量流速。
〔答:1.45m/s,6.33kg/s,1740kg/(m^2·s)〕

6. 用如附图所示的输送管路输送 20℃常压空气,两支管尺寸相同。已知主管的体积流量为 $V_0=$ 300m^3/h(标准状态,即 0℃、100kPa),两支管流速之比为 1:2,求两支管内的体积流量。
〔答:105.95m^3/h,211.9m^3/h〕

*7. 证明:流体在等径管内流动时,与流动方向相垂直的截面上任两点间满足静力学方程式:
$$p_1 = p_2 + \rho g(z_2 - z_1)$$

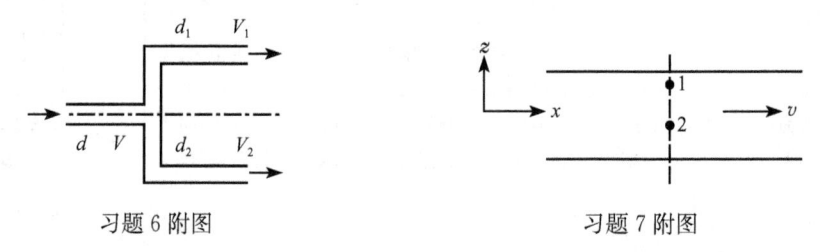

习题 6 附图   习题 7 附图

*8. 不可压缩流体在两无限大平行平板间做稳定层流流动,如附图所示,两平板间的距离为 $2b$。试从 N-S 方程导出流体在 y 方向上的速度分布,以及平均流速 u 与中心最大流速 $v_{\max}$ 间的关系。
〔答:$v=\dfrac{\Delta \Gamma}{2\mu L}(b^2-y^2), u=\dfrac{2}{3}v_{\max}$〕

*9. 试推证,不可压缩流体在两根同心套管环隙间沿轴向做稳定层流流动时(如附图所示)的径向上的

注:带 * 号题涉及选学内容,可选做,下同。

速度分布为
$$v = \frac{1}{2\mu}\frac{\mathrm{d}\Gamma}{\mathrm{d}z}\left(\frac{r^2 - r_1^2}{2} - r_{\max}^2 \ln\frac{r}{r_1}\right)$$

最大流速处距管中心距离为
$$r_{\max} = \sqrt{r_m \bar{r}}$$

式中，r_m 为对数平均半径，$r_m = \frac{r_2 - r_1}{\ln(r_2/r_1)}$；$\bar{r}$ 为算术平均半径，$\bar{r} = \frac{r_2 + r_1}{2}$。

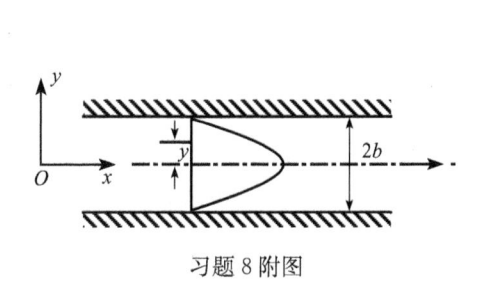

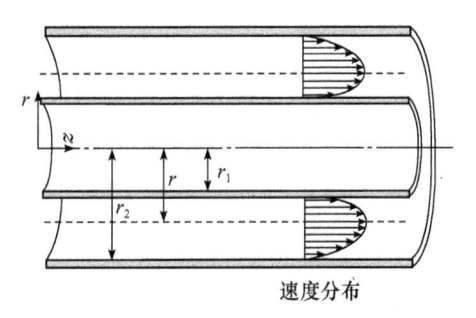

习题 8 附图

习题 9 附图

*10. 黏度 μ、密度 ρ 的液体依靠重力作用沿垂直平壁以膜状形式自上而下做匀速层流流动，如附图所示，已知液膜厚度为 δ。证明：

(1) 速度分布为 $v_x = \frac{\rho g}{\mu}\left(\delta y - \frac{1}{2}y^2\right)$；

(2) 平均速度 $u = \frac{2}{3}v_{\max} = \frac{\rho g \delta^2}{3\mu}$。

11. 如附图所示，20℃水由高位水箱经管道从喷嘴流向大气，水箱水位恒定，$d_1 = 125\text{mm}$，$d_2 = 100\text{mm}$，喷嘴内径 $d_3 = 75\text{mm}$，U形压差计读数 $R = 80\text{mmHg}$，若忽略摩擦损失，求水箱高度 H 及 A 点处压力表读数 p_A。

〔答：5.40m，36.2kPa〕

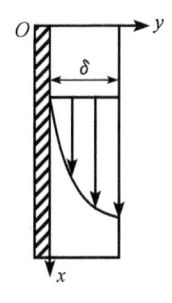

习题 10 附图

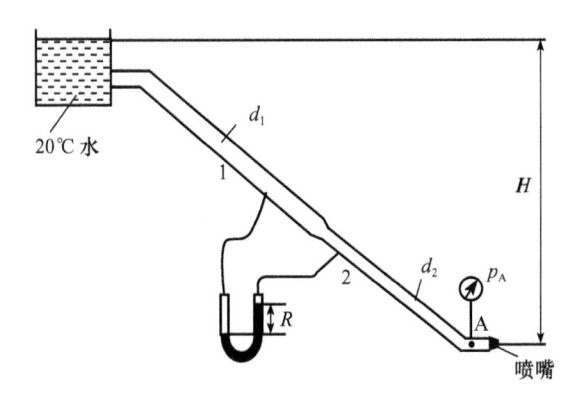

习题 11 附图

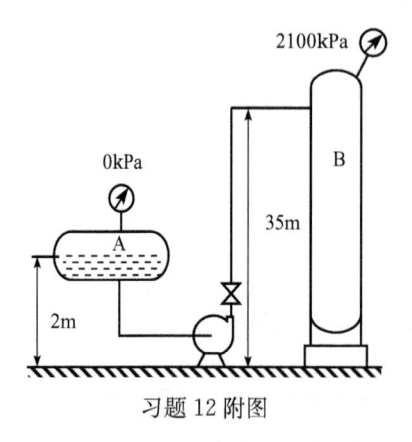

12. 用泵将容器 A 中的液体送入塔 B 中,容器内及塔内的表压如附图所示。已知输送量 10kg/s,液体密度 $\rho=890$kg/m³,液体流经管路的总摩擦损失为 124J/kg(包括出口损失在内),求泵的有效功率。

〔答:28.1kW〕

13. 用泵将 20℃的苯液从贮槽(贮槽上方维持 1atm)送到反应器,途经 30m 长的 ϕ57mm×2.5mm 钢管,管路上有 2 个 90°标准弯头,1 个标准阀(半开),管路出口在贮槽液面以上 12m,反应器操作压力为 500kPa(表压)。若要维持 5m³/h 的体积流量,求所需泵的有效功率 N_e。

〔答:取 $\varepsilon=0.05$ 时,845.2W〕

习题 12 附图

14. 在如附图所示装置中,下面的排水管管径为 ϕ57mm×3.5mm,压力表之前直管长 2m。当阀门全闭时,压力表读数为 0.3atm;当阀门开启后,压力表读数降为 0.1atm,求此时水的流量为多少(单位:m³/h)? 假设管子为光滑管。

〔答:31.2m³/h〕

15. 其他条件不变,若管内流速越大,则湍动程度越大,其摩擦损失越大,然而雷诺数增大时,摩擦系数却变小,两者是否矛盾? 应如何解释?

16. 如附图所示,敞口高位槽中 40℃水经一垂直管道排到大气中,管内径 $d=0.1$m,管子摩擦系数 $\lambda=0.02$,闸阀阻力系数为 30,试判断管内最低压力在何处,其值为多少,管内流量为多少(单位:m³/h)。已知 40℃水的饱和蒸气压 $p_s=7373.6$Pa。

〔答:最低压力在闸阀后,其值为 7373.6Pa,$V=75.7$m³/h〕

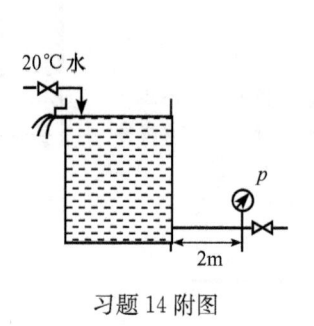

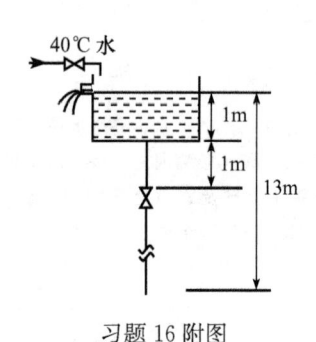

习题 14 附图

习题 16 附图

17. 如附图所示,槽 A 中的液体经管道送入槽 B 中,已知槽 A 与槽 B 的直径都为 2m,管道尺寸为 ϕ32mm×2.5mm,摩擦系数可取 0.03,管子总长 20m(包括所有局部阻力的当量长度在内)。求槽 A 内液面降至 0.3m 需要多少时间?

〔答:1.26h〕

18. 如附图所示为一医用输液装置示意图,当药液从 2 点流出时,瓶内上方形成负压,于是外界空气由细管 b 自动鼓入。试证明当液位在面 0-0 以上时,该装置能稳定输液。现设 $H=1.2$m,输液管长 $l=2$m(不包括进、出口局部阻力在内),$h=0.14$m,药水瓶直径 0.07m,输液管直径 2mm,$p_2=12$kPa(表压),药液密度 $\rho=1100$kg/m³,黏度 $\mu=2$cP。求液面降到面 0-0 时所需的时间。

〔答:1.59h〕

习题17附图

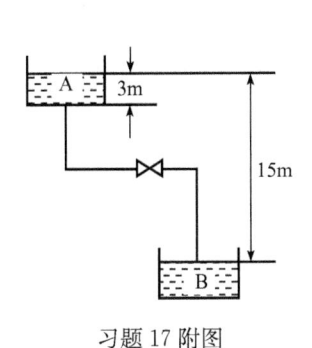

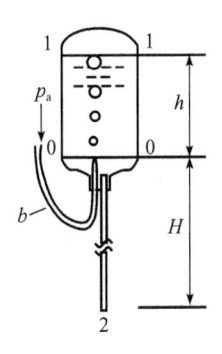

习题18附图

19. 由山上湖泊引水至贮水池,湖面与池面的高度差为45m,管道长度约为4000m,要求流量为300m³/h,湖水温度可取为10℃。如采用新铸铁管,要多大直径的铸铁管？如经长期锈蚀,绝对粗糙度ε变为1.4mm,管子能否继续使用？

〔答:内径为300mm;能使用〕

20. 密度为900kg/m³、黏度为30cP的某液体经附图所示中的管路系统从高位槽输送到低位槽中,已知管路总长50m(包括除AB段以外的所有局部阻力的当量长度在内),管径$d=53$mm,复式U形压差计指示液为汞,两指示液间的流体与管内流体相同,U形压差计读数$R_1=7$cm,$R_2=14$cm,试求:

(1) 管内流速;

(2) 当阀关闭时,读数R_1、R_2变为多少？

〔答:(1)0.54m/s;(2)$R_1=10.65$cm,$R_2=17.65$cm〕

21. 如附图所示,20℃软水由高位槽分别流入反应器B和吸收塔C中,器B内压力为50.7kPa(表压),塔C中真空度为10.1kPa,总管为长$(20+z_A)$m、规格$\phi 57$mm×3.5mm的管子,通向器B的管道为长15m的$\phi 25$mm×2.5mm管子,通向塔C的管道为长20m的$\phi 25$mm×2.5mm管子(以上各管长均包括全部局部阻力的当量长度在内)。所有管的绝对粗糙度均可取为0.15mm。如果要求向反应器B供应0.31kg/s的水,向吸收塔C供应0.47kg/s的水,问高位槽液面至少高于地面多少（单位:m)？

〔答:11.3m〕

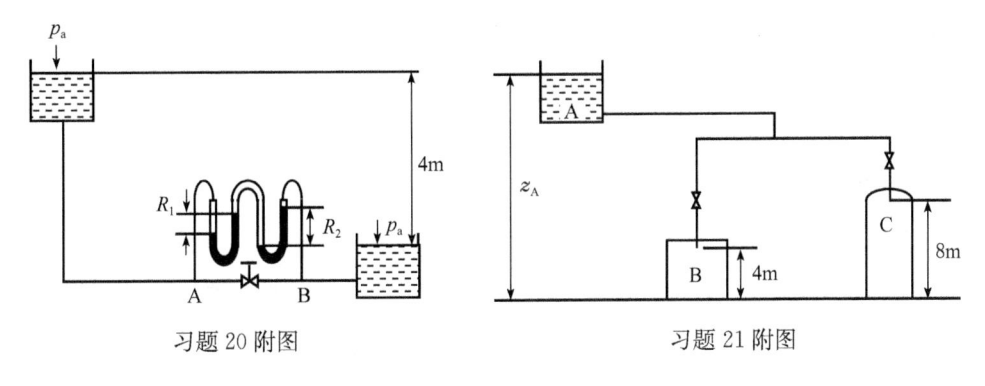

习题20附图

习题21附图

22. 对如附图所示的分支管路系统,试分析当支管1上的阀门k_1关小后,总管流量、支管1、2、3内流量及压力表读数p_A如何变化。

〔答:当阀门k_1关小时,V_1、V减小,V_2、V_3增大,p_A增大。〕

23. 如附图所示,某化工厂用管路 1 和管路 2 串联将容器 A 中的盐酸输送到容器 B 内,容器 A、B 液面上方表压分别为 0.5MPa、0.1MPa,管路 1 长 50m,管子尺寸 $\phi57mm\times2.5mm$,管路 2 长 50m,管子尺寸 $\phi38mm\times2.5mm$,以上长度均包括所有局部阻力的当量长度在内。两容器的液面高度差可忽略,管壁绝对粗糙度可取 $\varepsilon=0.5mm$。已知盐酸的密度 $1150kg/m^3$,黏度 $2\times10^{-3}Pa\cdot s$。求:

(1) 该串联管路的输送能力;

(2) 由于生产急需,管路的输送能力要求增加 50%。现库存仅有 9 根 $\phi38mm\times2.5mm$、长 6m 的管子,管壁绝对粗糙度也可取 $\varepsilon=0.5mm$。于是有人提出在管路 1 上并联一长 50m 的管线,另一些人提出应在管路 2 上并联一长 50m 的管线。试通过计算论述这两种方案的可行性。

〔答:(1)10.1m³/h;(2)方案二可行〕

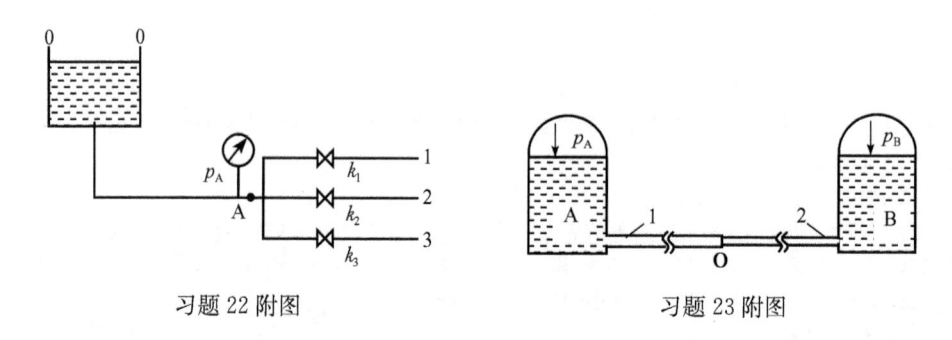

习题 22 附图   习题 23 附图

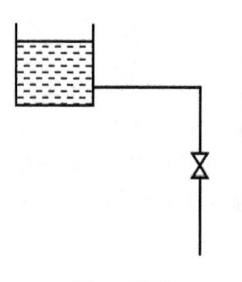

24. 如附图所示,从高位水塔引水至车间,水塔的水位可视为不变,水管内径为 d,管路总长为 L(阀门前后各 $L/2$),送水量为 V。现要求送水量增加 50%,故需将管路改装。已知库存有内径 $d/2$、d、$1.25d$ 三种管子,试分析下述各方案的可行性,并分析是否合理:

(1) 将原管路换成内径 $1.25d$ 的管子;

(2) 从水塔开始至阀门处为止,在原管上并联一长为 $L/2$、内径 $1.25d$ 的管子;

(3) 增设一条与原管平行的、长为 L、内径为 $d/2$ 的管路;

(4) 增设一条与原管平行的、长为 L、内径为 d 的管路。

假设摩擦系数变化不大,局部阻力可以忽略。

习题 24 附图

〔答:方案 1、4 可行,其中方案 1 更经济合理〕

25. 如附图所示,两贮罐 A、B 内石油产品各通过一条内径 0.3m、长 1.5km 的管道,排放到联结点 D,再由 D 经一直径 0.5m、长 0.8km 的管道流到贮罐 C,贮罐液位恒定。已知罐 A 内液面比 C 的高 10m,而罐 B 内液面比罐 A 的高 7m,管壁绝对粗糙度 $\varepsilon=0.2mm$,石油产品的物性为 $\rho=870kg/m^3$、$\mu=0.7\times10^{-3}Pa\cdot s$,试计算流入罐 C 的液体流量(单位:kg/s)。

〔答:187.9kg/s〕

26. 如附图所示,用三条管道将水槽 A、B、C 连接起来,管长分别为 OA=6m,OB=3m,OC=5m,水槽液面恒定,管径均为 $\phi32mm\times2.5mm$。支路 OC 上有一闸阀 K,其全开和半开时阻力系数分别为 0.17 和 4.5。管进、出口和三通处的局部摩擦损失可忽略不计,管的摩擦系数估计为 0.02。试判断当闸阀全开、半开时流体流向,并计算各支管内的体积流量。

〔答:闸阀全开时,水从槽 B 流向汇合点 O,$V_{AO}=6.23m^3/h$,$V_{BO}=1.69m^3/h$,$V_{OC}=7.92m^3/h$;闸阀半开时,水从汇合点 O 流向槽 B,$V_{AO}=6.12m^3/h$,$V_{OB}=0.58m^3/h$,$V_{OC}=5.54m^3/h$〕

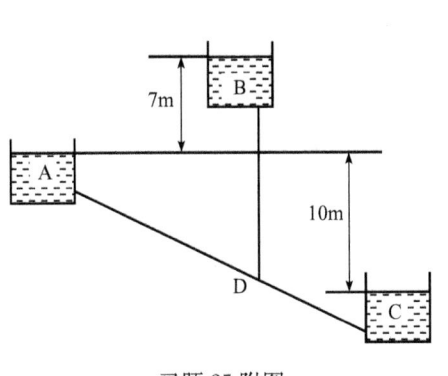

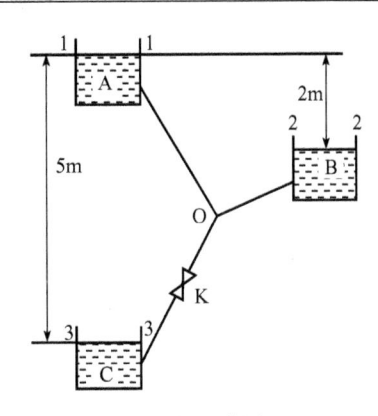

习题 25 附图　　　　　　　　习题 26 附图

27. 欲将 20℃煤气以 5000kg/h 的流量输送到 100km 处,管内径 300mm,管路末端压力为 0.5atm(表压),试求管路起点需要多大的压力? 设流动为等温流动,$\lambda=0.02$,标准状态下煤气的密度为 0.85kg/m^3。

〔答:4.86atm(表压)〕

*28. $1.013\times10^5\text{Pa}$,20℃空气以 10m/s 的速度平行流过一无限大平板,试求在距前缘 100mm 处的边界层厚度、该处距壁面 2.1mm 的地方的空气流速以及在宽 0.3m 区域内平板所受的总摩擦阻力。已知临界雷诺数 $Re_c=2\times10^5$。

〔答:$\delta=1.94\text{mm}$,10m/s,$9.05\times10^{-3}\text{N}$〕

29. 在管径为 $\phi325\text{mm}\times8\text{mm}$ 的管道中心装一皮托管以测定空气流量,其压差大小用斜管压差计测定,指示液为水。已知空气温度 40℃,压力 101.3kPa。现测得斜管压差计倾斜角 20°时读数为 200mm,求空气质量流量。

〔答:2.48kg/s〕

30. 在 $\phi76\text{mm}\times3\text{mm}$ 的管道上装有一孔径为 25mm 的标准孔板来测量液体流量。若 U 形汞压差计读数为 200mmHg,则流经管道的液体质量流量为多少(单位:kg/s)? 已知液体密度 1100kg/m^3,黏度 1.2cP。

〔答:2.18kg/s〕

31. 用 20℃水标定的某转子流量计,其转子为硬铅($\rho_f=11000\text{kg/m}^3$),现用此流量计测量 20℃、1atm 下的空气流量,为此将转子换成形状相同、密度为 $\rho_f'=1150\text{kg/m}^3$ 的胶质转子,设流量系数 C_R 不变,问在同一刻度下,空气流量为水流量的多少倍?

〔答:9.76 倍〕

第 2 章 流体输送机械

2.1 概　述

在化工过程中,广泛应用着各种流体输送机械,它们通过向流体(气体和液体)提供机械能,将流体从一处输向另一处。通常把输送液体的机械称为"液泵"或简称为"泵";把输送气体的机械称为"风机"或"压缩机";将某封闭空间的气体抽去,从而使该空间产生负压或真空的机械,称为"真空泵",一些场合也称为"抽气机"。

上述这些机械可以分成两大类,即"速度式"和"容积式"。速度式流体输送机械主要是通过高速旋转的叶轮或高速喷射的工作流体传递能量,它可分为离心式、轴流式和喷射式 3 种;容积式流体输送机械则依靠改变容积来压送与吸取流体,容积式按其结构的不同可分为往复活塞式和回转活塞式,表 2-1 列出了流体输送机械的分类。

表 2-1　流体输送机械的分类

工作原理		液体输送机械	气体输送机械
速度式	离心式	离心泵	离心风机、离心压缩机
	轴流式	轴流泵	轴流式通风机
	喷射式	喷射泵	—
容积式	往复式	往复泵、隔膜泵、计量泵、旋涡泵	往复式压缩机
	回转式	齿轮泵、螺杆泵	罗茨风机、液环压缩机

本章将讨论两类流体输送机械的基本结构、工作原理、性能参数以及选用和调节方法。

2.2　速度式流体输送机械

2.2.1　离心式流体输送机械的基本方程

离心式流体输送机械的工作原理是利用叶轮高速旋转,其中的叶片对流体做功,从而使流体的压力能和动能均有所增加。流体离开叶轮后,由蜗壳引导流至出口。由于叶轮不断旋转,使流体在出口处具有较高的能量,得以连续不断地输送流体。

离心式流体输送机械的基本方程的推导基于3个假设:①叶片的数目无限多,叶片无限薄,流动的每条流线都具有与叶片相同的形状;②流动是轴对称的相对定常流动,即在同一半径的圆柱面上,各运动参数均相同,而且不随时间变化;③流经叶轮的是理想流体,黏度为零,因此无流动阻力损失产生。图2-1是流体经过离心式机械的速度三角形。w 是流体具有的与叶片相切的相对速度;u 是随叶轮一起转动的圆周速度,两者的合成速度为绝对速度 c。

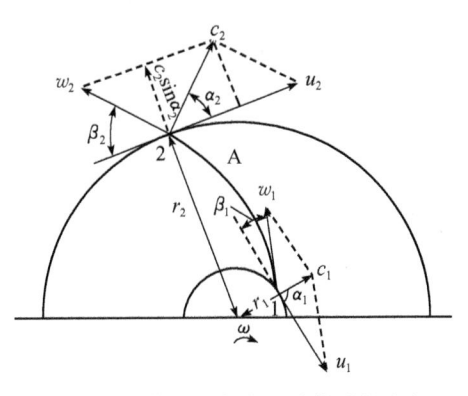

图2-1 流体进入与离开叶轮时的速度

单位重量流体通过无限多叶片的旋转叶轮所获得的能量,称为理论压头 H_∞。根据伯努利方程,单位重量流体从点1到点2获得的能量为

$$H_\infty = H_p + H_c = \frac{p_2 - p_1}{\rho g} + \frac{c_2^2 - c_1^2}{2g} \tag{2-1}$$

式中,H_p 代表流体经叶轮增加的静压能;H_c 代表流体经叶轮后增加的动能。

静压能增加项 H_p 由两部分构成:

(Ⅰ) 离心力做功产生的压头

$$\int_{r_1}^{r_2} F \mathrm{d}r/g = \int_{r_1}^{r_2} r\omega^2 \mathrm{d}r/g = \frac{\omega^2}{2g}(r_2^2 - r_1^2) = \frac{u_2^2 - u_1^2}{2g} \tag{2-2}$$

式中,ω 为旋转的角速度。

(Ⅱ) 液体通过逐渐扩大的流道时将有部分动压能转化为静压能,为

$$\frac{w_1^2 - w_2^2}{2g} \tag{2-3}$$

将式(2-2)和式(2-3)代入式(2-1),有

$$H_\infty = \frac{u_2^2 - u_1^2}{2g} + \frac{w_1^2 - w_2^2}{2g} + \frac{c_2^2 - c_1^2}{2g} \tag{2-4}$$

根据图2-1的速度三角形,利用余弦定理,可得

$$w_1^2 = c_1^2 + u_1^2 - 2c_1 u_1 \cos\alpha_1 \tag{2-5}$$

$$w_2^2 = c_2^2 + u_2^2 - 2c_2 u_2 \cos\alpha_2 \tag{2-6}$$

将式(2-5)和式(2-6)代入式(2-4),化简得

$$H_\infty = (c_2 u_2 \cos\alpha_2 - c_1 u_1 \cos\alpha_1)/g \tag{2-7}$$

式(2-7)即为离心泵和离心式风机的基本方程式。

一般离心泵为提高 H_∞，使 $\alpha_1=90°$，即 $\cos\alpha_1=0$，此时

$$H_\infty = c_2 u_2 \cos\alpha_2/g \tag{2-8}$$

离心泵的流量可表示为

$$Q = 2\pi r_2 b_2 c_2 \sin\alpha_2 \tag{2-9}$$

式中，r_2 为叶轮出口半径；b_2 表示叶轮出口处叶轮的宽度；其他参数如图 2-1 所示。

2.2.2 离心泵与离心通风机的结构、工作原理与分类

1. 离心泵的结构、工作原理与分类

离心泵是化工厂最常用的液体输送机械。因为它的流量、压头较大，适用范围广，并具有结构简单、体积小、质量轻、操作平稳、维修方便等优点。

离心泵部件可分为旋转部件和静止部件。旋转部件包括叶轮和转轴等，静止部件包括吸入室、蜗壳等，如图 2-2 所示。

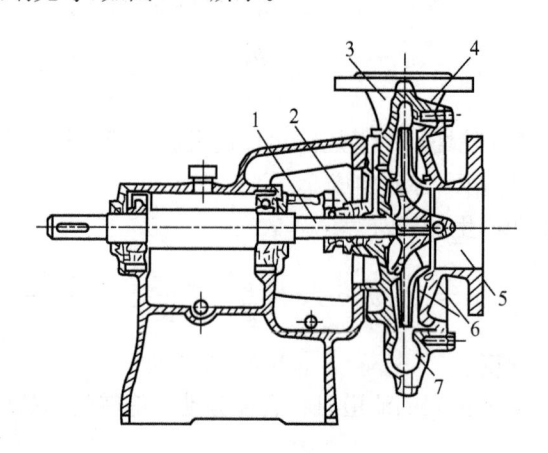

图 2-2 离心泵基本结构

1. 转轴；2. 轴封器；3. 扩压管；4. 叶轮；5. 吸入室；6. 密封环；7. 蜗壳

1) 吸入室

吸入室位于叶轮进口前，它把液体从吸入管引入叶轮，设计时要求液体流过吸入室的流动损失较小，液体流入叶轮时速度分布均匀。

2) 叶轮

叶轮是离心泵的核心部件。叶轮通过高速旋转，将原动机的机械能传送给液体，使液体获得压力能和动能。设计时要求叶轮在流动损失最小的情况下使液体获得较多的能量。叶轮按机械结构通常分为开式、半开式和闭式三种。开式叶轮[图 2-3(a)]两侧均不设盖板，不容易堵塞，但效率太低，很少采用。半开式叶轮[图 2-3(b)]由于没有前盖板，叶片间的通道不易堵塞，适用于输送含固体颗粒的悬浮液，但液体在叶片间流动时易发生倒流，其效率较闭式叶轮低。闭式叶轮

[图 2-3(c)]由轮毂、叶片(一般 6~8 片)、前盖板和后盖板组成,液体流经叶片之间的通道并从中获得能量。这种叶轮适用于输送清洁的液体,其效率较高,应用最广,离心泵中多采用闭式叶轮。

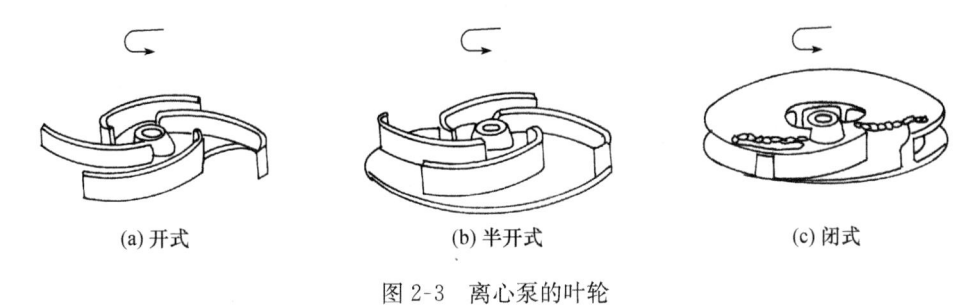

(a) 开式　　　　(b) 半开式　　　　(c) 闭式

图 2-3　离心泵的叶轮

3) 蜗壳

蜗壳也称为压出室。蜗壳位于叶轮出口之后,它是一个由叶轮四周形成的截面逐步扩大的蜗牛形通道,其主要作用是:①收集液体,把叶轮内流出的液体收集起来,将它们按一定要求送入下级叶轮或进入排出管;②能量转化,逐渐扩大的蜗牛形通道能使流过的液体速度降低,将流体部分动能转化为静压能。设计时要求液体在该通道内流动时阻力损失最小。

图 2-4 是离心泵的工作装置简图,安装时应使吸入管路 2 与吸入室 3 相连接,排出管 6 与蜗壳 4 相连,在排出管路上还要安置调节流量的截止阀。在外界动力(如电机 8)的驱动下,泵轴带动叶轮 7 做高速旋转,液体通过吸入管由吸入室沿轴向垂直地导入叶轮中央,通过离心力的作用被抛向叶轮外周,并以很快的速度(15~25m/s)流入蜗壳,将大部分动能转化为压力能,然后沿切线进入排出管。

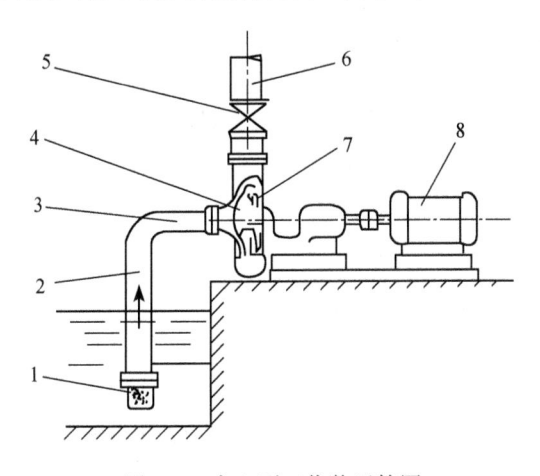

图 2-4　离心泵工作装置简图
1. 底阀;2. 吸入管路;3. 吸入室;4. 蜗壳;5. 阀门;6. 排出管路;7. 叶轮;8. 电机

离心泵内的液体通过离心力的作用获得能量。当液体由叶轮中心甩向外周时，吸入室内形成了低压，这样使被输送液体的液面和吸入室之间形成了一个压差，在该压差的作用下液体经吸入管源源不断地进入泵内。

离心泵的种类很多，其结构因使用目的而异。按液体吸入方式分为单吸式泵（液体从叶轮的一面进入）和双吸式泵（液体从叶轮的两面进入）；按叶轮级数分为单级泵（泵轴上只装有一个叶轮）和多级泵（泵轴上装有串联的两个以上的叶轮）。目前使用最多的是按其用途来分类，常用的类型有水泵、耐腐蚀泵、油泵和杂质泵等。这类离心泵的性能和规格可查阅泵的样本（或产品目录）。

2. 离心通风机的结构、工作原理与分类

离心通风机是一种广泛应用的低压输送机械。离心通风机的工作原理与离心泵相同，其结构也与离心泵相似。

图 2-5 所示的离心通风机由集流器、叶轮、机壳和传动部分等基本机件构成，离心通风机的叶轮直径较大，叶片数目也比较多。叶片有前弯式、平直式和后弯式等 3 种形状。低压通风机常采用前弯叶片，因为在相同流量和终压下，前弯叶片的通风机直径小，这样可减少质量，但这种通风机的效率比较低。中压、高压通风机多采用后弯叶片，大功率的大型通风机也常采用后弯叶片。

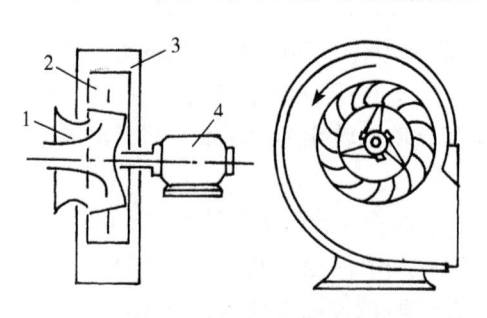

图 2-5 离心通风机结构图
1. 集流器；2. 叶轮；3. 机壳；4. 电动机

通风机的叶轮旋转时，叶轮上叶片流道间的气体在离心力作用下，从叶轮中心被甩向叶轮外缘，以较高的速度离开叶轮，进入机壳沿机壳运动，最后经出风口排向输气管道。与此同时，叶轮中心处产生真空，周围气体在外界压力作用下被吸向叶轮，不断吸入、不断流出，使风机源源送风。

通常根据离心通风机终压（表压）的大小分为低压（<1kPa 以下）、中压（1~3kPa）和高压（3~15kPa）通风机。另外，根据用途可分为一般通风机、排尘通风机、高温通风机、防腐通风机和防爆通风机等。

2.2.3 离心泵与离心通风机的性能

1. 流量

流量是单位时间内输送出去的流体量。通常用 Q 来表示体积流量，单位为 m^3/s。

通风机流量也常称为风量，并以进口处为准。通风机铭牌上的风量是在"标准条件"下,即压力 1.013×10^5 Pa,温度 20℃下的气体体积。

2. 压头和风压

离心泵的压头(或称扬程)H 和风机的风压 p_t 都是指流体通过离心泵或通风机后所获得的有效能量。一般离心泵的压头 H 是单位重量液体通过泵获得的有效能量,单位为 m;而风机风压 p_t 为单位体积的气体通过风机后所获得的能量,单位为 Pa。

风压的大小与风机结构、气体密度和转速等参数有关。根据伯努利方程,单位重量气体通过通风机所获得的压头为

$$H_t = \frac{p_2 - p_1}{\rho g} + \frac{u_2^2 - u_1^2}{2g} \tag{2-10}$$

式中,u_1 和 u_2 分别为通风机进口和出口速度,m/s。

假定气体的密度 ρ 为常数,当通风机直接从大气吸入空气时,则 $u_1 = 0$。式(2-10)可化简为

$$H_t = \frac{p_2 - p_1}{\rho g} + \frac{u_2^2}{2g} = H_p + H_c \tag{2-11}$$

式中,$H_p = (p_2 - p_1)/\rho g$ 称为通风机的静压头;$H_c = \frac{(u_2^2 - u_1^2)}{2g}$ 称为通风机的动压头;H_t 称为全压头,m。通风机全风压 p_t 和全压头 H_t 的关系可表示为

$$p_t = H_t \rho g \tag{2-12}$$

从而

$$p_t = H_t \rho g = (p_2 - p_1) + \frac{u_2^2}{2}\rho \tag{2-13}$$

式中,$p_2 - p_1$ 称为静风压,$\frac{u_2^2}{2}\rho$ 称为动风压。通风机性能表上所列出的风压为全风压。

通风机铭牌上的风压 p_{t0} 是用空气测定的,其标准条件为压力 $p_a = 101.3$ kPa,温度 20℃,此时空气密度 $\rho_0 = 1.2$ kg/m³。如果操作条件与标准条件不同,则操作条件下的风压 p_t 可用下式换算:

$$\boxed{p_t = p_{t0}\frac{\rho}{\rho_0} = p_{t0}\frac{\rho}{1.2}} \tag{2-14}$$

必须指出,选择风机时应以 p_{t0} 为准。

3. 效率

效率反映了泵与风机中能量的损失程度。它一般分为3种,即容积效率 η_v(考虑流量泄漏所造成的能量损失)、水力效率 η_h(考虑流动阻力所造成的能量损失)

和机械效率 η_m（考虑轴承、密封填料和轮盘的摩擦损失）。

离心泵与通风机的总效率为

$$\eta = \eta_v \eta_h \eta_m \tag{2-15}$$

一般地，在设计流量下泵与风机的效率最高。离心泵效率的大致范围如下：小型水泵的总效率为 50%～70%，大型泵的效率可达 90%；油泵、耐腐蚀泵的效率较水泵低，杂质泵的效率更低。通风机的效率一般为 70%～90%。

4. 功率

功率分为有效功率和轴功率。流体经过泵或风机后获得的实际功率称为泵或风机的有效功率，用 N_e 表示，单位为 W 或 kW。

对于离心泵

$$\boxed{N_e = \rho g Q H} \tag{2-16}$$

对于风机

$$\boxed{N_e = Q p_t} \tag{2-17}$$

泵或风机的轴功率通常指输入功率，即原动机传到泵轴上的功率，用 N 表示，单位为 W 或 kW。有效功率和轴功率的关系可以用下式表达：

$$N = \frac{N_e}{\eta} \tag{2-18}$$

因此，离心泵的轴功率为

$$\boxed{N = \frac{HQ\rho g}{\eta}} \tag{2-19}$$

通风机的轴功率为

$$\boxed{N = \frac{p_t Q}{\eta}} \tag{2-20}$$

2.2.4 离心泵与离心通风机的特性曲线

1. 特性曲线

离心泵与通风机的特性曲线是压头（风压）、轴功率、效率和流量之间的关系曲线，如图 2-6 和图 2-7 所示。通常特性曲线图附在泵或风机的样本或产品说明书中。特性曲线由实验获得，离心泵的特性曲线是用 20℃ 的清水作为工质在某恒定转速下测得。而风机各参数的测定则是以空气为介质，其标准条件是大气压力 p_a=101.3kPa，大气温度 20℃。

1) 压头（风压）-流量曲线（H-Q、p_t-Q）

这两种曲线是判断离心泵或风机是否满足管路使用要求的重要依据。

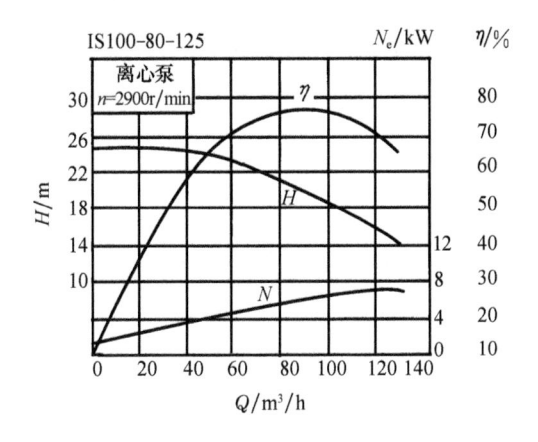

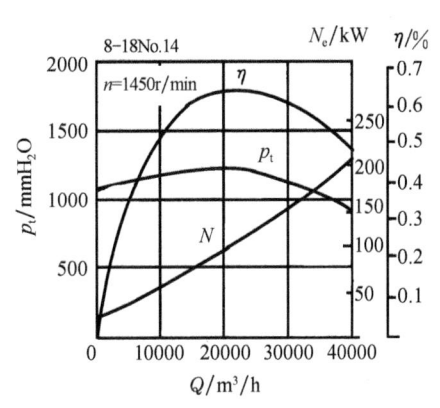

图 2-6　IS100-80-125 型离心泵特性曲线　　图 2-7　8-18No.14 离心通风机特性曲线

大多数离心泵随流量的增加压头下降。但有的曲线比较平坦,适用于流量变化较大而压头变化不大的场合;而比较陡降的则适合流量变化不大而压头变化较大的场合。

通风机流量 Q 自零开始增加,风压 p_t 先上升,后下降,风压最大值不在 $Q=0$ 处。

2) 轴功率曲线(N-Q)

轴功率一般随流量的增大而增大,当流量为零时,功率最小,因此离心泵与风机应在出口阀关闭下启动,以防止电机过载。

3) 效率曲线(η-Q)

效率曲线有一最高点,称为设计点。离心泵或风机铭牌上标明的参数就是最佳工况参数。因为离心泵与风机在最高效率点工作时最经济,所以其所对应的流量、压头(风压)、轴功率为最佳工况参数。由于管路输送条件不同,离心泵或风机不可能正好在最佳工况点运行。一般选用离心泵或风机时,其工作区的效率应不低于最高效率点的 92%。

2. 流体物性对特性曲线的影响

离心泵或通风机特性曲线是在一定实验条件下得出的,若输送流体的物性与其实验条件有较大差异,就会引起泵或风机的特性曲线的改变,必须对特性曲线加以修正,以便确定其操作参数。

1) 流体密度的影响

由式(2-8)和式(2-9)可知,离心泵的压头和流量与被输送流体的密度无关。泵的效率一般也和流体的密度无关。但是泵的轴功率随流体密度变化而变化[式(2-19)],其校正式为

$$\frac{N'}{N} = \frac{\rho'}{\rho} \tag{2-21}$$

对于通风机,风压和轴功率都和密度有关,因为 $p_t = H_t \rho g$,所以

$$\frac{p'_t}{p_{t0}} = \frac{\rho'}{1.2}, \quad \frac{N'}{N} = \frac{\rho'}{1.2} \tag{2-22}$$

式中,上标"'"表示流体物性变化后的参数。

2) 流体黏度的影响

对于离心泵,如果实际流体的黏度大于常温清水的黏度,由于叶轮、泵壳内流动阻力的增大,其 H-Q 曲线将随 Q 的增大而下降幅度更快。与输送清水比较,最高效率点的流量、压头和效率都减小,而轴功率则增大。通常,当被输送液体的运动黏度小于 $20 \times 10^{-6} \text{ m}^2/\text{s}$ 时,泵的特性曲线变化很小,可不作修正;当输送液体的运动黏度大于 $20 \times 10^{-6} \text{ m}^2/\text{s}$ 时,泵的特性曲线变化较大,必须修正。常用的方法是在原来泵的特性曲线下,对每一点利用换算系数进行换算,具体可参阅参考文献[1]。

3. 叶轮尺寸与转速对离心泵特性曲线的影响

1) 叶轮外径的影响

由离心泵基本方程式(2-8)和式(2-9)可知,当泵的转速一定,压头、流量均和叶轮外径有关。工业上对某一型号的泵,可通过切削叶轮的外径,并维持其余尺寸(叶轮出口截面)不变来改变泵的特性曲线。当叶轮的外径变化不超过 5% ,可近似认为叶轮出口的速度三角形、泵的效率等基本不变。此时,可得到

$$\boxed{\frac{Q'}{Q} = \frac{D'}{D}, \quad \frac{H'}{H} = \left(\frac{D'}{D}\right)^2, \quad \frac{N'}{N} = \left(\frac{D'}{D}\right)^3} \tag{2-23}$$

式(2-23)称为泵的切削定律。利用这一关系,可作出叶轮切削后泵的特性曲线。

2) 转速的影响

类似地,对同一台离心泵或风机,若叶轮尺寸不变,仅转速变化,其特性曲线也将发生变化。在转速变化小于 20% 时,也可近似认为叶轮出口的速度三角形、泵的效率等基本不变,故可得

$$\boxed{\frac{Q'}{Q} = \frac{n'}{n}, \quad \frac{H'}{H} = \left(\frac{n'}{n}\right)^2, \quad \frac{N'}{N} = \left(\frac{n'}{n}\right)^3} \tag{2-24}$$

2.2.5 离心泵与离心通风机的工作点和流量调节

安装在管路中的离心泵,其输液量应为管路中流体的流量,所提供的压头应正好是流体流动所需要的压头。因此,离心泵的实际工作情况应由离心泵的特性曲线和管路本身的特性共同决定。

1. 管路特性曲线

管路特性曲线表示流体通过某一特定管路所需要的压头与流量的关系。假定利用一台离心泵把水池的水抽到水塔上去,如图 2-8 所示。水从吸水池流到上水池的过程中,液面均维持恒定。若在图中截面 1-1′和 2-2′之间列伯努利方程,则流体流过管路所需要的压头(泵提供的压头)为

$$h_e = \Delta Z + \frac{\Delta p}{\rho g} + h_f \qquad (2\text{-}25)$$

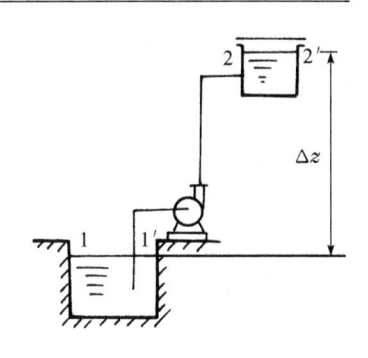

图 2-8 输送系统示意图

式中,h_f 为克服流动阻力所需要的压头,有

$$h_f = \lambda \frac{l + \sum l_e}{d} \frac{u^2}{2g} = \frac{8\lambda}{\pi^2 g} \frac{l + \sum l_e}{d^5} Q^2 = BQ^2 \qquad (2\text{-}26)$$

式中,$\sum l_e$ 表示管路中所有局部阻力的当量长度之和,$B = \frac{8\lambda}{\pi^2 g} \frac{l + \sum l_e}{d^5}$。

令 $A = \Delta Z + \frac{\Delta p}{\rho g}$,则式(2-25)可写成

$$\boxed{h_e = A + BQ^2} \qquad (2\text{-}27)$$

式(2-27)就是管路特性方程,对于特定的管路,式(2-27)中 A 是固定不变的,当阀门开度一定且流动为完全湍流时,B 也可看作是常数。

将式(2-27)绘于图 2-9 得曲线Ⅰ,此曲线被称为管路特性曲线。管路特性曲线只表明生产上的具体要求,而与离心泵的性能无关。

2. 离心泵与通风机的工作点

当离心泵安装在一定的管路上时,其所提供的压头 H 与流量 Q 必须与管路所需要的压头 h_e 和流量 Q 一致,因此,离心泵的实际工作情况由泵的特性和管路特性共同决定。将离心泵的 H-Q 与管路特性曲线 h_e-Q 绘在一张图上,如图 2-9 所示,则两曲线的交点 M 就是离

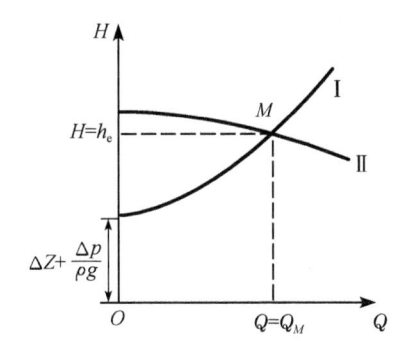

图 2-9 离心泵工作点

心泵的工作点。此时,离心泵的流量和压头才和管路所需要的流量和压头相等,而与此相对应的 η_M 和 N_M 可分别从泵的 η-Q 曲线和 N-Q 曲线上查出。

作为一个合理的设计,工作点 M 应该在离心泵的高效率区域内。

同理，风机管路曲线（所需风压与风量间的关系）与风压曲线的交点就是风机的工作点。

3. 离心泵与通风机的流量调节

离心泵或通风机的工况调节有3种途径：①改变离心泵或通风机的特性曲线；②改变管路的特性曲线；③同时改变离心泵（或通风机）和管路的特性曲线。

改变离心泵（或通风机）特性曲线的主要方法有改变转速，切削叶轮直径以及采用泵的串联或并联。当转速增加时，泵或风机的特性曲线向右上方移动。当转速降低时，则向左下方移动；切削叶轮会使泵或风机的特性曲线向左下方移动。

提高转速可增加流量，但是转速的提高受到叶片强度及其机械性能的限制，功率消耗更是急剧增加。因而用提高转速来调节流量只是小范围的。

有时可以通过采用泵的串联或并联方法来适应不同的流量。图 2-10(a)中曲线 B 是两台相同型号的离心泵串联后的特性曲线，其特点是，在相同流量下，压头是单台泵的两倍。显然串联组合泵的实际流量和实际压头由工作点 a 决定。总效率应该是在 $Q_{串}$ 条件下单泵的效率，即图 2-10(a)中 b 点对应的单泵效率。

图 2-10(b)中曲线 B 是两台相同型号的离心泵并联后的特性曲线，其特点是，并联泵若其各自有相同的吸入管路，则在相同压头下，流量是单台泵的两倍。并联组合泵的实际流量和实际压头也由工作点 a 决定。总效率应该是在 $0.5Q_{并}$ 条件下单泵的效率，即图 2-10(b)中 b 点对应的单泵效率。可以看出，由于管路阻力的增加，并联组合泵的实际总流量小于单泵输液量的两倍。

通常，对于低阻力输送管路，并联优于串联，对于高阻力输送管路，串联优于并联（请思考为什么）。

管路特性曲线的改变一般通过调节管路阀门的开度实现。阀门关小，管路特性曲线变陡，反之，则变平坦。采用阀门调节流量方法简单，流量可以连续变化，但能量损失较大，泵的 H-Q 曲线越陡，压头损失越严重。

如果通风机的风压高出所需的较多而流量却不允许增加较多，则可以在管道中加一风门调节。

例 2-1 用一离心泵输送乙醇，当转速 $n=2900$r/min 时泵的特性曲线方程为 $H=40-0.06Q^2$，已知出口阀全开时管路特性曲线方程为 $h_e=20+0.04Q^2$。两式中 Q 的单位为 m³/h，H、h_e 的单位为 m。问：

(1) 此时的输送量为多少？

(2) 若生产需要的乙醇量为上述的 80%，拟采用变速调节，转速如何变化？

解 (1) 根据 $H=h_e$，即
$$40-0.06Q^2 = 20+0.04Q^2$$
得输送量 $Q=14$m³/h。

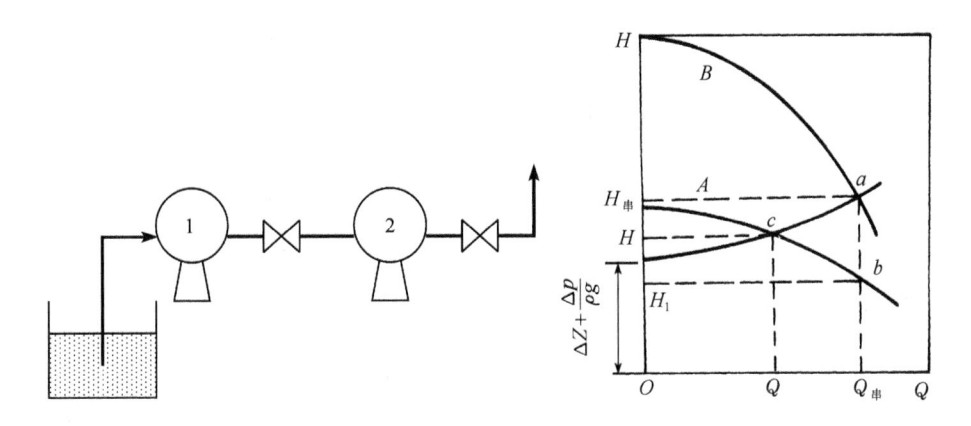

(a) 离心泵的串联操作

(b) 离心泵的并联操作

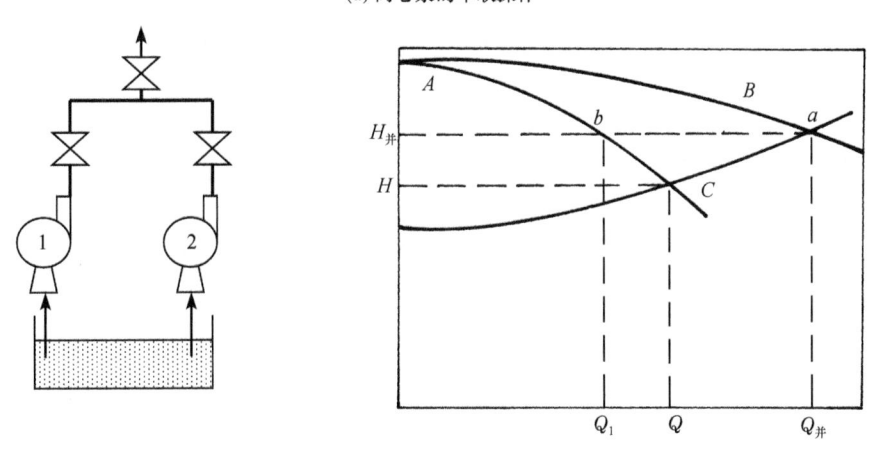

图 2-10 离心泵的串、并联操作

（2）改变转速时，管路特性曲线不变，而泵的特性曲线将改变。根据管路特性曲线可知，当 Q 减少时，管路所需要的压头降低，即工作点向左方移动。而要实现此变化，泵的特性曲线也只能向左下方移动，如图 2-11 中的虚线，即转速降低，此时泵所提供的压头也降低。

2.2.6 离心泵与离心通风机的安装和选用

1. 离心泵的气蚀余量

如图 2-12 所示，由于处于常压或大气压的液面 0-0 与其上部泵的进口截面 1-1 之间无外加能量，离心泵能吸上液体是靠大气压与泵进口处真空度的压差作用。当所输送液体液面与泵吸入口之间的垂

图 2-11 例 2-1 工作点示意图

直距离即泵的安装高度过高时,则泵进口处的压力可能降至所输送液体同温下的饱和蒸汽压,使液体汽化,产生气泡。气泡随液体进入高压区后又立即凝结消失,从而产生很高频率、很大冲击压力的水击,不断地冲击叶轮的表面使其疲劳和破坏;此外气泡通常含有从液体释放出来的活泼气体(如氧气),将会对金属叶轮的表面起化学腐蚀作用。该现象称为离心泵的"气蚀"。气蚀是离心泵操作时的不正常现象,表现为泵内噪声与振动加剧,输送量明显减少,严重时吸不上液体。气蚀会缩短泵的寿命,操作时应严格避免,其方法是使泵的安装高度不超过某一定值。

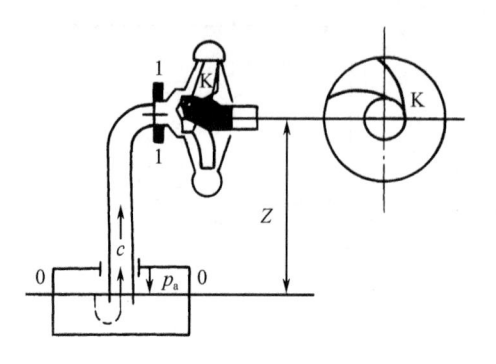

图 2-12 泵与吸入装置简图

如图 2-12 所示,液面 0-0 与泵吸入口截面 1-1 之间的垂直距离 Z 为离心泵的安装高度。泵内最低压力点通常位于叶轮叶片进口稍后的 K 点附近,为防止气蚀,K 处对应的压力 p_K 应高于操作温度下液体的饱和蒸气压 p_v。

对泵的进口截面 1-1 与叶轮内压力最低处截面 K-K 处列伯努利方程:

$$\frac{p_1}{\rho g} + \frac{u_1^2}{2g} = \frac{p_K}{\rho g} + \frac{u_K^2}{2g} + \sum h_{f(1-K)}$$

当泵刚发生气蚀时,p_K 等于所输送液体的饱和蒸气压 p_v,相应地 p_1 也将达到某一最小值 $p_{1\min}$,此时

$$\frac{p_{1\min}}{\rho g} + \frac{u_1^2}{2g} = \frac{p_v}{\rho g} + \frac{u_K^2}{2g} + \sum h_{f(1-K)} \qquad (2-28)$$

或

$$\frac{p_{1\min}}{\rho g} + \frac{u_1^2}{2g} - \frac{p_v}{\rho g} = \frac{u_K^2}{2g} + \sum h_{f(1-K)} \qquad (2-29)$$

式(2-29)表明,在泵刚发生气蚀条件下,泵进口处液体的总压头 $\left(\dfrac{p_{1\min}}{\rho g} + \dfrac{u_1^2}{2g}\right)$ 比液体的饱和蒸气压对应的静压头 $\dfrac{p_v}{\rho g}$ 高出某一定值,常将这一差值称为泵的最小气蚀余量 $\Delta h_{\min}$,单位为 m,即

$$\Delta h_{\min} = \frac{p_{1\min}}{\rho g} + \frac{u_1^2}{2g} - \frac{p_v}{\rho g} = \frac{u_K^2}{2g} + \sum h_{f(1-K)} \qquad (2-30)$$

最小气蚀余量由泵制造厂通过实验测定,通常以泵的扬程较正常值下降3%为准。为确保泵正常工作不发生气蚀,根据有关规定,将$(\Delta h_{\min} + 0.3)$作为允许

值,称为允许气蚀余量[Δh],此值列入泵的样本,由离心泵厂向用户提供。[Δh]又称为净正吸上压头,用NPSH(Net Positive Suction Head)表示。

2. 安装高度

为避免气蚀现象的发生,保证泵的正常工作,离心泵的安装高度 Z 必须小于某一值,该值称为泵的最大安装高度 Z_{max}。

对图2-12的液面0-0和叶轮内压力最低处K-K截面列能量方程,可求得最大安装高度

$$Z_{max} = \frac{p_a}{\rho g} - \frac{p_v}{\rho g} - \sum h_{f(0-1)} - \left[\frac{u_K^2}{2g} + \sum h_{f(1-K)}\right]$$

$$= \frac{p_a}{\rho g} - \frac{p_v}{\rho g} - \sum h_{f(0-1)} - \Delta h_{min} \qquad (2-31)$$

为防止气蚀,相应地将最大安装高度减去0.3m作为安全量,称为允许安装高度[Z]。允许安装高度[Z]可根据允许气蚀余量[Δh]由下式计算:

$$\boxed{[Z] = \frac{p_a}{\rho g} - \frac{p_v}{\rho g} - \sum h_{f(0-1)} - [\Delta h]} \qquad (2-32)$$

显然,为防止气蚀现象,泵的实际安装高度 Z 应小于允许安装高度[Z](通常比允许值小0.5m)。

例2-2 拟用一台IS65-50-160A型离心泵将20℃的某溶液由溶液罐送往高位槽中供生产使用,溶液罐上方连通大气。已知吸入管内径为50mm,送液量为20m³/h,估计此时吸入管的阻力损失为3m液柱,求大气压分别为101.3kPa的平原和51.4kPa的高原地带泵的允许安装高度,查得上述流量下泵的允许气蚀余量为3.3m,20℃时溶液的饱和蒸气压为5.87kPa,密度为800kg/m³。

解 由式(2-32)得

$$[Z_1] = \frac{(101.3 - 5.87) \times 10^3}{800 \times 9.81} - 3 - 3.3 = 5.86(m)$$

$$[Z_2] = \frac{(51.4 - 5.87) \times 10^3}{800 \times 9.81} - 3 - 3.3 = -0.5(m)$$

式中,[Z_2]为负值,表明在高原安装该泵时要使其入口位于液面以下,才能保证正常操作。同时考虑实际操作的波动一般还应给予适当的裕量,如安装高度再降低0.5m,变成−1m。

3. 离心泵与通风机的安装

离心泵开启前必须使泵内灌满液体,常在吸入管下端安置一个使液体只进不

出的单向阀,以便于充液。因为离心泵运转时,若泵内无液体,则其内部的气体经离心力的作用所形成的吸入室内的真空度很小,没有足够的压差使液体进入泵内,从而使离心泵吸不上液体,这种现象称为离心泵的"气缚"。

离心泵的吸入管在吸液池中安装时应尽量防止产生旋涡,且吸入管应短而直,其直径不应小于泵入口的吸入管。采用直径大于泵入口的吸入管有利于降低阻力,但要注意不能因为泵入口处的变径引起气体积存而导致气缚。另外排出管路上也装有止回阀,以防突然停泵时引起排出侧高位水倒流,造成水击事故。止回阀应尽量靠近泵体。

通风机与风管连接时,应使气流通畅,不要有方向或速度的突然变化,否则会使通风机性能恶化。

4. 离心泵与通风机的选用

离心泵或通风机的选用是根据生产要求,在泵或通风机的定型产品中选择合适的离心泵或通风机。一般先根据被输送流体的性质和操作条件确定离心泵或通风机的类型,然后根据管路所要求的流量和压头确定离心泵或通风机的规格。

例 2-3 拟用一离心泵将江中的水送到 16m 高的敞口高位槽中供生产使用,已知输送量为 25m³/h,估计管路的压头损失为 6mH$_2$O。现仓库中有以下 3 个型号的水泵,主要性能数据列于表 2-2 中(转速为 2900r/min 时)。问该系列的泵是否合用?请选出最合用的一个。若考虑到江面和高位槽内液位有可能发生变化,分别给流量和压头增加 10% 的裕度,又以哪个泵最合用?

表 2-2 例 2-3 附表

型号	Q/m³/h	H/m	N/kW	$N_电$/kW	η/%
IS65-50-160	10	34.5	1.87		50.6
	20	30.8	2.60	4	64
	30	24	3.07		63.5
IS65-50-160A	10	28.5	1.45		54.5
	20	25.2	2.06	3	65.6
	30	20	2.54		64.1
IS80-65-160A	25	26.2	2.83		63.7
	35	25	3.35	5.5	70.8
	45	22.5	3.87		71.2

解 (1) 流量 $Q=25$m³/h 时所需泵的压头为

$$h_e = \Delta z + \Delta p/\rho g + \Delta u^2/2g + \sum h_f = 16+0+0+6 = 22 \text{(m)}$$

题中输送的是清水,一般采用离心泵,又所需的流量、压头不大,可选用结构简单的水泵。

为确定表中的离心泵是否适用,将各泵的 H-Q 线画于图 2-13 中,同时将工作点也列于其中(图中点○)。从图中看出,工作点都落在 3 种规格的离心泵的下方且在高效区附近,表明该 3 种规格的离心泵都能满足生产要求。再仔细观察,发现工作点最靠近 IS65-50-160A 型的 H-Q 线,说明采用该型号的离心泵最经济(可比较工作时的各个数据:IS65-50-160 型泵:$Q=25m^3/h$,$H=27.4m$,$N=2.84kW$,$\eta=63.8\%$;IS65-50-160A 型泵:$Q=25m^3/h$,$H=23.6m$,$N=2.30kW$,$\eta=64.0\%$;IS80-65-160A 型泵:$Q=25m^3/h$,$H=26.2m$,$N=2.83kW$,$\eta=63.7\%$)。

(2) 考虑流量和压头各增加 10% 的裕度,即流量 $Q=1.1\times 25=27.5(m^3/h)$,压头 $H=1.1\times 22=24.2(m)$。将该工作点也画于图 2-13 中(图中点□),可以看出工作点落在 IS65-50-160A 型离心泵的上方,表明该型号的离心泵不能满足使用要求。IS65-50-160 和 IS80-65-160A 型泵都能用,且都较为经济(IS65-50-160 型泵:$Q=27.5m^3/h$,$H=25.7m$,$N=2.95kW$,$\eta=63.6\%$;IS80-65-160A 型泵:$Q=27.5m^3/h$,$H=25.8m$,$N=2.96kW$,$\eta=65.5\%$)。

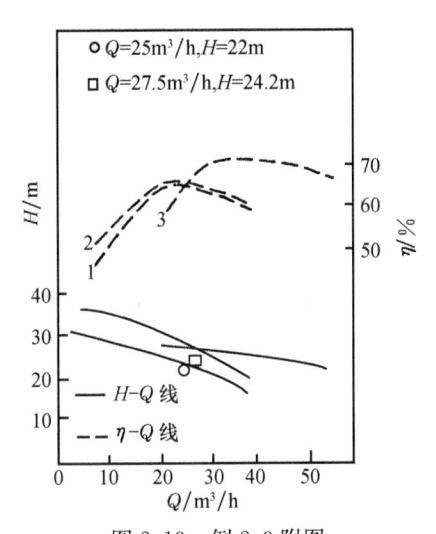

图 2-13 例 2-3 附图
1. IS65-50-160;2. IS65-50-160A;
3. IS80-65-160A

例 2-4 某流态化干燥装置的流程如图 2-14 所示,新鲜空气经预热器预热后进入干燥器,排出的废气由通风机送至旋风分离器,经收尘后排入大气。已知进入风机的废气温度为 75℃,空气的流量在 0℃、101.3kPa 下为 7500m³/h,流经预热器、干燥器和旋风分离器时的阻力损失分别为 230Pa、370Pa、240Pa(以上均包括相应的连接管路在内)。设当地大气压为 1atm,旋风分离器排风口的直径为 580mm,内部的热损失可忽略不计。试选择一台合适的离心通风机。

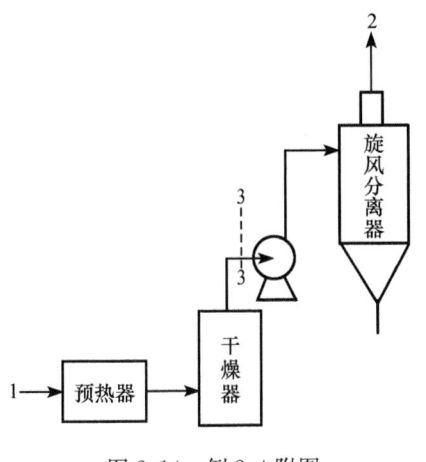

图 2-14 例 2-4 附图

解 (1) 求管路所需的实际流量

已知风机进口空气温度为 75℃,压力为

$$101300 - (230 + 370) = 100700(\text{Pa})$$

已知在 0℃、101.3kPa 下的流量为 7500m³/h，它应转化为实际状况下的流量，以风机进口状态计。此状态下流量为

$$Q = 7500 \times \frac{101300}{100700} \times \frac{273 + 75}{273} = 9617(\text{m}^3/\text{h})$$

（2）求管路的实际风压

在风机的入口截面 3-3 至旋风分离器排风口截面 2 之间，空气压力变化不大，温度也变化不大，此时可近似视为不可压缩流体。列机械能衡算方程，得

$$p_t = (p_2 - p_3) + \rho(u_2^2 - u_3^2)/2 + \Delta p_f$$

式中 p_3=100700Pa，p_2=101300Pa，$u_3=u_2$，Δp_f=240Pa，代入得

$$p_t = (101300 - 100700) + 0 + 240 = 840(\text{Pa})$$

风机进口状态空气的密度为

$$\rho' = \frac{100.70 \times 29}{8.314 \times (273 + 75)} = 1.01(\text{kg/m}^3)$$

根据式(2-14)，转化为标准条件下的风压为

$$p_{t0} = 840 \times 1.2/1.01 = 998(\text{Pa})$$

根据实际流量 Q=9617m³/h 和标准条件下的风压 p_{t0}=998Pa 来选用风机，从《机械产品目录》中查得 4-72-11No.6D 型通风机较合适，其主要性能数据如下：

转速：	1450r/min
流量：	10200m³/h
全风压：	1020 Pa
效率：	91%
轴功率：	4kW

2.2.7 离心鼓风机与离心压缩机

离心鼓风机的工作原理与离心泵相同，它的出口表压可达 20kPa 以上。因出口压力较高，离心鼓风机的外形更像离心泵。一般蜗壳形通道外壳的直径与宽度之比较大；叶轮上叶片数目较多，以适应大的流量；转速也较高，因气体密度小，要达到较大的风压必须要求有高的转速；另外还有固定的导轮。单级离心鼓风机的出口表压多在 30kPa 以内，多级离心通风机的出口表压可达 300kPa。由于各级的压缩比不高，产生的热效应不大，所以多级离心鼓风机各级叶轮的大小大体相同，级间无需配置冷却装置。

离心压缩机的结构与离心鼓风机类似，但可以达到的压力更大，且级数更高

(10级以上),转速更高(5000r/min以上)。由于压缩比高,气体温度升高显著,故压缩机都分成几段,每段包括若干级,段与段之间设有冷却器。

2.2.8 轴流泵和轴流通风机

轴流泵的构造如图 2-15 所示,当转轴带动装有螺旋桨形式叶片的轴头做转动时,液体沿箭头方向进入泵壳,经过叶片后又流经固定于泵壳的导叶进入排出管路。轴流泵叶片的形状与离心泵有很大的不同,液体不是通过离心力获得能量,而是通过液体对叶片作绕流运动后在叶轮两侧所形成的压差,因此轴流泵提供给液体的压头较小,但输送量却很大,特别适用于大流量、低压头的液体输送状况。

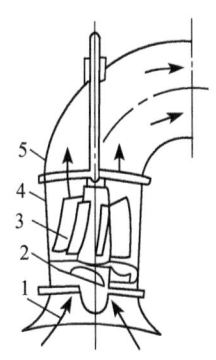

图 2-15 轴流泵
1. 吸入室;2. 叶片;
3. 导叶;4. 泵体;
5. 出水弯管

轴流通风机和轴流泵的结构相似,它产生的风压很低,一般只做通风换气用,常用于化工生产中空冷器和凉水塔的通风。

2.2.9 旋涡泵

旋涡泵是一种特殊类型的离心泵,其主要部件为圆盘形叶轮和开有环行凹槽的泵壳。圆盘形叶轮的结构如图 2-16 所示,它的四周铣有呈辐射状排列的弧形凹槽构成叶片;泵壳呈正圆形,吸入口不在泵盖正中而是在泵壳顶部与排出口相对应,这样就在叶轮的弧行凹槽与泵壳的环行凹槽间形成了液体流动的通道,并通过隔离壁将吸入室和排出室隔开。旋涡泵工作时的内部情况可用图 2-16(b)表示,当转轴带动叶轮旋转时,泵内由于离心力的作用可分为边缘的高压区和凹槽根部的低压区,泵内的液体因此形成了与叶轮周向垂直并沿流道逐渐向前的旋涡运动,故称之为旋涡泵。由于液体从吸入到排出多次受到离心力的作用,因此能获得较高的压头。

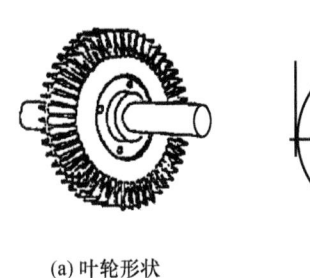

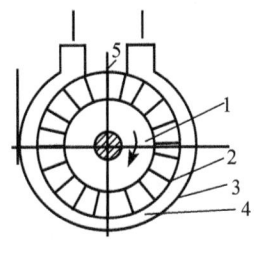

(a) 叶轮形状　　(b) 内部示意图

图 2-16 旋涡泵
1. 叶轮;2. 叶片;3. 泵壳;4. 引水道;5. 吸入口与排出口的间隙

旋涡泵的效率比较低，一般为20%～50%。但与多级离心泵或往复泵相比，旋涡泵的体积较小，结构简单，加工方便，产生的压头较相同叶轮直径和转速的离心泵高2～4倍。旋涡泵适合小流量、高压头下黏性不高、不含固体颗粒的液体输送。

2.3 容积式流体输送机械

2.3.1 往复式流体输送机械工作原理

往复式流体输送机械理想循环具有以下特征：①流体在进、出工作腔时通过阀门没有阻力；②工作腔内无余隙容积，腔内的流体被全部排出；③工作腔作为一个孤立体与外界无热交换；④气体压缩指数为定值；⑤气体无泄漏。

图2-17(a)和图2-17(b)为往复压缩机工作过程示意图。当活塞在汽缸中自外止点（远离主轴极限位置的一侧）向内止点（靠近主轴极限位置的一侧）运动时，气体便通过吸入阀进入汽缸，因为无压力损失，此时缸中的压力与进气管道中的压力相同，其值为 p_1；当活塞运动到内止点时，吸气结束，图2-17(b)中的 4→1 便称为吸入过程；接着活塞转入自内止点向外止点运动，气体受到压缩，并随着工作腔容积的不断减小压力逐渐提高，当压力达到排出压力时压缩过程结束，图中 1→2 称为压缩过程，接着排出阀打开，排出过程开始，随着活塞向外止点移动，气体不断

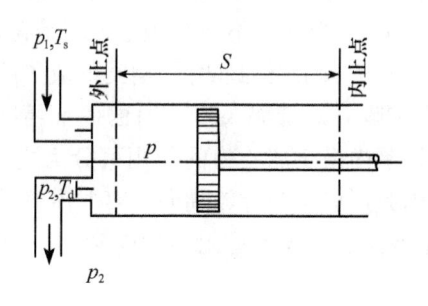

(a) 压缩机

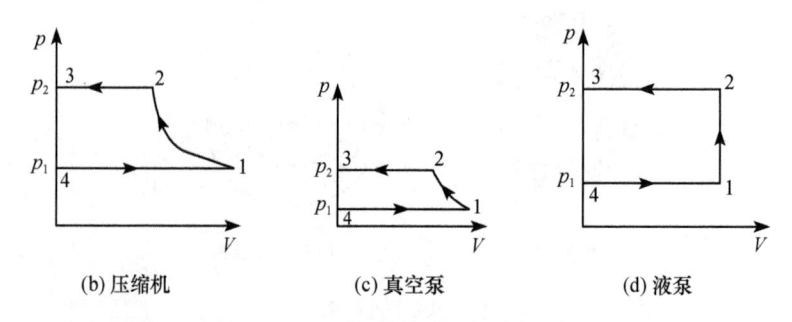

(b) 压缩机   (c) 真空泵   (d) 液泵

图 2-17 几种机械的理论循环指示图

被排出汽缸,最后当活塞到达外止点时,气体被完全排出,排出阀关闭,排气过程结束。同样,排气时汽缸内的压力和排出管道中的压力相同,其值为 p_2。图中的 2→3 过程为排出过程。当活塞再次回程时缸内又开始重复上述过程,活塞从一个止点到另一个止点所走过的距离称为"行程"。一个理论循环中的流体吸入量,即为活塞面积与其一个行程长度的乘积(也称行程容积 V_h)。

图 2-17(c)为真空泵的理论循环,其排气压力为大气压。图 2-17(d)是液泵理论循环,它与压缩机理论循环的不同点为液体压力提高是瞬时的。因为液体完全不可压缩,所以过程 1→2 为一条垂直于容积 V 轴的直线。

图 2-17(b)～(d)也称压力指示图,其循环所包围的面积即代表完成该循环所消耗的外功,该外功就称为指示功 W_i,因此压力指示图又称为示功图。

设流体对活塞做功其值为正,活塞对流体做功其值为负。

压缩机的吸入过程功为 p_1V_1,相应的排出过程功为 $-p_2V_2$,压缩过程功为 $-\int_{V_1}^{V_2} p(-\mathrm{d}V)$,总的指示功 W_i 为三者的代数和,即

$$W_i = p_1V_1 - p_2V_2 + \int_{V_1}^{V_2} p\mathrm{d}V = -\int_{p_1}^{p_2} V\mathrm{d}p \tag{2-33}$$

对于理想气体压缩过程,由热力学可知:

$$pV^n = 常数 \tag{2-34}$$

式中,n 为压缩指数,如果压缩过程是绝热过程,则 n 取绝热过程指数 γ,多变过程则取多变过程指数。

将其代入式(2-33),得

$$W_i = -p_1V_1\frac{n}{n-1}\left[\left(\frac{p_2}{p_1}\right)^{\frac{n-1}{n}} - 1\right] \tag{2-35}$$

式中,"一"号表示机械需要外功来帮助它实现缸内的循环,所以需由原动机来进行驱动。

对于液泵来讲,因为等容压缩,$\mathrm{d}V=0$,所以指示功为

$$W_i = -p_2V_2 + p_1V_1 \tag{2-36}$$

2.3.2 往复泵

往复泵主要适用于输送流量较小、压力较高的各种流体,尤其是当流量小于 100m³/h,排出压力大于 10MPa 时,更显示出其较高的效率和良好的运行性能。目前,往复泵在石油开采、石油化工、动力机械、机械制造等工业部门得到广泛的应用。往复泵还可用作计量泵精确、可调节地输送各种流体。

1. 往复泵的结构

图 2-18 是单作用往复泵的简图。往复泵通常由两部分组成。一部分是直接

输送液体,把机械能转换为液体压力能的液力端,另一部分是将原动机的能量传给液力端的传动端。液力端主要有液缸体、活塞(柱塞)、吸入阀和排出阀等部件。传动端主要有曲柄、连杆、十字头等部件,如图 2-18 所示,在液缸中有活塞杆和活塞,液缸体上装有吸入阀和排出阀。液缸体中活塞与阀之间的空间称为工作室,它通过吸入阀和排出阀分别与吸入管路和排出管相连。

2. 往复泵的特点和分类

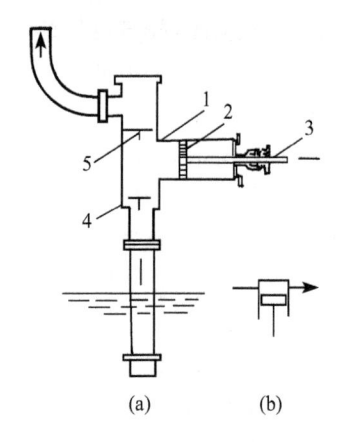

图 2-18 往复泵工作示意图
1. 泵缸;2. 活塞;3. 活塞杆;
4. 吸入阀;5. 排出阀

往复泵具有以下特点:

(Ⅰ)往复泵的流量仅与往复泵活塞的直径、行程、转速及液缸数有关,与管路的情况、所输送流体的温度、黏度无关。

(Ⅱ)往复泵的压头取决于往复泵在其中工作的管路特性。只要管路有足够的承压能力,原动机也有足够的功率以及相应的密封能力,活塞就可以把液体排出。因此,同一台往复泵在不同管路中产生的压头也不同。

(Ⅲ)往复泵不能像离心泵那样在关死点运转,否则要损坏往复泵,故往复泵装置中必须安装有安全阀或其他安全装置。

(Ⅳ)往复泵有很好的自吸能力,即泵在一定的安装高度下,不需要灌泵就可以在规定的时间内启动并达到正常工作状态。

(Ⅴ)往复泵的效率较高。

(Ⅵ)往复泵的流量较小,且流量不均匀,结构比较复杂,适用于高压头、小流量的场合,但不宜输送腐蚀性液体及含有固体颗粒的悬浮液。

往复泵的种类很多,根据与输送介质接触的工作机构分有活塞泵、柱塞泵和隔膜泵;根据往复泵的作用特点分有单作用泵、双作用泵和差动泵;根据动力分有机动泵(包括电动机驱动的泵和内燃机驱动的泵)、直接作用泵(包括蒸气、气、液压直接驱动的泵)和手动泵等。

3. 往复泵性能参数

往复泵的主要性能参数有流量、压头(压力)、功率、效率、活塞每分钟的往复次数及气蚀余量等,它们的定义与离心泵相同。

4. 往复泵工况调节

从往复泵的工作特点可知,往复泵不能用阀来调节流量。往复泵的流量调节通常采用改变往复泵的转速、改变活塞行程或旁路调节等方法来实现。旁路调节如图 2-19 所示。部分流体经过旁路分流,从而改变了主管路中的流量,但会造成一定的能量损失。它适用于流量变化不太大的经常性调节。

2.3.3 往复压缩机

图 2-19 往复泵旁路调节
1. 旁路阀;2. 安全阀

1. 往复压缩机结构、工作过程与分类

图 2-20 为一台往复压缩机的结构示意图。机器型式为 L 型,两级压缩。图中垂直列为一级汽缸,水平列为二级汽缸。气体从一级进气管进入,经过吸气阀进入汽缸,被压缩后通过排气阀经排气管进入中间冷却器 5,最后进入二级缸再进行压缩过程。活塞通过活塞杆由曲柄连杆机构驱动。活塞上设有活塞环以密封活塞与汽缸的间隙,填料用来密封活塞杆通过汽缸的部位。

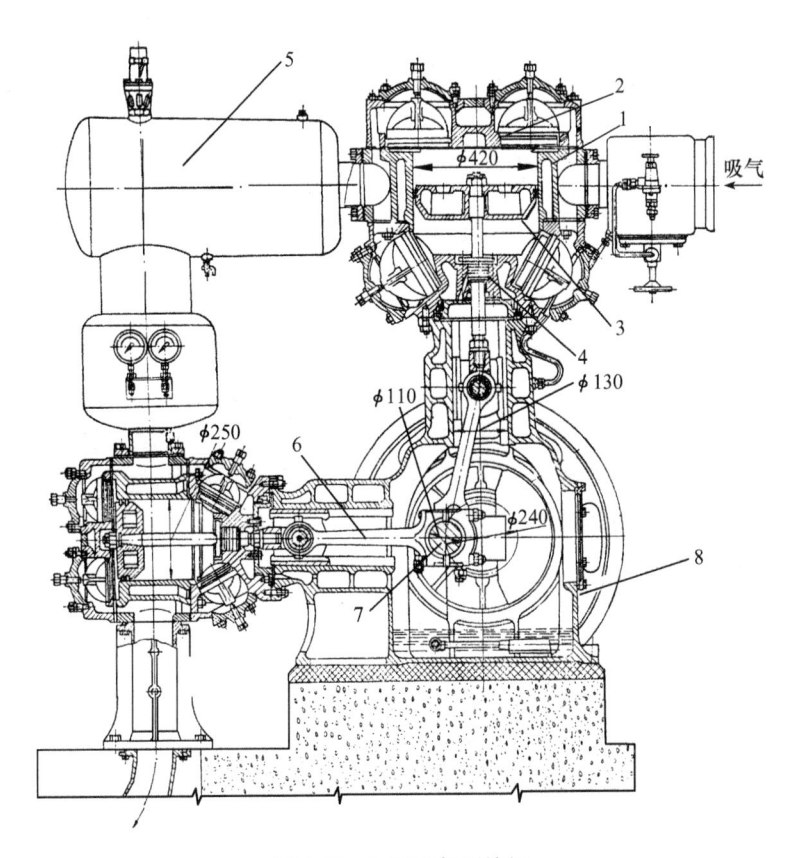

图 2-20 L 型空气压缩机
1. 汽缸;2. 气阀;3. 活塞;4. 填料;5. 中间冷却器;6. 连杆;7. 曲轴;8. 机身

往复压缩机的实际循环较理论循环复杂,实际循环指示图如图 2-21 所示。实际循环的主要特点如下:

(Ⅰ)任何工作腔都存在余隙容积 V_0。所谓余隙容积是由汽缸盖端面与活塞端面所留必要的间隙而形成的容积。在排气终了时,这部分容积中必然存在高压的气体,并在活塞自外止点返回时它先行膨胀,故在压力指示图呈现有一个膨胀过程。

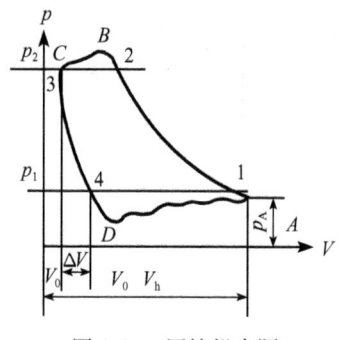

图 2-21 压缩机实际循环指示图

(Ⅱ)气体流经吸入、排出阀和管道时必然有摩擦,由此产生压力损失而使整个吸入过程中汽缸内的压力一般也都低于进气管道中的名义吸气压力,排气压力则高于排气管道中的名义排气压力。

(Ⅲ)气体与各接触壁面间始终存在温差,导致不断有热量吸入和放出。

(Ⅳ)汽缸容积不可能绝对密封,因此必然有气体自高压区向低压区泄漏。由于泄漏,压缩和膨胀过程便会变得比较平坦。

图 2-21 中实际循环的进气量 V_s 为

$$V_s = \lambda_V \lambda_p \lambda_T V_h = \lambda_s V_h \tag{2-37}$$

式中,λ_V 为容积系数;λ_p 为压力系数;λ_T 为温度系数;λ_s 为进气系数;V_h 为行程容积。其中容积系数

$$\lambda_V = 1 - \alpha(\varepsilon^{\frac{1}{m}} - 1) \tag{2-38}$$

式中,α 为相对余隙容积,$\alpha = V_0/V_h$,其大小取决于气阀在汽缸上的布置方式,一般 α 处于下列范围:低压级 0.07~0.12,中压级 0.09~0.14,高压级 0.11~0.16;ε 为名义压力比 p_2/p_1,一般单级的压力比 $\varepsilon = 3 \sim 4$;m 为膨胀指数,通常膨胀指数比压缩指数小。其他系数的详细计算可参阅文献[3]。

实际循环指示功为

$$W_i = (1 - \delta_s) p_1 \lambda_V V_h \frac{n}{n-1} \{[\varepsilon(1+\delta_0)]^{(n-1)/n} - 1\} \tag{2-39}$$

式中,δ_s、δ_0 分别为进气相对压力损失和总的相对压力损失,δ_0 为进、排气相对压力损失之和;p_1 为压缩机名义吸气压力,Pa;n 为压缩过程指数。

往复压缩机按照结构特点和热力性能可分成许多类型:

1) 按排气压分

往复压缩机可分为低压压缩机(低于 1MPa)、中压压缩机(1~10MPa)、高压压缩机(10~100MPa)和超高压压缩机(高于 100MPa)。

2) 按排气量分

往复压缩机可分为微型压缩机($<1m^3/min$)、小型压缩机($1\sim10m^3/min$)、中型压缩机($10\sim60m^3/min$)和大型压缩机($>60m^3/min$)。

3) 按汽缸在空间的位置分

往复压缩机可分为立式压缩机(汽缸垂直放置)、卧式压缩机(汽缸水平放置)与角度式(汽缸相互配置成一定角度,如 V 型、L 型、W 型等)压缩机。

2. 多级压缩

所谓多级压缩是将气体的压缩过程分在若干级中进行,并在每级压缩之后将气体导入中间冷却器进行冷却。采用多级压缩的理由如下:

1) 节省压缩气体的指示功

图 2-22 为两级压缩与单级压缩所耗功之比。为了简化,按理想压缩循环来考虑。当第一级压缩达压力 p_2 后,将气体引入中间冷却器中冷却,并使气体冷却至原始温度 T_1。因此使排出气体的容积由 V_2 减至 V_2',然后进入第二级压缩并至终了压力。这样,从图 2-22 中可以看出,实行两级压缩后,与一级压缩相比节省了面积 $2\rightarrow 2'\rightarrow 3'\rightarrow 3$ 的功。若采用三级压缩,节省的功更多。采用多级压缩可以节省功的主要原因是进行了中间冷却。如果没有中间冷却,即第一级排出的气体容积没有从 V_2 减至 V_2',而仍然以 V_2 的容积进入第二级压缩至终了压力,则所消耗的功与单级压缩相同。

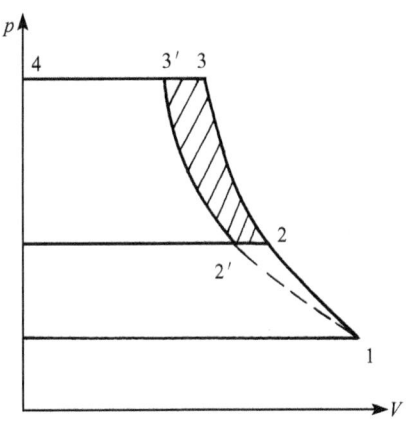

图 2-22 两级压缩指示图
123、2'3'为绝热过程,12'为等温过程

2) 降低排气温度

已知排气温度

$$T_d = T_s \varepsilon^{\frac{m-1}{m}} \tag{2-40}$$

式中,T_d,T_s 分别为压缩机的吸气温度和排气温度,K。

排气温度过高,会使润滑油黏性降低,性能恶化。此外,一些被压缩介质的特殊性质也不允许排气温度过高。例如,乙炔在高温时既可能聚合又可能分解,特别是当分解成炭黑和氢时,会放出大量的热使气体温度进一步提高,这种恶性循环最终会导致机器发生爆炸,故乙炔压缩机的排气温度不超过 100℃。

所以,各种气体的特性及使用场合所允许的排气温度就成为限制压缩机压力比提高的主要原因。

3) 提高容积系数

随着压力比的上升,余隙容积中气体膨胀所占的容积增加,汽缸实际吸气量减少。采用多级压缩,压力比降低,因而容积系数增加。

4) 降低活塞力

多级压缩由于每级容积因冷却而逐渐减少,当行程相同时,活塞面积便减小,故能降低活塞上所受的气体力,从而使运动机构质量减少,机器效率提高。

往复压缩机级数一般按照各级压缩比相等来确定,因为这时压缩机的功率消耗最小。对于一些特殊气体,其化学性质要求排气温度不超过某一温度,此时级数的选择也取决于每级允许达到的排气温度。表 2-3 给出往复压缩机级数与终了压力的一般关系。

表 2-3　往复压缩机级数与终了压力的一般关系

终压(表压)/MPa	0.3~1	0.6~6	1.4~15	3.6~40	15~100	80~150
级数	1	2	3	4	5~6	7

3. 往复压缩机的性能

1) 压力

压缩机的吸入和排出压力分别指第一级吸入管道处和末级排出接管处的气体压力。因为压缩机采用的是自动阀,汽缸内压力取决于进、排气系统中的压力,所以吸、排气压力是可以变更的。压缩机铭牌上的吸、排气压力是指额定值,实际上只要机器强度、排气温度、原动机功率及气阀工作许可,它们可以在很大范围内变化。

2) 排气量

排气量通常是指压缩机最后一级排出的气体,并换算到第一级进口状态的压力和温度时的气体容积值,单位为 m^3/min 或 m^3/h。压缩机铭牌上标注的排气量是指特定的进口状态(如进气压力 0.1MPa,温度 20℃)时的排气量,即压缩机的额定排气量。

3) 功率和比功率

压缩机消耗的功,一部分直接用于压缩气体,另一部分用于克服机械摩擦。前者称为指示功,后者称为摩擦功,二者之和为主轴需要的总功,称为轴功。

对于理想气体,压缩机的任意 j 级的指示功率 N_{ij} 为

$$N_{ij} = \frac{1}{60}n(1-\delta_{sj})p_{sj}V_{hj}\frac{n_j}{n_j-1}\{[\varepsilon_j(1+\delta_{0j})]^{(n_j-1)/n_j} - 1\} \quad (2\text{-}41)$$

式中,δ_{sj},δ_{0j} 分别为任意 j 级进气相对压力损失和总的相对压力损失;n 为压缩机

转速,r/min。

总的指示功率为各级指示功率之和:

$$N_i = \sum_{j=1}^{j=z} N_{ij}$$

压缩机的比功率是指排气压力相同的机器单位排气量所消耗的功,单位为 $kW/(m^3/min)$ 或 $kW \cdot h/m^3$。

比功率常用于比较同一类型压缩机的经济性,它很直观,特别是空气动力用压缩机常采用比功率来作为经济性评价的指标。在比较同一类型压缩机的比功率时,要注意除排气压力相同外,冷却水入口温度、水耗量也应相同。

4) 效率

压缩机的机械效率 η_m 为指示功率与轴功率之比,即

$$\eta_m = \frac{N_i}{N} \tag{2-42}$$

根据已有的机器统计:中、大型压缩机 $\eta_m=0.90\sim0.96$,小型压缩机 $\eta_m=0.85\sim0.92$,微型压缩机 $\eta_m=0.82\sim0.90$。

4. 往复压缩机的选用与调节

往复压缩机的选用,首先根据输送气体的性质选择压缩机的种类,然后根据使用条件选择压缩机的结构型式及级数,最后根据生产能力选定压缩机的规格。

与往复泵一样,往复压缩机的排气也是脉动的,因此为使送气均匀,压缩机安有储气罐。压缩机的进口常安装滤清器,以防止气体中的灰尘或杂质进入汽缸。为了把气体中的油滴和水除去,在各级冷却器之后还设置了液气分离器。

压缩机气量调节的常用方式有转速调节和管路调节两类。其中管路调节可采取节流进气调节,即在压缩机进气管路上安装节流阀以得到连续的排气量;还可以采用旁路调节,即由旁路和阀门将排气管与进气管相连接的调节流量方式。

2.3.4 回转式流体输送机械

1. 螺杆泵

螺杆泵工作时,液体被吸入后就进入螺纹与泵壳所围成的密封空间,当螺杆旋转时,密封容积在螺齿的挤压下提高其压力,并沿轴向移动。由于螺杆是等速旋转的,所以液体出流流量也是均匀的。

螺杆泵有单螺杆泵(图 2-23)、双螺杆泵(图 2-24)和三螺杆泵。

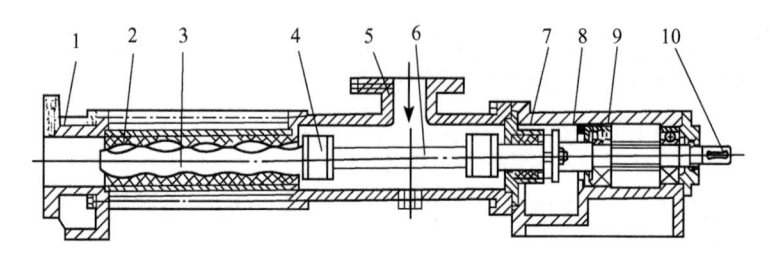

图 2-23 单螺杆泵

1. 压出管；2. 衬套；3. 螺杆；4. 万向联轴器；5. 吸入管；
6. 传动轴；7. 轴封；8. 托架；9. 轴承；10. 泵轴

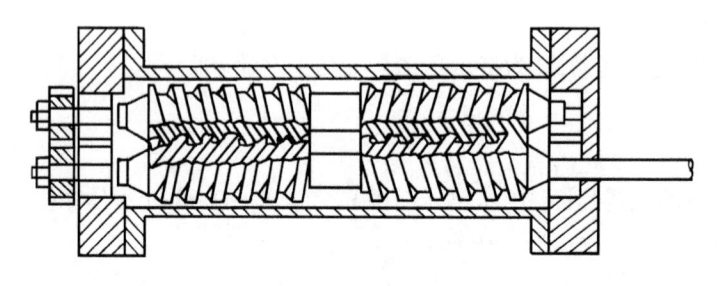

图 2-24 双螺杆泵

螺杆泵的特点是转速高，流量和压力均匀；机组结构紧凑、传动平稳经久耐用，工作安全可靠；无噪声、效率高。螺杆泵常用于输送各种油类及高分子聚合物，还可作为计量泵，但加工工艺复杂，成本高，不能输送含有固体颗粒的液体。

2. 滑片泵

图 2-25 为滑片泵的横剖面图。泵的转子为圆柱形，转子上有若干槽，槽内有滑片，滑片可在转子的槽中做径向滑动。滑片靠离心力、弹簧力或液压力压向机体，使滑片端部与机体紧贴而保证密封。

当偏心安装的转子旋转时，吸入侧的基元容积（转子、机体和滑片形成的容积）不断增大，将液体吸入。当基元容积达最大值时，基元容积与吸入口脱离而与排出口连通。转子继续旋转，基元容积逐渐变小，将液体排出。转子旋转一周，滑片在槽内往复一次，各基元容积变化一次，完成吸入、排出全过程。

若将泵做成偏心距可调的结构，则可以调节流量的变化。若制成一转中有两次吸入和排出的结构，则称双作用泵。

图 2-25 滑片泵结构简图
1. 机体；2. 转子；3. 滑片

3. 齿轮泵

齿轮泵是将一对相互啮合的齿轮安装在泵壳内，两个齿轮分别用键固定在各自的轴上，其中一个为主动齿轮，与原动机相连，另一个是从动齿轮。当主动齿轮旋转带动从动齿轮旋转时，液体受到齿轮的拨动，从吸入管分两路沿着齿槽与泵壳体内壁围成的空间K，流到压出管，当两齿啮合时齿槽内的液体就被挤出。齿轮的啮合处把吸入管的低压区D与压出管的高压区G隔开，使液体不能倒流，起着密封的作用。齿轮顶部与壳体的间隙很小，约为0.1mm，能够阻止液体从高压区漏向低压区。由于齿轮高速旋转，每转过一个齿，就有一部分液体排出，所以排量是均匀的。

齿轮泵分为外齿轮泵（图2-26）和内齿轮泵。

齿轮泵的特点是流量均匀，尺寸小、轻便，结构简单紧凑，坚固耐用，维修保养方便，流量小、压力高，适合输送黏性较大的液体，但不宜输送含有固体颗粒的液体。此外，齿轮泵加工工艺要求高，不易获得精确的配合。

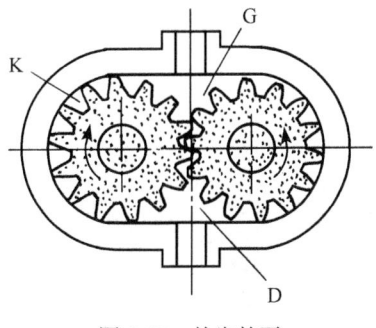

图 2-26 外齿轮泵

4. 罗茨鼓风机

罗茨鼓风机的主要零部件有转子、同步齿轮、汽缸、端板及轴承密封件等，如图2-27所示。汽缸内一对转子将汽缸内的空间分为互不相连的吸入和排出室，当电机带动主动转子旋转时，从动转子被牵制着做相反方向旋转。通过吸入室空间体积的由小变大吸入的气体，被转子和汽缸所形成的空间带到排出室，再由排出室空间体积的由大变小强行排出。

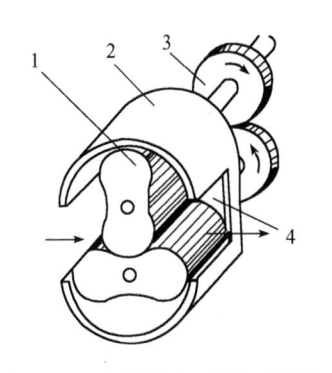

图 2-27 罗茨鼓风机的主要零部件
1. 转子；2. 机体(汽缸)；
3. 同步齿轮；4. 端板

通常罗茨鼓风机的流量为 $2 \sim 500 \mathrm{m}^3/\mathrm{min}$，出口表压可达80kPa。在40kPa附近效率最高，超过80kPa后因泄漏量增加而使效率明显降低。

2.4 真 空 泵

在真空技术中，"真空"是指低于1atm的气体状态。真空可以直接用绝对压力来表示，也常采用真空度的概念。真空度是大气压与绝对压力的差值，单位为Pa或Torr(Torr为非法定单位，1Torr=1mmHg=1.333×10^2Pa)。习惯上把真空区分为五个等级：粗真空（＞1333Pa）、低真空（1333～1.333Pa）、高真空（1.333～1.333×10⁻⁵Pa）、超高真空（1.333×10⁻⁵～1.333×10⁻¹⁰Pa）和极高真空（＜1.333×10⁻¹⁰Pa）。

2.4.1 真空泵的典型结构和分类

1. 水环式真空泵

水环式真空泵简称水环泵，如图2-28所示，它由圆柱形泵壳、偏心安装的叶轮和有吸、排气口的端盖等组成。水环泵工作前必须向泵内加入适量的清水。当叶轮旋转时，由于离心力的作用将水甩向壳壁，形成一个近似等厚的水环，在水环与叶轮轮毂之间形成一个月牙形工作空间。由于水环的密封作用，该空间被叶片分割成若干个大小不同的密封室。随着叶轮的旋转，叶轮右半侧密封室的容积由小变大形成真空，泵从吸气口吸入气体；而叶轮左半侧密封室的容积由大变小，使气体从排气口排出。

水环泵的效率比较低，一般在30%左右，所产生的最大真空度为83kPa，由于水环泵没有阀门和摩擦面，适用于抽除含尘气体等。

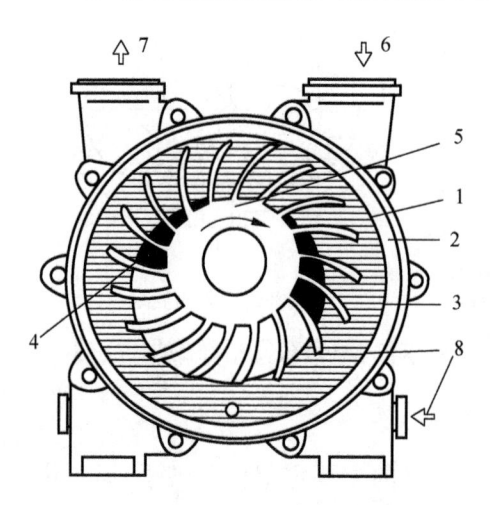

图2-28 水环式真空泵示意图
1.叶轮；2.泵缸；3.吸气空腔；4.排气空腔；5.轮毂；6.泵吸气口；7.泵排气口；8.工作液体

2. 喷射泵

喷射真空泵简称喷射泵，其结构如图2-29所示，由喷嘴、混合室和扩压器组

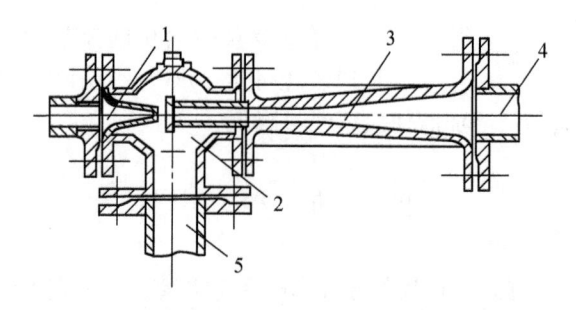

图2-29 喷射泵结构示意图
1.喷嘴；2.混合室；3.扩压器；4.排出管；5.吸入管

成。其原理是利用工作介质做高速流动时静压能和动压能之间相互转换所形成的真空来实现气体的吸送。

用水作为工作介质的喷射泵称为水喷射泵,用水蒸气作为工作介质的喷射泵称为蒸汽喷射泵。

喷射泵适合处理强腐蚀性、含有机械杂质以及带有水蒸气的气体,但其效率比较低,仅为10%～25%。

真空泵通常可分为干式和湿式。干式真空泵只能从设备中抽取干燥气体,一般可达96%～99.6%的真空度;湿式真空泵在抽取气体时允许带有液体,但只能达到85%～90%的真空度。

在化工中也常根据其工作原理进行分类,一般分成容积式和速度式两大类,容积式真空泵包括水环式、滑片式、往复式等,速度式真空泵主要是喷射泵。

2.4.2 真空泵性能及选用

真空泵性能包括极限真空压力、抽吸量和抽吸时间等。

1) 极限真空压力

利用真空泵的抽吸作用使系统中的气体达到的最低压力,称为极限真空压力。

2) 抽吸量

真空泵的抽吸量随真空度而变化。一般铭牌上的抽吸量是指常压下单位时间内的吸气量。选用真空泵时,可根据其特性曲线来决定。

3) 抽吸时间

一台真空泵从一封闭容器中抽吸气体,从开始到要求真空度所需要的时间,称为抽吸时间。

选用真空泵,应根据极限真空压力和抽吸时间这两个指标,从相应的样本中选择真空泵的类型。

2.5 流体输送机械的特点

速度式流体输送机械的特点是:

（Ⅰ）由于速度式流体输送机械的转动惯量小,摩擦损失小,适合高速旋转,所以速度式流体输送机械转速高、流量大、功率大。

（Ⅱ）运转平稳可靠,排气稳定、均匀,一般可连续运转1～3年而不需停机检修。

（Ⅲ）速度式流体输送机械的零部件少,结构紧凑。

（Ⅳ）由于单级压力比不高,故不适合在太小的流量或较高的压力(>70MPa)下工作。

容积式流体输送机械的特点是:

（Ⅰ）运动机构的尺寸确定后，工作腔的容积变化规律也就确定了，因此机械转速的改变对工作腔容积变化规律不产生直接的影响，故机械工作的稳定性较好。

（Ⅱ）流体的吸入和排出是靠工作腔容积变化，与流体性质关系不大，故容易达到较高的压力。

（Ⅲ）容积式机械结构复杂，易损坏的零件多，而且往复质量的惯性力限制了机械转速的提高。此外，流体吸入和排出是间歇的，容易引起液柱及管道的振动。

各种机械的特点决定了它们有自己的使用范围。图 2-30 表示目前各类泵的适用范围，图 2-31 表示目前各类通风机的适用范围，图 2-32 表示目前各类压缩机

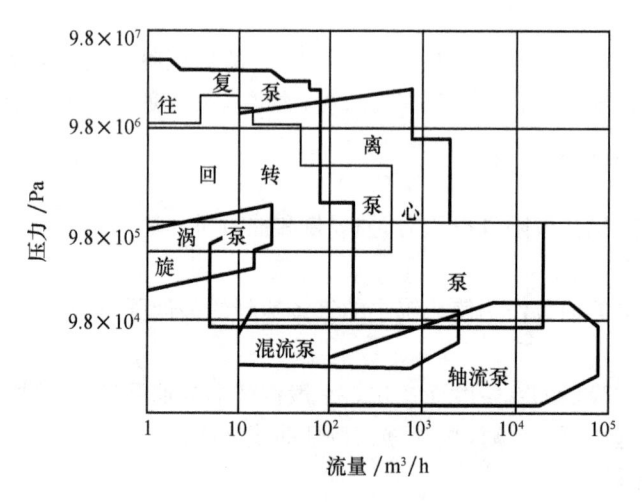

图 2-30　目前各类泵的适用范围

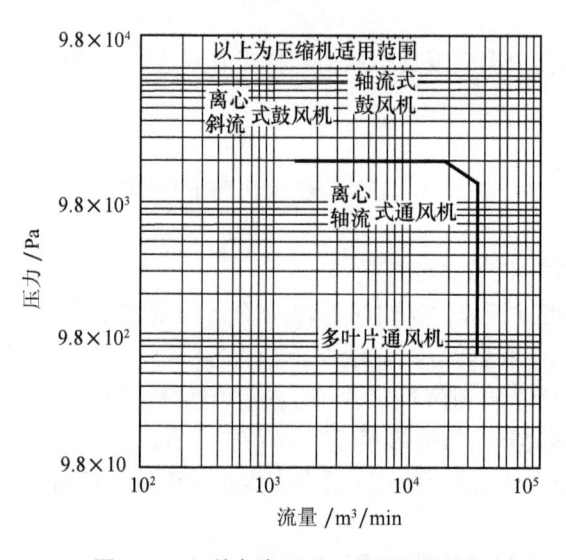

图 2-31　目前各类通风机的适用范围

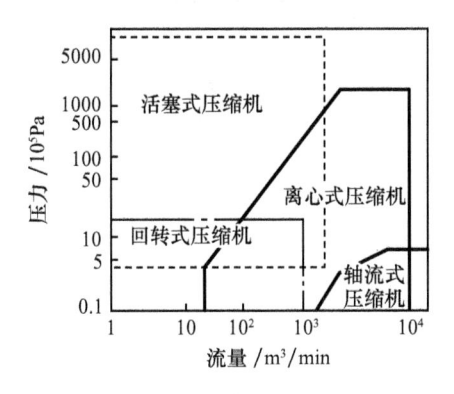

图 2-32 目前各类压缩机的适用范围

的适用范围。

主要符号说明

符　号	意　义	单　位
c	速度	m/s
D	叶轮直径	m
g	重力加速度	m/s²
H	压头	m
h_e	流体流经管路所需要的压头	m
h_f	流动阻力损失	m
Δh_{min}	最小气蚀余量	m
$[\Delta h]$	允许气蚀余量	m
N_e	有效功率	W, kW
p	压力	Pa
p_a	大气压	Pa
p_t	风机风压	Pa
p_v	饱和蒸气压	Pa
Δp_f	阻力(压力)损失	Pa
Q	体积流量	m³/min, m³/s
T_d, T_s	压缩机排气和吸气温度	K
W_i	指示功	J, kJ
V_h	行程容积	m³/(r/min)
Z	安装高度	m
$[Z]$	允许安装高度	m
λ(无下标)	摩擦因子	
ρ	密度	kg/m³

参 考 文 献

[1] 姜培正.叶轮机械.西安:西安交通大学出版社,1991
[2] 徐士鸣.泵与风机——原理与应用.大连:大连理工大学出版社,1992
[3] 郁永章.活塞压缩机.北京:机械工业出版社,1981
[4] 张士芳.泵与风机.北京:机械工业出版社,1996
[5] 谭天恩等.化工原理(上册).第二版.北京:化学工业出版社,1990
[6] 王志魁.化工原理.北京:化学工业出版社,1998
[7] 大连理工大学化工原理教研室.化工原理(上册).大连:大连理工大学出版社,1993
[8] 蒋维钧等.化工原理(上册).北京:清华大学出版社,1992

习 题

1. 简述离心泵的气蚀现象,说明危害并如何避免。
2. 如何对离心泵或风机进行调节?
3. 为什么离心泵启动时必须灌满液体?
4. 与速度式泵与风机相比,容积式泵与风机有何特点?
5. 往复泵和离心泵相比有哪些优缺点?
6. 往复压缩机为什么会有余隙容积的存在?它对机器的性能有何影响?
7. 水环泵是怎样工作的?
8. 输送下列几种流体,应分别选用哪种类型的流体输送机械?
   (1) 往空气压缩机的汽缸中注入润滑油;
   (2) 输送浓番茄汁至装罐机;
   (3) 输送含有粒状结晶的饱和盐溶液至过滤机;
   (4) 将洗衣粉浆液送到喷雾干燥器的喷头中(喷头内压力为 10MPa,流量 $5m^3/h$);
   (5) 配合 pH 控制器,将料液按控制的流量加入参与化学反应的物流中;
   (6) 有机溶液,流量 $1m^3/h$,所需压头 50m,黏度 $0.8×10^{-3}$ Pa·s;
   (7) 低压氯气;
   (8) 输送空气,气量 $500m^3/h$,出口压力 0.8MPa。

9. 在海拔 1000m 的高原上,用一离心泵吸水,已知该泵吸入管路全部摩擦阻力和速度头之和为 4m,今拟将泵安装于水面上 3m 处,问此泵在夏季能否正常操作? 此处夏季温度为 20℃。(海拔 1000m 的大气压为 90.07kPa)
  〔答:能〕

10. 实验室按如附图所示的流程以水为介质进行离心泵特性曲线的测定,试简要叙述该装置的测量原理。

习题 10 附图 测量离心泵特性曲线的装置图
1. 流量计; 2. 截止阀; 3. 压力表;
4. 离心泵; 5. 真空表; 6. 水池

在转速为2900r/min时测得一组数据如下:流量$3.5×10^{-3}$m³/s,泵出口处压力表读数为103kPa,入口处真空表读数为6.8kPa。电动机的输入功率为0.85kW,泵由电动机直接传动,电动机效率为52%。已知泵吸入管路和排出管路内径相等,压力表和真空表的二测压孔间的垂直距离为0.1m,试验水温为20℃。求该泵在上述流量下的压头、轴功率和效率。

〔答:11.3m,0.442kW,87.7%〕

11. 用油泵将密闭容器内30℃的丁烷抽出。容器内丁烷液面上方的绝压$p_a=343$kPa。输送到最后,液面将降低到泵的入口以下2.8m,液体丁烷在30℃的密度$\rho=580$ kg/m³,饱和蒸气压$p_v=304$kPa,吸入管路的压头损失估计为1.5m。油泵的气蚀余量为3m,问这个泵能否正常工作?

〔答:不能〕

12. 离心泵的特性曲线为$H=30-0.01Q^2$,输水管路的特性曲线为$h_e=10+0.05Q^2$,H和h_e的单位均为m,Q的单位为m³/h。问:

(1) 此时的输水量为多少?

(2) 若要求输水量为16m³/h,应采取什么措施?采取措施后,特性曲线会有何变化?

〔答:(1)18.3 m³/h;(2)略〕

13. 如附图所示,用离心泵将20℃的水由水池送至常压吸收塔顶,要求流量48 m³/h,采用的管路是ϕ108mm×4mm的钢管,总长380m(包括局部阻力的当量长度)。设管路的摩擦系数为0.03。

(1) 写出管路特性方程;

(2) 选用一台合适的离心泵。

〔答:(1)$h_e=32+26.2Q^2$,h_e,m,Q,m³/min;(2)IS80-50-200(2900)〕

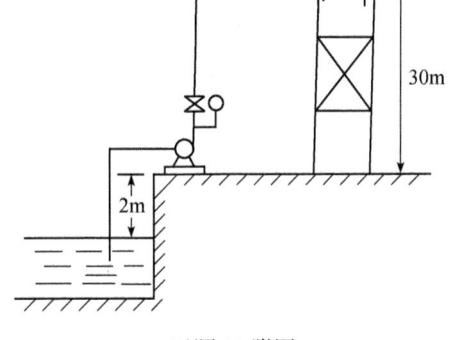

习题13附图

14. 接习题13,若该泵改为输送密度为水的1.2倍的溶液(假设其他物性与水相同),其流量、压头和轴功率有何变化?试定性分析。

〔答:流量、压头不变,轴功率变大。〕

15. 某输送空气系统,要求最大风量18000kg/h,在该风量上输送系统所需要的风压为9.3kPa,空气进口温度90℃,试选择一台合适的通风机。当地大气压为101.3kPa。

〔答:8-18-101 No.14〕

16. 有一台往复压缩机,其相对余隙容积为0.05,压缩比为5,膨胀过程多变指数为1.25。试求:

(1) 压缩机的容积系数;

(2) 当容积系数为零时的压缩比。

〔答:(1)0.87;(2)45〕

17. 1m³空气由10^5Pa两级压缩至$9×10^5$Pa,如果中间冷却完善,求:

(1) 等压缩比分配时的绝热功;

(2) 一级压比为2.5,二级压比为3.6时的绝热功。(绝热指数$\gamma=1.4$)

〔答:(1)$2.59×10^5$J;(2)$2.6×10^5$J〕

第 3 章　机械分离与固体流态化

化工生产中常常会遇到分离混合物的问题。一般地,化工生产中所遇到的混合物可分为两大类,即均相混合物和非均相混合物。均相混合物的分离将在第 8~13 章中介绍,本章讲述非均相混合物的分离。

非均相混合物包括固-液混合物(如悬浮液)、液-液混合物(如乳浊液)、固(液)-气混合物(如含尘气体、含雾气体)等,这类混合物的特点是体系内具有明显的两相界面,故对这类混合物的分离纯粹就是将不同的相加以分开,一般都可以用机械方法达到。例如,悬浮液可以用过滤方法分离成液体和固体渣两部分;气体中所含的灰尘则可以利用重力、离心力或电场将其除去。

固体流态化是指大量的固体颗粒悬浮于运动的流体中,从而使颗粒具有类似于流体的某些表观特性的一种状态。化工生产中广泛使用固体流态化技术进行流体或固体的物理、化学加工及颗粒的输送。

显然,上述机械分离和固体流态化过程都涉及流体与固体颗粒(或液滴)之间的相对运动问题,因此流体力学是它们的共同理论基础。至于这其中的传热与传质问题将不在本章中讨论。

3.1　过　　滤

3.1.1　概述

过滤广泛用于液-固混合物的分离,如图 3-1 所示,把原料悬浮液(滤浆)用多孔物质(过滤介质)进行过滤,料浆中的固体颗粒被阻挡在过滤介质上形成的滤渣层称为滤饼;流过滤饼及过滤介质的清液称为滤液。逐渐增厚的滤饼层在过滤过程中起着阻挡颗粒的作用,这种过滤操作也称为滤饼过滤。

1. 过滤介质

过滤介质是各种过滤机的关键组成部分,过滤介质的选用直接影响过滤机的生产能力及过滤精度。如果选用不当,结构再先进的过滤机也不能发挥其作用。

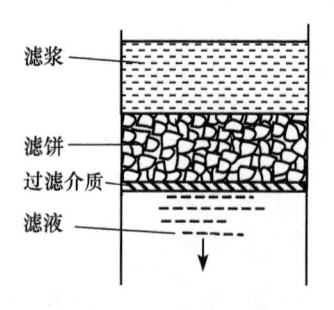

图 3-1　过滤操作示意图

过滤介质应具有下列特性：多孔性、孔径大小适宜、耐腐蚀、耐热并具有足够的机械强度。工业用过滤介质主要有织物介质（如棉、麻、丝、毛、合成纤维、金属丝等编织成的滤布）、多孔性固体介质（如多孔陶瓷、多孔金属等）。固体颗粒被过滤介质截留后，逐渐累积成饼（称为滤饼），如图3-2（a）所示。当过滤刚开始时，很小的颗粒可能会进入介质的孔道内或通过介质孔道而不被截留，使滤液混浊，但随着过滤的继续进行，细小的颗粒便可能在孔道上及孔道中发生架桥现象，如图3-2（b）所示，从而形成滤饼。其后，逐渐增厚的滤饼便成为真正有效的过滤介质。

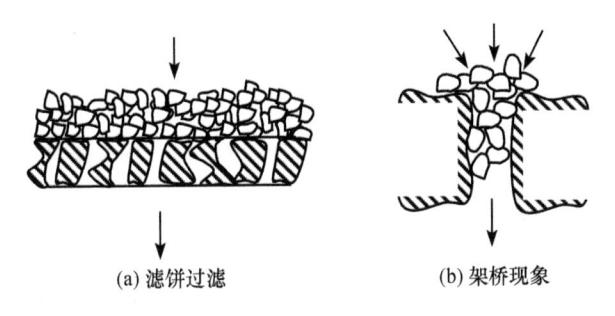

(a) 滤饼过滤　　　　　　(b) 架桥现象

图3-2　滤饼过滤

2. 过滤推动力

在过滤过程中，滤液通过过滤介质和滤饼层流动时需克服流动阻力，因此过滤过程必须施加外力。外力可以是重力、压差，也可以是离心力，其中以压差和离心力为推动力的过滤过程在工业生产中应用较为广泛。

3. 滤饼的压缩性和助滤剂

1）压缩性

若形成的滤饼刚性不足，则其内部空隙结构将随着滤饼的增厚或压差的增大而变形，空隙率减小，这种滤饼被称为可压缩滤饼；反之，若滤饼内部空隙结构不变形，则称其为不可压缩滤饼。

2）助滤剂

若滤浆中所含固体颗粒很小，这些细小颗粒可能会将过滤介质的孔道堵塞，或者所形成的滤饼孔道很小，使过滤阻力很大而导致过滤困难。又若滤饼可压缩，随着过滤进行，滤饼受压变形，也将导致过滤困难。为防止以上不良现象发生，可采用助滤剂以改善滤饼的结构，增强其刚性。

助滤剂通常是一些不可压缩的粉状或纤维状固体，颗粒细小且粒度分布范围较窄，坚硬，悬浮性好，能形成结构疏松的固体层。使用时，可将助滤剂预先单独配成悬浮液并先行过滤（称为预涂），也可以混入待滤的滤浆中一起过滤（称为掺浆加料助滤)。

常用的助滤剂有硅藻土、纤维粉末、活性炭、石棉等。

3.1.2 过滤基本方程

过滤过程中,滤饼逐渐增厚,流动阻力也随之逐渐增大,所以过滤过程属于不稳定的流动过程。过滤基本方程描述了过滤速度与其影响因素之间的关系。

1. 过滤速度

过滤速度指单位时间内通过单位过滤面积的滤液体积,用符号 u 表示。实际上,过滤速度 u 就是滤液在空床层中的流速,又称表观速度,如图 3-3 所示。

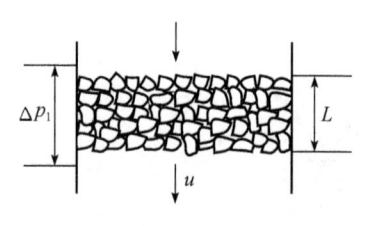

图 3-3 流体在滤饼中流动

由于过滤为不稳定过程,需用下式表示其瞬时过滤速度:

$$u = \frac{\mathrm{d}\widetilde{V}}{A\mathrm{d}\tau} = \frac{\mathrm{d}q}{\mathrm{d}\tau} \tag{3-1}$$

式中,u 为瞬时过滤速度,$m^3/(m^2 \cdot s)$ 即 m/s;$\widetilde{V}$ 为滤液体积,m^3;A 为过滤面积,m^2;q 为单位过滤面积所得的滤液量,$q=V/A$,m^3/m^2;τ 为过滤时间,s。

2. 过滤基本方程式

过滤时,滤液在滤饼与过滤介质的微小通道中流动,由于通道形状很不规则且相互交联,难以对其流动规律进行理论分析,故常将真实流动(图 3-3)简化成长度均为 l_e、直径均为 d_e 的一组平行管中的流动,如图 3-4 所示,并假定:

(Ⅰ)细管的内表面积之和等于真实滤饼内颗粒的全部表面积;

(Ⅱ)细管的全部流动空间等于真实滤饼内的全部空隙体积。

根据上述假定,可求得图 3-4 中这些虚拟细管的当量直径 d_e。

$$d_e = \frac{4 \times 流通截面积}{润湿周边长}$$

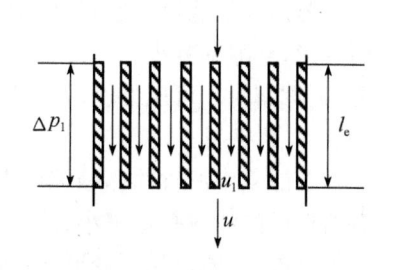

图 3-4 流体在滤饼中流动的简化模型

上式分子、分母同乘细长管长度 l_e,则有

$$d_e = \frac{4 \times 细管的流动空间}{细管的全部内表面积}$$

令滤饼的体积为 V_c，其空隙率为 ε（空隙体积/滤饼体积），滤饼层的比表面积为 a_B（单位体积的滤饼层所具有的表面积），如果忽略因颗粒相互接触而使裸露的颗粒表面减小，则 a_B 与每个颗粒的比表面积 a 关系为 $a_B=a(1-\varepsilon)$。

根据上述假定可知：

细管的流动空间 $=\varepsilon V_c$，　　细管的全部内表面积 $= a_B V_c = a(1-\varepsilon)V_c$

故

$$d_e = 4\varepsilon/[a(1-\varepsilon)] \tag{3-2}$$

由于滤饼的微小通道直径很小，阻力很大，因而这时液体的流速也很小，属于层流。对图 3-4 中的假想细管列机械能衡算方程，同时考虑到滤饼较薄，可以忽略位能差；又层流时，$\lambda=64/Re_1$，$Re_1=\rho u_1 d_e/\mu$。于是有

$$\frac{\Delta p_1}{\rho} = w_f = \frac{64\mu}{\rho u_1 d_e} \frac{l_e}{d_e} \frac{u_1^2}{2}$$

或写成

$$\Delta p_1 = 32\mu l_e u_1/d_e^2 \tag{3-3}$$

式中，Δp_1 为通过滤饼的压降，Pa；u_1 为滤液在虚拟细管中的流速，m/s，根据连续性方程可知 $u_1=u/\varepsilon$；μ 为滤液的黏度，Pa·s；l_e 为细管长度，m，与滤饼厚度 L 具有一定的比例关系，令 $l_e=CL$，C 为无量纲的比例常数。

将式(3-2)及 $u_1=u/\varepsilon$ 和 $l_e=CL$ 代入式(3-3)，整理得

$$u = \frac{\mathrm{d}\widetilde{V}}{A\mathrm{d}\tau} = \frac{\varepsilon^3}{2Ca^2(1-\varepsilon)^2} \frac{\Delta p_1}{\mu L} \tag{3-4}$$

式(3-4)称为康采尼(Kozeny)式。

令 $r=2Ca^2(1-\varepsilon)^2/\varepsilon^3$，单位为 m^{-2}，称为滤饼的比阻，于是式(3-4)可写为

$$u = \frac{\mathrm{d}\widetilde{V}}{A\mathrm{d}\tau} = \frac{\Delta p_1}{\mu r L} \tag{3-5}$$

式中，显然 Δp_1 代表过滤推动力，而 $\mu r L$ 则代表过滤阻力。这是因为，滤液的黏度 μ 越大、滤饼的厚度 L 越厚、滤饼的比阻 r 越大（即滤饼空隙率 ε 越小或比表面积 a 越大），过滤越困难，阻力越大。

式(3-5)表明，瞬时过滤速度的大小由两个相互抗衡的因素决定，过滤推动力越大，过滤阻力越小，过滤速度越大。于是，式(3-5)可改写为

$$\boxed{u = \frac{\mathrm{d}\widetilde{V}}{A\mathrm{d}\tau} = \frac{\text{过滤推动力}}{\text{过滤阻力}}} \tag{3-6}$$

类似式(3-6)这样的"速率=推动力/阻力"的方程式，我们还将在第 4 章和第

8章中遇到,具有普遍性。

以上推导过程仅考虑了滤饼层对过滤的影响,而未考虑到过滤介质,若两者都加以考虑,则可将二者加合,视为串联操作。在滤饼过滤期间,特别是过滤初期,过滤介质阻力不是一个定值,但在过滤计算中为了简便多按定值处理。将介质阻力折合成厚度为 L_e 的滤饼阻力,式(3-6)成为

$$u = \frac{d\widetilde{V}}{Ad\tau} = \frac{\Delta p}{\mu r(L+L_e)} \tag{3-7}$$

式中, Δp 为通过滤饼和过滤介质的压降,为过滤操作的总压差。设每获得单位体积滤液时,被截留在过滤介质上的滤饼体积为 $c(m^3$ 滤饼$/m^3$ 滤液),则得到体积为 $\widetilde{V}$ 的滤液时,截留的滤饼体积为 $c\widetilde{V}$,于是滤饼层厚度 L 为

$$L = c\widetilde{V}/A$$

对过滤介质

$$L_e = cV_e/A$$

式中, V_e 是厚度为 L_e 的滤饼所对应的滤液量。 V_e 实际上并不存在,是一个虚拟量,其值取决于过滤介质与滤饼的性质。

综合上述推理,式(3-7)可写为

$$u = \frac{d\widetilde{V}}{Ad\tau} = \frac{\Delta pA}{\mu rc(\widetilde{V}+V_e)} \tag{3-8}$$

若需要考虑滤饼的可压缩性,应计入比阻 r 随过滤压力的变化。比阻与过滤压力的关系需通过实验测定,其结果多整理成下列形式的经验公式:

$$r = r_0 \Delta p^s \tag{3-9}$$

式中, r_0 和 s 均为经验常数,其中 s 称为压缩系数。可压缩滤饼的 s 为 $0.2\sim0.8$;不可压缩滤饼 $s=0$。

将式(3-9)代入式(3-8)中,并令

$$K = \frac{2\Delta p}{\mu rc} = \frac{2\Delta p^{1-s}}{\mu r_0 c} \tag{3-10}$$

式中, K 的单位为 m^2/s,于是有

$$\boxed{\frac{d\widetilde{V}}{d\tau} = \frac{KA^2}{2(\widetilde{V}+V_e)}} \tag{3-11}$$

或者

$$\frac{dq}{d\tau} = \frac{K}{2(q+q_e)} \tag{3-12}$$

式中, $q_e = V_e/A$。

式(3-11)和式(3-12)就是过滤基本方程。式中 K、q_e(或 V_e)通常称为过滤常数,其值需由实验测定。

3. 恒压过滤

若过滤过程中保持过滤推动力(压差)不变,则称为恒压过滤。对于指定滤浆的恒压过滤,μ、r_0、c 为常数,故 K 为常数,积分式(3-11)得

$$\boxed{\widetilde{V}^2 + 2\widetilde{V}V_e = KA^2\tau} \tag{3-13}$$

或者

$$\boxed{q^2 + 2qq_e = K\tau} \tag{3-14}$$

若过滤介质阻力可忽略不计,则式(3-13)和式(3-14)分别简化为

$$\widetilde{V}^2 = KA^2\tau \tag{3-15}$$

$$q^2 = K\tau \tag{3-16}$$

4. 恒速过滤

若过滤时保持过滤速度不变,则过滤过程为恒速过滤。由过滤特点可知,随着过滤的进行,滤饼越来越厚即阻力越来越大,要保持过滤速度恒定,必须持续地提高过滤压力才行。

对恒速过滤,有

$$\frac{d\widetilde{V}}{Ad\tau} = \frac{\widetilde{V}}{A\tau} = 常数$$

代入式(3-11)中得

$$\boxed{\widetilde{V}^2 + \widetilde{V}V_e = \frac{K}{2}A^2\tau} \tag{3-17}$$

或

$$\boxed{q^2 + qq_e = \frac{K}{2}\tau} \tag{3-18}$$

若过滤介质阻力可忽略不计,则式(3-17)和式(3-18)分别简化为

$$\widetilde{V}^2 = \frac{K}{2}A^2\tau \tag{3-19}$$

$$q^2 = \frac{K}{2}\tau \tag{3-20}$$

工业上,若整个过滤过程都在恒压下进行,则在过滤刚开始时,滤布表面会因无滤饼层,过滤速度很快,较细的颗粒易堵塞介质的孔道而增大过滤阻力,而过滤快终了时,过滤速度又会太小。若整个过程均保持恒速,则过程末期的压力势必很高,导致设备泄漏或动力负荷过大。为了克服这一问题,工业上常用的操作方式是在供料泵出口装支线,支线上有泄压阀,开始过滤时有一短的升压阶段,在此期间的过滤既非恒压也非恒速,压力升到一定数值,泄压阀被顶开,从支线泄去一部分

悬浮液，此后过滤便大体上在恒压下进行。

3.1.3 过滤常数的测定

过滤计算要有过滤常数 K、q_e 或 V_e 作为依据。由不同物料形成的悬浮液，其过滤常数差别很大。即使是同一种物料，由于操作条件不同、浓度不同，其过滤常数也不尽相同。过滤常数一般要由实验来测定。

将恒压过滤积分方程改写为

$$\frac{\tau}{q} = \frac{1}{K}q + \frac{2}{K}q_e \tag{3-21}$$

式(3-21)表明，τ/q 与 q 之间具有线性关系，实验中记录不同过滤时间 τ 内的单位面积滤液量 q，将 τ/q 对 q 作图，得一直线，直线的斜率为 $1/K$，截距为 $2q_e/K$，由此可求出 K、q_e。

用上述方法可以测出不同压差条件下的 K，再根据 K 与 Δp 关系式(3-10)，则有

$$\lg K = (1-s)\lg \Delta p + B$$

可见 $\lg K$ 与 $\lg \Delta p$ 呈直线关系，由直线的斜率可求出压缩指数 s。

例 3-1 过滤常数测定

$CaCO_3$ 粉末与水的悬浮液在恒定压差 117kPa 及 25℃下进行过滤，试验结果列于表 3-1，过滤面积为 400cm^2，求此压差下的过滤常数 K 和 q_e。

表 3-1 恒压过滤试验中的 $\tilde{V}$-τ 数据

过滤时间 τ/s	6.8	19.0	34.5	53.4	76.0	102.0
滤液体积 $\tilde{V}/L$	0.5	1.0	1.5	2.0	2.5	3.0

解 根据式(3-21)，利用 $q=V/A$ 将表 3-1 数据整理成表 3-2 如下：

表 3-2 (τ/q)-q 关系

τ/s	6.8	19.0	34.5	53.4	76.0	102.0
$q/m^3/m^2$	0.0125	0.025	0.0375	0.05	0.0625	0.075
$(\tau/q)/s/m$	544.0	760.0	920.0	1068.0	1216.0	1360.0

将 τ/q 与 q 关系绘于图 3-5，得一直线，从图上读得

$$\text{斜率}\frac{1}{K} = 12896 \text{s/m}^2, \quad \text{截距}\frac{2q_e}{K} = 410 \text{s/m}$$

故

$$K = 7.75 \times 10^{-5} \text{m}^2/\text{s}$$

$$q_e = \frac{K}{2} \times 410 = 0.016 (\text{m}^3/\text{m}^2)$$

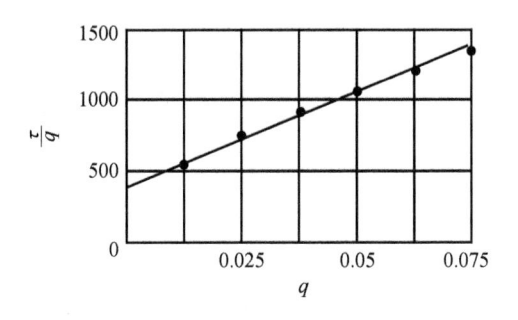

图 3-5 例 3-1 附图

3.1.4 滤饼洗涤

在过滤结束后,通常需要回收滤饼中残留的滤液或除去滤饼中的可溶性杂质,方法是用某种液体(称为洗涤液,通常为水)对滤饼进行洗涤。

1. 洗涤速度

洗涤速度用 $\left(\dfrac{\mathrm{d}\widetilde{V}}{A\mathrm{d}\tau}\right)_\mathrm{w}$ 表示,单位为 m/s。洗涤液在滤饼中的流动过程与过滤过程类似,因此

$$\left(\dfrac{\mathrm{d}\widetilde{V}}{A\mathrm{d}\tau}\right)_\mathrm{w} = \dfrac{洗涤推动力}{洗涤阻力} \tag{3-22}$$

类似于过滤阻力,洗涤阻力与滤饼的比阻、洗涤液黏度、滤饼厚度及介质阻力有关。洗涤过程中,滤饼不再增厚,故洗涤阻力不变;若洗涤推动力也不变,则洗涤速度为常数。

若洗涤压力与过滤终了时的操作压力相同,则洗涤速度 $\left(\dfrac{\mathrm{d}\widetilde{V}}{A\mathrm{d}\tau}\right)_\mathrm{w}$ 与过滤终了时的速度 $\left(\dfrac{\mathrm{d}\widetilde{V}}{A\mathrm{d}\tau}\right)_\mathrm{e}$ 之间有如下近似关系:

$$\boxed{\dfrac{\left(\dfrac{\mathrm{d}\widetilde{V}}{A\mathrm{d}\tau}\right)_\mathrm{w}}{\left(\dfrac{\mathrm{d}\widetilde{V}}{A\mathrm{d}\tau}\right)_\mathrm{e}} = \dfrac{\mu L}{\mu_\mathrm{w} L_\mathrm{w}}} \tag{3-23}$$

式中,μ、μ_w 分别为滤液、洗涤液的黏度;L、L_w 分别为过滤终了时滤饼厚度、洗涤时穿过的滤饼厚度。

由过滤基本方程可知:

$$\left(\dfrac{\mathrm{d}\widetilde{V}}{A\mathrm{d}\tau}\right)_\mathrm{e} = \dfrac{KA}{2(\widetilde{V}+V_\mathrm{e})}$$

注意,式中 $\widetilde{V}$ 是过滤终了时的滤液量。

利用式(3-23),可由过滤终了时速度求出洗涤速度。实际洗涤操作中可能会因滤饼开裂而发生沟流、短路等现象,使洗涤速度比按式(3-23)计算的值大。

2. 洗涤时间 τ_w

设洗涤液用量为 V_w,则洗涤时间

$$\tau_w = \frac{V_w}{\left(\dfrac{d\tilde{V}}{d\tau}\right)_w} \tag{3-24}$$

3.1.5 过滤设备及过滤计算

工业生产中要处理的悬浮液的性质多种多样、差异很大,长期以来,为适应各种不同物料要求而发展了各种形式的过滤机。这些过滤机可按推动力不同而分成两大类:一类以压力差为推动力,如板框压滤机、叶滤机、回转真空过滤机等;另一类以离心力为推动力,如各种离心机。

1. 过滤设备

1) 板框压滤机

板框压滤机是一种具有较长历史但仍沿用至今的间歇式压滤机,其结构如图 3-6 所示。它是由许多交替排列在支架上的滤板和滤框所构成,滤板和滤框可在架上滑动,板和框的个数在机座长度上可进行调节,一般为 10~60 块不等,过滤

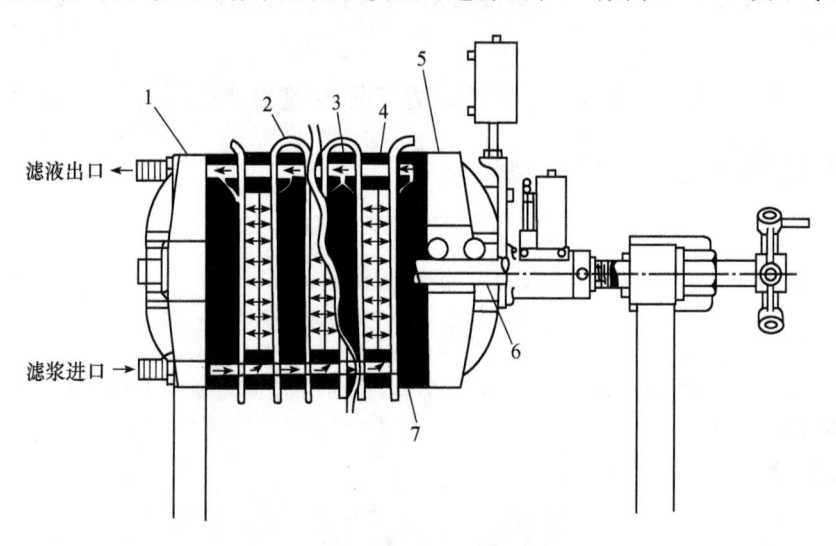

图 3-6 板框压滤机简图(暗流式)
1. 固定架;2. 滤布;3. 滤板;4. 滤框;5. 滑动机头;6. 机架;7. 滑动机头板

面积约为 $2\sim 80\text{m}^2$。

板与框的结构如图 3-7 所示,四角均开有孔,组装叠合后分别构成滤浆通道、滤液通道和洗涤液通道(图 3-8)。

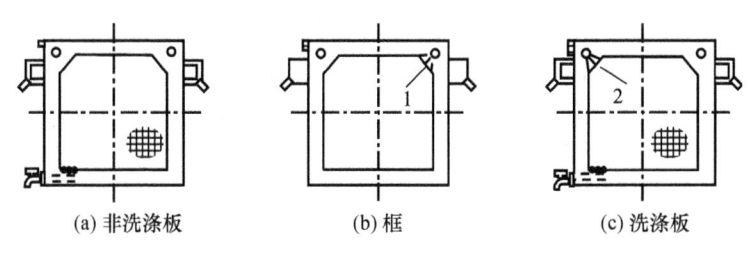

图 3-7 滤板和滤框
1. 滤浆进口;2. 洗水进口

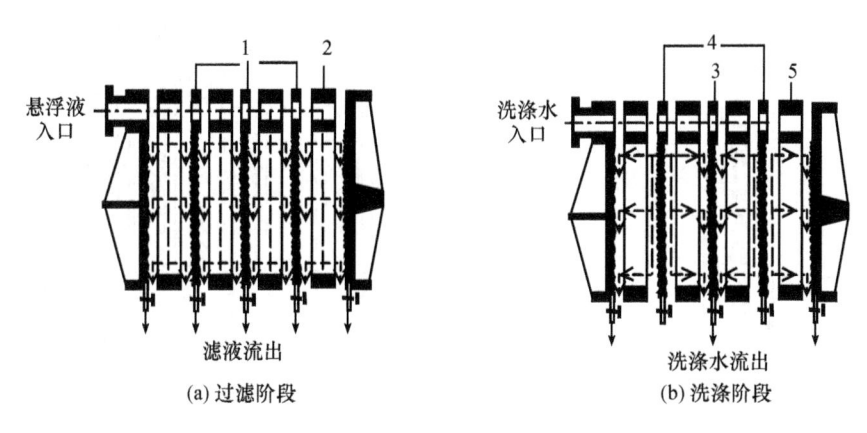

图 3-8 板框压滤机操作简图
1. 板;2、5. 框;3. 非洗涤板;4. 洗涤板

板框压滤机的操作是间歇的,每个操作循环由过滤、洗涤、卸渣、整理组装等阶段组成。开始时将板与框交替置于机架上,板的两侧用滤布包起,然后用手动或机动的压紧装置将板与框压紧。用泵将滤浆压入机内,滤浆从框上的小孔道(图 3-7 中结构 1)进入框内。滤液穿过滤布到达板侧,经板面沟槽流集下方,再经排液孔口排出,而固体物则积存于框内形成滤饼,直至整个框的空间都填满为止,图3-8(a)示出了板框过滤机的过滤情况。滤饼的洗涤情况如图 3-8(b)所示。洗涤用的清水经洗涤板上角的斜孔(图 3-7 中结构 2)进入板侧,穿过滤布到达滤框,然后穿过整个滤饼及另一侧的滤布,再经过非洗板下角的斜孔排出。这种洗涤方式称为横穿洗法。洗涤结束后,松开板框,卸渣并清洗滤布及板、框,准备开始下一循环。

板框压滤机的优点是构造简单,过滤面积大而占地省,过滤压力高(可达 1.5MPa 左右),便于用耐腐蚀性材料制造,所得滤饼水分含量少又能充分地洗涤。

它的缺点是装卸、清洗等工序需手工操作,劳动强度较大。近年来各种自动操作的板框压滤机的出现,使这一缺点在一定程度上得到克服。

2) 叶滤机

叶滤机由许多滤叶组成。滤叶(图 3-9)为内有金属网的扁平框架,外包滤布,将滤叶装在密闭的机壳内(加压式),如图 3-10 所示,为滤浆所浸没。滤浆中液体在压差作用下穿过滤布进入滤叶内部,成为滤液从其周边引出。过滤完毕,机壳内改充清水,使水循着与滤液相同的路径通过滤饼,进行置换洗涤。最后,滤饼可用振动器使其脱落,或用压缩空气将其吹下。

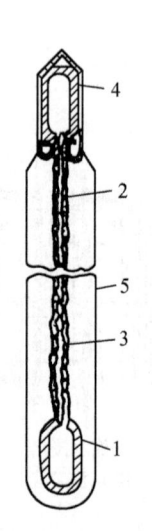

图 3-9 滤叶的构造
1. 空框;2. 金属网;3. 滤布;4. 顶盖;5. 滤饼

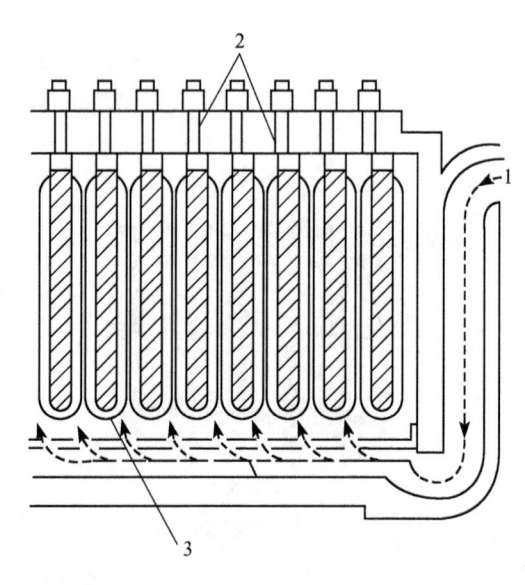

图 3-10 密闭加压叶滤机
1. 滤浆进口;2. 滤液出口;3. 滤饼

滤叶可以垂直放置也可以水平放置,滤浆可用泵压入也可用真空泵抽入。图 3-10 为滤叶垂直放置的加压叶滤机简图。

叶滤机也是间歇操作设备,具有过滤推动力大、单位地面所容纳的过滤面积大、滤饼洗涤较充分等优点。其生产能力比板框压滤机大,而且机械化程度高,劳动力较省,密闭过滤,操作环境较好。其缺点是构造较复杂、造价较高。

3) 回转真空过滤机

这是工业上应用很广的一种连续操作的真空过滤机,图 3-11 为其操作流程示意图。滤浆侧为常压,而滤液侧则为真空。它的主要部件是转筒,其长度与直径之比约为 1/2～2,在水平安装的中空转筒表面覆以滤布,浸没于滤浆中的过滤面积约占全部面积的 30%～40%。转速为 0.1～3r/min。每转一周,过滤表面的任一部分就相继经历过滤、洗涤、吸干、吹松、刮渣等操作。而任一瞬间,对整个转筒来说,其各部分表面则分别进行以上各个不同阶段的操作。因此,转筒每转一周就对应一个操作循环。

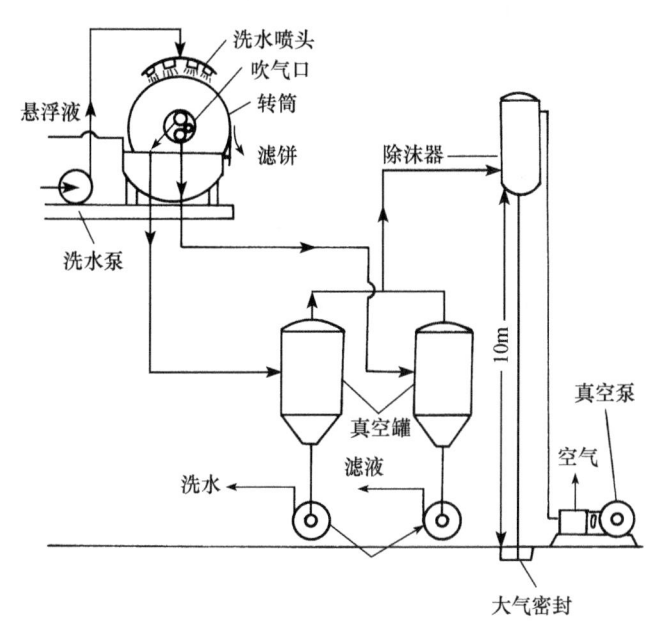

图 3-11 回转真空过滤机的操作流程

转筒的构造如图 3-12 所示。筒壁按周边平分为若干格(图中为 12 格),各格均有管通至轴心处,但各格在筒内并不相通。

圆筒的一端有分配头装于轴心处,分配头由一个与转筒固定在一起的转动盘和一个装于支架上的固定盘组成,转动盘与固定盘借弹簧压力紧密贴合,如图 3-13 所示。转动盘上的每一孔各与转筒表面的一格相通;固定盘上有三个凹

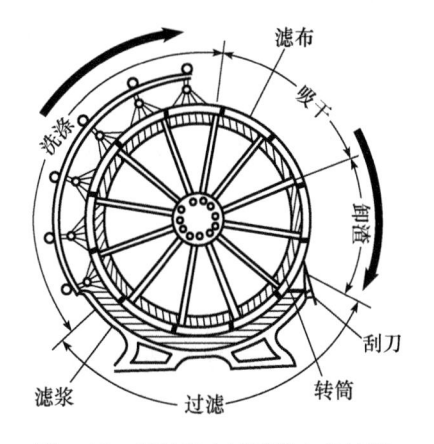

图 3-12 回转真空过滤机上的转筒

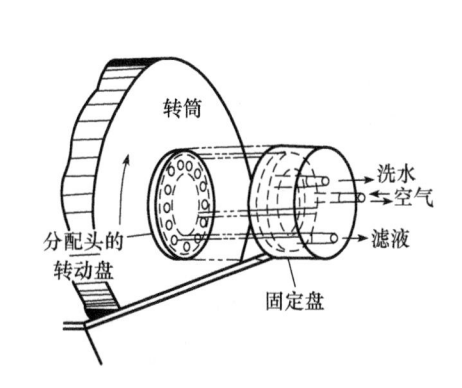

图 3-13 转筒的分配头

槽,通过管子分别与滤液罐、洗水罐(以上二者处于真空之下)及鼓风机稳定罐(正压下)相连通。当转动盘上某几个孔与固定盘上的和滤液罐相通的凹槽相遇时,则转鼓表面与这些孔相连的几格便与滤液罐接通,滤液可从这几格吸入,同时滤饼沉积于其上,滤饼厚度一般不超过 40~60mm,对于难过滤的胶质滤浆,厚度可降至 10mm 以下。当转动盘转到使这几个小孔与和洗水罐相通的凹槽相遇时,则相应的几格表面便与洗水罐接通,吸入洗涤液。与接通鼓风机的凹槽相遇时则有空气吹向转鼓的这部分表面,将沉积在其上的滤饼吹松。随着转筒的转动,这些滤饼又与刮刀相碰而被刮下。这部分表面再往前转便重新浸入滤浆中,开始进行下一个操作循环。每当转动盘上的小孔与固定盘两凹槽之间的空白位置(与外界不相通的部分)相遇时,则转鼓表面与之相对应的格就停止操作,以便从一个操作区转向另一操作区时,不致使两区相互串通。

回转真空过滤机的过滤面积不大,过滤推动力也不高,此外,转筒过滤机的滤饼洗涤也不够充分。但它突出优点是操作自动连续,对大规模处理固体物含量较大的悬浮液很适用。

2. 间歇式过滤机的生产能力及最佳操作周期

生产能力可用单位时间内获得的滤液量或滤饼量表示。对于间歇式设备,如上述的板框压滤机、叶滤机,其生产能力应以一个操作周期为基准进行计算。操作周期包括过滤时间 τ、洗涤时间 τ_w 和卸渣、整理、重装等辅助时间 τ_D。设整个操作周期内获得的滤液量为 $\widetilde{V}$,则生产能力 Q 可表示为

$$Q = \frac{V}{\sum \tau} = \frac{\widetilde{V}}{\tau + \tau_w + \tau_D} \qquad (3-25)$$

在一个操作循环中,可认为辅助时间 τ_D 与产量关系不大,为固定值,而过滤时间 τ 则随滤液量 V 增大而增加。若过滤时间短,形成的滤饼薄,则过滤过程的平均速度快,但非过滤时间所占比例相对较大,因此,生产能力不一定大。相反,若过滤时间长,则滤饼厚,过滤过程的平均速度小,生产能力也不一定大。所以,一个周期内过滤时间应有一最佳值,使生产能力最大。

最佳操作周期可由式(3-25)对 $\widetilde{V}$ 求导数并令导数等于零得到。为此需先获得 τ-$\widetilde{V}$ 和 τ_w-$\widetilde{V}$ 关系式。

根据恒压过滤方程,知

$$\tau = \frac{\widetilde{V}^2 + 2\widetilde{V}V_e}{KA^2}$$

根据式(3-23)及板框压滤机的特点 $L_w = 2L, A = 2A_w$;叶滤机的特点 $L_w = L, A = A_w$,以及洗涤液黏度与滤液黏度相近的假定,有

板框压滤机

$$\left(\frac{\mathrm{d}\widetilde{V}}{\mathrm{d}\tau}\right)_{\mathrm{w}} = \frac{1}{4}\left(\frac{\mathrm{d}\widetilde{V}}{\mathrm{d}\tau}\right)_{\mathrm{e}} = \frac{1}{4} \times \frac{KA^2}{2(\widetilde{V}+V_{\mathrm{e}})} \tag{3-26}$$

叶滤机

$$\left(\frac{\mathrm{d}\widetilde{V}}{\mathrm{d}\tau}\right)_{\mathrm{w}} = \left(\frac{\mathrm{d}\widetilde{V}}{\mathrm{d}\tau}\right)_{\mathrm{e}} = \frac{KA^2}{2(\widetilde{V}+V_{\mathrm{e}})} \tag{3-27}$$

将式(3-26)和式(3-27)统一写成

$$\left(\frac{\mathrm{d}\widetilde{V}}{\mathrm{d}\tau}\right)_{\mathrm{w}} = \frac{KA^2}{\delta(\widetilde{V}+V_{\mathrm{e}})} \tag{3-28}$$

式中,对板框压滤机,$\delta=8$;对叶滤机,$\delta=2$。

将式(3-28)代入式(3-24),并设洗涤液量 $V_{\mathrm{w}} = b\widetilde{V}$,得

$$\tau_{\mathrm{w}} = \frac{\delta V_{\mathrm{w}}(\widetilde{V}+V_{\mathrm{e}})}{KA^2} = \frac{\delta b(\widetilde{V}^2 + \widetilde{V}V_{\mathrm{e}})}{KA^2}$$

将 τ、τ_{w} 表达式代入式(3-25)得

$$Q = \frac{KA^2\widetilde{V}}{(\widetilde{V}^2 + 2\widetilde{V}V_{\mathrm{e}}) + \delta b(\widetilde{V}^2 + \widetilde{V}V_{\mathrm{e}}) + \tau_{\mathrm{D}}KA^2}$$

将上式对 $\widetilde{V}$ 求导数,并令 $\dfrac{\mathrm{d}Q}{\mathrm{d}\widetilde{V}}=0$,得

$$\tau_{\mathrm{D}} = \frac{\widetilde{V}^2}{KA^2} + \frac{\delta b\widetilde{V}^2}{KA^2}$$

若介质阻力忽略不计,则 $\dfrac{\widetilde{V}^2}{KA^2}=\tau$,$\dfrac{\delta b\widetilde{V}^2}{KA^2}=\delta b\tau=\tau_{\mathrm{w}}$,于是有

$$\tau_{\mathrm{D}} = \tau + \tau_{\mathrm{w}} = \tau + \delta b\tau \tag{3-29}$$

当 $\tau_{\mathrm{D}} > \tau + \tau_{\mathrm{w}}$ 时,$\mathrm{d}Q/\mathrm{d}\widetilde{V} > 0$;$\tau_{\mathrm{D}} < \tau + \tau_{\mathrm{w}}$ 时,$\mathrm{d}Q/\mathrm{d}\widetilde{V} < 0$。这表明,在过滤介质阻力忽略不计的条件下,当过滤时间与洗涤时间之和等于辅助时间时,板框压滤机生产能力最大,此时的操作周期为最佳操作周期,即

$$\boxed{\left(\sum\tau\right)_{\mathrm{opt}} = 2\tau_{\mathrm{D}}} \tag{3-30}$$

若滤饼不洗涤,则 $\tau_{\mathrm{w}}=0$,达到最大生产能力的条件是

$$\tau_{\mathrm{D}} = \tau \tag{3-31}$$

3. 回转真空过滤机的生产能力

回转真空过滤机是在恒压差下连续操作的,其操作周期就是转筒旋转一周所经历的时间。设转筒的转数为每秒种 n 次,则操作周期为

$$\sum\tau = 1/n$$

转筒真空过滤机在整个操作周期内都进行过滤但只有部分面积进行过滤,也可以理解为在部分时间内转筒的全部面积在进行过滤。但须注意,不管为上述两

种理解的哪一种,其过滤时间均为

$$\tau = \phi/n \tag{3-32}$$

式中,ϕ 为转筒表面浸入悬浮液中的分数,即转筒浸入面积与全部转筒面积的比值。

根据恒压过滤方程,在忽略过滤介质阻力的情况下,有 $\widetilde{V}^2 = KA^2\tau$,即转一圈(一个操作周期)的滤液量为 $\widetilde{V} = A\sqrt{K\tau} = A\sqrt{K\phi/n}$,故生产能力为

$$\boxed{Q = \widetilde{V}/\sum\tau = n\widetilde{V} = nA\sqrt{K\phi/n} = A\sqrt{K\phi n}} \tag{3-33}$$

式(3-33)表明,提高转筒的浸没分数 ϕ 及转数 n 均可提高生产能力,但这类方法受到一定的限制。若转数过大,则每一操作周期内的过滤时间便短,可能导致形成的滤饼太薄,就不易从转筒表面取下;又若浸没分数提高,则洗涤、吸干、吹松等区域的分数便相应减小,可能造成操作上的困难。

例3-2 板框压滤机计算

现用一板框压滤机过滤含钛白(TiO_2)的水悬浮液,过滤压力为 0.3MPa(表压)。已知滤框尺寸为 810mm×810mm×45mm,共有 40 个框,已经测得过滤常数 $K = 5\times10^{-5} m^2/s$,$q_e = 0.01 m^3/m^2$,滤饼体积与滤液体积之比 $c = 0.08 m^3/m^3$。滤框充满后,在同样压力下用清水洗涤滤饼,洗涤水量为滤液体积的 1/10,水与钛白水悬浮液的黏度可认为近似相等。试计算:

(1) 框全部充满时所需过滤时间;
(2) 洗涤时间;
(3) 洗涤后卸渣、清理、重装等共需 40min,求板框压滤机的生产能力;
(4) 这个板框压滤机的最大生产能力及最大生产能力下的滤饼厚度。

解 (1) 框全部充满时

获得的滤液量

$$\widetilde{V} = \frac{框体积}{c} = \frac{0.81\times0.81\times0.045\times40}{0.08} = 14.76(m^3)$$

过滤面积

$$A = 0.81\times0.81\times2\times40 = 52.49(m^2)$$

故

$$q = \frac{\widetilde{V}}{A} = \frac{14.76}{52.49} = 0.281(m^3/m^2)$$

由恒压过滤方程得

$$q^2 + 2qq_e = K\tau$$

将有关数据代入得

$$\tau = \frac{q^2 + 2qq_e}{K} = \frac{0.281^2 + 2\times0.281\times0.01}{5\times10^{-5}} = 1691.6(s) = 0.47(h)$$

(2) 洗涤时间

洗涤液量
$$V_w = \frac{1}{10}\widetilde{V} = 1.476(\text{m}^3)$$

洗涤速度
$$\left(\frac{d\widetilde{V}}{d\tau}\right)_w = \frac{1}{4}\left(\frac{d\widetilde{V}}{d\tau}\right)_e = \frac{1}{4} \times \frac{KA^2}{2(\widetilde{V}+V_e)} = \frac{KA}{8(q+q_e)}$$
$$= \frac{5 \times 10^{-5} \times 52.49}{8 \times (0.281+0.01)} = 1.127 \times 10^{-3}(\text{m}^3/\text{s})$$

洗涤时间
$$\tau_w = \frac{V_w}{(d\widetilde{V}/d\tau)_w} = \frac{1.476}{1.127 \times 10^{-3}} = 1309.7(\text{s}) = 0.36(\text{h})$$

(3) 生产能力
$$Q = \frac{\widetilde{V}}{\tau+\tau_w+\tau_D} = \frac{14.76}{0.47+0.36+40/60} = 9.86(\text{m}^3/\text{h})$$

(4) 最大生产能力及最大生产能力下的滤饼厚度

由 q 与 q_e 数值的相对大小可近似假定，介质阻力可忽略不计，在此条件下，板框压滤机达到最大生产能力的条件为
$$\tau_D = \tau + \tau_w = (1+8b)\tau$$

式中，$b = \frac{V_w}{\widetilde{V}} = \frac{1}{10} = 0.1$，代入得
$$\tau = \frac{\tau_D}{1+8b} = \frac{40 \times 60}{1+8 \times 0.1} = 1333.3(\text{s})$$

即当过滤时间 $\tau=1333.3\text{s}$ 时，板框压滤机生产能力达到最大。由过滤方程可得此时的滤液量为
$$\widetilde{V} = \sqrt{KA^2\tau} = \sqrt{5 \times 10^{-5} \times (52.49)^2 \times 1333.3} = 13.55(\text{m}^3)$$

最大生产能力
$$Q_{max} = \frac{13.55}{2\tau_D} = \frac{13.55}{2 \times 40/60} = 10.16(\text{m}^3/\text{h})$$

每个框单侧饼厚 $= \frac{V_c}{A} = \frac{13.55 \times 0.08}{52.49} = 0.0207(\text{m}) = 20.7(\text{mm}) < 22.5\text{mm}$，可见框未充满。

例 3-3 回转真空过滤机计算

有一浓度为 9%（质量分数）的水悬浮液，固相密度为 3000kg/m^3。已经测得滤饼空隙率为 $\varepsilon=0.4$，操作压力 0.3MPa（表压）下的过滤常数为 $K=3 \times 10^{-5}\text{m}^2/\text{s}$。

现采用一台回转真空过滤机进行过滤,此过滤机的转筒直径为 2.6m,长度为 2.6m,浸入角度为 120°,生产时采用的转速为 0.5r/min,操作真空度为 70kPa。试求此过滤机的生产能力(以滤液计)和滤饼厚度。假设滤饼压缩指数 $s=0.3$,过滤介质阻力可忽略不计,滤饼空隙内充满液体。

解 (1) 生产能力

当 $V_e=0$ 时,以每小时计的回转真空过滤机的生产能力为

$$Q = 3600A\sqrt{K'n\phi}$$

将 $A=\pi DL=\pi\times 2.6\times 2.6=21.2(m^2)$,$n=\dfrac{0.5}{60}s^{-1}$,$\phi=\dfrac{120}{360}=\dfrac{1}{3}$,$K'=\left(\dfrac{\Delta p'}{\Delta p}\right)^{1-s}K=\left(\dfrac{0.7\times 10^5}{3\times 10^5}\right)^{1-0.3}\times 3\times 10^{-5}=1.08\times 10^{-5}(m^2/s)$ 代入得

$$Q = 3600\times 21.2\times\sqrt{1.08\times 10^{-5}\times\dfrac{0.5}{60}\times\dfrac{1}{3}} = 13.2(m^3/h)$$

(2) 滤饼厚度

回转一周获得的滤液量

$$\widetilde{V} = \dfrac{Q/3600}{n} = \dfrac{Q/3600}{0.5/60} = 0.44(m^3)$$

设滤饼与滤液的体积之比为 c,则获得 $1m^3$ 滤液时,得固相质量为 $3000c\cdot(1-\varepsilon)$kg,而残留在滤饼中的水为 $1000c\varepsilon$ kg。可见欲得到 $1m^3$ 滤液,需处理的悬浮液量为

$$1000\times 1+3000\times c(1-\varepsilon)+1000\times c\varepsilon = c(1-\varepsilon)\times 3000+(1+c\varepsilon)\times 1000$$

按题意有

$$\dfrac{c(1-\varepsilon)\times 3000}{c(1-\varepsilon)\times 3000+(1+c\varepsilon)\times 1000} = 9\%$$

将 $\varepsilon=0.4$ 代入,解得

$$c = 0.056 m^3 \text{饼}/m^3 \text{滤液}$$

$$\text{滤饼厚度} = \dfrac{\widetilde{V}c}{A} = \dfrac{0.44\times 0.056}{21.2} = 0.0012(m) = 1.2(mm)$$

3.2 沉 降

当非均相混合物(如气-固、气-液、液-固、液-液等组成的混合物)处在重力场或离心力场中,由于不同种物质所受到的重力或离心力不同而得到分离,这种现象称为沉降分离。按混合物所处的力场,可分为重力沉降和离心沉降。重力沉降适用于分离较大的固体颗粒(约 $100\mu m$ 以上),而离心沉降则可以分离出较小的颗粒($5\sim 10\mu m$ 以上)。

3.2.1 重力沉降原理

重力沉降是依靠颗粒在重力场中发生的沉降作用而将颗粒从流体中分离出来。为简单计，先介绍单个球形颗粒的沉降分离原理。

1. 自由沉降速度

单个颗粒在无限大流体（容器直径大于颗粒直径的 5000 倍以上）中的沉降过程，称为自由沉降。在重力场中，自由沉降的颗粒在流体中受到三个力的作用，如图 3-14 所示。

1) 重力 F_B

重力方向向下，其大小为 $F_B = Mg$，M 为颗粒的质量。

2) 浮力 F_b

浮力方向向上，数值上等于与颗粒同体积的流体的重力，即 $F_b = M\rho g/\rho_p$，ρ 和 ρ_p 分别为流体和颗粒的密度。

3) 曳力 F_D

颗粒在流体中运动时，将受到来自流体的阻力，称为曳力，其方向向上。当颗粒与流体间的相对运动速度很小时，流体呈层流运动形态在球的周围绕过，没有旋涡出现，流体对球的阻力为黏性阻力。若相对运动速度增加，便有旋涡出现，即发生边界分离，黏性阻力的作用逐渐让位于形体阻力。无论是黏性阻力还是形体阻力，均可采用第 1 章中流动阻力计算公式来表示。令 ζ_D 为阻力（曳力）系数，u 为颗粒与流体间的相对运动速度，A 为颗粒在垂直于沉降方向上的投影面积，则

$$F_D = \zeta_D \frac{\rho u^2}{2} A \tag{3-34}$$

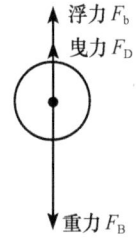

图 3-14 颗粒在流体中沉降时受力分析

根据牛顿第二定律，作用于颗粒上的合外力 $(F_B - F_b - F_D)$ 使其产生加速度，颗粒刚开始沉降时，速度 u 为零，因而曳力也为零，颗粒在净重力（重力与浮力之差）作用下加速下降。随着运动速度 u 的增加，曳力开始由零不断增大，直至与净重力相等为止，这时，颗粒加速度减为零，速度 u 达到一恒定值，也是最大值，此后，颗粒等速下降，这一终端速度称为**沉降速度**，用 u_t 表示。

由此可见，单个颗粒在流体中的沉降过程分为两个阶段，加速段和等速段。对于小颗粒，加速段极短。例如，密度为 3000kg/m^3、粒径分别为 $81\mu m$ 和 $243\mu m$ 的颗粒，在水中的重力沉降的加速阶段时间分别为 $0.01s$ 和 $0.1s$。因此工程计算时，常将加速阶段忽略不计，而认为整个沉降过程都在沉降速度下匀速进行，即

$$F_B - F_b - F_D = 0 \tag{3-35}$$

对直径为 d_p 球形颗粒，面积 $A = \pi d_p^2/4$，体积 $= \pi d_p^3/6$，由此，式(3-35)可改写为

$$Mg\left(1-\frac{\rho}{\rho_p}\right) - \zeta_D \frac{\rho u_t^2}{2} \frac{\pi}{4} d_p^2 = 0$$

即

$$\frac{\pi}{6} d_p^3 \rho_p g \left(1-\frac{\rho}{\rho_p}\right) - \frac{\pi}{8} d_p^2 \zeta_D \rho u_t^2 = 0$$

整理得

$$u_t = \sqrt{\frac{4d_p(\rho_p - \rho)g}{3\rho\zeta_D}} \tag{3-36}$$

2. 曳力系数

在使用式(3-36)计算沉降速度时，须先知道曳力系数。利用因次分析可知 ζ_D 为雷诺数 $Re_p = d_p u_t \rho / \mu$ 的函数，其中 μ 为流体的黏度。图 3-15 示出了球形颗粒的曳力系数与雷诺数 Re_p 关系的实验结果。

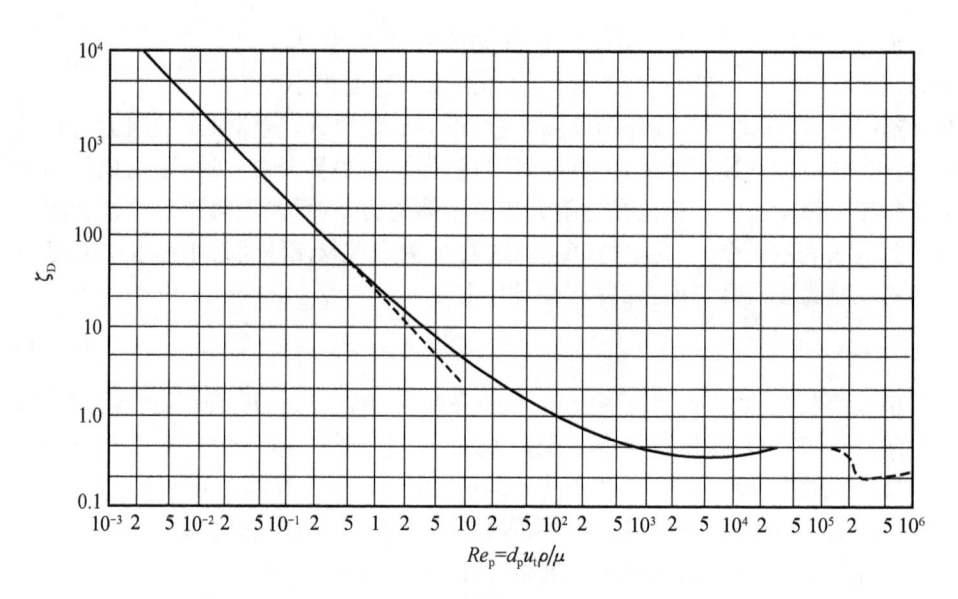

图 3-15 曳力系数与雷诺数关系

此曲线显示出四个不同特征的区域：

a. $Re_p \leqslant 0.3$（可近似用到 $Re_p = 2$） 爬流区，又称斯托克斯（Stokes）区，此时

$$\zeta_D = \frac{24}{Re_p} \tag{3-37}$$

b. $2 \leqslant Re_p \leqslant 500$　　过渡区，又称艾仑(Allen)区，此时

$$\zeta_D = \frac{18.5}{Re_p^{0.6}} \tag{3-38}$$

c. $500 < Re_p < 1 \times 10^5$　　湍流区，又称牛顿(Newton)区，此时

$$\zeta_D \approx 0.44 \tag{3-39}$$

d. $Re_p \geqslant 1 \times 10^5$　　ζ_D 将突然下降，呈现不规则现象。

将不同 Re_p 范围内的 ζ_D 经验式代入式(3-36)，可得重力场中 u_t 的表达式：

a. $Re_p \leqslant 2$　　层流区

$$\boxed{u_t = \frac{d_p^2(\rho_p - \rho)g}{18\mu}} \tag{3-40}$$

b. $2 \leqslant Re_p \leqslant 500$　　过渡区

$$u_t = 0.27\sqrt{\frac{d_p(\rho_p - \rho)gRe_p^{0.6}}{\rho}} \tag{3-41}$$

c. $500 < Re_p < 1 \times 10^5$　　湍流区

$$u_t = 1.74\sqrt{\frac{d_p(\rho_p - \rho)g}{\rho}} \tag{3-42}$$

3. 实际沉降过程的影响因素

以上讨论的是单个颗粒的自由沉降，实际上，颗粒的沉降尚须考虑下列因素的影响：

（Ⅰ）由于大量颗粒的存在使流体的表观黏度和密度较纯流体的大，尤其是沉降设备的下部更是如此，此因素的影响将使实际沉降速度比自由沉降时的小。

（Ⅱ）当颗粒沉降时，流体会被置换而向上运动，从而阻滞了邻近颗粒的沉降，此因素的影响将使实际沉降速度要比自由沉降时的小。

（Ⅲ）当混合物中颗粒的浓度较大时，大量固相颗粒之间可能会相互粘连而成为较大颗粒向下沉降，此因素的影响将使实际沉降速度要比自由沉降时的大。

（Ⅳ）容器的壁面会增大颗粒沉降时的曳力，使颗粒的沉降速度比自由沉降时的小，称为壁面效应。

（Ⅴ）颗粒形状偏离球形程度越大，曳力系数越大，相应的，沉降速度越小。对非球形颗粒，除了颗粒形状偏离球形程度对沉降速度有影响外，颗粒的位向对沉降速度也有影响。例如，针形颗粒直立着沉降与平卧着沉降，其阻力显然大有区别。

当混合物中颗粒的体积分数超过 10% 时，以上（Ⅰ）~（Ⅳ）所述的干扰沉降的因素的影响便开始显现。这时的沉降称为**干扰沉降**。

3.2.2 重力沉降设备

重力沉降设备主要有降尘室(分离气-固体系)、增稠器(分离液-固体系)等。

1. 降尘室

降尘室的结构如图 3-16 所示。含尘气体进入降尘室后,流通截面积扩大,速度降低,使气体在降尘室内有一定的停留时间。若在这个时间内颗粒沉到了室底,则颗粒就能从气体中除去。

降尘室结构简单,但设备庞大、效率低,只适用于分离粗颗粒(一般指直径 $100\mu m$ 以上的颗粒)或作为预分离设备。

图 3-17 为颗粒在降尘室内的运动情况。设气流的速度为 u,颗粒的沉降速度为 u_t,降尘室高度 H、宽度 B、长度 L,则颗粒的停留时间为 $\tau_0 = L/u$。而从室顶到室底的沉降时间为 $\tau_t = H/u_t$。故要想使颗粒从降尘室中被除去,必须满足

$$\tau_0 \geqslant \tau_t \tag{3-43}$$

能够刚好被 100% 除去的最小颗粒,将满足其中的 $\tau_0 = \tau_t$ 条件,即

$$\boxed{\frac{L}{u} = \frac{H}{u_t}} \tag{3-44}$$

此时气体体积流量

$$\boxed{V = HBu = LBu_t = Au_t} \tag{3-45}$$

式中,A 为降尘室底面积。

图 3-16 降尘室

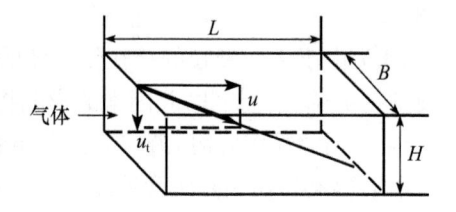

图 3-17 颗粒在降尘室中的运动

式(3-45)表明,用气体体积流量表示的降尘室的生产能力与底面积、沉降速度有关,而与降尘室高度无关,所以降尘室一般采用扁平的几何形状或在室内加多层隔板,形成多层降尘室。常用的隔板间距为 40~100mm。

假设颗粒沉降服从斯托克斯公式,根据式(3-40)和式(3-45),可得处理量为 V 时能够被 100% 除去的最小颗粒直径为

$$d_{pmin} = \sqrt{\frac{18\mu}{g(\rho_p - \rho)} \frac{V}{A}} \tag{3-46}$$

理论上,凡是满足 $\tau_0 \geqslant \tau_t$ 条件的颗粒均能被 100% 除去,但实际上,由于降尘室内流速分布不均,使得部分气体停留时间较短,分离效果不如理论计算的理想。因此,气流在降尘室的均匀分布十分重要。另外,降尘室内气体流速不应过高,以免将已沉降下来的颗粒重新扬起。根据经验,多数灰尘的分离,可取 $u<3\text{m/s}$,对于较易扬起灰尘的,宜取 $u<1.5\text{m/s}$。

例 3-4 降尘室计算

用降尘室除去矿石焙烧炉炉气中的氧化铁粉尘(密度为 4500kg/m^3),操作条件下的气体体积流量为 $5.5\text{m}^3/\text{s}$,密度为 0.6kg/m^3,黏度为 0.03cP,降尘室高 2m,宽 2m,长 3m。试求:

(1) 能 100% 被除去的最小尘粒直径;

(2) 粒径为 $60\mu\text{m}$ 的氧化铁粉尘被除去的百分数,假设进气中不同粒径的尘粒分布均匀;

(3) 若将该降尘室用隔板分成 2 层(不计隔板厚度),而需完全除去的最小尘粒要求不变,则降尘室的气体处理量为多大?若生产能力不变,则能 100% 被除去的最小尘粒直径为多大?

解 (1) 能 100% 被除去的最小尘粒直径

假设沉降服从斯托克斯公式,则

$$d_{\text{pmin}} = \sqrt{\frac{18\mu V}{g(\rho_p - \rho)A}} \tag{i}$$

将 $\mu=0.03\text{cP}=3\times10^{-5}\text{Pa}\cdot\text{s}$,$V=5.5\text{m}^3/\text{s}$,$\rho_p=4500\text{kg/m}^3$,$\rho=0.6\text{kg/m}^3$,$A=2\times3=6(\text{m}^2)$ 代入得

$$d_{\text{pmin}} = \sqrt{\frac{18\times3\times10^{-5}\times5.5}{9.81\times(4500-0.6)\times6}} = 1.06\times10^{-4}(\text{m}) = 106(\mu\text{m})$$

检验雷诺数:

根据式(3-45),有

$$u_t = \frac{V}{A} = \frac{5.5}{6} = 0.917(\text{m/s})$$

$$Re_p = \frac{d_p u_t \rho}{\mu} = \frac{1.06\times10^{-4}\times0.917\times0.6}{3\times10^{-5}} = 1.94 < 2$$

可见假设正确。

(2) 粒径为 $60\mu\text{m}$ 的氧化铁粉尘被除去的百分数

设粒径 $d_p=60\mu\text{m}$ 的氧化铁尘粒刚好被除去时的沉降高度为 h,因进气中不同粒径的尘粒分布均匀,则粒径为 $60\mu\text{m}$ 的颗粒被除去的百分数 $=\dfrac{h}{H}$。再根据式(3-44)可知,在 L、u 为定值时,$h \propto u_t$,于是

$$\frac{h}{H} = \frac{u'_t}{u_t} = \frac{d_p^2}{d_{pmin}^2} = \left(\frac{60}{106}\right)^2 = 32\%$$

（3）若将该降尘室用隔板分成 2 层，且需完全除去的最小颗粒要求不变，即 d_{pmin} 不变，则从式(3-40)知 u_t 也不变，于是，每一小室的气体处理能力 $V=Au_t$ 不变，仍为 $5.5\text{m}^3/\text{s}$，故降尘室总的生产能力为

$$V' = 2V = 2 \times 5.5 = 11(\text{m}^3/\text{s})$$

若将降尘室用隔板分成 2 层，而总生产能力不变时，则每一小室的气体处理量 $V'=V/2=5.5/2=2.75(\text{m}^3/\text{s})$，于是，由式(i)得此时能 100% 除去的最小尘粒直径

$$\frac{d'_{pmin}}{d_{pmin}} = \sqrt{\frac{V'}{V}} = \sqrt{\frac{2.75}{5.5}} = 0.707$$

$$d'_{pmin} = 0.707 d_{pmin} = 0.707 \times 106 = 75(\mu\text{m})$$

因颗粒直径减小，其沉降速度及 Re_p 也减小，故式(i)适用。

由计算可见，将该降尘室用隔板分成 n 层后，若需完全除去的最小颗粒要求不变，则降尘室的气体处理量将变为原来的 n 倍。若生产能力不变，则能 100% 被除去的最小尘粒直径变为原来的 $\sqrt{1/n}$。

2. 增稠器（沉降槽）

沉降槽是利用重力从悬浮液中分离出固体颗粒的设备，这种设备通常以获得稠厚的浆状物料为目的。沉降槽可以连续操作，也可以间歇操作。如图 3-18 所示为一连续式沉降槽，它是一个带锥形底的圆池，悬浮液由位于中央的进料口加至液面以下，经一水平挡板折流后沿径向扩展，随着颗粒的沉降，液体缓慢向上流动，经溢流堰流出得到清液，颗粒则下沉至底部形成沉淀层，由缓慢转动的耙将沉渣移至中心，从底部出口排出。

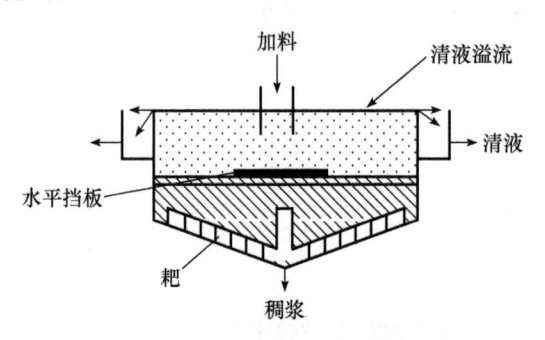

图 3-18 连续式沉降槽

颗粒在沉降槽内的沉降大致分为两个阶段。在加料口以下一段距离内固体颗粒浓度很低，颗粒在这一区间大致做自由沉降。在沉降槽下部，颗粒浓度逐渐增大，颗粒做干扰沉降，沉降速度很慢。

与降尘室类似,沉降槽的生产能力与高度无关,而与底面积成正比,故沉降槽一般均制成大截面、低高度。大的沉降槽直径可达 10～100m,深 2.5～4m。它一般用于大流量、低浓度悬浮液的处理,常见的污水处理就是一例。沉降槽处理后沉渣中还含有大约 50%的液体,必要时再用过滤机等做进一步处理。

强化沉降槽操作的一种方法是提高颗粒的沉降速度。在悬浮液中加入少量电解质往往有助于胶体颗粒的沉淀,并促进絮凝现象发生。

3.2.3 离心沉降原理

为使颗粒从气体或液体中分离,利用离心力比利用重力要有效得多。颗粒所受的离心力由旋转而产生,转速越大,离心力也越大;而重力却是固定的,不能提高。因此,利用离心力作用的分离设备不仅可以分离比较小的颗粒,设备的体积也可缩小。

当颗粒在离心力场中沉降时,其路径成弧形,如图 3-19 中的虚线 ABC 所示。对半径为 r 的圆周上的点 B 处的颗粒,其周向速度为 u_θ,径向速度(即沉降速度)为 u_r,绝对速度即为此二者的合速度 u,其方向为点 B 处弧形的切线方向。

与重力场中的自由沉降类似,颗粒在离心力场中自由沉降时,共受到三个力作用:离心力、浮力和曳力。

但与重力沉降不同的是,离心力、浮力和曳力均随旋转半径的增大、离心加速度的增大而变大,故离心场中的沉降过程只有加速段没有匀速段。但在小颗粒沉降过程中,加速度一般很小,可近似作为匀速沉降处理,即离心力－浮力＝曳力。与式(3-36)的推导过程类似,可得

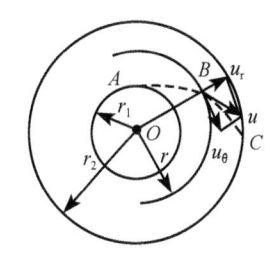

图 3-19 颗粒在旋转流场中的运动

$$u_r = \sqrt{\frac{4d_p(\rho_p - \rho)a_c}{3\rho\zeta_D}} \tag{3-47}$$

式中,a_c 为离心加速度,$a_c = \omega^2 r = u_\theta^2/r$。

工程上,常将离心加速度与重力加速度之比称为离心分离因数,即

$$K_C = \frac{a_c}{g} = \frac{\omega^2 r}{g} \tag{3-48}$$

离心分离因数 K_C 数值最大可达几千至几万,因此,同一颗粒在离心场中的沉降速度远远大于其在重力场中的沉降速度,用离心沉降可将更小的颗粒从流体中分离出来。

当颗粒与流体的相对运动属于斯托克斯流时,阻力系数 ζ_D 也可用式(3-37)表示,将式(3-37)代入式(3-47)化简得

$$u_r = \frac{d_p^2(\rho_p - \rho)}{18\mu} \frac{u_\theta^2}{r} \tag{3-49}$$

3.2.4 离心沉降设备

气-固物系的离心分离一般在旋风分离器中进行,液-固物系的分离一般在旋液分离器和离心沉降机中进行。本节重点介绍旋风分离器。图 3-20 是旋风分离器的示意图,主体的上部为圆筒形,下部为圆锥形,中央有一升气管。

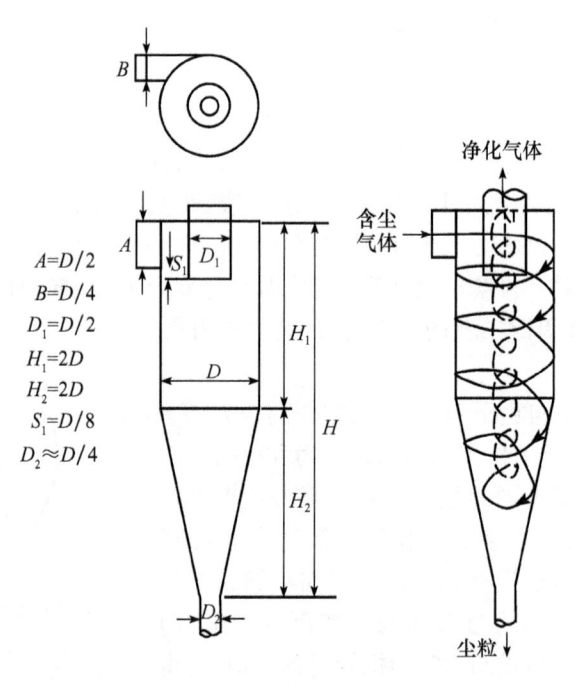

图 3-20 旋风分离器的尺寸及操作原理图

含尘气体从侧面的矩形进气管切向进入器内,然后在圆筒内做自上而下的圆周运动。颗粒在随气流旋转过程中被抛向器壁,沿器壁落下,自锥底排出。由于操作时旋风分离器底部处于密封状态,所以被净化的气体到达底部后折向上,沿中心轴旋转着从顶部的中央排气管排出。

旋风分离器构造简单,操作不受温度、压强的限制。旋风分离器的分离因数约为 5~2500,一般可分离气体中直径 $5\mu m$ 以上的粒子。

评价旋风分离器性能的主要指标有两个:一是分离性能,二是气体经过旋风分离器的压降。

1. 旋风分离器的分离性能

旋风分离器的分离性能可以用临界直径和分离效率来表示。

1) 临界直径

临界直径是指能够从分离器内全部分离出来的最小颗粒的直径,用 d_c 表示。临界直径的大小可以根据下列假设推导而得:

(Ⅰ) 颗粒及气体的切线速度恒定,且等于进口气速;

(Ⅱ) 颗粒沉降过程中所穿过的气流的最大厚度等于进气口宽度 B;

(Ⅲ) 颗粒沉降服从斯托克斯公式。

根据假设(Ⅲ),沉降速度可参照式(3-49)计算,式中 $\rho \ll \rho_p$,可略去;又由假设(Ⅰ)可将 u_θ 用进口气速 u_i 代替;旋转半径 r 取平均值 r_m,于是

$$u_r = \frac{d_p^2 \rho_p u_i^2}{18\mu r_m}$$

根据假设(Ⅱ),可得最大沉降时间为

$$\tau_r = \frac{B}{u_r} = \frac{18\mu r_m B}{d_p^2 \rho_p u_i^2}$$

若气体进入排气管之前在筒内旋转圈数为 N,则运行的距离为 $2\pi r_m N$,故气体在器内的停留时间为

$$\tau_0 = \frac{2\pi r_m N}{u_i}$$

令 $\tau_r = \tau_0$,解得

$$d_c = \sqrt{\frac{9\mu B}{\pi N u_i \rho_p}} \tag{3-50}$$

式中,气体旋转圈数 N 与进口气速有关,对常用型式的旋风分离器,风速为 $12\sim 25\text{m/s}$,一般可取 $N=3\sim4.5$,风速越大,N 也越大。

2) 分离效率

分离效率有两种表示方法:一种是总效率,另一种是粒级效率。

总效率是指由分离器分离出来的颗粒量与入口气体中总粒子量之比。总效率并不能准确地代表旋风分离器的分离性能,总效率相同的两台旋风分离器,其分离性能却可能相差很大,这是因为若被分离的尘粒具有不同的粒度分布,则各种颗粒被除去的比例也不相同。

粒级效率可以准确地表示旋风分离器的分离性能。粒级效率是指每一种颗粒被分离的质量百分率,理论上,$d_p \geqslant d_c$ 的颗粒,粒级效率均为 1,而 $d_p < d_c$ 的颗粒,其粒级效率数值为 $0\sim100\%$,如图 3-21 折线 BCD 所示。实际上,$d_p \geqslant d_c$ 的颗粒中会有一部分由于气体涡流的影响,在没有到达器壁时就被气流带出了器外或者沉降后又被重新卷起,导致它们的粒级效率小于 1,即实际粒级效率为图 3-21 中的实线。由该线可以看出,只有在 d_p 大于 d_c 较多时,粒级效率才为 1。

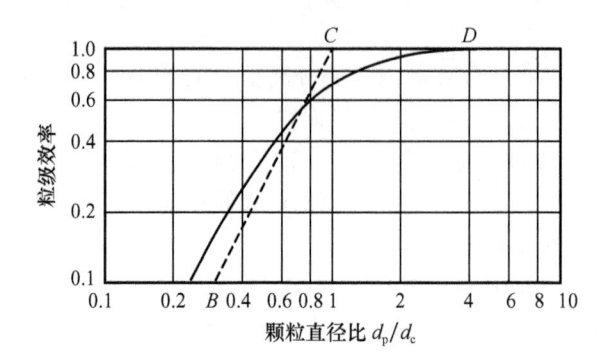

图 3-21 旋风分离器的粒级效率
---- 理论值； —— 实际值

2. 旋风分离器的压降

旋风分离器的压降大小是评价其性能好坏的重要指标。

旋风分离器的压降损失包括气流进入旋风分离器时,由于突然扩大引起的损失；与器壁摩擦的损失；气流旋转导致的动能损失；在排气管中的摩擦和旋转运动的损失等,可用下式表示：

$$\Delta p = \zeta_c \rho u_i^2 / 2 \tag{3-51}$$

式中,ζ_c 为阻力系数,与设备的型式和几何尺寸有关,要通过试验测定。

旋风分离器的压降损失一般为 $500 \sim 2000 \text{Pa}$。

例 3-5 旋风分离器计算

已知某标准型旋风分离器圆筒部分直径 $D=400\text{mm}, A=D/2, B=D/4$,气体在器内旋转圈数 N 为 5。用此旋风分离器分离例3-4中的含尘气体,气体体积流量为 $1000\text{m}^3/\text{h}$,求能够从分离器内 100% 被分离出来的最小颗粒的直径(临界直径)。

解 将 $\mu = 3 \times 10^{-5} \text{Pa} \cdot \text{s}, B = \dfrac{D}{4} = 0.1(\text{m}), N = 5, \rho_p = 4500 \text{kg/m}^3, u_i = V/(AB) = (1000/3600)/(0.2 \times 0.1) = 13.9(\text{m/s})$ 代入式(3-50)中,得

$$d_c = \sqrt{\dfrac{9 \times 3 \times 10^{-5} \times 0.1}{\pi \times 5 \times 13.9 \times 4500}} = 5.2 \times 10^{-6} (\text{m}) = 5.2(\mu\text{m})$$

检验雷诺数：

$$r_m = \dfrac{D-B}{2} = \dfrac{D-D/4}{2} = \dfrac{3}{8}D = \dfrac{3}{8} \times 0.4 = 0.15(\text{m})$$

$$u_r = \dfrac{d_c^2 \rho_p u_i^2}{18 \mu r_m} = \dfrac{(5.2 \times 10^{-6})^2 \times 4500 \times 13.9^2}{18 \times 3 \times 10^{-5} \times 0.15} = 0.29(\text{m/s})$$

$$Re_\text{p}=\frac{d_\text{c}u_\text{r}\rho}{\mu}=\frac{5.2\times10^{-6}\times0.29\times0.6}{3\times10^{-5}}=0.03<2$$

可见颗粒沉降服从斯托克斯公式,上述计算有效。

3.2.5 离心机

非均相混合物也可在离心机产生的离心力场中得到分离。离心机与旋风(液)分离器的主要区别如下:在旋风(液)分离器中,离心力是因被分离的混合物以切线方向进入设备而引起;但在离心机中,离心力则是由设备本身的旋转产生,离心机的旋转带动混合物的旋转,从而产生离心力。为使混合物能随离心机一起旋转,离心机所分离的混合物中至少有一相是液体,即混合物应是悬浮液或乳浊液。

1. 管式离心机

如图 3-22 所示为管式离心机,内有内径为 75～150mm、长度约为 1500mm、转数约为 15000r/min 的管式转鼓。转鼓内装有三片纵向平板,以使混合物迅速达到与转鼓相同的角速度。其分离因数可达 $K_\text{C}\approx13000$。这种离心机可用于分离乳浊液及含细颗粒的稀悬浮液。操作时,乳浊液从底部进口引入,在管内自下而上运行的过程中,因离心力作用,依密度不同而分成内、外两个同心层。外层为重液层,内层为轻液层。到达顶部后,分别自轻液溢流口与重液溢流口送出管外。若用于从液体中分离出小量极细的固体颗粒,则将重液出口堵塞,只留轻液出口。附于管壁上的小颗粒,可通过间歇地将管取出加以清除。

管式离心机的分离原理如图 3-23 所示。设管内充满悬浮液,且以转鼓的旋转角速度 ω 随着转鼓旋转。流量为 V 的悬浮液从底部进入,在由下向上的流动过程中,颗粒由液面 r_1 处沉降到转鼓内表面 r_2 处。凡沉降所需时间小于或等于在转

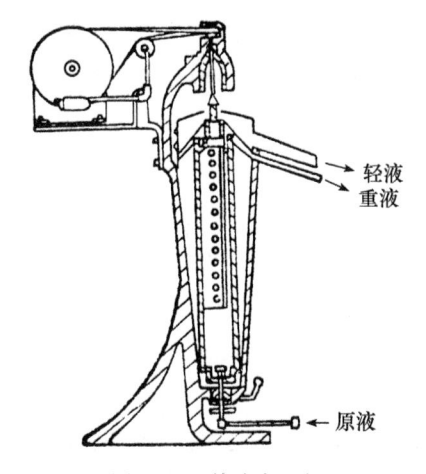

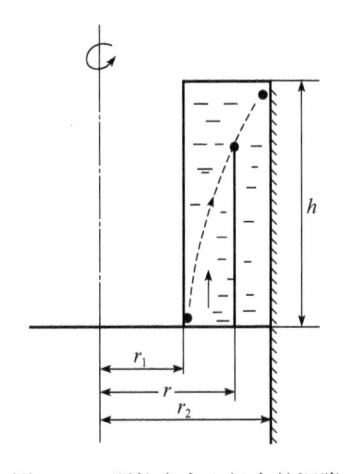

图 3-22 管式离心机   图 3-23 颗粒在离心机内的沉降

鼓内停留时间的颗粒,均能沉降除去。若颗粒细小,一般处于斯托克斯区,其沉降速度可参照式(3-49)得

$$\frac{dr}{d\tau} = \frac{d_p^2(\rho_p - \rho)}{18\mu}r\omega^2 \tag{3-52}$$

将式(3-52)分离变量积分,积分上、下限分别为 $\tau=0$ 时,$r=r_1$;$\tau=\tau_r$(沉降时间)时,$r=r_2$,则有

$$\tau_r = \frac{18\mu}{\omega^2(\rho_p - \rho)d_p^2}\ln\frac{r_2}{r_1} \tag{3-53}$$

又停留时间 τ_0 等于鼓内液体的体积 V_0 除以加料的体积流率 V。令 h 为转鼓高度,则

$$\tau_0 = \frac{V_0}{V} = \frac{\pi(r_2^2 - r_1^2)h}{V} \tag{3-54}$$

令式(3-53)和式(3-54)中的 $\tau_r = \tau_0$,可得

$$V = \frac{\pi h\omega^2(\rho_p - \rho)d_p^2}{18\mu} \frac{r_2^2 - r_1^2}{\ln(r_2/r_1)} \tag{3-55}$$

式(3-55)表示悬浮液处理量 V 与转鼓尺寸(r_1、r_2 及 h)、转鼓角速度 ω、颗粒直径 d_p 之间的关系。

例3-6 管式离心机的计算

实验所得某液体反应产物中悬浮着极少量细小固体催化剂颗粒,现用超速管式离心机进行分离,使其中 $1\mu m$ 以上的颗粒全部被除去。离心机转鼓尺寸如下:$r_1=7mm$,$r_2=23mm$,$h=200mm$,转速为 23000r/min。设在操作温度下,液体的密度为 $1100kg/m^3$,黏度为 100cP,颗粒的密度为 $2400kg/m^3$。试求最大的悬浮液进料量为多少?

解 已知 $r_1=0.007m$,$r_2=0.023m$,$h=0.2m$,$\mu=100\times10^{-3} N\cdot s/m^2$,$\rho=1100kg/m^3$,$\rho_p=2400kg/m^3$,$d_p=1\times10^{-6}m$,$\omega=2\pi n=2\pi\times23000/60=2410(rad/s)$。将有关数据代入式(3-55),得

$$V = \frac{\pi h\omega^2(\rho_p - \rho)d_p^2}{18\mu} \frac{r_2^2 - r_1^2}{\ln(r_2/r_1)}$$

$$= \frac{\pi\times0.2\times2410^2\times(2400-1100)\times(1\times10^{-6})^2}{18\times0.1} \times \frac{0.023^2 - 0.007^2}{\ln(0.023/0.007)}$$

$$= 1.06\times10^{-6}(m^3/s) = 3.83(L/h)$$

2. 碟片式高速离心机

碟片式高速离心机也简称分离机。如图 3-24 所示,碟片式高速离心机的底部为圆锥形,壳内有几十至一百以上的圆锥形碟片叠置成层,由一垂直轴带动而高速

旋转。碟片直径可大到 1m,碟片在中央至周边的半途上开有孔,各孔串连成垂直的通道。转速多为 4000～7000r/min。分离因数 $K_C \approx 4000 \sim 10000$。此种离心机可用于不互溶液体混合物的分离及从液体中分离出极细的颗粒,因此广泛用于润滑油脱水、牛乳脱脂、饮料澄清、催化剂分离等场合。操作时,要分离的液体混合物从顶部的垂直管送入,直达底部,在经过碟片上的孔上升的同时,分布于两碟片之间的窄缝中。受离心力作用,密度大的液体趋向外周,到达机壳内壁后上升到上方的重液出口流出;轻液则趋向中心而自上方较靠近中央的轻液出口流出。各碟片的作用在于将液

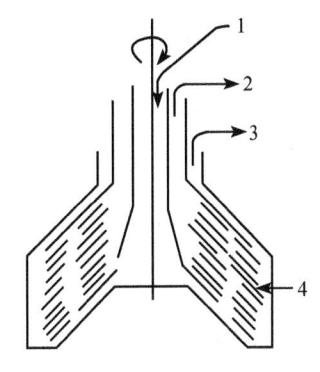

图 3-24 碟片式高速离心机
1.加料;2.轻液出口;3.重液出口;4.固体物积存区

体分成许多薄层,缩短液滴沉降距离;液体在狭缝中流动所产生的剪切力亦有助于破坏乳浊液。若液体中有小量细颗粒悬浮固体,这些颗粒也趋向外周运动而到达机壳内壁附近沉积下来,可间歇地加以清除。

3. 螺旋式离心机

图 3-25 为螺旋式离心机的示意图。直径为 300～1300mm 的圆锥形转鼓绕水平轴旋转,转鼓内有可旋转的螺旋输送器,其转数比转鼓的转数稍低。螺旋式离心机的离心分离因数 $K_C \approx 600$。这种离心机可用于分离固体颗粒含量较多的悬浮液,其生产能力较大。也可以在高温、高压下操作,例如催化剂回收。操作时,悬浮液通过螺旋输送器的空心轴进入机内中部。沉积在转鼓壁面的沉渣,被螺旋输送器沿斜面向上推到排出口而排出。澄清液从转鼓另一端溢流出去。

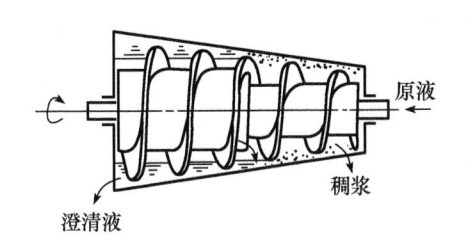

图 3-25 螺旋式离心机

3.3 固体流态化

流态化是一种使固体颗粒通过与流体接触而转变成类似于流体状态的操作。近年来,这种技术发展很快,许多工业部门在处理粉粒状物料的输送、混合、涂层、换热、干燥、吸附、煅烧和气-固反应等过程中,都广泛地应用了流态化技术。

本节介绍流态化过程的一些基本概念,至于流态化传热与传质问题的详细讨论请参考有关文献。

3.3.1 基本概念

如果流体自下而上地流过颗粒层,则根据流速的不同,会出现三种不同的情况。

1. 固定床阶段

如果流体通过颗粒床层的表观速度(即空床速度)u较低,使颗粒空隙中流体的真实速度 u_1 小于颗粒的沉降速度 u_t,则颗粒基本上保持静止不动,颗粒层为固定床[图 3-26(a)]。

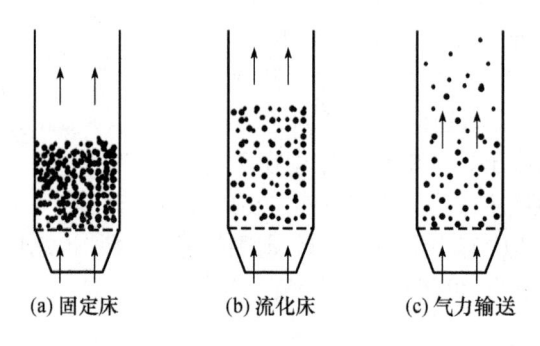

(a) 固定床　　(b) 流化床　　(c) 气力输送

图 3-26　流态化过程的几个阶段

2. 流化床阶段

当流体的表观速度 u 加大到某一数值时,真实速度 u_1 比颗粒的沉降速度 u_t 大了,此时床层内较小的颗粒将松动或"浮起",颗粒床层高度也有明显增大。但随着床层的膨胀,床内空隙率 ε 也增大,而 $u_1 = \dfrac{u}{\varepsilon}$,所以,真实速度 u_1 随后又下降,直至降到沉降速度 u_t 为止。也就是说,在一定的表观速度下,颗粒床层膨胀到一定程度后将不再膨胀,此时颗粒悬浮于流体中,床层有一个明显的上界面,与沸腾水的表面相似,这种床层称为流化床[图 3-26(b)]。因为流化床的空隙率随流体表观速度增大而变大,因此,能够维持流化床状态的表观速度可以有一个较宽的范围。

流态化按其性状的不同,可以分成两类,即散式流态化和聚式流态化。

散式流态化现象一般发生在液-固系统。此种床层从开始膨胀直到水力输送,床内颗粒的扰动程度是平缓地加大的,床层的上界面较为清晰,如图 3-26(b)所示。

聚式流态化现象一般发生于气-固系统,这也是目前工业上应用较多的流化床形式,如图 3-27 所示。从起始流态化开始,床层的波动逐渐加剧,但其膨胀程度却不大。因为

图 3-27　聚式流化床

气体与固体的密度差别很大,气流要将固体颗粒推起比较困难,所以只有小部分气体在颗粒间通过,大部分气体则汇成气泡穿过床层,而气泡穿过床层时造成床层波动,它们在上升过程中逐渐长大和互相合并,到达床层顶部则破裂而将该处的颗粒溅散,使得床层上界面起伏不定。床层内的颗粒则很少分散开来各自运动,而多是聚结成团地运动,成团地被气泡推起或挤开。

聚式流化床中有以下两种不正常现象:

1) 腾涌现象

如果床层高度与直径的比值过大,气速过高时,就容易产生气泡的相互聚合而成为大气泡,在气泡直径长大到与床径相等时,就将床层分成几段,床内物料以活塞推进的方式向上运动,在达到上部后气泡破裂,部分颗粒又重新回落,这即为腾涌,也称节涌。腾涌严重地降低床层的稳定性,使气-固之间的接触状况恶化,并使床层受到冲击,发生震动,损坏内部构件,加剧颗粒的磨损与带出。

2) 沟流现象

在大直径床层中,由于颗粒堆积不匀或气体初始分布不良,可在床内局部地方形成沟流。此时,大量气体经过局部地区的通道上升,而床层的其余部分仍处于固定床状态而未被流化(死床)。显然,当发生沟流现象时,气体不能与全部颗粒良好接触,将使工艺过程严重恶化。

3. 颗粒输送阶段

如果继续提高流体的表观速度 u,使真实速度 u_1 大于颗粒的沉降速度 u_t,则颗粒将被气流带走,此时床层上界面消失,这种状态称为气力输送[图 3-26(c)]。

3.3.2 流化床的主要特性

1. 液体样特性

流化床在很多方面都呈现出类似液体的性质。例如,当容器倾斜时,床层上表面将保持水平[图 3-28(a)];两床层相通,它们的床面将自行调整至同一水平面[图 3-28(b)];床层中任意两点压差可以用液柱压差计测量[图3-28(c)];流化床

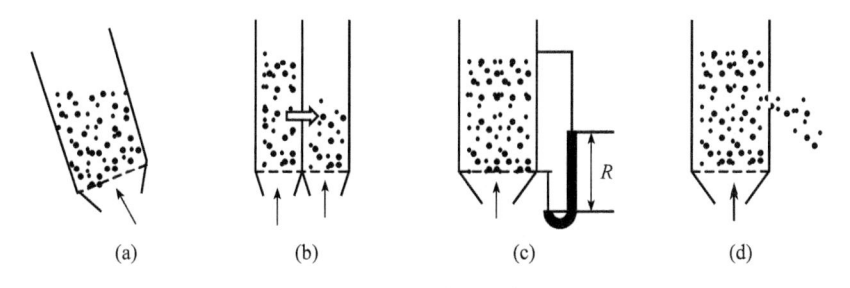

图 3-28 流化床类似于液体的特性

层也像液体一样具有流动性,如容器壁面开孔,颗粒将从孔口喷出,并可像液体一样由一个容器流入另一个容器[图3-28(d)],这一性质使流化床在操作中能够实现固体的连续加料和卸料。

2. 恒定的广义压差

床层一旦流化,全部颗粒处于悬浮状态。现取床层为控制体,并忽略流体与容器壁面间的摩擦力,对控制体作力的衡算,则有床层所受的重力(包括流体)等于床层的压差,即

$$\Delta p A = m_{\mathrm{p}} g + m_{\mathrm{l}} g \tag{3-56}$$

式中,Δp 为床层的压差(上游压力与下游压力之差),N/m^2;A 为空床截面积,m^2;m_{p} 为床层颗粒的总质量,kg;m_{l} 为床层内流体的质量,kg。而

$$m_{\mathrm{l}} = \left(AL - \frac{m_{\mathrm{p}}}{\rho_{\mathrm{p}}} \right) \rho \tag{3-57}$$

式中,L 为床层高度,m;ρ 为流体密度,kg/m^3;ρ_{p} 为固体颗粒的密度,kg/m^3。

将式(3-57)代入式(3-56),并引用广义压力概念,整理得

$$\Delta \Gamma = \Delta p - L \rho g = \frac{m_{\mathrm{p}}}{A \rho_{\mathrm{p}}} (\rho_{\mathrm{p}} - \rho) g \tag{3-58}$$

再由床层中流体的机械能衡算知 $\Delta p - L \rho g$ 即为压力损失 Δp_{f};又式(3-58)右边项即为流化床中全部颗粒的净重力(以单位床层面积计)。由于流化床层中颗粒总量不变,故式(3-58)表明广义压差(压力损失)$\Delta \Gamma$ 恒定不变,与流体速度无关,在图3-29中可用一水平线表示,如 BC 段所示。注意,BC 段略向上倾斜是由于流体与器壁及分布板间的摩擦阻力随气速增大造成的。

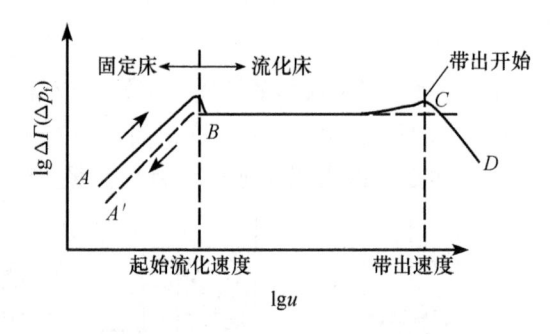

图 3-29 流化床压力损失与气速关系

图3-29中 AB 段为固定床阶段,由于流体在此阶段流速较低,通常处于层流状态,广义压差与表观速度成正比,因此该段为斜率等于1的直线。图3-29中 $A'B$ 段表示从流化床回复到固定床时的广义压差变化关系,由于颗粒由上升气流

中落下所形成的床层较人工装填的疏松一些,因而广义压差也小一些,故 $A'B$ 线段处在 AB 线段的下方。

图 3-29 中 CD 段向下倾斜,表示此时由于某些颗粒开始为上升气流所带走,床内颗粒量减少,平衡颗粒重力所需的压力自然不断下降,直至颗粒全部被带走。

根据流化床具有恒定广义压差的特点,在流化床操作时可以通过测量床层广义压差来判断床层流化的优劣。如果床内出现腾涌,广义压差将有大幅度的起伏波动;若床内发生沟流,则广义压差较正常时低。

3.3.3 流化床的操作气速范围

床层开始流态化时的流体表观速度称为起始流化速度。当某指定颗粒开始被带出时的流体表观速度称为带出速度。

流化床操作的流体速度原则上要大于起始流化速度,又要小于带出速度。

起始流化速度一般由实验测定。

主要符号说明

符号	意义	单位
a	比表面积	m^2/m^3
a_c	离心加速度	m/s^2
b	洗涤液量与滤液量之比	m^3/m^3
A	面积	m^2
B	宽度	m
c	滤渣体积与滤液体积之比	m^3/m^3
d	管内径	m
d_e	当量直径	m
d_p	颗粒直径	m
l	长度	m
L	滤饼厚度,床层高度	m
L_e	过滤介质的当量滤饼厚度	m
p	压力	Pa
q	通过单位面积的滤液体积	m^3/m^2
q_e	通过单位面积的当量滤液体积	m^3/m^2
Q	过滤生产能力	m^3/s
r	比阻	$1/m^2$
r	半径	m
R	半径	m
Re	雷诺数	—
u	过滤速度	m/s
u_t	重力沉降速度	m/s
u_r	离心沉降速度	m/s

符号	含义	单位
$\tilde{V}$	滤液体积	m³
V_e	过滤介质的当量滤液体积	m³
V	体积流量	m³/s
ε	床层空隙率	—
μ	黏度	Pa·s
ρ	密度	kg/m³
ϕ	回转真空过滤机转筒的浸没分数	—
τ	时间	s
ω	角速度	rad/s
ζ_D	曳力系数	—
Γ	广义压力	Pa

参 考 文 献

[1] 何潮洪,冯霄. 化工原理. 北京:科学出版社,2001
[2] 谭天恩,窦梅,周明华. 化工原理(上册). 第三版. 北京:化学工业出版社,2006
[3] 时钧等. 化学工程手册(上、下卷). 北京:化学工业出版社,1996
[4] 博德,斯图沃特,莱特富特. 传递现象. 戴于策,戎顺熙,石炎福译. 北京:化学工业出版社,2004

习　　题

1. 在实验室内用一过滤面积为 $0.05m^2$ 的过滤机在 $\Delta p=65kPa$ 条件下进行恒压实验。已知在 300s 内获得 $400cm^3$ 滤液,再过了 600s,又获得 $400cm^3$ 滤液。
(1) 估算该过滤压力下的过滤常数 K、q_e;
(2) 估算再收集 $400cm^3$ 滤液需要多少时间。
〔答:(1)$K=4.267×10^{-7} m^2/s$, $q_e=0.004m^3/m^2$;(2)900s〕

2. 某压滤机在 0.5atm 推动力下恒压过滤 1.6h 后得滤液 $25m^3$,滤饼的压缩指数 $s=0.3$,介质阻力可忽略不计。
(1) 如果推动力加倍,则恒压过滤 1.6h 后得滤液多少(单位:m³)?
(2) 设其他情况不变,将操作时间缩短一半,则所得滤液为多少?
〔答:(1)$31.75m^3$;(2) $17.68m^3$〕

3. 某板框过滤机恒压下过滤 1h 后,获得滤液 $12m^3$,停止过滤后用 $4m^3$ 清水(其黏度与滤液的相同)在同样压力下洗涤滤饼,求洗涤时间。假设滤布阻力可忽略不计。
〔答:2.7h〕

4. 某工厂用一台板框压滤机过滤某悬浮液,先以等速过滤 16min 得滤液 $2m^3$,达到泵的最大压头,然后再继续进行等压过滤 1h,设介质阻力忽略不计、滤饼不可压缩、不洗涤。问:
(1) 共得滤液多少(单位:m³)?
(2) 若卸渣、重装等需 20min,此过滤机的生产能力为多少(单位:m³/h)?
(3) 如果要使生产能力为最大,则每个循环应为多少时间? 生产能力又为多少(单位:m³/h)?
〔答:(1)$5.83m^3$;(2)$3.64m^3/h$;(3)$56min,4.01m^3/h$〕

5. 某板框过滤机有 10 个滤框,框的尺寸为 635mm×635mm×25mm。滤浆为含 15%(质量分数,下同)

的 $CaCO_3$ 悬浮液,滤饼含水 50%,纯 $CaCO_3$ 固体的密度为 $2710kg/m^3$。操作在 20℃、恒压条件下进行,此时过滤常数 $K=1.57\times10^{-5}m^2/s$, $q_e=0.00378m^3/m^2$。试求:

(1) 框充满所需时间;
(2) 若用清水在同样条件下洗涤滤饼,清水用量为滤液量的 1/10,求洗涤时间。

〔答:(1)2.3min;(2)1.7min〕

6. 求直径为 $50\mu m$ 的球形石英颗粒在 20℃ 水中和 20℃ 空气中的沉降速度。已知石英密度为 $2600kg/m^3$。

〔答:0.00217m/s;0.196m/s〕

7. 落球黏度计由一钢球及玻璃筒组成,测试时筒内先装入被测液体,若记录下钢球下落一定距离所需时间,则可算出液体黏度。现已知球直径为 10mm,下落距离为 200mm,在某糖浆中下落时间为 9.02s,此糖浆密度为 $1300kg/m^3$,钢的密度为 $7900kg/m^3$,求此糖浆的黏度。

〔答:16.22Pa·s〕

8. 某降尘室长 2m、宽 1.5m,在常压、100℃下处理 $2700m^3/h$ 的含尘气体,气体的物性与空气相同。设尘粒为球形,其密度为 $2400kg/m^3$,求:

(1) 能被 100% 除去的最小颗粒直径;
(2) 直径为 0.05mm 的颗粒有多少能被除去?

〔答:(1)64.7μm;(2)59.7%〕

9. 有一降尘室长 4m、宽 2m、高 2.5m,内部用隔板分成 25 层。进入降尘室的炉气密度为 $0.5 kg/m^3$,黏度为 0.035cP,尘粒密度为 $4500kg/m^3$。现用此降尘室分离 $100\mu m$ 以上的颗粒,试求可处理的炉气流量。

〔答:$140.1m^3/s$〕

10. 用如图3-20所示的旋风分离器收集流化床锻烧器出口的碳酸钾粉尘。已知含尘空气温度 200℃、流量 $3800m^3/h$,粉尘密度 $\rho_p=2290 kg/m^3$,旋风分离器直径 $D=650mm$。假设气体旋转圈数可取为 5。求此设备能分离的粉尘临界直径 d_c。

〔答:7.27μm〕

11. 原来用一个旋风分离器分离含尘气体中的灰尘,因分离效率不够高,现打算改用三个直径相等的小旋风分离器并联代替之,其型号及结构的各部分比例不变,气体进口速度也不变。求每个小旋风分离器的直径应为原来的几倍,可分离的临界粒径为原来的几倍。

〔答:D 为原来的 0.58 倍,d_c 为原来的 0.76 倍〕

第4章 热量传递基础

4.1 概述

热是能量的一种形式。热量是对热在传递过程中的度量,它是一个过程量而非状态量。根据热力学第二定律,凡是存在温度差的地方就会发生热量传递,并导致热量自发地从高温处向低温处传递,这一过程称为热量传递过程,简称传热。

在化工生产过程中,存在着大量与传热相关的过程。因为绝大多数的化学或物理过程均要在一定的温度条件下进行,这就要求向系统输入或输出热量,以求建立适宜的温度条件。因此,传热是化学工业中最常见的单元操作之一。

在化工生产中传热的应用主要是两个方面:

(Ⅰ)强化传热,即为了使物料达到操作温度的要求而进行的加热或冷却,希望热量以所期望的速率进行传递;

(Ⅱ)削弱传热,即为了使物料或设备减少热量散失,而对管道或设备进行保温。

4.1.1 基本概念

1. 传热速率与热通量

传热速率 Q 是指单位时间内通过传热面的热量,又称热流量,单位为 W。它是传热过程的基本参数,表征传热过程的快慢程度。

传热速率与传热推动力(即温度差)成正比,与传热阻力成反比,即

$$传热速率 = \frac{传热推动力(温差)}{传热热阻(阻力)}$$

研究传热的目的在于控制传热速率。若要提高传热过程的传热速率,即强化传热过程,可以通过增大传热温差或减小传热阻力来实现;在需要削弱传热的场合,如管道和设备的保温,可以通过增大传热阻力来降低传热速率,以减少热量的散失。

热通量 q 是指单位传热面积上的传热速率,又称热流密度,单位为 W/m^2。热通量与传热速率之间的关系为

$$q = \frac{dQ}{dA} \tag{4-1}$$

2. 稳态传热与非稳态传热

热量传递过程分为稳态过程(又称定态过程、稳定过程)与非稳态过程(又称非定态过程、非稳定过程)两大类。凡是物体中各点温度不随时间而改变的传热过程称为稳态传热过程。连续生产过程中的传热多为稳态传热。若物体的温度分布随时间变化,则称为非稳态传热过程。在工业生产中间歇操作的换热设备和连续生产设备的启动、停机过程以及变工况过程的热量传递都是非稳态传热过程。本章着重讨论稳态传热过程及其应用。

3. 温度场与温度梯度

传热速率取决于物体内部的温度分布,物体内各点温度的集合称为温度场。一般地,物体内任意点的温度是时间和空间位置的函数,温度场的数学表达式为

$$t = f(x, y, z, \tau) \tag{4-2}$$

式中,t 为温度;x、y、z 为空间坐标;τ 为时间。

温度场也分为两类:一类是物体内各点温度随时间变化,称为非稳态温度场(或称非定态温度场);另一类是物体内温度分布与时间无关,称为稳态温度场(或称定态温度场)。

在某一时刻,温度场中温度相同的点连成的面称为等温面。由于空间中任何一点不可能同时具有两个不同的温度,因此温度不同的等温面不可能相交。对于二维传热问题,物体中等温面表现为等温线,它在物体中形成一个封闭曲线或终止于物体表面上,等温线也不可能相交。沿等温面(或等温线)的切线方向上没有温度变化,也就没有热量传递;而穿过等温面的任何方向上均有温度变化和热量传递。

温度随空间位置的变化率以等温面(线)的法线方向上为最大值,在等温面(线)法线方向上的温度变化率称为温度梯度,可表示为

$$\mathrm{grad}\, t = \lim_{\Delta n \to 0} \frac{\Delta t}{\Delta n} = \frac{\partial t}{\partial n} \tag{4-3}$$

式中,Δn 为法线 n 方向上的距离;$\mathrm{grad}\, t$ 表示温度梯度,是矢量,其方向垂直于等温面(线),与等温面(线)的法线方向一致,并以温度增加的方向为正方向。

4.1.2 热量传递的三种基本方式

热量传递有三种基本方式:热传导、对流和热辐射。

1. 热传导

物体各部分之间不发生相对位移时,依靠分子、原子及自由电子等微观粒子的

热运动而产生的热量传递称为热传导,又称导热。

从微观的角度来看,气体、液体、导电固体或非导电固体的热传导机理是不同的。气体中,热传导是气体分子不规则热运动时相互碰撞的结果。温度较高的气体分子具有较大的运动动能,不同能量水平的分子相互碰撞使热量从高温处迁移到低温处。导电固体具有大量的自由电子,它们在固体晶格中的运动类似于气体分子,在导电固体中,自由电子的运动对热量传导起着重要作用。在非导电固体中,热传导是通过晶格的振动实现的。对于液体的热传导机理,目前还存在不同的观点:一种观点认为液体的热传导类似于气体,只是情况更复杂,因为液体的分子间距较小,分子间作用力对分子碰撞的影响比气体的大;另一种观点认为液体的热传导类似于非导电固体,主要靠弹性波的作用。

热传导现象可以用傅里叶(Fourier)定律来描述。

2. 对流传热

对流仅发生于流体中,它是指由于流体的宏观运动使流体各部分之间发生相对位移而导致的热量传递过程。由于流体各部分间的相互接触,除了流体的整体运动所带来的热对流之外,还伴有由于流体微团运动造成的热传导。工程中常见的是流体流经固体表面时的热量传递过程,称之为对流传热。

对流传热通常用牛顿冷却定律来描述,即当主体温度为 t_f 的流体被温度为 t_w 的壁面加热时,单位面积上的加热量可以表示为

$$q = \alpha(t_w - t_f) \tag{4-4a}$$

当主体温度为 t_f 的流体被温度为 t_w 的冷壁冷却时,有

$$q = \alpha(t_f - t_w) \tag{4-4b}$$

式中,q 为对流传热的热通量,W/m^2;α 为对流传热系数,$W/(m^2 \cdot ℃)$。牛顿冷却公式表明,单位面积上的对流传热速率与温差成正比。

3. 热辐射

辐射是一种通过电磁波传递能量的过程。物体因各种原因发出辐射能,其中因热的原因发出辐射能的现象称为热辐射。

自然界中各个物体都不停地向周围空间发出热辐射,同时又不断地吸收周围物体发出的辐射能。辐射与吸收过程的综合结果就造成了以辐射方式进行物体间的热量传递,即辐射传热。当物体与周围环境处于热平衡时,物体的净辐射传热量为零,但这只是动态平衡,辐射与吸收过程仍在不停地进行。

与热传导和对流传热不同,辐射传热无须借助中间介质来传递热量,可以在真空中传递。此外辐射传热不仅产生能量的转移,而且伴随着能量形式的转换,即发

射时由热能转换为辐射能,而吸收时又从辐射能转换为热能。

虽然物体可以热辐射的方式进行热量传递,但一般只在高温或低温下才成为主要传热方式。

以上分别讨论了热传导、对流和热辐射三种热量传递方式的基本机理。在实际问题中,这些方式往往是相互伴随着同时发生而成为复合传热过程,此时应针对具体问题根据传热机理区分和综合运用这三种基本传热方式的相关知识。

4.2 热传导

4.2.1 热传导的基本定律——傅里叶定律

大量的实践表明,热量以传导形式传递时,单位时间内通过单位面积所传递的热量与当地温度梯度成正比。对于一维问题,可表示为

$$q = -\lambda \frac{\partial t}{\partial x} \tag{4-5}$$

式中,λ 为比例系数,称为导热系数,W/(m·℃)或 W/(m·K);$\frac{\partial t}{\partial x}$ 为 x 方向上的温度梯度,℃/m 或 K/m;q 为热通量,W/m²;负号表示热量传递的方向指向温度降低的方向。当物体温度是三维空间坐标的函数时,则热通量矢量表示为

$$\boldsymbol{q} = -\lambda \frac{\partial t}{\partial n} \boldsymbol{n} \tag{4-6}$$

式中,$\frac{\partial t}{\partial n}$ 为空间某点的温度梯度;$\boldsymbol{n}$ 为通过该点的等温面上的法向单位矢量,指向温度升高的方向。

4.2.2 导热系数

导热系数是物体材料所固有的物理性质,与物质的组成、结构、密度、压力和温度等因素有关。导热系数的定义可以由傅里叶定律的数学表达式(4-6)给出

$$\lambda = |\boldsymbol{q}| / \left|\frac{\partial t}{\partial n}\boldsymbol{n}\right| \tag{4-7}$$

导热系数越大,物体的导热性能越好,即在相同的温度梯度下传热速率越大。工程上采用的各种物质的导热系数值通常是通过实验方法测定的。各种物质的导热系数值差别很大,图 4-1 给出了一些材料的导热系数范围。

对于固体材料而言,金属是良导电体,也是良好的导热体。纯金属的导热系数一般随温度升高而减小,金属的纯度对导热系数影响很大,合金的导热系数一般比纯金属的导热系数小,杂质的存在使导热系数下降。例如在 20℃下,纯铜

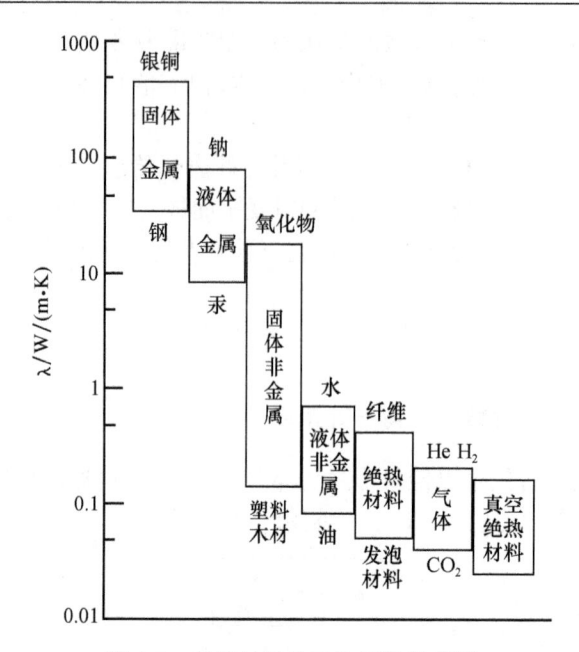

图 4-1 某些材料的导热系数的范围

的导热系数为 386W/(m·K)，掺杂微量的砷后，其导热系数急剧减小到 140W/(m·K)。

非金属建筑材料或绝热材料（又称为隔热材料或保温材料）的导热系数与物质的组成、结构、温度和材料的湿度等有关。通常这些材料都是蜂窝状多孔结构材料。一般这些材料中的传热机理包括固体骨架的导热和穿过微小气孔的导热等方式；在很高的温度下，穿过微小气孔不仅有导热，而且还存在热辐射方式。材料中的空隙对导热系数影响很大，空隙率大的材料导热系数小。

有一些固体材料，如木材、石墨和云母等，它们各向结构不同，因此不同方向上的导热系数也有很大差别，这类材料称为各向异性材料。对于各向异性材料，其导热系数值必须指明方向才有意义。

大多数均质固体的导热系数在一定温度范围内与温度近似成直线关系，可用下式表示：

$$\lambda = \lambda_0(1+kt) \tag{4-8}$$

式中，λ_0 为固体在 0℃时的导热系数；k 为温度系数，1/℃，对大多数金属材料为负值，对大多数非金属固体材料为正值。

对于液体，在常沸点以下，大多数有机化合物液体的导热系数值为 0.1～0.17W/(m·K)。除了水和丙三醇（俗称甘油）等少数化合物以外，绝大多数液体的导热系数随温度升高而略有减小，压力对导热系数几乎没有影响。一般地，纯液体的导热系数比其溶液的导热系数大。

有机化合物均相混合液体的导热系数可用下式估算：

$$\lambda_{\text{mix}} = \sum_{i=1}^{n} w_i \lambda_i \tag{4-9}$$

有机化合物水溶液的导热系数的估算式为

$$\lambda_{\text{mix}} = 0.9 \sum_{i=1}^{n} w_i \lambda_i \tag{4-10}$$

式中，w_i 为组分 i 的质量分数；λ_i 为纯组分 i 的导热系数。

气体的导热系数很小，其数值随温度升高而增大。在相当大的压力范围内，气体的导热系数随压力的变化较小，可以忽略不计。只有在压力极高（>200MPa）或极低（<2700Pa）的情况下，才须考虑压力的影响，此时气体的导热系数随压力增加而增大。

气体的导热系数 λ 与黏度 μ 之间有以下简单关系：

$$\lambda = \frac{15}{4} \frac{R}{M} \mu = \frac{5}{2} c_p \mu \quad \text{（单原子气体）} \tag{4-11a}$$

$$\lambda = \left(c_p + \frac{15}{4} \frac{R}{M} \right) \mu \quad \text{（多原子气体）} \tag{4-11b}$$

式中，R 为摩尔气体常量，J/(kmol·K)；M 为摩尔质量，kg/kmol；c_p 为定压比热容，J/(kg·K)；μ 的单位为 Pa·s。

工程中常见物质和材料的导热系数可从有关手册中查取，查取时须注意材料的种类、组成和温度等条件。

4.2.3 热传导微分方程及其定解条件

由傅里叶定律知，计算物体的热传导速率首先必须已知物体内的温度分布。物体内的温度分布可通过物体内微元体的热量衡算得到：

$$\begin{pmatrix} \text{微元体内} \\ \text{热力学能} \\ \text{的累积速} \\ \text{率} \end{pmatrix} = \begin{pmatrix} \text{由传导所} \\ \text{净加入微} \\ \text{元体的热} \\ \text{流量} \end{pmatrix} + \begin{pmatrix} \text{微元体内} \\ \text{热源所产} \\ \text{生能量的} \\ \text{速率} \end{pmatrix}$$

现从物体内取出一个任意的平行六面体，假定物体是各向同性的，如图 4-2 所示。

通过 $x=x$、$y=y$ 和 $z=z$ 三个表面传入微元体的热流量可按傅里叶定律写出

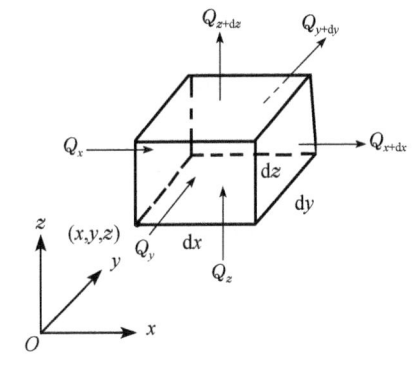

图 4-2 用于建立热传导微分方程的微元体

$$\left.\begin{aligned} Q_x &= -\lambda \frac{\partial t}{\partial x} \mathrm{d}y\mathrm{d}z \\ Q_y &= -\lambda \frac{\partial t}{\partial y} \mathrm{d}x\mathrm{d}z \\ Q_z &= -\lambda \frac{\partial t}{\partial z} \mathrm{d}x\mathrm{d}y \end{aligned}\right\} \quad (4\text{-}12\mathrm{a})$$

类似地，通过 $x=x+\mathrm{d}x$、$y=y+\mathrm{d}y$ 和 $z=z+\mathrm{d}z$ 三个表面导出微元体的热流量也可写出

$$\left.\begin{aligned} Q_{x+\mathrm{d}x} &= Q_x + \frac{\partial Q_x}{\partial x}\mathrm{d}x = -\lambda \frac{\partial t}{\partial x}\mathrm{d}y\mathrm{d}z + \frac{\partial}{\partial x}\left(-\lambda \frac{\partial t}{\partial x}\mathrm{d}y\mathrm{d}z\right)\mathrm{d}x \\ Q_{y+\mathrm{d}y} &= Q_y + \frac{\partial Q_y}{\partial y}\mathrm{d}y = -\lambda \frac{\partial t}{\partial y}\mathrm{d}x\mathrm{d}z + \frac{\partial}{\partial y}\left(-\lambda \frac{\partial t}{\partial y}\mathrm{d}x\mathrm{d}z\right)\mathrm{d}y \\ Q_{z+\mathrm{d}z} &= Q_z + \frac{\partial Q_z}{\partial z}\mathrm{d}z = -\lambda \frac{\partial t}{\partial z}\mathrm{d}x\mathrm{d}y + \frac{\partial}{\partial z}\left(-\lambda \frac{\partial t}{\partial z}\mathrm{d}x\mathrm{d}y\right)\mathrm{d}z \end{aligned}\right\} \quad (4\text{-}12\mathrm{b})$$

由微元体表面净传入微元体的热流量为 $(Q_x - Q_{x+\mathrm{d}x}) + (Q_y - Q_{y+\mathrm{d}y}) + (Q_z - Q_{z+\mathrm{d}z})$，即

$$\frac{\partial}{\partial x}\left(\lambda \frac{\partial t}{\partial x}\mathrm{d}y\mathrm{d}z\right)\mathrm{d}x + \frac{\partial}{\partial y}\left(\lambda \frac{\partial t}{\partial y}\mathrm{d}x\mathrm{d}z\right)\mathrm{d}y + \frac{\partial}{\partial z}\left(\lambda \frac{\partial t}{\partial z}\mathrm{d}x\mathrm{d}y\right)\mathrm{d}z \quad (4\text{-}12\mathrm{c})$$

设微元体内的体积热源为 $\dot{\Phi}_s(\mathrm{W/m^3})$，则产生能量速率为

$$\dot{\Phi}_s \mathrm{d}x\mathrm{d}y\mathrm{d}z \quad (4\text{-}13)$$

微元体的内能累积速率可以表示为

$$\rho c_p \frac{\partial t}{\partial \tau}\mathrm{d}x\mathrm{d}y\mathrm{d}z \quad (4\text{-}14)$$

将式(4-12c)、式(4-13)和式(4-14)代入热量衡算关系式，整理后得到

$$\rho c_p \frac{\partial t}{\partial \tau} = \frac{\partial}{\partial x}\left(\lambda \frac{\partial t}{\partial x}\right) + \frac{\partial}{\partial y}\left(\lambda \frac{\partial t}{\partial y}\right) + \frac{\partial}{\partial z}\left(\lambda \frac{\partial t}{\partial z}\right) + \dot{\Phi}_s \quad (4\text{-}15)$$

式(4-15)是直角坐标系中三维物体导热微分方程的一般形式，可根据实际情况加以简化。

1. 导热系数为常数

$$\frac{\partial t}{\partial \tau} = a\left(\frac{\partial^2 t}{\partial x^2} + \frac{\partial^2 t}{\partial y^2} + \frac{\partial^2 t}{\partial z^2}\right) + \frac{\dot{\Phi}_s}{\rho c_p} \quad (4\text{-}16)$$

式中，$a = \frac{\lambda}{\rho c_p}$，称为热扩散系数或导温系数，$\mathrm{m^2/s}$。

2. 导热系数为常数且物体内无内热源

$$\frac{\partial t}{\partial \tau} = a\left(\frac{\partial^2 t}{\partial x^2} + \frac{\partial^2 t}{\partial y^2} + \frac{\partial^2 t}{\partial z^2}\right) \quad (4\text{-}17)$$

3. 常物性,稳态热传导

$$\frac{\partial^2 t}{\partial x^2}+\frac{\partial^2 t}{\partial y^2}+\frac{\partial^2 t}{\partial z^2}+\frac{\dot{\Phi}_s}{\lambda}=0 \tag{4-18}$$

式(4-18)又称为泊桑(Poisson)方程。

4. 常物性,无内热源,稳态热传导

$$\frac{\partial^2 t}{\partial x^2}+\frac{\partial^2 t}{\partial y^2}+\frac{\partial^2 t}{\partial z^2}=0 \tag{4-19}$$

式(4-19)又称为拉普拉斯(Laplace)方程。

对于柱坐标系和球坐标系的热传导问题,采用类似的方法可推导出相应的热传导微分方程(图 4-3)。

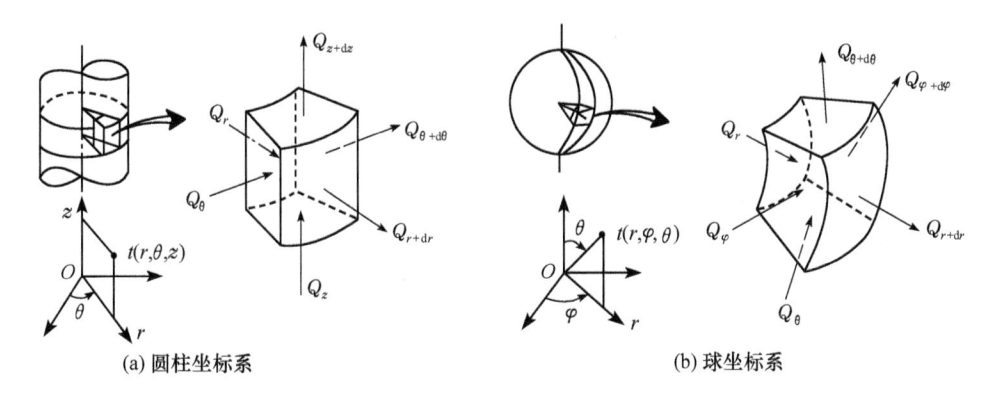

(a) 圆柱坐标系 (b) 球坐标系

图 4-3 柱坐标系与球坐标系中的微元体

柱坐标

$$\rho c_p \frac{\partial t}{\partial \tau}=\frac{1}{r}\frac{\partial}{\partial r}\left(\lambda r \frac{\partial t}{\partial r}\right)+\frac{1}{r^2}\frac{\partial}{\partial \theta}\left(\lambda \frac{\partial t}{\partial \theta}\right)+\frac{\partial}{\partial z}\left(\lambda \frac{\partial t}{\partial z}\right)+\dot{\Phi}_s \tag{4-20}$$

球坐标

$$\rho c_p \frac{\partial t}{\partial \tau}=\frac{1}{r^2}\frac{\partial}{\partial r}\left(\lambda r^2 \frac{\partial t}{\partial r}\right)+\frac{1}{r^2 \sin^2\theta}\frac{\partial}{\partial \varphi}\left(\lambda \frac{\partial t}{\partial \varphi}\right)+\frac{1}{r^2 \sin\theta}\frac{\partial}{\partial \theta}\left(\lambda \sin\theta \frac{\partial t}{\partial \theta}\right)+\dot{\Phi}_s$$

$$\tag{4-21}$$

为了求解某一具体问题中所涉及的温度分布和传热速率,还必须给出表征该具体问题的一些附加条件。这些使热传导微分方程获得适合具体问题特定解的附加条件称为定解条件。热传导微分方程及其定解条件构成了一个具体的热传导问题的数学描述。对于非稳态热传导问题,定解条件包括初始条件和边界条件。初始条件是指初始时刻物体内的温度分布,边界条件则指物体边界上的传热状况。对于稳态问题,定解条件仅需给出边界条件。

在物体边界上，传热边界条件可分为以下三类：

（Ⅰ）已知物体边界壁面的温度，称为第一类边界条件。这类边界条件给定了物体壁面上的温度值，即

$$\tau > 0, \quad t_w = f(\tau) \tag{4-22a}$$

特殊地，物体壁面温度保持恒定，不随时间变化，即

$$\tau > 0, \quad t_w = 常数 \tag{4-22b}$$

如在恒定压力和组分条件下，物体的边界壁面处发生蒸气的冷凝或液体的沸腾，此时壁面的温度保持恒定。

（Ⅱ）已知物体边界壁面的热通量值，称为第二类边界条件，即

$$\tau > 0, \quad -\lambda \frac{\partial t}{\partial n}\bigg|_w = f(\tau) \tag{4-23a}$$

式中，n 为物体壁面的法线方向。

特殊地，在物体边界处给定热通量值为常数，即

$$\tau > 0, \quad q_w = 常数 \tag{4-23b}$$

如恒定地用电加热物体壁面，恒定加热的电能转化为热能从物体壁面传入物体内部，物体壁面处的热通量保持不变。

另一个典型例子是在物体边界处绝热，此时，物体边界处满足

$$\tau > 0, \quad \frac{\partial t}{\partial n}\bigg|_w = 0 \tag{4-23c}$$

（Ⅲ）已知物体壁面处的对流传热条件，称为第三类边界条件。这类边界条件是流体加热或冷却物体壁面的情形，可按牛顿冷却定律写出

物体被加热： $\quad \tau > 0, \quad -\lambda \frac{\partial t}{\partial n}\bigg|_w = \alpha(t_f - t_w) \tag{4-24a}$

物体被冷却： $\quad \tau > 0, \quad -\lambda \frac{\partial t}{\partial n}\bigg|_w = \alpha(t_w - t_f) \tag{4-24b}$

式中，α 和 t_f 都可以是时间的函数，此时物体壁面的温度是待求解的物理量。

需要说明的是，在一般工程技术中上述热传导微分方程和傅里叶定律都是适用的，而对于短时间高热流密度的传递现象，如激光热加工过程，上述热传导微分方程和傅里叶定律就不再适用。

4.2.4 稳态热传导

本节将针对典型物体内的一维稳态热传导问题进行分析和讨论，目的在于得到物体内的温度分布和热通量的计算公式。

1. 通过平壁的热传导

如图 4-4 所示,设有一在长和宽方向上无限伸展的平壁,平壁内的温度仅沿厚度方向即 x 方向发生变化,且其厚度为 b,两个表面各维持在一定的温度 t_1 和 t_2,平壁无内热源,材料的导热系数为常数。

由热传导微分方程式(4-19)可得

$$\frac{\mathrm{d}^2 t}{\mathrm{d} x^2} = 0 \tag{4-25a}$$

边界条件为

$$x = 0 \text{ 时} \quad t = t_1 \tag{4-25b}$$

$$x = b \text{ 时} \quad t = t_2 \tag{4-25c}$$

对式(4-25a)连续积分两次,得其通解为

$$t = c_1 x + c_2 \tag{4-25d}$$

式中的两个积分常数由二个边界条件确定。可得平壁内的温度分布为

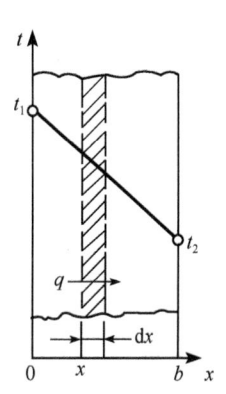

图 4-4 单层平壁

$$t = \frac{t_2 - t_1}{b} x + t_1 \tag{4-25e}$$

由于 t_1、t_2 和 b 都是常数,因而平壁内的温度分布为线性函数。

解得温度分布后,将式(4-25e)代入傅里叶定律,得到热通量的表达式为

$$q = -\lambda \frac{\partial t}{\partial x} = \frac{\lambda}{b}(t_1 - t_2) = \frac{\lambda}{b} \Delta t \tag{4-26a}$$

对于导热面积为 A 的平壁,热传导的速率为

$$Q = qA = \frac{\lambda}{b} A (t_1 - t_2) = \frac{\lambda}{b} A \Delta t \tag{4-26b}$$

式(4-26b)还可改写为

$$\boxed{Q = \frac{\Delta t}{\frac{b}{\lambda A}} = \frac{\Delta t}{R}} \tag{4-26c}$$

式中,$R = \frac{b}{\lambda A}$,称为热阻,此概念是通过与电学中的电阻类比得到的。引入热阻的概念有助于理解式(4-26c)的物理意义。Q 是热传导过程中所传递的热流量,它与过程的推动力 Δt 成正比,而与传递过程的阻力 R 成反比,热阻越大,热流量越小,传热速率越低。

热阻概念的建立为复杂热传导过程的分析带来了便利。通过热阻与电阻的类比关系,可以借助于串、并联电路的电阻计算来类比传热过程中热阻的计算。应用热阻的概念可以很方便地推导出多层平壁的热传导计算公式。

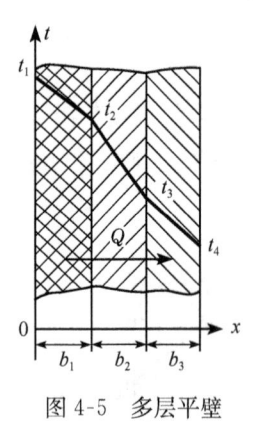

如图4-5所示,平壁由多层不同厚度、不同导热系数的材料组成,假定层与层之间接触良好,未引入附加热阻(称为接触热阻)。设多层平壁各层的厚度和导热系数分别为 b_1、b_2、b_3 和 λ_1、λ_2、λ_3,且均为常数,平壁的面积为 A。对于一维稳态热传导,热量在平壁内没有累积,因而同一热流依次通过各层平壁,是一典型的串联传递过程,按式(4-26c)可得

$$Q = \frac{t_1 - t_2}{\dfrac{b_1}{\lambda_1 A}} = \frac{t_2 - t_3}{\dfrac{b_2}{\lambda_2 A}} = \frac{t_3 - t_4}{\dfrac{b_3}{\lambda_3 A}}$$

图4-5 多层平壁

或

$$Q = \frac{t_1 - t_2}{R_1} = \frac{t_2 - t_3}{R_2} = \frac{t_3 - t_4}{R_3} \tag{4-27a}$$

式(4-27a)说明,在多层壁的热传导中,热阻大的壁层,传热温差一定大。式(4-27a)还可改写为

$$Q = \frac{(t_1 - t_2) + (t_2 - t_3) + (t_3 - t_4)}{R_1 + R_2 + R_3} = \frac{t_1 - t_4}{R_1 + R_2 + R_3} = \frac{t_1 - t_4}{\dfrac{b_1}{\lambda_1 A} + \dfrac{b_2}{\lambda_2 A} + \dfrac{b_3}{\lambda_3 A}} \tag{4-27b}$$

从式(4-27b)可知,通过多层平壁热传导的传热温差(推动力)和热阻是可以叠加的;总传热温差等于各层温差之和,总传热热阻等于各层热阻的总和,类似于串联电路中总电阻的计算。

各层分界接触面上的温度可以利用式(4-27a)依次计算出。例如:

$$t_2 = t_1 - Q \frac{b_1}{\lambda_1 A} \tag{4-27c}$$

将式(4-27b)推广至 n 层平壁,有

$$Q = \frac{t_1 - t_{n+1}}{\sum\limits_{i=1}^{n} R_i} \tag{4-27d}$$

需要指出的是,上面讨论的多层平壁的计算,均假定层与层之间接触完全密合,两个接触表面具有相同的温度。但实际材料由于表面粗糙,即使是两光滑表面的接触也只是有限点上的接触,层间未接触的空隙会形成附加的接触热阻。由于接触热阻的存在,两种材料的分界面上温度不再相等,接触面上可能出现温度的突变。若以 r_{02} 和 r_{03} 分别表示第一层与第二层、第二层与第三层平壁中接触面上的接触热阻,则通过上述三层平壁的热通量变为

$$Q = \frac{t_1 - t_4}{R_1 + r_{02} + R_2 + r_{03} + R_3} \tag{4-27e}$$

影响接触热阻的主要因素有接触面材料的种类及硬度、接触面的粗糙程度、接触面的压紧力和接触面空隙内流体的性质等。接触表面光滑、材料的硬度较小和层间的压紧力较大均有助于减小接触热阻。目前接触热阻的估算方法还不成熟，大多数工程材料的接触热阻尚难预测。

2. 通过圆筒壁的热传导

如图4-6所示，内外半径分别为r_1和r_2的圆筒壁，其内外表面分别维持恒定均匀的温度t_1和t_2，若圆筒壁沿长度方向无限延伸，则在圆筒壁上仅存在沿圆筒壁径向的一维热传导。由于圆筒的内外径不等，热流传入圆筒壁所经过的传热面积A是随半径变化的，即$A = 2\pi rL$（L为圆筒长）。为分析方便，取柱坐标系，且假定材料的导热系数为常数，无内热源。因此，在圆筒壁上的热传导满足柱坐标系下的热传导微分方程式(4-20)。经过简化，得到

$$\frac{d}{dr}\left(r\frac{dt}{dr}\right) = 0 \tag{4-28a}$$

边界条件为

$$r = r_1 \text{ 时} \quad t = t_1 \tag{4-28b}$$

$$r = r_2 \text{ 时} \quad t = t_2 \tag{4-28c}$$

对式(4-28a)连续积分两次，得其通解为

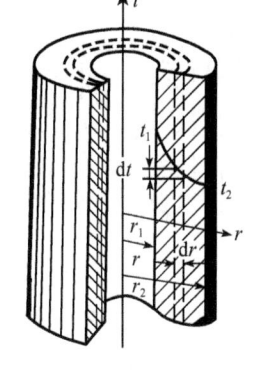

图4-6 单层圆筒壁

$$t = c_1 \ln r + c_2 \tag{4-28d}$$

式中的积分常数由边界条件确定。可得圆筒壁内的温度分布为

$$t = t_1 + \frac{t_2 - t_1}{\ln(r_2/r_1)} \ln \frac{r}{r_1} \tag{4-28e}$$

由式(4-28e)可以看出，与平壁内的线性温度分布不同，圆筒壁内的温度分布为对数函数形式。

将式(4-28e)代入傅里叶定律，即可求得通过圆筒壁的热通量

$$q = -\lambda \frac{\partial t}{\partial r} = \frac{\lambda}{r} \frac{t_1 - t_2}{\ln(r_2/r_1)} \tag{4-29}$$

在式(4-29)两边同乘传热面积$A = 2\pi rL$，可得通过圆筒壁的热流量

$$Q = qA = 2\pi L\lambda \frac{t_1 - t_2}{\ln(r_2/r_1)} = \frac{t_1 - t_2}{\ln(r_2/r_1)/2\pi L\lambda} = \frac{t_1 - t_2}{R} \tag{4-30a}$$

式中，$R = \dfrac{\ln(r_2/r_1)}{2\pi L\lambda}$为热阻。可见，通过圆筒壁导热时，不同半径处的热通量与半

径成反比,然而通过整个圆筒壁面上的热流量是恒定值,不随半径变化。

式(4-30a)还可改写为

$$Q = \frac{2\pi L\lambda(r_2-r_1)(t_1-t_2)}{(r_2-r_1)\ln(r_2/r_1)} = \lambda A_m \frac{t_1-t_2}{b} = \frac{t_1-t_2}{\dfrac{b}{\lambda A_m}} = \frac{t_1-t_2}{R}$$

(4-30b)

式中,$b=r_2-r_1$,为圆筒壁的厚度;$A_m=2\pi L r_m$,为平均传热面积,其中 $r_m = \dfrac{r_2-r_1}{\ln(r_2/r_1)}$,称为对数平均半径。工程中,当 $r_2/r_1 < 2$ 时,可用算术平均半径 $r_m = \dfrac{r_2+r_1}{2}$ 代替对数平均半径,两者相差小于4%。

引入对数平均半径后,热阻可按 $R = \dfrac{b}{\lambda A_m}$ 计算,从而与平壁的形式一致。

与分析多层平壁导热类似,应用串联热阻叠加的概念同样可以分析通过多层圆筒壁的热传导。对于三层圆筒壁(图 4-7),假定层与层之间接触良好,各层的导热系数分别为 λ_1、λ_2、λ_3,且均为常数,根据串联的热阻

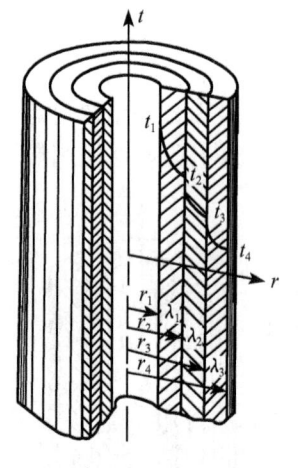

图 4-7 三层圆筒壁

叠加、推动力叠加原理,通过三层圆筒壁热传导的热流量为

$$Q = \frac{(t_1-t_2)+(t_2-t_3)+(t_3-t_4)}{R_1+R_2+R_3} = \frac{t_1-t_4}{\dfrac{b_1}{\lambda_1 A_{m1}}+\dfrac{b_2}{\lambda_2 A_{m2}}+\dfrac{b_3}{\lambda_3 A_{m3}}} \quad (4-31)$$

对于 n 层圆筒壁

$$Q = \frac{t_1-t_{n+1}}{\sum\limits_{i=1}^{n}\dfrac{b_i}{\lambda_i A_{mi}}} = \frac{t_1-t_{n+1}}{\sum\limits_{i=1}^{n}\dfrac{\ln(r_{i+1}/r_i)}{2\pi L\lambda_i}} \quad (4-32)$$

需要注意的是,与多层平壁计算相比,此时计算各层热阻所用的传热面积并不相等,应采用各自的平均面积。

化工设备或管道的保温层厚度的确定是圆筒壁热传导问题的典型工程应用。

例 4-1 为了减少热损失和保证安全工作条件,在外径为 159mm 的蒸气管道上包覆保温层。蒸气管道外壁的温度为 300℃。保温材料为水泥珍珠岩制品,水泥珍珠岩制品的导热系数随温度的变化关系为 $\lambda = 0.0651+0.000105t$,其中,$\lambda$ 的单位为 W/(m·K);t 的单位为℃。要求包覆保温层后外壁的温度不超过50℃,并要求将每米长度上的热损失控制在300W/m,则保温层的厚度为多少?

解 保温层的平均工作温度为 $t = \dfrac{300+50}{2} = 175℃$,由此得保温层的导热

系数
$$\lambda = 0.0651 + 0.000105 \times 175 = 0.0835[\text{W/(m·K)}]$$

由式(4-30a)可得
$$\ln \frac{r_2}{r_1} = 2\pi\lambda \frac{t_1 - t_2}{Q/L}$$

代入数据可得
$$\ln \frac{d_2}{0.159} = 2\pi \times 0.0835 \times \frac{300 - 50}{300}$$

求解得外径 $d_2 = 0.246$m，则保温层的厚度为
$$\frac{d_2 - d_1}{2} = \frac{0.246 - 0.159}{2} = 0.0435(\text{m}) = 43.5(\text{mm})$$

现在我们来考虑圆筒壁外侧与流体做对流换热的情形。设一长为 L 的圆筒，外径为 r_1，在覆以导热系数为 λ 的保温材料后，外径变为 r_2，保温层外壁直接与温度为 t_f 的流体接触，已知圆管外壁温度为 t_{w1}，且流体与保温层外壁间的对流传热系数为 α，则通过保温层的热损失可以写为

$$Q = \frac{t_{w1} - t_{w2}}{\frac{\ln(r_2/r_1)}{2\pi L \lambda}} \tag{4-33a}$$

式中，t_{w2} 为保温层外壁的温度，是未知量。由于在保温层外壁还应满足牛顿冷却定律，即

$$Q = 2\pi r_2 L \alpha (t_{w2} - t_f) \tag{4-33b}$$

稳态传热时，通过保温层外壁散失的热流量与保温层内传导的热流量相等，联立式(4-33a)和式(4-33b)，消去 t_{w2}，可得到通过保温层的热损失为

$$Q = \frac{t_{w1} - t_f}{\frac{\ln(r_2/r_1)}{2\pi L \lambda} + \frac{1}{2\pi r_2 L \alpha}} = \frac{t_{w1} - t_f}{R_{\text{cond}} + R_{\text{conv}}} \tag{4-33c}$$

式中，$R_{\text{cond}} = \frac{\ln(r_2/r_1)}{2\pi L \lambda}$，称为热传导热阻；$R_{\text{conv}} = \frac{1}{2\pi r_2 L \alpha}$，称为对流传热热阻。

由式(4-33c)可以看出，当保温层厚度增加(即 r_2 增大)时，热传导热阻增加，但是对流传热热阻减小。这就有可能在某一个保温层厚度下，使总热阻最小，而使热损失达到最大，这个厚度称为保温层的临界厚度。为了求得这个临界厚度，将式(4-33c)中 Q 对 r_2 求导，并使其等于零，可得保温层的临界半径 $r_c = \lambda/\alpha$，即临界厚度为 $(r_c - r_1)$。当保温层半径小于 r_c 时，随着保温层厚度的增加，通过保温层的热损失增加，直到保温层半径等于临界半径时热损失达到最大。当保温层半径超过临界半径时，再增加厚度时，热损失将逐渐减小。

3. 通过球壳壁的热传导

对于内、外表面维持恒定温度的空心球壳壁的一维稳态热传导问题,可采用与上述两种情形类似的方法进行推导,利用热传导微分方程(4-21)进行简化,求解。设半径为 r_1、r_2 处的球壁温度分别为 t_1、t_2,则在球壳壁内的温度分布、热流量和热传导热阻分别为

$$t = t_2 + (t_1 - t_2)\frac{(1/r) - (1/r_2)}{(1/r_1) - (1/r_2)} \tag{4-34a}$$

$$Q = \frac{4\pi\lambda(t_1 - t_2)}{(1/r_1) - (1/r_2)} \tag{4-34b}$$

$$R = \frac{1}{4\pi\lambda}\left(\frac{1}{r_1} - \frac{1}{r_2}\right) \tag{4-34c}$$

对于多层球壳壁热传导问题可仿照多层圆筒壁的计算方法写出,这里不再赘述。

4.2.5 非稳态热传导

化工生产中机器和设备启动、停机、变工况运行以及周期性交替加热或冷却的场合均涉及非稳态热传导,其特征是物体内温度场随时间变化,热流量也随时间发生变化,因此非稳态热传导问题比稳态问题的计算复杂。本节将讨论一些简单情况下的非稳态热传导问题。

1. 集总参数法的简化分析

当物体内部的导热热阻远小于其表面的对流传热热阻时,固体内部的温度趋于一致,以致可以认为在某一瞬时物体内各点处于同一温度。此时所求解的物体温度仅是时间的函数,而与空间坐标无关,好像该物体原来连续分布的质量与热容汇集于一点上,物体只有一个温度。这种忽略物体内部热传导热阻的简化分析方法称为集总参数法。如果物体的导热系数非常大,或物体的几何尺寸很小,或物体表面的对流传热系数极低,其非稳态热传导问题就可以采用集总参数法进行分析。

设有一体积为 V、表面积为 A 的任意形状固体,其密度为 ρ,导热系数为 λ,比热容为 c。固体具有均匀的初始温度 t_0。在初始时刻突然将其置入温度恒为 t_∞ 的流体中,设 $t_0 > t_\infty$,固体表面与流体间的对流传热系数为 α。现考察固体温度 t 随时间的变化规律。

对固体进行热量衡算,即固体热力学能增加的速率应等于固体边界上流体的对流传热速率,得

$$-\rho c V \frac{\mathrm{d}t}{\mathrm{d}\tau} = \alpha A(t - t_\infty) \tag{4-35a}$$

式中的负号表示固体热力学能的减少。由于本问题仅与时间有关而与空间坐标无关,因此定解条件只包括初始条件,而无须边界条件。初始条件为

$$\tau = 0 \text{ 时} \quad t = t_0 \tag{4-35b}$$

引入过余温度 $\theta = t - t_\infty$，则式(4-35a)和式(4-35b)可表示为

$$-\rho c V \frac{\mathrm{d}\theta}{\mathrm{d}\tau} = \alpha A \theta \tag{4-35c}$$

$$\tau = 0 \text{ 时} \qquad \theta = t_0 - t_\infty = \theta_0 \tag{4-35d}$$

求解式(4-35c)和式(4-35d)，得

$$\frac{\theta}{\theta_0} = \frac{t - t_\infty}{t_0 - t_\infty} = \exp\left(-\frac{\alpha A \tau}{\rho c V}\right) \tag{4-36}$$

式(4-36)表明，当采用集总参数法分析时，固体中的过余温度随时间呈指数曲线变化。在过程开始阶段，物体温度的变化很快，随后温度变化逐渐减慢。物体的热容量越大，即($\rho c V$)越大，物体温度变化得越慢；流体与物体表面间的对流传热条件越好，即(αA)越大，单位时间内传入物体的热量越多，物体接近于流体温度所需要的时间越短。

式(4-36)中的指数项可以作如下变化：

$$\frac{\alpha A}{\rho c V}\tau = \frac{\alpha V}{\lambda A}\frac{\lambda A^2}{\rho c V^2}\tau = \frac{\alpha (V/A)}{\lambda}\frac{a\tau}{(V/A)^2} = \frac{\alpha L}{\lambda}\frac{a\tau}{L^2} = Bi_V Fo_V \tag{4-37}$$

式中，$L = V/A$，具有长度的量纲，称为特征长度；$Bi_V = \alpha L/\lambda$，是一个无量纲量，称为毕渥数(Biot number)；$Fo_V = a\tau/L^2$，也是一个无量纲量，称为傅里叶数(Fourier number)，这里下标 V 表示傅里叶数与毕渥数中的特征长度为 $L = V/A$。因此，式(4-36)又可以表示为

$$\frac{\theta}{\theta_0} = \frac{t - t_\infty}{t_0 - t_\infty} = \exp(-Bi_V Fo_V) \tag{4-38}$$

下面讨论毕渥数和傅里叶数的物理意义。

毕渥数 $Bi_V = \alpha L/\lambda$ 可以写为

$$Bi_V = \frac{\alpha L}{\lambda} = \frac{L/\lambda}{1/\alpha} = \frac{\text{物体内热传导热阻}}{\text{物体表面对流传热热阻}} \tag{4-39}$$

Bi_V 越小，意味着物体内的热传导热阻越小或物体表面的对流传热热阻越大，这时采用集总参数的分析结果就越接近于实际情况。因而毕渥数可作为判断能否采用集总参数法来分析非稳态热传导问题的一个准则。对于工程计算，通常认为，当 $Bi_V < 0.1$ 时，可以采用集总参数法。

傅里叶数 $Fo_V = a\tau/L^2$ 可以写为

$$Fo_V = \frac{a\tau}{L^2} = \frac{\tau}{L^2/a} = \frac{\text{物体边界上热扰动的时刻到所计算时刻的时间间隔}}{\text{物体边界上热扰动扩散至 } L^2 \text{ 的面积上所需要的时间}} \tag{4-40}$$

Fo_V 表示了一个无量纲时间。显然，在非稳态热传导过程中，Fo_V 越大，物体边界上的热扰动就越深入地传播到物体内部，物体内的各点温度也就越接近于物体周围介质的温度。

例 4-2 一水银温度计的水银泡为圆柱形，长 15mm，内径 3mm，初始温度为 25℃。现将其插入一管道中测量气体温度。气体的真实温度为 200℃。试求在温度计插入 5min 后温度计的读数。设水银泡外玻璃的作用可以忽略不计。水银泡与气流之间的对流传热系数为 15W/(m²·℃)。汞的物性如下：密度 13110kg/m³；比热容 138J/(kg·℃)；导热系数 10.4W/(m·℃)。

解 首先校验是否可用集总参数法。考虑到水银泡柱体的上端面不直接受热，故

$$\frac{V}{A} = \frac{\pi r^2 L}{2\pi r L + \pi r^2} = \frac{rL}{2L+r} = \frac{0.0015 \times 0.015}{2 \times 0.015 + 0.0015} = 7.1 \times 10^{-4} (\text{m})$$

$$Bi_V = \frac{\alpha(V/A)}{\lambda} = \frac{15 \times 7.1 \times 10^{-4}}{10.4} = 0.001 < 0.1$$

因此,可以采用集总参数法计算。经过 5min 后的傅里叶数为

$$Fo_V = \frac{a\tau}{(V/A)^2} = \frac{\frac{\lambda}{\rho c}\tau}{(V/A)^2} = \frac{\frac{10.4}{13110 \times 138} \times 5 \times 60}{(7.1 \times 10^{-4})^2} = 3.42 \times 10^3$$

经过 5min 后的温度为

$$t = (t_0 - t_\infty)\exp(-Bi_V Fo_V) + t_\infty$$
$$= (25 - 200) \times \exp(-1.0 \times 10^{-3} \times 3.42 \times 10^3) + 200$$
$$= 194.3(℃)$$

讨论 由计算结果可见,经过 5min 的测量后,温度计所指示的温度与实际气流温度仍有 5.7℃ 的差距。只有测量时间较长时,温度计所测量的温度才接近气流的真实温度。

2. 半无限大物体的非稳态热传导

半无限大物体是指如图 4-8 所示的物体,即从 $x=0$ 的端面开始,物体可以向 x 的正方向及其他坐标方向无限延伸。尽管工程实际中并不存在半无限大物体,但是半无限大物体的概念却有着重要的工程应用。例如,一个具有均匀温度的有限厚度平板,在某一初始时刻其一端面突然受到其他物体或流体的加热或冷却,当物体端面上的热扰动影响还局限于表面附近而尚未波及平板另一端面时,就可以将该平板的热传导问题看作半无限大平板的非稳态热传导问题。

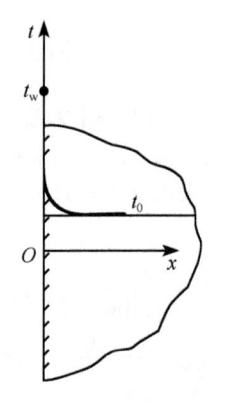

如图 4-8 所示,一个具有均匀初始温度 t_0 的半无限大物体,在初始时刻后,物体的一个表面突然与温度为 t_w 的物体紧密接触,$t_w > t_0$,并维持温度不变。要求物体内温度随时间的变化关系以及通过物体表面的加热热流量。

这一问题属于一维无内热源的非稳态热传导问题,其控制方程可根据式(4-17),得

$$\frac{\partial t}{\partial \tau} = a\frac{\partial^2 t}{\partial x^2} \qquad (4-41a)$$

初始和边界条件分别为

$$\tau = 0 \text{ 时} \qquad t = t_0 \qquad (4-41b)$$
$$x = 0 \text{ 时} \qquad t = t_w \qquad (4-41c)$$
$$x \to \infty \text{ 时} \qquad t = t_0 \qquad (4-41d)$$

图 4-8 半无限大物体

若引入组合变量 $\eta = \dfrac{x}{2\sqrt{a\tau}}$,则可将上述与变量 x 和 τ 有关的偏微分方程变为仅与组合变量 η 有关的常微分方程,其分析解[1]为

$$\frac{t-t_w}{t_0-t_w} = \frac{2}{\sqrt{\pi}}\int_0^{\frac{x}{2\sqrt{a\tau}}} e^{-\eta^2} d\eta = \text{erf}(\eta) = \text{erf}\left(\frac{x}{2\sqrt{a\tau}}\right) \qquad (4-42)$$

式中，erf(η)称为误差函数，其值可查阅数学手册。当 $\eta \to \infty$ 时，erf(η)＝1。

由傅里叶定律可求出 τ 时刻距热扰动表面 x 处的热通量

$$q_\tau = -\lambda \frac{\partial t}{\partial x} = -\lambda \frac{\partial t}{\partial \eta} \frac{\partial \eta}{\partial x} = \lambda \frac{t_w - t_0}{\sqrt{\pi a \tau}} e^{-\frac{x^2}{4a\tau}} \qquad (4\text{-}43)$$

于是物体表面处的热通量为

$$q_w = -\lambda \frac{\partial t}{\partial x}\bigg|_{x=0} = \lambda \frac{t_w - t_0}{\sqrt{\pi a \tau}} \qquad (4\text{-}44)$$

在 $0 \sim \tau$ 的时间间隔内，通过单位面积表面的热流量为

$$Q_w = \int_0^\tau q_w d\tau = 2\lambda(t_w - t_0)\sqrt{\frac{\tau}{\pi a}} \qquad (4\text{-}45)$$

式(4-44)和式(4-45)表明，半无限大物体受第一类边界条件影响而加热或冷却时，物体表面上的瞬时热通量与时间的平方根成反比，而在 $0 \sim \tau$ 的时间间隔内交换的热通量则与时间的平方根成正比。

3. 有限厚度平板的非稳态热传导

具有两个平行端面的无限大平板的热传导问题，可以作为一维非稳态热传导问题处理。

如图 4-9 所示，一厚度为 $2b$ 的无限大平板，初始温度均匀且为 t_0，自某一初始时刻开始，将平板置于温度为 t_∞ 的流体中，平板的两个端面与流体发生对流传热，设对流传热系数均为 α。由于平板的两个端面所处的边界条件相同，因而平板中的温度场对平板中心面呈对称温度分布，即满足 $\frac{\partial t}{\partial x}\bigg|_{x=0} = 0$。因此，在求解平板温度分布时，只须求得半厚度内平板的温度分布，即可得到整个平板的温度分布。

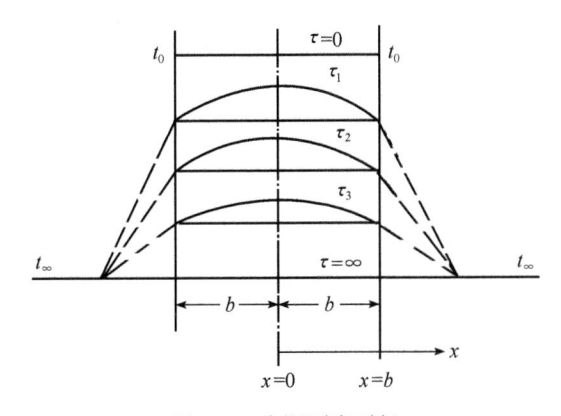

图 4-9 有限厚度平板

有限厚度平板的非稳态热传导同样满足热传导微分方程及相应的初始和边界条件，即

$$\frac{\partial t}{\partial \tau} = a \frac{\partial^2 t}{\partial x^2} \qquad (4\text{-}46a)$$

初始和边界条件分别为

$$\tau = 0 \text{ 时} \qquad t = t_0 \tag{4-46b}$$

$$x = 0 \text{ 时} \qquad \frac{\partial t}{\partial x} = 0 \tag{4-46c}$$

$$x = b \text{ 时} \qquad \alpha(t - t_\infty) = -\lambda \frac{\partial t}{\partial x}\bigg|_{x=b} \tag{4-46d}$$

该偏微分方程可采用分离变量法求解，分析解的形式[1]为

$$\frac{t - t_\infty}{t_0 - t_\infty} = 2 \sum_{n=1}^{\infty} e^{-(\beta_n b)^2 \frac{a\tau}{b^2}} \frac{\sin(\beta_n b) \cos\left[(\beta_n b)\dfrac{x}{b}\right]}{\beta_n b + \sin(\beta_n b) \cos(\beta_n b)} \tag{4-47a}$$

式中，β_n 称为特征值，是下列超越方程的根：

$$\tan(\beta_n b) = \frac{Bi}{\beta_n b} \qquad (n = 1, 2, \cdots) \tag{4-47b}$$

式中，Bi 是以平板半厚度 b 为特征长度的毕渥数，即 $Bi = \alpha b / \lambda$。

当傅里叶数 $Fo = \dfrac{a\tau}{b^2} \geqslant 0.2$ 时，只取式(4-47a)中无穷级数的第一项即可满足一般工程计算的需要。

4.2.6 热传导问题的数值解法

目前由于数学上的困难，在工程实际中许多问题还不能采用分析解法进行求解。近年来，随着计算机技术和计算技术的迅速发展，数值方法已经得到广泛应用并成为有力的辅助求解工具，已发展了诸如有限差分法、有限元法和边界元法等用于工程问题的求解。

对传热问题进行数值求解的基本思想如下：把原来在时间和空间坐标系中连续的物理量场，如热传导物体的温度场，用有限个离散点上的值的集合来代替，通过求解按一定方式建立起来的关于这些值的代数方程，来获得离散点上的被求物理量值。这些离散点上的被求物理量值的集合称为该物理量的数值解。

本节将以二维稳态热传导为例，介绍热传导问题的有限差分数值求解方法，着重阐明差分方程的建立和边界条件处理的概念与基本原则。

1. 有限差分法的一般步骤与基本概念

有限差分方法的应用一般可以分为如下五个步骤：
（Ⅰ）建立物理问题的控制方程及定解条件；
（Ⅱ）控制区域的离散化；
（Ⅲ）建立离散节点上物理量的代数方程；
（Ⅳ）求解代数方程组；
（Ⅴ）计算结果的分析。

下面以无内热源的二维稳态热传导问题为例，来具体说明有限差分方法及其涉及的基本概念。

如图 4-10(a)所示的矩形物体的热传导问题属于无内热源、常物性的二维稳态热传导,其控制方程可采用拉普拉斯方程描述:

$$\frac{\partial^2 t}{\partial x^2} + \frac{\partial^2 t}{\partial y^2} = 0 \tag{4-48}$$

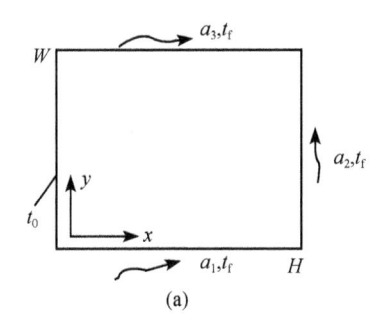

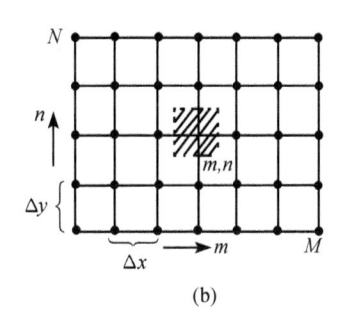

图 4-10 矩形物体热传导问题的有限差分方法应用

控制方程和边界条件即构成了上述物理问题的数学描述。

在直角坐标系中,用一系列与坐标轴平行的网格线将求解区域划分为许多子区域,以网格线的交点作为确定待求温度值的空间位置,称为节点(或结点)。节点位置用该点在两个坐标方向上的编号(m,n)代替。处于物体内部的节点称为内节点,而网格线与物体边界线的交点,称为边界节点。相邻两个节点之间的距离称为步长,分别以 Δx、Δy 表示。在两个坐标方向上的步长可以等值,称为均分网格;也可以取不同的值,称为非均分网格。

每一个节点都可以看作以它为中心的一个小区域的代表,图中阴影部分所包括的区域即是节点(m,n)所代表的区域,它由相邻两节点连线的中垂线构成。我们将这个节点所代表的小区域称为微元体(或控制容积)。

在各个节点上所满足的控制方程称为离散方程。有限差分方法的目的是将偏微分方程转换为离散的代数方程形式以便于计算机求解。因此,如何建立差分方程是数值求解的关键。

2. 内节点离散方程的建立

内节点离散方程可采用控制容积热平衡法建立。

控制容积热平衡法是对节点所属控制容积进行能量平衡,利用傅里叶定律得到离散方程的方法。这种方法具有物理概念直观、清晰和推导简捷的特点。

取如图 4-11 所示的控制容积,通过控制容积所有边界面上(图中的虚线)所传导的总热流量应与控制容积内能量的累积速率相等,对于稳态热传导问题,控制容积内的能量累积速率等于零。

于是,从节点$(m-1,n)$、$(m+1,n)$、$(m,n-1)$和$(m,n+1)$通过各自对应的边界面传导到节点(m,n)的热流量可表示为

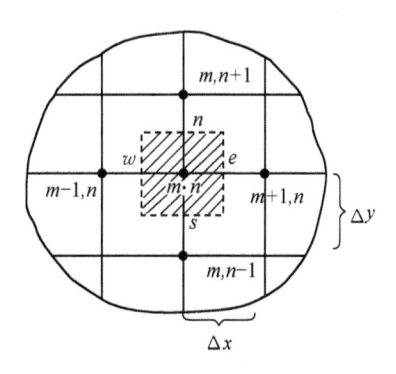

图 4-11 内节点离散方程的建立

$$Q_w = \lambda \Delta y \frac{t_{m-1,n} - t_{m,n}}{\Delta x} \tag{4-49a}$$

$$Q_e = \lambda \Delta y \frac{t_{m+1,n} - t_{m,n}}{\Delta x} \tag{4-49b}$$

$$Q_s = \lambda \Delta x \frac{t_{m,n-1} - t_{m,n}}{\Delta y} \tag{4-49c}$$

$$Q_n = \lambda \Delta x \frac{t_{m,n+1} - t_{m,n}}{\Delta y} \tag{4-49d}$$

根据控制容积内的能量平衡,有

$$Q_w + Q_e + Q_s + Q_n = 0 \tag{4-50}$$

将式(4-49)代入式(4-50),得

$$\lambda \frac{t_{m-1,n} - t_{m,n}}{\Delta x}\Delta y + \lambda \frac{t_{m+1,n} - t_{m,n}}{\Delta x}\Delta y + \lambda \frac{t_{m,n-1} - t_{m,n}}{\Delta y}\Delta x + \lambda \frac{t_{m,n+1} - t_{m,n}}{\Delta y}\Delta x = 0 \tag{4-51a}$$

当 $\Delta x = \Delta y$,式(4-51a)简化为一个关于节点(m,n)的代数方程:

$$t_{m,n} = \frac{1}{4}(t_{m+1,n} + t_{m-1,n} + t_{m,n+1} + t_{m,n-1}) \tag{4-51b}$$

3. 边界条件的处理与方程的求解

边界节点的离散方程不同于内部节点。

对于第一类边界条件,由于边界面上的温度已知,因而所有内节点离散方程和边界节点上的已知温度构成了封闭的代数方程组。而对于含有第二类或第三类边界条件的热传导问题,由于边界条件中隐含了未知的边界节点温度,则必须补充边界节点上所满足的离散方程才能使离散方程组封闭。

下面讨论第二类和第三类边界节点离散方程的建立。对于这类节点的离散方程可以统一考虑。

以 q_w 表示边界上热通量的一般表达式,通过控制容积热平衡方法可建立边界节点的离散方程,然后针对不同的传热边界条件使离散方程具体化。为了使离散方程更具一般意义,假定物体内具有内热源 $\dot{\Phi}_s$。

1) 平直边界上的节点

如图 4-12 所示,处于边界的节点(m,n)仅代表阴影部分的控制容积,假设外界通过控制容积边界面传入的热通量为 q_w,控制容积的内部发热率为 $\dot{\Phi}_{m,n}$,则在控制容积内满足

$$\lambda \frac{t_{m-1,n} - t_{m,n}}{\Delta x}\Delta y + \lambda \frac{t_{m,n-1} - t_{m,n}}{\Delta y}\frac{\Delta x}{2} + \lambda \frac{t_{m,n+1} - t_{m,n}}{\Delta y}\frac{\Delta x}{2} + \frac{\Delta x \Delta y}{2}\dot{\Phi}_{m,n} + \Delta y q_w = 0 \tag{4-52a}$$

当 $\Delta x = \Delta y$,则式(4-52a)变为

$$t_{m,n} = \frac{1}{4}\left(2t_{m-1,n} + t_{m,n-1} + t_{m,n+1} + \frac{\Delta x^2}{\lambda}\dot{\Phi}_{m,n} + \frac{2\Delta x q_w}{\lambda}\right) \tag{4-52b}$$

2) 外部角点

对于如图 4-13 所示的计算区域,节点 $A \sim E$ 均为外部角点,其特点是每一个节点仅代表 1/4

图 4-12 平直边界上的节点

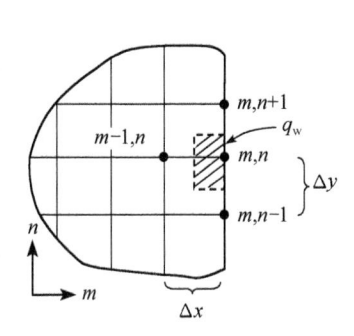

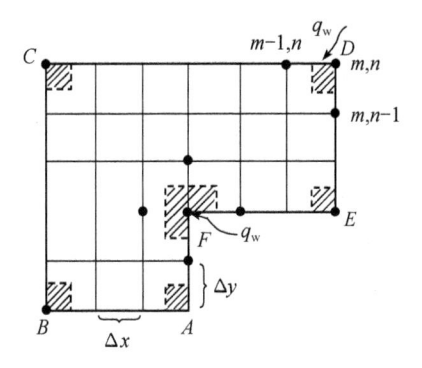

图 4-13 外部角点与内部角点

个以 Δx、Δy 为边长的控制容积。以其中的角点 D 为例,在角点 D 所代表的控制容积上满足

$$\lambda \frac{t_{m-1,n}-t_{m,n}}{\Delta x}\frac{\Delta y}{2}+\lambda \frac{t_{m,n-1}-t_{m,n}}{\Delta y}\frac{\Delta x}{2}+\frac{\Delta x \Delta y}{4}\dot{\Phi}_{m,n}+\frac{\Delta x+\Delta y}{2}q_w=0 \qquad (4-53a)$$

当 $\Delta x = \Delta y$,则有

$$t_{m,n}=\frac{1}{2}\left(t_{m-1,n}+t_{m,n-1}+\frac{\Delta x^2}{2\lambda}\dot{\Phi}_{m,n}+\frac{2\Delta x q_w}{\lambda}\right) \qquad (4-53b)$$

3) 内部角点

图 4-13 中 F 点为内部角点,它代表了 3/4 个以 Δx、Δy 为边长的控制容积。与外部角点类似,在控制容积内满足

$$\lambda \frac{t_{m-1,n}-t_{m,n}}{\Delta x}\Delta y+\lambda \frac{t_{m+1,n}-t_{m,n}}{\Delta x}\frac{\Delta y}{2}+\lambda \frac{t_{m,n-1}-t_{m,n}}{\Delta y}\frac{\Delta x}{2}$$
$$+\lambda \frac{t_{m,n+1}-t_{m,n}}{\Delta y}\Delta x+\frac{3\Delta x \Delta y}{4}\dot{\Phi}_{m,n}+\frac{\Delta x+\Delta y}{2}q_w=0 \qquad (4-54a)$$

当 $\Delta x = \Delta y$,则有

$$t_{m,n}=\frac{1}{6}\left(2t_{m-1,n}+2t_{m,n+1}+t_{m,n-1}+t_{m+1,n}+\frac{3\Delta x^2}{2\lambda}\dot{\Phi}_{m,n}+\frac{2\Delta x q_w}{\lambda}\right) \qquad (4-54b)$$

前面假设 q_w 表示边界上热通量的一般表达式,下面来讨论 q_w 的三种形式:

(1) 绝热边界条件

对于式(4-52)~(4-54),令 q_w 等于零即可。

(2) 给定边界上的 q_w

将给定的 q_w 代入方程(4-52)~式(4-54)中即可。

(3) 对流传热边界

当边界面上的对流传热系数 α 给定时,将牛顿冷却公式 $q_w = \alpha(t_f - t_{m,n})$ 代入式(4-52)~式(4-54)中,可整理为 $t_{m,n}$ 的函数形式。当 $\Delta x = \Delta y$ 时,则有

平直边界

$$2\left(\frac{\alpha \Delta x}{\lambda}+2\right)t_{m,n}=2t_{m-1,n}+t_{m,n-1}+t_{m,n+1}+\frac{\Delta x^2}{2\lambda}\dot{\Phi}_{m,n}+\frac{2\alpha \Delta x}{\lambda}t_f \qquad (4-52c)$$

外部角点
$$2\left(\frac{\alpha\Delta x}{\lambda}+1\right)t_{m,n} = t_{m-1,n} + t_{m,n-1} + \frac{\Delta x^2}{2\lambda}\dot{\Phi}_{m,n} + \frac{2\alpha\Delta x}{\lambda}t_f \quad (4\text{-}53c)$$

内部角点
$$2\left(\frac{\alpha\Delta x}{\lambda}+3\right)t_{m,n} = 2t_{m-1,n} + 2t_{m,n+1} + t_{m,n-1} + t_{m+1,n} + \frac{3\Delta x^2}{2\lambda}\dot{\Phi}_{m,n} + \frac{2\alpha\Delta x}{\lambda}t_f \quad (4\text{-}54c)$$

当计算区域的边界面与坐标轴呈一定的角度或为曲线时，可采用阶梯形的折线边界来近似代替原有边界。只要网格划分得足够密，这种近似方法仍可获得较高的计算精度。

由计算区域的内部节点和边界节点的离散方程即构成了热传导问题的离散代数方程组，可以采用代数方法进行求解。

在工程问题的计算中，所得到离散代数方程的维数一般为 $10^3 \sim 10^6$，一般需用计算机进行求解。对代数方程组的求解方法有直接解法和迭代法两大类。直接解法，如矩阵求逆、高斯消去法等，其缺点是计算中需要的内存量较大，当代数方程组庞大时，计算不便。相比而言，迭代法是工程计算中的实用方法，常用的迭代法有高斯-赛德尔法、牛顿-拉夫森法等。

对于非稳态热传导问题，在采用有限差分方法求解时，仍可采用控制容积热平衡法。非稳态热传导与稳态热传导的主要差别在于控制方程中能量累积项的离散方法和需考虑离散方程的稳定性问题，具体可参阅文献[1,3]。

4.3 对流传热

不同温度的流体各部分之间，或流体与固体壁面之间做整体相对位移时所发生的热量传递过程，称为对流传热。对流传热过程的传热速率可以用牛顿冷却公式计算，即

$$\boxed{Q = \alpha A \Delta t}$$

或

$$q = \alpha \Delta t$$

影响对流传热过程的因素很多，牛顿冷却公式只能看作是对流传热系数 α 的一个定义式，它并未揭示对流传热系数 α 的影响因素和有关物理量之间的内在联系。研究对流传热的主要目的是揭示对流传热的影响因素及其内在联系，确定对流传热系数 α 的具体表达式，为对流传热速率的工程计算提供基础。

4.3.1 概述

图 4-14 给出了常见对流传热的分类方法。

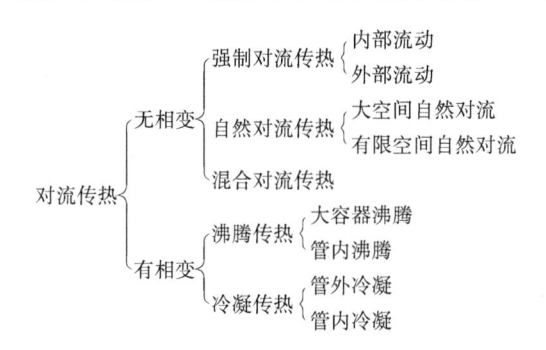

```
                    ┌ 强制对流传热 ┌ 内部流动
                    │              └ 外部流动
              ┌ 无相变 ┤ 自然对流传热 ┌ 大空间自然对流
              │        │              └ 有限空间自然对流
   对流传热 ┤        └ 混合对流传热
              │        ┌ 沸腾传热 ┌ 大容器沸腾
              └ 有相变 ┤            └ 管内沸腾
                       └ 冷凝传热 ┌ 管外冷凝
                                   └ 管内冷凝
```

图 4-14 对流传热过程的分类

影响对流传热的因素很多，但总体而言，可以分为五个方面：

1) 流体的相态变化

在对流传热过程中，流体做单相流动的对流传热是依靠流体的显热变化实现的，而在有相变的对流传热过程（如沸腾和冷凝）时，流体的相变潜热起到了主要作用，这两种情况的传热机理是完全不同的。

2) 引起流动的原因

由于引起流动的原因不同，对流传热可分为强制对流传热和自然对流传热两大类。流体用泵、风机输送或受搅拌等外力作用产生流动时的对流传热，称为强制对流传热。由于系统内部存在温度差，使各部分流体的密度存在差异而引起的流体流动，称为自然对流，它所导致的传热称为自然对流传热。这两类对流传热的流动成因不同，其传热所遵循的规律也不同。有时需要既考虑强制对流也考虑自然对流，则称为混合对流传热。

3) 流体的流动型态

黏性流体的流动存在两种不同的流动型态，即层流和湍流。流体做层流流动且自然对流的影响可以忽略时，流体内部的流体微团沿主流方向做有规则的分层流动，层流膜的厚度是影响对流传热速率的主要因素。而当流体进入湍流状态后，除了主流方向上的流动以外，流体微团还存在与其他方向上流体微团的混合运动，靠近固体壁面附近的层流底层构成了主要的传热热阻。由流体力学的知识可知，随着雷诺数增大，层流底层的厚度降低，流体微团混合运动加剧，使得对流传热强度增加，因而湍流时的对流传热系数要比层流时大得多。

4) 流体的物理性质

流体的热物理性质对于对流传热的影响很大。不同种类的流体（如牛顿流体和非牛顿流体）做对流传热时其传热规律不同。影响对流传热的主要热物理性质包括流体的比热容、导热系数、密度和黏度等。对于每一种流体，这些热物理性质又是压力或温度的函数，因此流体的热物理性质对于对流传热的影响很复杂。

5) 传热面的几何因素

传热表面的形状、大小、流体与传热面做相对运动的位置和方向以及传热面的表面状况也是影响对流传热的重要因素。例如,对于强制对流,可根据流体流动与传热面位置关系,将流体的流动分为内部流动(如圆管内、套管环隙的强制对流)和外部流动(如外掠圆管或管束间的强制对流)两类,其对流传热速率就与传热面的几何因素有关。

表 4-1 给出了几种对流传热条件下对流传热系数的大致范围。

表 4-1 对流传热系数的范围

传热方式	对流传热系数/W/(m²·K)	传热方式	对流传热系数/W/(m²·K)
空气自然对流	5～25	油类的强制对流	50～1500
气体强制对流	20～100	水蒸气的冷凝	5000～15000
水的自然对流	200～1000	有机蒸气的冷凝	500～2000
水的强制对流	1000～15000	水的沸腾	2500～25000

研究对流传热的主要目的是揭示对流传热的各种影响因素及其内在联系,以及确定对流传热系数 α 的具体计算式。目前,获得对流传热系数表达式的方法有四种:

1) 分析法

所谓分析法,是指对描写某一类对流传热问题的偏微分方程及其定解条件进行数学求解,获得特定问题的速度场和温度场,从而获得对流传热系数和传热速率的分析解的方法。这种方法能够深刻揭示各个物理量对对流传热速率的影响程度,是研究对流传热问题的基础理论方法。然而,由于数学上的困难,目前只能得到个别简单的对流传热问题的理论分析解,而对于大多数工程问题还无法获得完全的理论分析解。

2) 实验法

通过实验获得对流传热的计算公式仍然是目前工程设计和操作的主要依据。为了减少实验次数,提高实验结果的通用性,采用实验法获得对流传热系数的计算式常在因次分析法的指导下进行。该方法是目前获得对流传热系数关联式的主要途径之一。

3) 类比法

类比法是通过研究动量传递与热量传递的类似性,建立对流传热系数与流动阻力系数之间相互关系的方法。这种方法通常通过类比容易用实验方法测定的阻力系数获得相应的对流传热系数的计算公式,主要依据是动量传递与热量传递在机理上的类似性。该方法曾广泛用于湍流传热与湍流流动的类比,以获得湍流的对流传热系数表达式。然而,随着实验测试技术和计算技术的迅速发展,近年来这一方法已较少应用,但对于理解和分析对流传热过程仍有借鉴意义。

4) 数值法

与热传导问题的数值求解法类似,对流传热的数值求解法也是将对流传热的偏微分控制方程用离散方程替代,进而用代数方法求解,从而得到对流传热系数和传热速率的方法。在近 20 年里,这种方法得到迅速发展。很多工程问题必须借助于数值方法才有可能进行分析,如汽化炉内的燃烧和流动等复杂的对流传热问题。

采用分析法和数值法求解对流传热问题时,求解的直接结果是流体中的温度分布。如何将流体中的温度分布与对流传热系数关联起来是问题的关键。

如图 4-15 所示,当黏性流体在固体壁面上流动时,由于黏性的作用,在靠近壁面处的流体将被滞止,处于无滑移状态,即在贴近壁面处流体没有相对于固体壁面的运动。图中示出了近壁处的流体流速变化。由于在贴近壁面处的一层极薄的流体层处于静止状态,流体与壁面之间的热量传递通过这层流体时,其传热方式只有热传导。因此,对流传热的热通量应等于这层流体的热传导通量,根据傅里叶定律,有

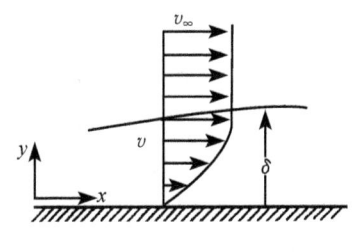

图 4-15 壁面附近的速度分布示意图

$$q = -\lambda \frac{\partial t}{\partial y}\bigg|_{y=0} \tag{4-55}$$

式中,$\frac{\partial t}{\partial y}\bigg|_{y=0}$ 为贴近壁面处壁面法线方向上的流体温度变化率。结合牛顿冷却公式 $q = \alpha \Delta t$,可得对流传热系数的表达式

$$\alpha = -\frac{\lambda}{\Delta t} \frac{\partial t}{\partial y}\bigg|_{y=0} \tag{4-56}$$

式中,Δt 为壁面温度与流体平均温度之间的温差。式(4-56)称为对流传热微分方程式,它给出了流体中的温度分布与对流传热系数之间的关系,是计算和分析对流传热系数的基础。

4.3.2 层流流动对流传热的近似分析解法

对流传热问题完整的数学描述包括质量衡算、动量衡算和能量衡算的微分方程组及定解条件。本节将以流体在平板上的层流流动对流传热过程为例,从微元控制容积内热量守恒出发,介绍对流传热过程的分析解法。

当流体平行地流过一平板时,流体的主流与平板壁面之间存在温度差。通过实验观察发

现,与流体的等温流动过程类似,在壁面附近的一个薄层内,流体温度在壁面的法线方向上发生剧烈变化,而在此薄层之外,流体的温度梯度几乎等于零。与流体流动边界层的概念类似,我们将固体壁面附近流体温度发生剧烈变化的这一薄层称为温度边界层或热边界层。

流体流过固体壁面的对流传热,一般也以 $\dfrac{t-t_w}{t_\infty-t_w}=0.99$ 处定义为热边界层厚度 δ_t 的外缘。

研究表明,除了液态金属和高黏度的流体外,热边界层的厚度在数量级上与速度边界层厚度相当。

因此,流体流过平板时的对流传热也可以分为两个区域:热边界层区和主流区。在主流区,流体的温度变化率接近于零,无热量传递,故热量传递主要集中在热边界层内。图 4-16 是温度边界层与速度边界层的示意图。

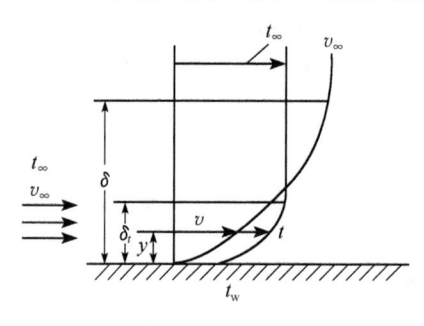

图 4-16 速度边界层与温度边界层

下面介绍应用边界层积分方程求解对流传热问题的基本思想:

(Ⅰ)对包括固体边界及边界层外缘在内的有限大小的控制容积建立能量衡算表达式,即边界层的积分方程;

(Ⅱ)对边界层中速度分布和温度分布的函数形式作出假设,在这些函数形式中包含有速度边界层厚度、热边界层厚度和一些待定常数;

(Ⅲ)利用壁面和边界层外缘处的传热及流动边界条件确定这些待定常数,解出温度边界层厚度的表达式,进而确定边界层内的温度分布;

(Ⅳ)根据温度分布表达式计算壁面处的温度梯度,利用傅里叶定律计算传热速率。一般将计算结果整理成对流传热系数的形式。

假设不可压缩的牛顿流体以速度 v_∞ 平行地流过平板壁面,流体的主流温度为 t_∞,平板壁面的温度为 t_w,由平板前缘处开始在平板壁面上形成厚度分别为 δ 和 δ_t 的速度边界层和热边界层,如图 4-17 所示。在热边界层内取单位宽度的封闭控制容积 A-B-C-D-A。对控制容积 A-B-C-D-A 进行热量衡算。

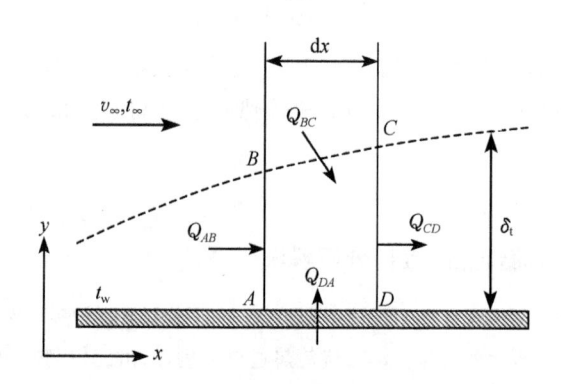

图 4-17 边界层内积分能量方程的建立

通过 AB 面进入控制容积的传热速率为

$$Q_{AB} = \int_0^{\delta_t} \rho c_p t v \mathrm{d}y$$

通过 CD 面输出控制容积的传热速率为

$$Q_{CD} = Q_{AB} + \frac{\mathrm{d}Q_{AB}}{\mathrm{d}x}\mathrm{d}x = \int_0^{\delta_t} \rho c_p t v \mathrm{d}y + \frac{\mathrm{d}}{\mathrm{d}x}\left(\int_0^{\delta_t} \rho c_p t v \mathrm{d}y\right)\mathrm{d}x$$

通过热边界层的外缘面 BC 进入控制容积的质量流量可通过质量衡算得到,表示为

$$m_{BC} = \frac{\mathrm{d}}{\mathrm{d}x}\left(\int_0^{\delta_t} \rho v \mathrm{d}y\right)\mathrm{d}x$$

因此,根据热边界层的定义,由 BC 面进入控制容积的热流速率可表示为

$$Q_{BC} = c_p t_\infty \frac{\mathrm{d}}{\mathrm{d}x}\left(\int_0^{\delta_t} \rho v \mathrm{d}y\right)\mathrm{d}x$$

通过 DA 面无质量的输入,但由于平板壁面与流体温度存在差异,仍有热量输入,以导热方式进入控制容积。按照傅里叶定律,这项传热速率可以写为

$$Q_{DA} = -\lambda \mathrm{d}x \left.\frac{\mathrm{d}t}{\mathrm{d}y}\right|_{y=0}$$

在稳态条件下,对控制容积作热量衡算,即

$$(Q_{AB} - Q_{CD}) + Q_{BC} + Q_{DA} = 0$$

将上述各个分量的表达式代入上式,经整理和化简后,得

$$\frac{\mathrm{d}}{\mathrm{d}x}\int_0^{\delta_t}(t_\infty - t)v\mathrm{d}y = \frac{\lambda}{\rho c_p}\left.\frac{\mathrm{d}t}{\mathrm{d}y}\right|_{y=0} \tag{4-57a}$$

式(4-57a)称为边界层的积分能量方程。在推导过程中,并未假定流体流动的流型,故该方程既适用于层流边界层的传热计算,也适用于湍流边界层的传热计算。但是由于推导中未考虑热散逸速率,式(4-57a)仅适用于流体黏性和流速均不是很高的场合。

根据前述的求解思路,求解热边界层内的对流传热须先假设边界层内的速度分布和温度分布。根据第 1 章,层流边界层内的速度分布可写为

$$\frac{v}{v_\infty} = \frac{3}{2}\left(\frac{y}{\delta}\right) - \frac{1}{2}\left(\frac{y}{\delta}\right)^3 \tag{4-58}$$

假定热边界层内的温度分布也遵从三次多项式的关系,即

$$t = e + fy + gy^2 + hy^3 \tag{4-59}$$

式中,四个待定常数由边界条件和热边界层特性确定,即

$$y = 0 \text{ 时} \quad t = t_w \text{ 且} \frac{\partial^2 t}{\partial y^2} = 0 \tag{4-60a}$$

$$y = \delta_t \text{ 时} \quad t = t_\infty \text{ 且} \frac{\partial t}{\partial y} = 0 \tag{4-60b}$$

在边界条件式(4-60a)中,由于 $y=0$ 时 $v=0$,此处传热为纯导热过程,故根据式(4-19),有 $\frac{\partial^2 t}{\partial y^2} = 0$。

由假设的温度分布和边界条件,可确定四个待定常数为

$$e = t_w, \quad f = \frac{3}{2}\frac{t_\infty - t_w}{\delta_t}, \quad g = 0, \quad h = -\frac{1}{2}\frac{t_\infty - t_w}{\delta_t^3}$$

令过余温度 $\theta = t - t_w$，则热边界层内的温度分布可以表示为

$$\frac{\theta}{\theta_\infty} = \frac{3}{2}\left(\frac{y}{\delta_t}\right) - \frac{1}{2}\left(\frac{y}{\delta_t}\right)^3 \tag{4-61}$$

将式(4-57a)用过余温度表示为

$$\frac{d}{dx}\int_0^{\delta_t}(\theta_\infty - \theta)v\,dy = a\frac{d\theta}{dy}\bigg|_{y=0} \tag{4-57b}$$

假定热边界层厚度和速度边界层厚度之比为 $\zeta = \delta_t/\delta$，并假定 $\zeta < 1$，则结合式(4-58)和式(4-61)，有

$$\int_0^{\delta_t}(\theta_\infty - \theta)v\,dy = \theta_\infty v_\infty \int_0^{\delta_t}\left(1 - \frac{\theta}{\theta_\infty}\right)\left(\frac{v}{v_\infty}\right)dy$$

$$= \theta_\infty v_\infty \int_0^{\delta_t}\left[1 - \frac{3}{2}\left(\frac{y}{\delta_t}\right) + \frac{1}{2}\left(\frac{y}{\delta_t}\right)^3\right]\left[\frac{3}{2}\left(\frac{y}{\delta}\right) - \frac{1}{2}\left(\frac{y}{\delta}\right)^3\right]dy$$

$$= \theta_\infty v_\infty \delta\left(\frac{3}{20}\zeta^2 - \frac{3}{280}\zeta^4\right)$$

$$\approx \frac{3}{20}\theta_\infty v_\infty \delta\zeta^2 \tag{4-62a}$$

因为 $\zeta < 1$，所以式(4-62a)中包含的 ζ^4 项相对于 ζ^2 项可略去不计，则有

$$\frac{d\theta}{dy}\bigg|_{y=0} = \frac{3}{2}\left(\frac{\theta_\infty}{\delta_t}\right) = \frac{3}{2}\left(\frac{\theta_\infty}{\zeta\delta}\right) \tag{4-62b}$$

将式(4-62a)和式(4-62b)代入式(4-57b)中，整理后得

$$\frac{1}{10}v_\infty \frac{d}{dx}(\zeta^2\delta) = \frac{a}{\zeta\delta}$$

展开上式中的微分，并利用第1章的下述结果：

$$\delta = \sqrt{\frac{280\,\nu x}{13\,v_\infty}} \qquad \delta\frac{d\delta}{dx} = \frac{140}{13}\frac{\nu}{v_\infty}$$

得

$$\zeta^3 + \frac{4x}{3}\frac{d\zeta^3}{dx} = \frac{13}{14Pr} \tag{4-63}$$

式中，$Pr = \frac{\nu}{a} = \frac{c_p\mu}{\lambda}$，称为普兰特(Prandtl)数，表征了流体中动量扩散与热量扩散能力的比值。

式(4-63)的通解为

$$\zeta^3 = \frac{13}{14Pr} + Cx^{-3/4}$$

此处的积分常数 C 必须等于零，否则当 $x=0$ 时，ζ^3 成为不定值，不符合物理意义。于是有

$$\zeta = \frac{\delta_t}{\delta} = \frac{Pr^{-1/3}}{1.026} \approx Pr^{-1/3} \tag{4-64}$$

由式(4-64)可知，Pr 实际上也反映了流体流动边界层厚度与热边界层厚度的相对大小。

由于假设 $\zeta < 1$，故以上结果是在 $Pr \geq 1$ 的前提下推导的。对于油类，其 $Pr \geq 1000$，则 $\zeta \leq 0.1$，即温度边界层的厚度大约仅为速度边界层的1/10，所作假定 $\zeta < 1$ 是正确的。对于气体，其 Pr 的最小值约为 0.6，由式(4-64)计算出的 $\zeta = 1.16$，故假定 $\zeta < 1$ 所引起的误差并不大，

式(4-64)仍可以近似适用。因此,对于常见的液体和气体,式(4-64)均适用。而对于 Pr 极小的流体,如液态金属,其 Pr 在 10^{-2} 数量级,上面推导的各式不再适用。

将上述结果代入式(4-56)即可得到局部对流传热系数的表达式:

$$\alpha_x = -\frac{\lambda}{t_w - t_\infty}\frac{\partial t}{\partial y}\bigg|_{y=0} = \frac{\lambda}{\theta_\infty}\frac{\partial \theta}{\partial y}\bigg|_{y=0} = \frac{3\lambda}{2\zeta\delta}$$

将 δ 和 ζ 的关系式代入得

$$\alpha_x = 0.332\frac{\lambda}{x}Pr^{1/3}Re_x^{1/2} \tag{4-65a}$$

式中,$Re_x = \frac{v_\infty x}{\nu}$。式(4-65a)的无因次形式可以写为

$$Nu_x = \frac{\alpha_x x}{\lambda} = 0.332Pr^{1/3}Re_x^{1/2} \tag{4-65b}$$

式中,$Nu_x = \frac{\alpha_x x}{\lambda}$ 称为局部努塞尔(Nusselt)准数,它是无因次的对流传热系数。

为了求得长为 L 的一段平板上的平均对流传热系数 α,可将式(4-65a)在 $0 \sim L$ 对 x 求积分平均值,即

$$\alpha = \frac{1}{L}\int_0^L \alpha_x \mathrm{d}x = 0.664\frac{\lambda}{L}Pr^{1/3}Re_L^{1/2} = 2\alpha_L \tag{4-66a}$$

式中,$Re_L = \frac{v_\infty L}{\nu}$。式(4-66a)也可写为无因次的形式

$$Nu = \frac{\alpha L}{\lambda} = 0.664Pr^{1/3}Re_L^{1/2} = 2Nu_L \tag{4-66b}$$

式中,努塞尔准数的特征长度为平板长度 L,确定物性参数的定性温度为 $t = \frac{t_w + t_\infty}{2}$。式(4-65)和式(4-66)即是平板层流对流传热问题的分析解,其中以准数表示的对流传热计算式称为准数方程式。研究对流传热问题的主要任务就是获得不同传热条件下的对流传热准数方程式。

4.3.3 因次分析法在对流传热中的应用

除了少数特殊情况可以应用数学分析理论求解对流传热系数外,在大多数情况下,对流传热系数的求取依赖于实验研究。采用因次分析方法可将对流传热系数与有关变量关联起来,便于通过实验得出对流传热系数的关联式。

下面以单相流体的对流传热为例来进行因次分析。

对于单相流体对流传热,对流传热系数 α 主要与下列因素有关:流体的流速 u、传热设备的特征长度 L、流体的黏度 μ、导热系数 λ、密度 ρ、比热容 c_p 和浮升力 $g\beta\Delta t$ 等。其中浮升力 $g\beta\Delta t$ 反映了流体因温度差引起密度变化而产生浮力的影响(β 为体积膨胀系数,$1/K$)。对流传热系数可以表示为

$$\alpha = f(u, L, \mu, \lambda, \rho, c_p, g\beta\Delta t) \tag{4-67}$$

类似于第 1 章的因次分析方法,可以找到 4 个无因次准数,分别为 Nu、Re、Pr 和 Gr,各个准数的定义式和物理意义如表 4-2 所示。

表 4-2　准数的定义与物理意义

准数名称	定义	物理意义
努塞尔准数(Nusselt), Nu	$\dfrac{\alpha L}{\lambda}$	对流传热与厚度为 L 的流体层内的热传导之比。努塞尔数越大,对流传热的传热强度也越大。它反映了固体壁面处的无因次温度梯度的大小
雷诺准数(Reynolds), Re	$\dfrac{uL\rho}{\mu}=\dfrac{uL}{\nu}$	惯性力与黏性力之比。雷诺数小,表示流体的黏性力起控制作用,抑制流层的扰动,随着雷诺数的增大,流体中流体微团的扰动加剧,壁面处的温度梯度增大,对流传热系数增大
普兰特准数(Prandtl), Pr	$\dfrac{c_p\mu}{\lambda}=\dfrac{\nu}{a}$	动量扩散与热量扩散之比。它表征了流体的动量传递能力与热量传递能力的相对强弱。普兰特数越小,流体的传热能力越强;反之,则体的传热能力越差
格拉晓夫准数(Grashof), Gr	$\dfrac{g\beta\Delta t L^3\rho^2}{\mu^2}=\dfrac{gL^3\beta\Delta t}{\nu^2}$	浮升力与黏性力之比。它反映了由于流体中温度差引起密度差所导致的浮升力对对流传热的影响。它在自然对流中的作用与强制对流中雷诺数的作用相当

式(4-67)则转化为

$$Nu = f(Re, Pr, Gr) \qquad (4\text{-}68)$$

对于不同的传热情况,准数方程还可以简化。

对于湍流强制对流传热,自然对流的影响可以忽略,准数关联式变为

$$Nu = f(Re, Pr) \qquad (4\text{-}69)$$

对于层流和过渡流区的强制对流传热,浮升力的影响不能忽略,准数关联式仍表示为式(4-68)。

对于自然对流传热,可以忽略惯性力的影响而将准数方程写为

$$Nu = f(Gr, Pr) \qquad (4\text{-}70)$$

准数方程的具体形式需要根据实验来确定,对于不同的实验条件和数据整理过程,得到的准数方程也不同。用实验方法来确定准数方程的具体形式一般需要解决以下三个问题:①物理现象中所涉及的物理量;②所要整理准数方程的形式;③准数方程的适用范围与条件。在建立准数方程时,还应该注意准数方程中所用定性温度、特征长度和特征速度的选取问题。

在准数中所包含的流体物性参数一般均与流体的温度有关。在流体的对流传热过程中,流体温度沿流动方向逐渐变化,因此在处理实验数据时就要选取一个有代表性的温度作为确定物性参数的基准温度,这个用于确定物性参数数值的温度称为定性温度。定性温度的选取依据,原则上是取有一定物理意义的温度平均值。

在准数中包括有表征传热面几何特征的长度量 L,称为特征长度。在传热设备中,通常取对流动与传热有主要影响的某一几何尺寸作为特征长度。在管内流

动的对流传热一般取管内径,在管外或管束间流动的对流传热通常取管外径作为特征长度。

类似地,在准数中所包含的速度称为特征速度,一般也是根据具体情况选用有意义的流速作为特征速度,如管内流动时,一般取管内流体的平均速度作为特征速度。

应强调指出的是,对同样的实验数据,在采用不同的定性温度、特征长度和特征速度时,准数就有不同的数值,所整理的准数方程形式也就不同。因此,在使用准数方程时,必须严格按照该方程所限定的范围来选取定性温度、特征长度和特征速度,而且准数方程原则上也不能任意推广到该方程的实验参数范围以外。

4.3.4 管内强制对流传热

当流体在圆形直管内做强制对流传热时,研究表明,Nu 与 Pr 和 Re 之间存在如图4-18所示的关系。由图 4-18 可见,管内强制对流存在三个不同的区域:当 Re <2300 时,流体的流动为层流状态;当 Re>10000 时,流体的流动为完全湍流状态;一般认为 2300<Re<10000 区域的流动为过渡状态,在三个区域内流体的对流传热规律不同。

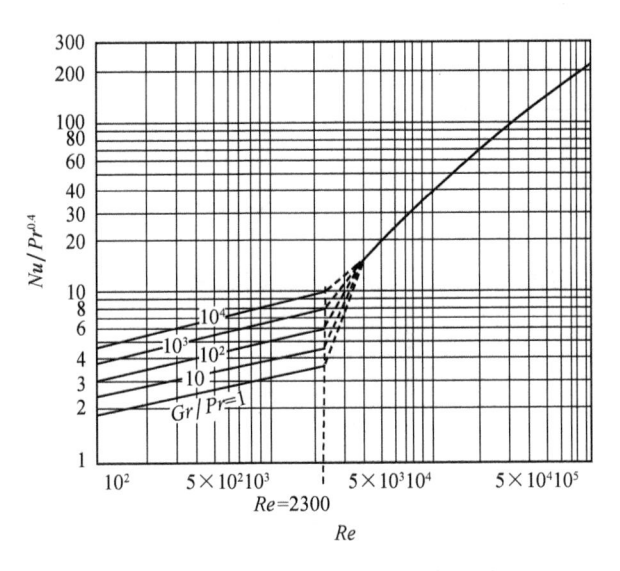

图 4-18 流动状况与对流传热系数的关系

湍流状态的对流传热规律是较容易关联的,过渡状态的对流传热则很难关联成一个准确的计算式,而层流状态的强制对流传热还与自然对流有关,即与 Gr 有关。这是由于强制对流的流体流动中存在温度差异,必将同时引起附加的自然对流。当雷诺数较大时，自然对流的影响很小，可以忽略不计。一般认为 $Gr/Re^2 \leqslant 0.1$ 时，就可忽略自然对流的影响；当 $Gr/Re^2 \geqslant 10$ 时，则按单纯自然对流处理，介于其间的情况称为混合对流传热。

应当指出，图 4-18 的对流传热规律是在流动充分发展情况下的结论。从第 1 章可知，当流体由大空间流入一圆管时，流动边界层有一个从零开始增长直到汇合于圆管中心线的过程。类似地，当流体与管壁之间有热交换时，管内壁上的热边界层也有一个从零开始增长直到汇合于圆管中心线的过程。通常将流动边界层或热边界层汇合于圆管中心线后的流体流动或对流传热称为充分发展的流动或对流传热，从进口到充分发展段之间的区域称为入口段。入口段的热边界层较薄，局部对流传热系数比充分发展段的高，随着入口的深入，对流传热系数逐渐降低。如果边界层中出现湍流，则因湍流的扰动和混合作用会使局部对流传热系数有所提高，再逐渐趋向一定值，上述规律如图 4-19 所示。图中 α_∞ 为远离入口段的局部对流传热系数渐进值。

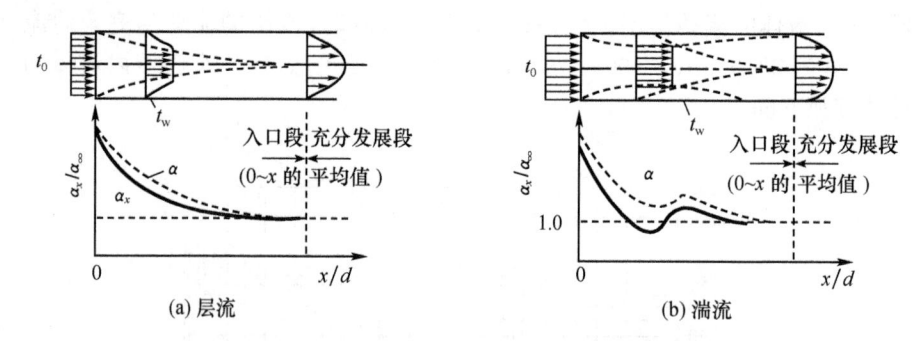

图 4-19 管内流动入口段和充分发展段的局部对流传热系数变化

对于管内强制对流，实验表明，热入口段的长度 l_t 与管内径 d 之间存在以下关系：

层流时

$$\text{管壁上温度恒定} \quad \frac{l_t}{d} = 0.055 RePr \quad (4\text{-}71a)$$

$$\text{管壁上热通量恒定} \quad \frac{l_t}{d} = 0.07 RePr \quad (4\text{-}71b)$$

湍流时

$$\frac{l_t}{d} = 50(\text{或 } 40 \sim 60) \quad (4\text{-}72)$$

通常，工程中的对流传热主要讨论全管长上的平均对流传热系数。当热入口段的长度远小于管长时，入口段的传热对全管长的传热影响可以忽略，总的平均对流传热系数与充分发展条件下的局部对流传热系数非常吻合。当入口段的影响不能忽略时，则应引入管径与管长的比值加以修正。

下面将针对不同情况下流体在管内做强制对流传热时的实验关联式分别进行讨论。

1. 流体在圆形直管内做湍流时的对流传热系数

由于流体呈湍流时有利于传热，故工业上一般使对流传热过程在湍流条件下进行。实用上使用最广的关联式是迪图斯-贝尔特公式，即

$$\boxed{Nu = 0.023Re^{0.8}Pr^n} \quad 或 \quad \alpha = 0.023\frac{\lambda}{d}\left(\frac{du\rho}{\mu}\right)^{0.8}\left(\frac{c_p\mu}{\lambda}\right)^n \quad (4-73)$$

式中，当流体被加热时，$n=0.4$；当流体被冷却时，$n=0.3$。式(4-73)适用于流体与管壁温差不大的场合，对于气体，其温差不超过 50℃；对于水，其温差不超过 20~30℃；对于黏度随温度变化较大的油类其温差不超过 10℃。式(4-73)的其他适用的条件如下：$Re=1.0\times10^4 \sim 1.2\times10^5$，$Pr=0.7\sim120$，管长与管内径之比 $l/d \geqslant 60$。所采用的特征长度为管内径 d，定性温度则为流体的平均温度，即管道进、出口截面平均温度的算术平均值。

例 4-3 常压下，空气在内径 25mm、长 3m 的圆形直管内流动，温度由 5℃ 加热至 15℃。若空气的流速为 12m/s，试求空气与管内壁之间的对流传热系数。

解 定性温度为 $(5+15)/2=10℃$，根据定性温度和压力，查取空气的物性为

$$\rho = 1.247 \text{kg/m}^3 \qquad \mu = 0.177\times10^{-4}\text{Pa}\cdot\text{s}$$
$$\lambda = 0.02512\text{W/(m}\cdot\text{K)} \qquad c_p = 1.005\text{kJ/(kg}\cdot\text{K)}$$

先计算雷诺数

$$Re = \frac{du\rho}{\mu} = \frac{0.025\times12\times1.247}{0.177\times10^{-4}} = 2.11\times10^4$$

又

$$\frac{l}{d} = \frac{3}{0.025} = 120$$

$$Pr = \frac{c_p\mu}{\lambda} = \frac{1.005\times10^3\times0.177\times10^{-4}}{0.02512} = 0.708$$

由上述计算可知，可以应用式(4-73)计算空气与管壁之间的对流传热系数，并取 $n=0.4$。

$$Nu = 0.023Re^{0.8}Pr^{0.4} = 0.023\times(2.11\times10^4)^{0.8}\times0.708^{0.4} = 57.7$$

对流传热系数为

$$\alpha = \frac{\lambda}{d}Nu = \frac{0.02512}{0.025}\times57.7 = 58.0[\text{W/(m}^2\cdot\text{K)}]$$

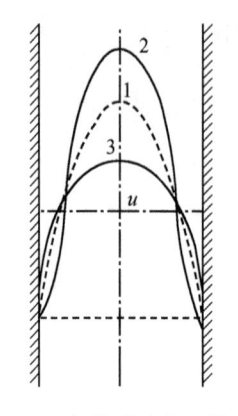

图 4-20 加热或冷却流体时管内流体的速度分布
1. 等温流动；2. 冷却液体或加热气体；3. 加热液体或冷却气体

显然，当流体在管内做对流传热时，管截面上各点的流体温度不同，这就会引起流体黏性的变化，从而导致速度分布的变化。这种变化在流体被加热或被冷却时情况不同，图 4-20 示出速度分布的这种差别。当液体被冷却时，由于液体的黏度随温度降低而增大，因而近壁处液体的黏度较管中心处的大，与等温流动相比，近壁处流体温度低，黏度大，流速小，而在管中心处流体的温度高，黏度小，流速大；当液体被加热时，情况恰好相反。对于气体，由于气体的黏度随温度升高而增大，气体的速度分布变化正好与液体的情况相反。总之，流体被加热或被冷却时的速度分布不同于等温流动，这种变化将引起近壁处流体的温度梯度的变化和湍流时层流底层厚度的变化，从而导致了对流传热系数的变化。因此，当液体被加热或气体被冷却时的对流传热系数比液体被冷却或气体被加热时大。对于黏度较大的流体，这种影响更为明显。为了补偿管内温度分布不均匀对对流传热的影响，在实用计算中，通常是在所采用的关联式中引入 $\left(\dfrac{\mu}{\mu_w}\right)^{n'}$ 或 $\left(\dfrac{Pr}{Pr_w}\right)^{n'}$ 来修正非均匀温度对对流传热系数的影响。

当温差超过推荐的温差范围或对于黏度较高的液体，由于管壁温度与流体的主体温度不同而引起壁面附近与流体主体处黏度相差较大，如果采用迪图斯-贝尔特公式，则计算的误差较大，因此可以采用齐德-泰特公式进行计算：

$$Nu = 0.027 Re^{0.8} Pr^{1/3}\left(\dfrac{\mu}{\mu_w}\right)^{0.14} \tag{4-74}$$

式中的特征长度为管内径 d；定性温度为流体的平均温度；μ_w 表示是以管壁温度选取的流体黏度。式(4-74)的实验验证范围如下：$Re \geqslant 10^4$，$Pr = 0.7 \sim 16700$，管长与管内径之比 $l/d \geqslant 60$。

由于管壁温度的引入使计算过程变得繁琐，因而在工程计算中常近似为

当液体被加热时　取 $\left(\dfrac{\mu}{\mu_w}\right)^{0.14} = 1.05$

当液体被冷却时　取 $\left(\dfrac{\mu}{\mu_w}\right)^{0.14} = 0.95$

对于短管（管长与管径之比 $\dfrac{l}{d} < 50$）内的强制对流传热，由于其全部或绝大部分的管段处于热边界层尚未充分发展的入口段。因此，在计算对流传热系数时应

进行入口效应的修正，即

$$\alpha' = \left[1 + \left(\frac{d}{l}\right)^{0.7}\right]\alpha \tag{4-75}$$

式中，α 为采用式(4-73)或式(4-74)计算的对流传热系数；α' 为流体流经短管的平均对流传热系数。

2. 流体在圆形直管内呈过渡流时的对流传热系数

管内流动处于过渡流状态时（即 $2300 < Re < 10^4$），其传热情况比较复杂。在此情况下的对流传热系数可先用湍流时的经验关联式计算，然后将计算所得到的对流传热系数再乘以小于 1 的修正系数，即

$$\alpha' = \left[1 - \frac{6 \times 10^5}{Re^{1.8}}\right]\alpha \tag{4-76}$$

式中，α 为采用湍流时的经验关联式计算的对流传热系数；α' 为过渡流状态下的对流传热系数。

还可以采用格尼林斯基公式计算，该式既适用于过渡流状态也适用于湍流状态[1]：

$$Nu = \frac{\left(\frac{f}{8}\right)(Re - 1000)Pr}{1 + 12.7\sqrt{\frac{f}{8}}(Pr^{2/3} - 1)}\left[1 + \left(\frac{d}{l}\right)^{2/3}\right]\phi \tag{4-77}$$

式中

$$f = (1.82 \lg Re - 1.64)^{-2}$$

对于液体

$$\phi = \left(\frac{Pr}{Pr_w}\right)^{0.11} \qquad \left(\frac{Pr}{Pr_w} = 0.05 - 20\right)$$

对于气体

$$\phi = \left(\frac{T}{T_w}\right)^{0.45} \qquad \left(\frac{T}{T_w} = 0.5 - 1.5\right)$$

式中以流体平均温度作为定性温度，下标 w 表示以壁面温度为定性温度，T 的单位为 K。关联式的应用范围如下：$Re = 2300 \sim 10^6$，$Pr = 0.6 \sim 10^5$。注意：格尼林斯基公式中已包含了入口效应的修正系数，用于短管的计算时不需要再乘入口修正系数。

3. 流体在圆形直管内做层流时的对流传热系数

流体在圆形直管中做层流强制对流传热的情况比较复杂，因为附加的自然对

流往往会影响层流对流传热。只有在小管径,且流体与管壁的温度差别不大的情况下,即 $Gr<25000$ 时,自然对流的影响才能忽略。在工程实际中,可采用下述经验关联式计算:

$$Nu = 1.86Re^{1/3}Pr^{1/3}\left(\frac{d}{l}\right)^{1/3}\left(\frac{\mu}{\mu_w}\right)^{0.14} \quad (4\text{-}78)$$

式中,除了 μ_w 以外,定性温度均取流体的平均温度,特征长度为管内径 d。适用范围如下:$Re<2300$,$Pr=0.48\sim16700$,$\dfrac{\mu}{\mu_w}=0.0044\sim9.75$,$\left(\dfrac{RePr}{l/d}\right)^{1/3}\left(\dfrac{\mu}{\mu_w}\right)^{0.14}\geqslant 2$,且管壁处于均匀壁温。

当 $Gr>25000$ 时,可按式(4-78)计算对流传热系数,然后再乘以修正系数得到

$$\alpha' = 0.8(1+0.015Gr^{1/3})\alpha \quad (4\text{-}79)$$

流体做层流时的对流传热系数关联式有多种不同的形式,但到目前为止还不成熟,计算误差较大。

例 4-4 在内径为 50mm、长 3m 的圆形直管内,5℃的水以 50kg/h 的流量流过,管内壁的温度为 90℃,水的出口温度为 35℃。试计算水与管内壁之间的对流传热系数。

解 管内水的定性温度 $(5+35)/2=20$℃,查得水的物性为 $\mu=1.005\times10^{-3}$ Pa·s,$\lambda=0.599$W/(m·K),$c_p=4.183$kJ/(kg·K),$\beta=0.182\times10^{-3}$(1/℃),$\nu=1.006\times10^{-6}$ m²/s。由管内壁温度得 $\mu_w=0.315\times10^{-3}$ Pa·s,$\mu/\mu_w=(1.005\times10^{-3})/0.315\times10^{-3}=3.19$。

$$Re=\frac{\rho ud}{\mu}=\frac{4m}{\pi d\mu}=\frac{4\times 50/3600}{\pi\times 0.05\times 1.005\times 10^{-3}}=352.1$$

$Pr=c_p\mu/\lambda=4.183\times 10^3\times 1.005\times 10^{-3}/0.599=7.02$

$Gr=(gd^3\beta\Delta t)/\nu^2=[9.81\times 0.05^3\times 0.182\times 10^{-3}\times(90-20)]/(1.006\times 10^{-6})^2$
$\quad=1.544\times 10^7$

由于 $Re<2300$,应采用式(4-78)计算对流传热系数,即

$$\alpha=\frac{\lambda}{d}1.86Re^{1/3}Pr^{1/3}(d/l)^{1/3}(\mu/\mu_w)^{0.14}$$

$$=\frac{0.599}{0.05}\times 1.86\times 352.1^{1/3}\times 7.02^{1/3}\times(0.05/3)^{1/3}\times 3.19^{0.14}$$

$$=90.5[\text{W}/(\text{m}^2\cdot\text{K})]$$

由于 $Gr>25000$,还需采用式(4-79)对上述计算结果进行修正,即

$$\alpha' = 0.8(1+0.015Gr^{1/3})\alpha = 0.8[1+0.015\times(1.544\times10^7)^{1/3}]\times 90.5$$
$$= 342.8[\text{W}/(\text{m}^2 \cdot \text{K})]$$

4. 流体在圆形弯管内的流动

由于弯管内的流体在流动中连续地改变方向,因此在管内的截面上会因离心力引起二次环流,从而加剧了扰动,强化了对流传热,如图 4-21 所示。对于流体在弯管内的对流传热计算,可先按圆形直管的经验关联式计算对流传热系数 α,然后再乘以大于 1 的修正系数,即可得到在弯管中的对流传热系数 α',即

$$\alpha' = \left(1+1.77\frac{d}{R}\right)\alpha \tag{4-80}$$

式中,R 为弯管轴的曲率半径。

5. 流体在非圆形管内的流动

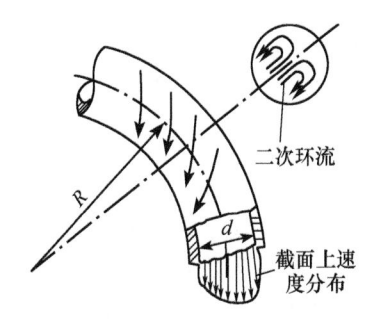

图 4-21 弯管内的二次环流

对于流体在非圆形管内的对流传热系数计算,上述有关的经验关联式均可以应用,只是需将经验关联式中的特征长度由圆管内径 d 改为流通截面的当量直径 d_e。但这种计算方法只是一种近似的方法,计算精度较差。因此,对于一些常用的非圆形管道,宜采用根据实验得到的关联式。如套管环隙内的对流传热关联式为

$$Nu = \frac{\alpha d_e}{\lambda} = 0.02\left(\frac{d_2}{d_1}\right)^{0.53}Re^{0.8}Pr^{1/3} \tag{4-81}$$

式中,d_1 和 d_2 分别为内管外径和外管内径;$d_e = d_2 - d_1$,为套管环隙中流通截面的当量直径。式(4-81)的定性温度为流体的平均温度,适用范围如下:$Re = 12000 \sim 220000$,$\frac{d_2}{d_1} = 1.65 \sim 17$。

4.3.5 管外强制对流传热

流体在管外的强制对流传热是常见的传热形式。流体在管外流动时存在以下几种情况:流体流动方向与管轴线平行,流体流动方向与管轴线垂直和流体流动方向与管轴线垂直、平行交替进行等。对于流体流动方向与管轴线平行的强制对流,其对流传热关联式与管内强制对流时相同,只是特征长度应以流通截面的当量直径代替。本节将讨论流体横向流过单管和管束时的对流传热实验关联式,以及管壳间流体的对流传热。

1. 流体横向流过单管

如图 4-22 所示,当流体沿垂直于管轴线的方向流过管子表面时,由于沿圆柱周边各点的流动情况不同,因而在圆柱周边上各点处的局部对流传热系数或局部努塞尔数也随之变化。如果流体的初始状态不同,则流体流经圆管表面上各点的对流传热情况也不同,沿圆管表面的局部对流传热系数 α_φ 或局部努塞尔数 Nu_φ 分布的变化如图 4-23 所示。

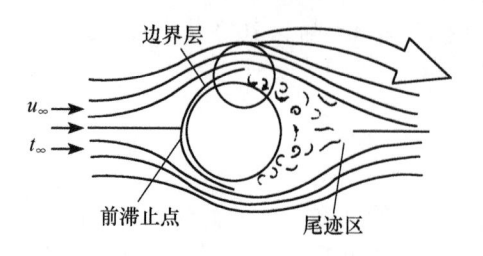

图 4-22 流体横向流过单管

由图 4-23 可见,在低雷诺数($Re=70800\sim101300$)时,从驻点处($\varphi=0$)开始,随着 φ 值的增大,由于层流边界层不断增厚,引起 Nu_φ 逐渐降低。当增大到 80°左右时,因产生边界层分离,扰动加剧,使 Nu_φ 在达到最小值后又逐渐回升。而在高雷诺数时($Re=1.4\times10^5\sim2.19\times10^5$),则在局部对流传热系数随 φ 值的变化曲线上出现两个最低点。第一个最低点对应于流体流动由层流边界层转变为湍流边界层。接着在湍流边界层发展中,由于逆向压力梯度和流体黏性的影响,会使层流底层随 φ 值的增大而迅速增厚,使 Nu_φ 值在达到某一最大值后又急剧降低。当 φ 值增大到 140°时,因发生边界层的分离而形成流体微团的回流、混合,扰动加剧,使 Nu_φ 再度增大,从而出现第二个最低点。显然,局部努塞尔数 Nu_φ 沿圆管周向的分布,对于确定处于高温流体中的管壁温度分布和管壁的最高局部温度的计算具有很重要的意义。

2. 流体横向流过管束

在化工生产中,流体横向流过单管的情况较少,大量遇到的是流体横向流过管束的传热设备,由于管间相互影响,其流动特性及对流传热过程均较单管复杂。当流体连续地从一根管子流向另一根管子时,流体不断地经历着边界层的重新发展和分离过程,同时又由于流通截面的不断变化而引起扰动。因此,管径、管间距、管子的排列方式和排数等因素对传热系数影响很大。

管束的排列方式分为直列和错列两种,如图 4-24 所示。

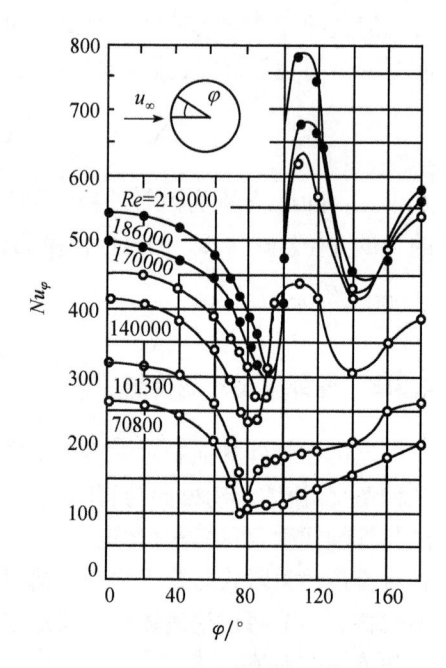

图 4-23 流体横向流过单管时的局部对流传热系数的变化

(a) 直列

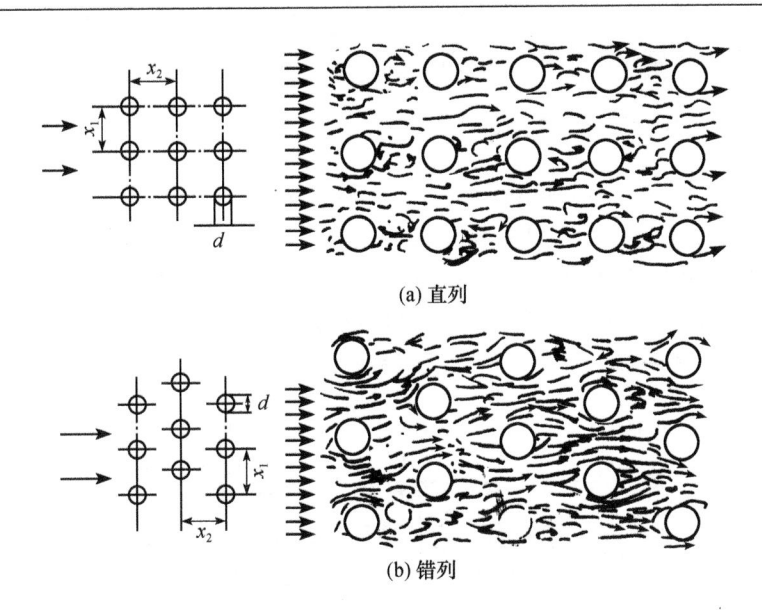

(b) 错列

图 4-24 管子的排列

流体在横向流过管束时,每一排管上的平均对流传热系数可用下式计算:

$$Nu = C\varepsilon_n Re^n Pr^{0.4} \tag{4-82}$$

式中的常数值 C、ε_n 和 n 如表 4-3 所示。式(4-82)的适用条件如下: $Re=5000\sim70000$, $x_1/d=1.2\sim5$, $x_2/d=1.2\sim5$。定性温度为流体进出口的算术平均温度,特征长度为管外径,通过各排管子的流速取该排最小流通截面上的流速。

表 4-3 流体横向流过管速时的 C、ε_n 和 n

排数	直列 n	直列 ε_n	错列 n	错列 ε_n	C
1	0.6	0.171	0.6	0.171	$x_1/d=1.2\sim3$ 时
2	0.65	0.151	0.6	0.228	$C=1+0.1(x_1/d)$
3	0.65	0.151	0.6	0.290	$x_1/d>3$ 时
4	0.65	0.151	0.6	0.290	$C=1.3$

由表 4-3 可见,对于第一排管子,无论直列或错列,C 和 ε_n 值均相同,其流动与单管的情况类似。但从第二排管子开始,直列和错列的流动情况就有所不同。对于直列管排,管子前后都是涡流区,未直接受到流体的冲击;而对于错列管排,流体直接冲刷管子。因而在通常情况下,错列管排的平均对流传热系数比直列管排的大。

在整个管束上的平均对流传热系数可用下式计算:

$$\alpha = \sum_{i=1}^{n}\alpha_i A_i \Big/ \sum_{i=1}^{n} A_i \quad (i=1,\cdots,n) \tag{4-83}$$

式中，α_i 为第 i 排管子的平均对流传热系数；A_i 为第 i 排管子的总传热面积。

3. 流体在管壳间的对流传热

在列管式换热器中，管束是装在一圆筒形的壳体内，各排具有不同的管数，通常在圆筒形的壳体内还装有不同形式的折流挡板。流体在列管式换热器壳侧的流动有时垂直于管束，但绕流折流挡板时又是平行于管束的流动，如图 4-25 所示。由于流动方向及流速不断地变化，当雷诺数仅为 100 时就有可能使流动达到湍流。这时，其对流传热系数的计算需根据换热器的具体结构选取相应的计算公式。

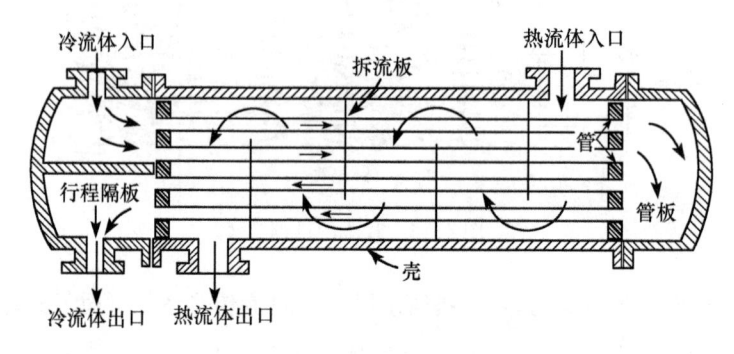

图 4-25　流体在管壳间的流动

对于装有弓形折流挡板的列管式换热器，可以采用以下关联式计算管壳间的对流传热系数：

$$Nu = \frac{\alpha d_e}{\lambda} = 0.36 Re^{0.55} Pr^{1/3} \left(\frac{\mu}{\mu_w}\right)^{0.14} \tag{4-84}$$

式(4-84)的适用范围如下：$Re = 2 \times 10^3 \sim 10^6$，定性温度取流体进出口的算术平均值，$\mu_w$ 为以管壁温为定性温度的流体黏度。特征长度为当量直径 d_e，它与管束的排列方式有关，一般有正方形和三角形排列，如图 4-26 所示。

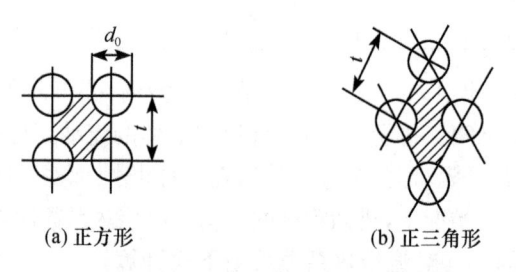

(a) 正方形　　　(b) 正三角形

图 4-26　列管式换热器中管子的排列方式

在列管式换热器中，当管子按正方形排列时，有

$$d_e = \frac{4\left(t^2 - \frac{\pi}{4}d_o^2\right)}{\pi d_o} \tag{4-85}$$

当管子按正三角形排列时,有

$$d_e = \frac{4\left(\frac{\sqrt{3}}{2}t^2 - \frac{\pi}{4}d_o^2\right)}{\pi d_o} \tag{4-86}$$

式中,t 为相邻两管的中心距;d_o 为管外径。特征速度按流体通过管束间的最大流通截面积 A 计算,即

$$A = sD\left(1 - \frac{d_o}{t}\right)$$

式中,s 为两相邻折流挡板之间的距离;D 为换热器壳体的内径。

当列管式换热器内无折流挡板时,管外的流体可按平行于管束的流动考虑,此时可应用管内强制对流的经验关联式进行计算,只需将特征长度由管内径改为管间的当量直径。

4.3.6 自然对流传热

不依靠泵或风机等外力推动,而是由于流体内部存在温度差导致流体中质量力分布不均匀所引起的流动,称为自然对流。不均匀的温度场造成不均匀的密度场,由此产生的浮升力成为流体运动的动力。一般情况下,不均匀的温度场仅存在于靠近换热壁面的薄层内。在贴近壁面处,流体的温度等于壁面的温度,若壁面温度高于流体的主体温度,则在离开壁面的方向上流体温度逐渐降低,直到与周围环境流体的温度相同,如图 4-27 所示。而流体的速度分布会存在极大值,由于流体黏性的作用,贴近壁面处流体的速度为零,另一方面在薄层外缘,流体温度已等于周围环境流体的温度,自然对流的推动力消失,因而速度也为零。

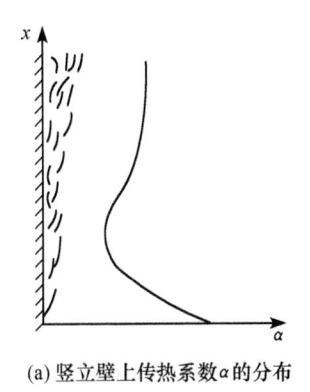

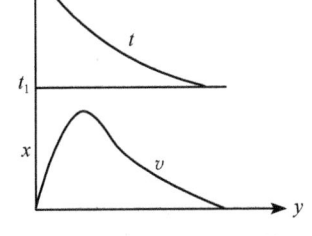

(a) 竖立壁上传热系数 α 的分布　　(b) 近壁处温度与流速的分布

图 4-27　<u>竖壁上流体做自然对流时的传热特征</u>

自然对流传热可分为大空间自然对流传热和有限空间自然对流传热两类。所谓大空间并不指几何尺寸很大或无限大,只要自然对流形成的边界层发展不受其他壁面的限制,均可称为大空间的自然对流。

自然对流的对流传热系数仅与 Gr 和 Pr 有关,在工程应用上常写为如下形式:

$$Nu = C(GrPr)^n \tag{4-87a}$$

或

$$\alpha = C\frac{\lambda}{L}\left(\frac{\rho^2 g\beta\Delta tL^3}{\mu^2}\frac{c_p\mu}{\lambda}\right)^n \tag{4-87b}$$

式中的常数 C 和指数 n 的值如表 4-4 所示。特征长度 L 对于竖板或竖管取其垂直高度,水平管取其外径 d;Δt 为壁面温度与流体主体温度之差;定性温度取壁面与流体平均温度的算术平均值。

表 4-4　常见大空间自然对流时式(4-87)中的 C 和 n

传热表面的形状和位置	$GrPr$	C	n	特征长度 L
竖直平板和圆柱	$10^4 \sim 10^9$	0.59	1/4	高度 L
	$10^9 \sim 10^{13}$	0.10	1/3	
水平圆柱	$10^4 \sim 10^9$	0.53	1/4	外径 d
	$10^9 \sim 10^{11}$	0.13	1/3	
水平板热面朝上或水平板冷面朝下	$2\times10^4 \sim 8\times10^6$	0.54	1/4	矩形取两边的平均值;圆盘取 $0.9d$;
	$8\times10^6 \sim 10^{11}$	0.15	1/3	
水平板热面朝下或水平板冷面朝上	$10^5 \sim 10^{11}$	0.58	1/5	狭长条取短边

例 4-5　一水平蒸气管道,长为 20m,外径为 159mm。管外壁温为 110℃,周围空气的温度为 10℃。试计算蒸气管道通过自然对流的散热量。

解　定性温度为 $(110+10)/2 = 60℃$,根据定性温度查取空气的物性为

$$\rho = 1.06\text{kg/m}^3 \quad \mu = 0.201\times10^{-4}\text{Pa·s}$$
$$\lambda = 0.029\text{W/(m·K)} \quad c_p = 1.005\text{kJ/(kg·K)}$$

对于符合理想气体性质的气体,体积膨胀系数 $\beta = \frac{1}{T}$,在本题中有

$$\beta = \frac{1}{T} = \frac{1}{273+60} = 3.003\times10^{-3}(\text{K}^{-1})$$

$$\begin{aligned}Gr &= \frac{\rho^2 g\beta\Delta t d^3}{\mu^2} \\ &= \frac{1.06^2 \times 9.81 \times 3.003\times10^{-3} \times (110-10) \times 0.159^3}{(0.201\times10^{-4})^2} \\ &= 3.293\times10^7\end{aligned}$$

$$Pr = \frac{c_p \mu}{\lambda} = \frac{1.005 \times 10^3 \times 2.01 \times 10^{-5}}{0.6966}$$
$$= 0.6966$$
$$GrPr = 3.293 \times 10^7 \times 0.6966$$
$$= 2.294 \times 10^7$$

由表 4-4 可得
$$C = 0.53, \quad n = 1/4$$
$$Nu = 0.53(2.294 \times 10^7)^{1/4} = 36.68$$
$$\alpha = \lambda Nu/d = 0.029 \times 36.68/0.159 = 6.69[\text{W}/(\text{m}^2 \cdot \text{K})]$$

蒸气管的自然对流散热量为
$$Q = \pi dl\alpha(t_w - t_\infty)$$
$$= \pi \times 0.159 \times 20 \times 6.69 \times (110 - 10)$$
$$= 6683.4(\text{W})$$

讨论 对比例 4-3 的计算结果可见,自然对流的对流传热系数远小于流体做强制对流时的对流传热系数。

4.4 冷凝与沸腾传热

蒸气在饱和温度下由气态变为液态的过程称为冷凝;液体在饱和温度下由液态变为气态的过程称为沸腾。蒸气冷凝和液体沸腾都是在流体与壁面之间发生传热的同时又有相态的变化,故这两种传热情况比无相变时的流体对流传热更加复杂。本节将简要介绍冷凝过程和沸腾过程的基本机理以及计算相应传热系数的方法。

4.4.1 冷凝传热

蒸气与低于饱和温度的壁面接触时有两种不同的冷凝形式,如图 4-28 所示。如果冷凝液体能够润湿壁面,冷凝下来的液体将在壁面上铺展成膜,这种冷凝形式称为膜状冷凝;当冷凝的液体不能很好地润湿壁面时,则由于表面张力的作用,蒸气将在壁面上冷凝成许多小液滴,这种冷凝形式称为珠状冷凝。珠状冷凝时,由于大部分壁面裸露在蒸气中,蒸气可以直接在冷壁面上凝结,没有液膜引起的附加热阻,因此珠状冷凝的传热系数比膜状

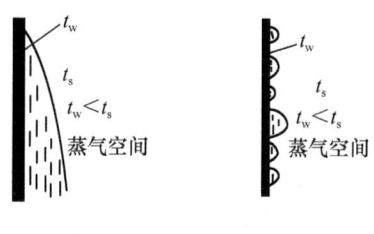

(a) 膜状冷凝　　(b) 珠状冷凝

图 4-28 两种冷凝形式

冷凝高几倍到几十倍。从强化传热的角度看，珠状冷凝比膜状冷凝具有明显的优势。有时在工业冷凝器中采用冷凝表面处理或加入促进剂的方法以产生珠状冷凝，但是暴露在蒸气中的壁面经过一段时间后，大部分又变成了可润湿的表面，故很难持久地保持珠状冷凝的工作条件。因此，工业冷凝器的设计一般都是按膜状冷凝考虑。

1. 纯蒸气在竖壁上进行层流膜状冷凝时的对流传热系数

竖壁上膜状冷凝机理最早由努塞尔在1916年提出。在努塞尔的分析中，作了如下简化和假设：纯蒸气冷凝所形成的液膜很薄，在重力的作用下呈层流稳定流动；通过液膜的热量传递以热传导方式进行，液膜内的温度呈线性分布；蒸气静止，气液界面上无剪切运动；液膜和蒸气的物性为常数，壁面温度恒定，液膜表面温度是饱和蒸气温度；忽略液膜的过冷度，冷凝液体的焓等于饱和液体的焓值。

如图 4-29 所示，沿冷凝液流动方向任意位置 x 处，竖壁宽度为 b，液膜厚度为 δ，液膜导热系数为 λ，根据傅里叶定律，满足

$$q_x = \lambda \frac{t_s - t_w}{\delta} = \alpha_x \Delta t$$

即

$$\alpha_x = \frac{\lambda}{\delta} \tag{4-88a}$$

根据流体力学知识，可得液膜流动的平均速度（第1章习题10）为

$$u = \frac{\rho g \delta^2}{3\mu} \tag{4-88b}$$

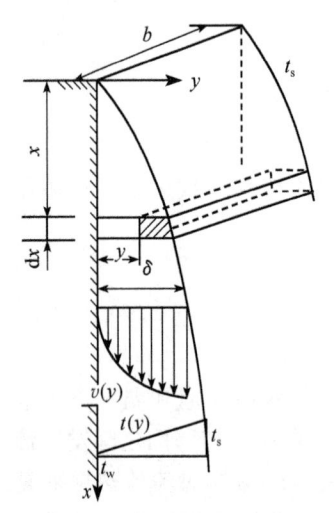

图 4-29 竖壁上的膜状冷凝模型

式中，μ 和 ρ 分别为液膜的黏度和密度。

在 x 处，冷凝液膜的厚度为 δ，则通过流通截面 $S=\delta b$ 的质量流率为

$$m = \rho u S = \frac{\rho^2 g \delta^3 b}{3\mu} \tag{4-88c}$$

当冷凝液体由 x 处流至 $x+\mathrm{d}x$ 处时，由于液膜增厚而引起的质量流率增量为

$$\mathrm{d}m = \frac{\rho^2 g \delta^2 b}{\mu} \mathrm{d}\delta$$

$\mathrm{d}m$ 质量的蒸气冷凝所放出的潜热必然要通过厚度为 δ 的液膜传给冷壁面，则

$$r\mathrm{d}m = \frac{\lambda}{\delta}(b\mathrm{d}x)(t_s - t_w) \tag{4-88d}$$

式中，r 为蒸气的冷凝潜热。代入 dm 表达式，对式(4-88d)积分，即得到冷凝液膜厚度

$$\delta = \left[\frac{4\mu\lambda x(t_s - t_w)}{rg\rho^2}\right]^{1/4} \tag{4-88e}$$

由式(4-88a)，可得局部对流传热系数

$$\alpha_x = \frac{\lambda}{\delta} = \left[\frac{rg\rho^2\lambda^3}{4\mu x(t_s - t_w)}\right]^{1/4} \tag{4-88f}$$

若竖壁总高度为 L，则在竖壁上的平均对流传热系数为

$$\alpha = \frac{1}{L}\int_0^L \alpha_x dx = 0.943\left[\frac{rg\rho^2\lambda^3}{\mu L(t_s - t_w)}\right]^{1/4} \tag{4-89}$$

式(4-89)即为纯饱和蒸气在竖壁上冷凝传热系数的理论表达式。实验结果表明，在竖壁上，层流膜状冷凝的传热系数要比式(4-89)的理论计算结果大 20%，这是由于所作的简化假设不能完全保证，因此在竖壁上层流冷凝传热系数可修正为

$$\alpha = 1.13\left[\frac{rg\rho^2\lambda^3}{\mu L(t_s - t_w)}\right]^{1/4} \tag{4-90}$$

式中，蒸气的冷凝潜热 r 取饱和温度 t_s 下的数值，其余物性的定性温度取壁面温度和蒸气饱和温度的算术平均值。

对于具有水平夹角 φ 的斜壁，当忽略浮力的影响时，按照类似方法，可导出蒸气在斜壁上做膜状冷凝时的平均对流传热系数

$$\alpha = 1.13\left[\frac{rg(\sin\varphi)\rho^2\lambda^3}{\mu L(t_s - t_w)}\right]^{1/4} \tag{4-91}$$

定义液膜流动的雷诺数为

$$Re = \frac{d_e(\rho u)}{\mu} = \frac{\left(\frac{4S}{P}\right)\left(\frac{m}{S}\right)}{\mu} = \frac{4\Gamma}{\mu} \tag{4-92}$$

式中，$\Gamma = m/P$，Γ 为单位润湿周边长度上的质量流量。当量直径 $d_e = 4S/P$，S 为冷凝液膜的流通截面积；P 为液膜的润湿周边。对于平板，P 取板宽 b；竖管，$P = \pi d$；水平管，P 取管长 L。

根据液膜雷诺数，可将液膜的流动状态区分为层流或湍流。记竖壁底部冷凝液的质量流量为 m_L，则竖壁底部的液膜雷诺数为 $Re_L = 4m_L/(b\mu)$，式(4-89)和式(4-90)分别变为

$$\alpha^* = \alpha\left(\frac{\mu^2}{\lambda^3\rho^2 g}\right)^{1/3} = 1.47 Re_L^{-1/3} \tag{4-93}$$

$$\alpha^* = \alpha\left(\frac{\mu^2}{\lambda^3\rho^2 g}\right)^{1/3} = 1.88 Re_L^{-1/3} \tag{4-94}$$

式中,α^* 称为无因次冷凝传热系数。式(4-93)和式(4-94)的适用范围如下:对于高度为 L 的竖壁,$Re_L < 1800$。

2. 纯蒸气在竖壁上湍流膜状冷凝时的对流传热系数

当 $Re_L > 1800$ 时,液膜的流态由层流转变为湍流,其实验关联式为

$$\alpha^* = \alpha\left(\frac{\mu^2}{\lambda^3\rho^2 g}\right)^{1/3} = 0.0077 Re_L^{0.4} \tag{4-95}$$

式中的定性温度同样也是壁面温度和蒸气饱和温度的算术平均值。

如图 4-30 所示,若将式(4-93)~式(4-95)绘于同一图中,图中曲线 A、B 和 C 分别表示式(4-93)、式(4-94)和式(4-95)中 α^* 与 Re_L 的关系。由图 4-30 可见,层流时,随着液膜雷诺数的增大,无因次冷凝传热系数减小;湍流时,随着液膜雷诺数增大,无因次冷凝传热系数增大。

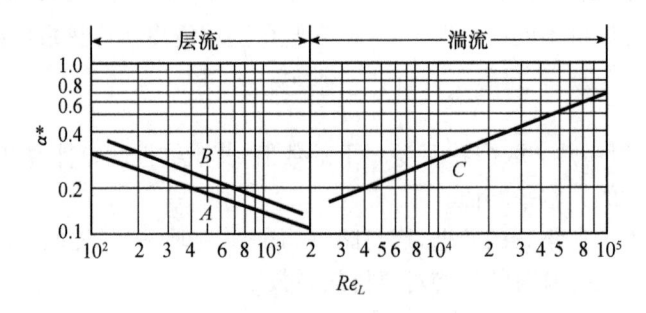

图 4-30 雷诺数对冷凝传热系数的影响

3. 水平单管和管束外的冷凝传热

当蒸气在管外径较小的水平管外冷凝时,冷凝液膜流动处于层流状态。可将水平圆管看作是不同角度的斜壁所组成的连续过程,从而得到水平圆管外的平均冷凝传热系数[7]

$$\alpha = 0.725\left[\frac{r g \rho^2 \lambda^3}{\mu d(t_s - t_w)}\right]^{1/4} \tag{4-96}$$

式中,d 为圆管外径。当计算 Re_L 中润湿周边取为管长 L 时,还可将其写为无因次的形式

$$\alpha^* = \alpha\left(\frac{\mu^2}{\lambda^3\rho^2 g}\right)^{1/3} = 1.51 Re_L^{-1/3} \tag{4-97}$$

式中定性温度取法与竖壁的准数方程相同。

工业冷凝器是由管束组成的。当蒸气在水平管束外冷凝时,冷凝液下落时不

可避免地产生撞击、飞溅，使下排液膜扰动增强，但通常液膜厚度增加，故需对式(4-96)进行修正。研究表明，式(4-96)中的 d 代之以 $n^{2/3}d$ 更符合实际结果，即

$$\alpha = 0.725\left[\frac{rg\rho^2\lambda^3}{\mu n^{2/3}d(t_s-t_w)}\right]^{1/4} \quad (4\text{-}98)$$

式中，n 为管束在垂直方向上的管排数。对于不同管束排列方式，n 值的计算方法不同，具体计算方法可查阅有关的换热器设计手册。

例 4-6 1.013×10^5Pa 的水蒸气在单管外冷凝。单管长为 1.5m，管外径为 108mm。管外壁温为 98℃。试分别计算管竖直放置和管水平放置时水蒸气的冷凝传热系数。

解 1.013×10^5Pa 水蒸气的饱和温度为 100℃。

冷凝液膜的定性温度为 $(98+100)/2=99(℃)$，根据定性温度查取水蒸气的物性如下：$\rho=959.1\text{kg/m}^3$，$\mu=2.856\times10^{-4}$ Pa·s，$\lambda=0.6819$W/(m·K)，$r=2258$kJ/kg。

(1) 管竖直放置

假设凝液做层流流动，则由式(4-90)得

$$\alpha_v = 1.13\left[\frac{rg\rho^2\lambda^3}{\mu L(t_s-t_w)}\right]^{1/4}$$

$$= 1.13\times\left[\frac{2258\times10^3\times9.81\times959.1^2\times0.6819^3}{2.856\times10^{-4}\times1.5\times(100-98)}\right]^{1/4}$$

$$= 10530[\text{W/(m}^2\cdot\text{K)}]$$

检验雷诺数：

$$Re = \frac{4\Gamma}{\mu} = \frac{4m}{P\mu} = \frac{4Q/r}{\pi d\mu} = \frac{4Q}{\pi dr\mu}$$

$$Q = \alpha_v A(t_s-t_w) = 10530\times\pi\times0.108\times1.5\times(100-98) = 10718(\text{W})$$

$$Re = \frac{4Q}{\pi dr\mu} = \frac{4\times10718}{\pi\times0.108\times2258\times10^3\times2.856\times10^{-4}} = 196 < 1800$$

层流假设正确，上述计算有效。

(2) 管水平放置

由式(4-90)和式(4-96)可得

$$\frac{\alpha_h}{\alpha_v} = \frac{0.725}{1.13}\left(\frac{L}{d}\right)^{1/4} = 0.642\left(\frac{L}{d}\right)^{1/4} = 0.642\times\left(\frac{1.5}{0.108}\right)^{1/4} = 1.24$$

因而水平单管的冷凝传热系数为

$$\alpha_h = 1.24\alpha_v = 1.24\times10530 = 13057[\text{W/(m}^2\cdot\text{K)}]$$

讨论 由例 4-6 可见，水平管外的冷凝传热系数比竖管大，因此工业上冷凝器通常采用水平管的布置方案。

4.4.2 影响冷凝传热的因素和冷凝传热的强化

膜状冷凝传热的主要热阻集中在冷凝液膜内,对于给定的蒸气,冷凝所形成的液膜厚度及其流动状况是影响冷凝传热的重要因素。下面将对膜状冷凝传热影响因素进行分析并指出冷凝传热过程的强化措施。

1. 不凝性气体的影响

在实际工业冷凝器中,因蒸气中常含有不凝性气体(如空气),蒸气冷凝时,不凝性气体会富集在液膜表面,形成不凝性气体膜。可凝蒸气在抵达液膜表面进行冷凝之前,必须以扩散方式通过气膜。扩散阻力引起蒸气分压及相应的饱和温度下降,使液膜表面温度低于蒸气主流温度,相当于在传热过程中附加了额外热阻,导致蒸气冷凝传热系数大为降低。例如,当蒸气中含有1%空气时,冷凝传热系数将降低60%左右。因此,在冷凝器操作过程中必须设法不断地排除不凝性气体。提高蒸气流速也可减弱不凝性气体的影响。

2. 流体的物性及液膜两侧的温差

冷凝液体密度越大,黏度越小,则液膜厚度越小,冷凝传热系数越大。液体导热系数增加也有利于冷凝传热的增强。如果流体的冷凝潜热较大,则在相同的冷凝热负荷下,冷凝液量减少,液膜变薄,冷凝传热系数增大。当液膜呈层流流动时,增大液膜两侧温差,将使蒸气冷凝速率增大,冷凝液膜增厚,冷凝传热系数减小。

3. 蒸气流速与流向

蒸气流速对冷凝传热的影响较大。努塞尔的理论分析忽略了蒸气流速的影响,仅适用于蒸气静止或流速不大的场合。当蒸气流速较大时,蒸气流动对冷凝液膜表面会产生明显的黏滞应力。它对冷凝的影响和蒸气与液膜的相对流向(同向或异向)、流速的大小以及是否撕破液膜等因素有关。若蒸气与液膜流动方向相同,界面上的黏滞应力将使液膜减薄,并促使液膜产生波动,冷凝传热系数增大;当蒸气与液膜流动方向相反,界面上的黏滞应力将阻碍液膜流动,使液膜增厚,冷凝传热恶化。然而,当界面上的黏滞应力的作用超过液膜的重力作用时,液膜会被蒸气撕破而脱离表面,反而使冷凝传热系数急剧增大。

4. 蒸气过热的影响

过热蒸气冷凝过程的传热量由蒸气的显热和潜热两部分组成。过热蒸气先被冷却至饱和温度,然后再在液膜表面冷凝,液膜表面仍为饱和蒸气温度。因此,过热蒸气的膜状冷凝传热通常仍按饱和蒸气的冷凝处理,前述的各算式也适用,只需将显热和冷凝潜热一并考虑,即以 $r'=r+c'_p(t_v-t_s)$ 代替公式中的 r 即可。其中

c'_p 为过热蒸气比热容，t_v 为过热蒸气温度。

在其他条件相同时，由于 $r'>r$，过热蒸气的冷凝传热系数要比饱和蒸气冷凝时的大，但是实验研究结果表明，两者相差不明显，如常压下水蒸气过热 100℃ 时的冷凝传热系数仅比饱和蒸气冷凝时的冷凝传热系数增大了 3%。因此，在实际工程计算中通常可忽略蒸气过热的影响。

5. 液膜过冷及温度分布的非线性

努塞尔的分析忽略了液膜过冷度的影响，并假定液膜中温度呈线性分布。研究表明，只要在冷凝传热系数计算公式中用 $r''=r+0.68c_p(t_s-t_w)$ 代替 r 即可考虑到这两个因素的影响。

6. 冷凝传热过程的强化

对于膜状冷凝，强化传热的主要途径是减小冷凝液膜的厚度。实现的方法包括改变冷凝器中的管束排列方式、设置冷凝液排泄挡板和改善冷凝表面状况等。例如，对于水平管外冷凝，采用低肋管或锯齿管这类高效冷凝表面，以降低凝液液膜厚度，增强冷凝传热。此外还可以通过设法获得珠状冷凝来强化冷凝传热。

4.4.3 沸腾传热过程

液体与高温壁面接触被加热汽化并产生气泡的过程称为沸腾传热。沸腾传热在工业上应用非常广泛，如化工生产中常用的蒸发器、再沸器和蒸气锅炉等，都是通过液体沸腾产生蒸气。

沸腾传热过程可分为大容器沸腾（又称池内沸腾）和强制对流沸腾（又称为管内沸腾）两类。大容器沸腾是指加热面沉浸在无宏观流速的液体表面下所产生的沸腾。当液体以一定流速在加热管管内（或其他形状截面通道内）流动时的沸腾称为强制对流沸腾。

本节主要介绍大容器沸腾传热过程。

1. 大容器沸腾传热机理

液体内部不断地产生气泡是沸腾过程最主要的特征。在液体沸腾过程中，气泡在加热面的个别点上产生，然后不断地长大，到一定尺寸后气泡脱离加热面，向上浮升，最后冲破液面与气相汇合。与此同时，在加热面上的气泡脱离处，又有新的气泡产生，周而复始形成了沸腾传热过程。

假定气泡为球形，球的半径为 R，气泡内压力为 p_v，气泡周围液体压力为 p_l，液体表面张力为 σ，如图 4-31 所示。气泡存在必须满足力和热平衡。对气泡作受力平衡计算，气泡内外的压差应与作用在气-液界面上的表面张力平衡

$$\pi R^2(p_v - p_l) = 2\pi R \sigma$$

(a) 气泡的生成过程

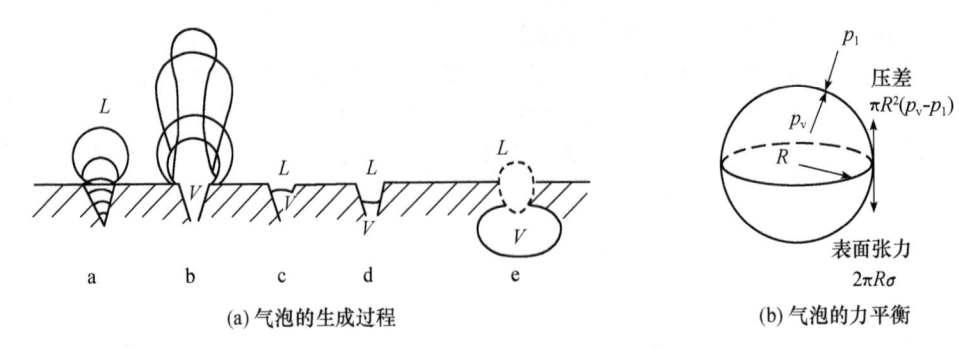

(b) 气泡的力平衡

图 4-31　气泡的生成与气泡上力的平衡

即

$$p_v - p_1 = \frac{2\sigma}{R} \text{ 或 } R = \frac{2\sigma}{p_v - p_1} \tag{4-99}$$

可见，由于表面张力的作用，气泡内的蒸气压力一定大于液体的压力，即 $p_v > p_1$。如果忽略液柱静压的影响，则 p_1 可近似等于沸腾液体环境压力 p_s。气泡的热平衡则要求气泡内蒸气的温度为 p_v 压力下的饱和温度 t_v，而且气泡内蒸气的温度与周围液体的温度相等，即 $t_v = t_1$，因此气泡外的液体一定是过热液体，过热度为 $\Delta t = t_v - t_s$。在贴近加热面处的液体具有最大的过热度。由式(4-99)还可看出，当气泡半径小于式(4-99)所要求的半径时，由于表面张力大于气泡内外压差，则气泡内蒸气冷凝，气泡瓦解。只有半径大于式(4-99)所要求的半径时，气-液界面上的液体不断蒸发，气泡才能成长。

在气泡开始形成时，即 $R \to 0$，要求气泡内外的压差 $(p_v - p_1) \to \infty$，显然这种情况是不存在的，也说明纯净液体在绝对光滑加热面上是不可能产生气泡的。实验研究表明，液体沸腾时气泡只能在粗糙的加热面的某些点上产生，这些点称为汽化核心，壁面上的凹缝、裂穴最可能成为汽化核心。这些凹穴中往往吸附着微量的气体(包括蒸气)，当液体被加热时，凹穴内的蒸气增多，形成气泡，随着气泡的长大和脱离加热面，在凹穴内残余的气体又成为下一个气泡的核心。

随着壁面过热度的提高，压力差 $(p_v - p_1)$ 越来越大，气泡半径将逐渐减小。即随着加热壁面温度提高，壁面上越来越小的存气凹穴将成为形成气泡的汽化核心，汽化核心增多，沸腾加剧。随着壁面温度提高，气泡成长速度也加快，脱离壁面的频率增大，更使沸腾加剧。

加热表面上汽化核心的形成、气泡的生长机理以及气泡的运动规律研究对掌握沸腾传热的基本机理以及强化沸腾传热过程都具有非常重要的意义。现有的沸腾传热理论分析都是基于成核理论和气泡动力学理论形成的。

实验表明，大容器饱和沸腾随壁面过热度的变化会出现不同类型的沸腾状态。图 4-32 表示水在 1.013×10^5 Pa 下的沸腾曲线。图中的横坐标为加热壁面上

的过热度 Δt，纵坐标为加热面的热通量 q。曲线分为四个典型的传热区域，即自然对流区、核态沸腾区、过渡沸腾区和膜态沸腾区。

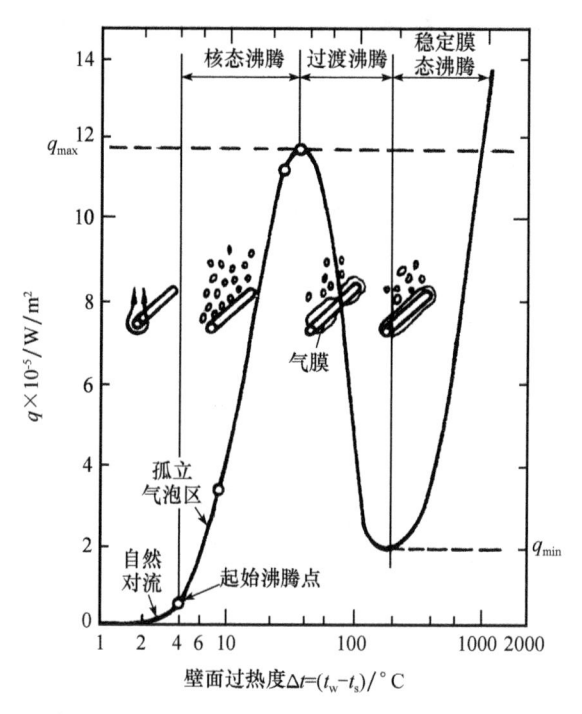

图 4-32　饱和水在水平加热面上沸腾的典型曲线

当壁面过热度较小时（$\Delta t < 4℃$），沸腾尚未开始，加热表面上的水轻微过热，使水的内部产生自然对流，没有气泡逸出水面。水与加热壁面的传热属于自然对流传热。

从起始沸腾点开始，在加热面的汽化核心处开始产生气泡。汽化核心处产生的气泡彼此互不干扰。随着壁面过热度增大，汽化核心数增多，气泡成长速率加快，气泡对水的扰动加剧，对流传热系数和热通量迅速增大。这一区域称为核态沸腾。

从核态沸腾区的峰值处再提高壁面过热度，传热通量不仅不随壁面过热度增大而升高，反而迅速降低。这是因为气泡聚集和覆盖在加热面上，气泡的脱离速率低于气泡生成速率，形成蒸气膜。由于蒸气的导热性能很差，使对流传热系数迅速下降，传热速率下降，传热状况趋于恶化。气膜在最初形成时是不稳定的，随时可能被撕破而形成较大的气泡脱离壁面，因而这段沸腾曲线称为过渡沸腾。

随着壁面过热度的进一步增大，加热壁面的汽化核心数也进一步增多，而且气泡产生得如此迅速，以至于气泡产生速率远大于气泡脱离加热面的速率，使得气泡在脱离加热面之前就连接起来，形成一层稳定的蒸气膜层。这层气膜使水不再与加热面接触。随着壁面过热度继续增大，由于加热面具有较高温度，热辐射的影响越来越显著,因而对流传热系数将增大,传热速率也随之增大。这段沸腾曲线称为稳定膜态沸腾区。稳定膜态沸腾在物理上与膜状冷凝存在类似性,然而因为热量的传递必须穿过热阻较大的气膜,而不是液膜,因而其传热系数比膜状冷凝小得多。

由核态沸腾向过渡沸腾转变的峰值点称为临界点,临界点上的壁面过热度、热通量和对流传热系数分别称为临界温差 Δt_c、临界热通量 q_c 和临界对流传热系数 α_c。临界点上各参数值对于蒸发设备的设计和操作具有重要意义。通常都要设法使蒸发器在核态沸腾区工作。否则,当壁面过热度大于临界温差时,由于沸腾型态发生转变,将导致对流传热系数和热通量的急剧下降,造成传热恶化。对于依靠控制热通量来改变工况的加热蒸发设备,如电加热方式,一旦加热的热通量超过临界热通量,壁温将迅速上升,甚至可能造成设备烧毁的严重后果。因此,上述临界点又称为烧毁点。

2. 大容器沸腾的传热关系式

影响沸腾传热的主要因素是沸腾压力、温度、物性和加热壁面的性质等。虽然已有许多经验关系式可用于沸腾传热的计算,但至今仍未有普遍适用的计算公式。

1) 大容器饱和核态沸腾

对于不同液体在不同清洁表面上的核态沸腾,罗森诺提出以下实验关联式用于计算沸腾热流通量 q 或壁面上沸腾温差 Δt[4]:

$$\frac{c_{pl}\Delta t}{rPr_l^n} = C_{wl}\left[\frac{q}{\mu_l r}\sqrt{\frac{\sigma}{g(\rho_l - \rho_v)}}\right]^{1/3} \qquad (4-100)$$

式中,$\Delta t = t_w - t_s$ 为沸腾温差,℃;q 为热流通量,W/m²;c_{pl} 为饱和液体的定压比热容,J/(kg·K);Pr_l 为饱和液体的普兰特数;ρ_l、ρ_v 分别为饱和液体和饱和气体的密度,kg/m³;r 为饱和温度下的汽化潜热,J/kg;σ 为液体-蒸气界面上的表面张力,N/m;n 为液相普兰特数的指数;C_{wl} 为取决于加热表面与液体组合情况的经验常数,如表4-5所示。

表 4-5　几种液体-加热表面组合情况下的 C_{wl}

液体-加热表面的组合情况	C_{wl}	n	液体-加热表面的组合情况	C_{wl}	n
水-铜(铂)	0.013	1	正戊烷-铬	0.015	1.7
水-镍(黄铜)	0.006	1	苯-铬	0.010	1.7
水-腐蚀或磨光的不锈钢	0.0132~0.0133	1	四氯化碳-铜	0.013	1.7
正丁醇-铜	0.00305	1.7	四氯化碳-用金刚砂抛光的铜	0.007	1.7
异丙醇-铜	0.00225	1.7	K_2CO_3 溶液[$w(K_2CO_3)=35\%$]-铜	0.0054	1.7
乙醇-铬	0.0027	1.7	K_2CO_3 溶液[$w(K_2CO_3)=50\%$]-铜	0.0027	1.7

式(4-100)仅适用于单组分饱和液体在清洁表面上的核态沸腾。在求取沸腾

对流传热系数时,可根据沸腾的液体及加热表面材料由表4-5确定C_{wl}和n,然后以沸腾温差Δt代入式(4-100)中得到热流通量q,再按$\alpha = q/\Delta t$计算出沸腾传热系数α。

2) 大容器沸腾的临界热通量

经过实验研究,沸腾传热临界热通量的经验方程[1]可以表示为

$$q_c = \frac{\pi}{24} r \rho_v^{1/2} [g\sigma(\rho_l - \rho_v)]^{1/4} \tag{4-101}$$

式中各项符号的物理意义与式(4-100)的相同。

4.4.4 影响沸腾传热的因素及强化途径

沸腾传热是包含相变过程的对流传热过程,除了影响单相对流传热的各种因素外,沸腾传热过程还与气泡形成、成长和脱离等因素有关,它是对流传热过程中影响因素最多、最复杂的传热过程。下面将讨论沸腾传热的主要影响因素。

1. 液体性质与操作压力的影响

液体的物性参数对沸腾传热过程有着重要的影响。一般地,随着液体导热系数、密度增大,沸腾对流传热系数增大;随着气液表面张力、液体黏度增大,沸腾对流传热系数减小。在相同条件下,有机物及盐的水溶液的沸腾对流传热系数比水的低。

提高沸腾压力即提高了液体的饱和温度,导致液体的表面张力和黏度下降,有利于气泡的形成和脱离,使沸腾传热增强,在相同过热度下可得到更大的沸腾传热系数和传热速率。

2. 加热表面性质的影响

加热面的材料、粗糙程度和清洁程度都对沸腾传热有显著的影响。通常,清洁加热面的沸腾对流传热系数较高,加热表面被污染后沸腾对流传热系数下降。粗糙表面有可能提供更多的汽化核心,使沸腾对流传热系数增大。但也并非表面越粗糙越有利于沸腾传热,这是因为大的凹穴容易被液体注满,从而失去了作为汽化核心的能力。因而,加热表面的粗糙程度存在一定的极限,超过限制后,再增大表面粗糙度并不能强化沸腾传热。

3. 加热面的布置

工业中蒸发器的加热面常由水平管束组成。这种情况与单管的沸腾有很大差别。在管束中,由于下排管表面产生的气泡在向上浮升时会引起附加扰动,导致液体在管束间的沸腾传热系数大于单管外的液体沸腾。气泡的扰动程度与沸腾压

力、热通量、液体性质和管束排布等因素有关。

4. 沸腾过程的强化

沸腾传热与气泡的产生、成长和脱离存在密切关系,而气泡的特性是受加热面性质和液体性质两方面的影响。因此,强化沸腾传热也需从这两方面出发。

近年来,人们在增加加热表面汽化核心的思路上进行了许多探索,开发出了两类增加表面凹穴的方法:一是采用烧结、钎焊、火焰喷涂、电离沉积等物理与化学方法,在换热面上造成一层多孔结构;二是采用机械加工方法,在换热表面上形成多孔结构,这种强化表面的传热强度一般比光滑管高一个数量级。

另外,在沸腾液体中加入少量添加剂以降低表面张力,也可提高沸腾对流传热系数。

4.5 辐射传热

在传热的机理上,热辐射与热传导、对流传热存在本质差别。物体温度较高时,热辐射往往成为主要传热方式。例如,在石油化工厂的管式裂解炉中温度高达800~900℃,传热过程就以辐射传热为主。因此有必要了解辐射传热的基本规律。本节将介绍热辐射基本概念和基本定律,然后讨论固体间辐射传热的计算方法,并介绍气体热辐射的特点。

4.5.1 热辐射的基本概念

辐射是通过电磁波传递能量的现象。物体由于热的原因以电磁波的形式向外发射能量的过程称为热辐射。凡是温度在绝对零度以上的物体都会以热辐射的形式向外发射能量,同时,物体也不断地吸收周围物体投射来的热辐射,并把所吸收的辐射能重新转变为热能。辐射传热就是指物体之间相互辐射和吸收能量的总效果。当辐射传热是在温度不同的物体之间进行时,辐射传热的结果是从高温物体向低温物体传递热量;当物体与周围环境处于热平衡时,物体表面的热辐射仍在进行,但是辐射传热的传热量等于零。

电磁波的波长范围极广,但是在工业中所遇到的温度范围内,能够被物体吸收而转变为热能的辐射主要是红外线和可见光两部分,即波长为 $0.38\sim100\mu m$ 区域内的电磁波,其大部分能量处于红外线区段,即 $0.76\sim20\mu m$,而在可见光区段,即波长为 $0.38\sim0.76\mu m$ 的范围内,通常热辐射能量的份额很小,只有在高温下才能察觉其热效应。太阳的温度约为 5800K,太阳辐射的能量主要集中在 $0.2\sim2\mu m$ 的波长区段中,其中可见光的能量份额很大。红外线和可见光统称为热射线。

与可见光一样,热射线也同样具有反射、折射和吸收的特性,服从光的反射和折射定律。在均一介质中做直线传播,在真空和大多数气体中可以完全穿透,但不能穿透工业上常见的大多数固体或液体。

图 4-33 表示辐射能的分配。热辐射的能量投射到物体表面时,在入射的总辐射能量 Q 中,有 Q_α 的能量被吸收,Q_ρ 的能量被反射,其余 Q_τ 的能量穿透了物体。根据能量守恒定律,得

$$Q_\alpha + Q_\rho + Q_\tau = Q \tag{4-102a}$$

或

$$\frac{Q_\alpha}{Q} + \frac{Q_\rho}{Q} + \frac{Q_\tau}{Q} = 1 \tag{4-102b}$$

式中各部分能量与投射到物体表面上总能量的比值 $\alpha = \dfrac{Q_\alpha}{Q}$、$\rho = \dfrac{Q_\rho}{Q}$ 和 $\tau = \dfrac{Q_\tau}{Q}$ 分别称为该物体对投射辐射的吸收率 α、反射率 ρ 和穿透率 τ,于是可得

$$\alpha + \rho + \tau = 1 \tag{4-103}$$

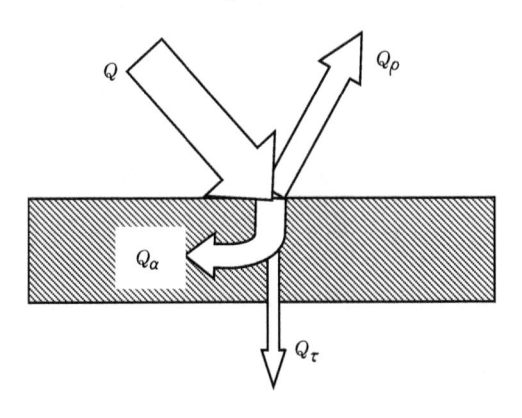

图 4-33 辐射能的吸收、反射和穿透

物体的吸收率、反射率和穿透率与物体的性质、温度、表面状况和辐射能的波长等因素有关。

若 $\alpha=1$,则表示投射到物体表面上的辐射能可以全部被物体吸收。这种物体称为绝对黑体或简称黑体。均匀温度封闭空腔上小孔的辐射特性接近于黑体。

若 $\rho=1$,则表示投射到物体表面上的辐射能可以全部被物体反射出去。这种物体称为绝对白体或镜体。如果投射辐射能的入射角等于反射辐射能的反射角,该物体称为镜体;如果反射的情况为漫反射,即入射的辐射能被物体反射后沿空间的各个方向分布,该物体则称为绝对白体,或简称白体。表面磨光的金属接近于镜体。

若 $\tau=1$,则表示投射到物体表面上的辐射能可以全部穿透物体。这种物体称为绝对透明体或透热体。

由于辐射能不能穿透固体或液体，即 $\tau=0$，因此，对于固体或液体而言，式(4-103)可简化为

$$\alpha+\rho=1 \tag{4-104}$$

式(4-104)表明，吸收能力强的物体，其反射能力一定差；反之亦然。固体和液体对外界的辐射，以及它们对投射辐射的吸收和反射都在物体的表面进行，不涉及物体的内部，因此物体的表面状况对热辐射有关特性的影响是至关重要的。

辐射能投射到气体上时，与固体或液体不同，气体对辐射能则几乎没有反射能力，可以认为 $\rho=0$，因此式(4-103)可简化为

$$\alpha+\tau=1 \tag{4-105}$$

对于单原子气体和对称双原子气体(如 H_2、O_2、N_2、He 等)，一般可看作透热体，而对于多原子气体和不对称的双原子气体则能选择性地吸收和发射某一波段的辐射能。

自然界中并不存在绝对黑体、绝对白体和绝对透明体，这些都是假想的理想物体。实际物体只能或多或少地接近这些理想物体。需要注意的是，绝对黑体、绝对白体和绝对透明体不仅仅针对可见光，而是对整个范围的热射线而言的。玻璃对可见光是透明的，但对其他热射线却几乎是不透明的，温室就是利用了玻璃的这种特性。虽然白色表面反射可见光的能力比其他颜色物体强，但是对于其他波长区段的热射线而言，它同样具有很强的吸收能力。例如雪对可见光外的热射线则几乎接近于黑体。

如果物体对不同波长的辐射能的吸收程度完全相同，则物体对投入辐射的吸收率便与外界无关。这种能以相同的吸收率吸收所有波长范围的辐射能的物体，称为灰体。灰体也是一种理想物体。当热射线的波长范围为 $0.38\sim20\mu m$ 时，大多数的工程材料均可视为灰体。引入灰体的概念可以使辐射传热的计算大为简化。

4.5.2 辐射基本定律

1. 辐射能力与斯蒂芬-波耳茨曼定律

物体在一定温度下，单位表面积、单位时间内所发出的全部波长的总能量，称为该物体在该温度下的辐射能力，以 E 表示，单位为 W/m^2。它表征了物体发射辐射能的能力。

斯蒂芬-波耳茨曼定律表明了黑体辐射能力与温度的关系，黑体辐射能力可写为

$$\boxed{E_b=\sigma_0 T^4} \tag{4-106a}$$

式(4-106a)即为斯蒂芬-波耳茨曼定律的表达式，它说明了黑体辐射能力 E_b 与

其表面热力学温度 T(单位为 K)的四次方成正比,因此又称为四次方定律。式中 σ_0 为黑体辐射常数,其数值为 $5.67\times10^{-8}\,\text{W}/(\text{m}^2\cdot\text{K}^4)$。为了方便工程计算,通常将式(4-106a)写为

$$E_b = C_0(T/100)^4 \qquad (4\text{-}106\text{b})$$

式中,C_0 称为黑体辐射系数,数值为 $5.67\,\text{W}/(\text{m}^2\cdot\text{K}^4)$。

实验证明,斯蒂芬-波耳茨曼定律也同样适用于灰体。此时,灰体的辐射能力为

$$E = C(T/100)^4 \qquad (4\text{-}107)$$

式中,C 称为灰体辐射系数。

在一定温度下,将灰体的辐射能力与同温度下黑体的辐射能力之比定义为物体的黑度,或物体的发射率,用 ε 表示:

$$\varepsilon = \frac{E}{E_b} = \frac{C}{C_0} \qquad (4\text{-}108)$$

由上述定义,对于灰体的辐射能力可以表示为

$$E = \varepsilon C_0(T/100)^4 \qquad (4\text{-}109)$$

物体表面的黑度与物体的性质、表面状况和温度等因素有关,是物体本身的固有特性,与外界环境无关。通常物体的黑度需实验测定。常用工程材料的黑度如表 4-6 所示。

表 4-6 常用工程材料的表面黑度

材　料	温　度/℃	黑　度 ε
木材	20	0.80～0.92
石棉纸	40～400	0.93～0.94
红砖	20	0.93
耐火砖	500～1000	0.8～0.9
氧化的钢板	200～600	0.8
氧化的铝	200～600	0.11～0.19
氧化的铜	200～600	0.57～0.87
氧化的铸铁	200～600	0.64～0.78
磨光的钢板	940～1100	0.55～0.61
磨光的铝	225～575	0.039～0.057
磨光的铜	20	0.03
磨光的铸铁	330～910	0.6～0.7
磨光的金	200～600	0.02～0.03
磨光的银	200～600	0.02～0.03
各种颜色的油漆	100	0.92～0.96
抛光的不锈钢	25	0.60

2. 克希霍夫定律

克希霍夫定律揭示了物体的辐射能力 E 与吸收率 α 之间的关系。

假设有两个无限大的平行平壁，一个壁面的辐射能可以全部落入另一个平壁的表面上，如图 4-34 所示。其中壁面 1 为灰体，壁面 2 为黑体。壁面 1 和壁面 2 的温度、辐射能力、吸收率分别为 T_1、T_2，E_1、E_b，α_1、α_b（$\alpha_b = 1$）。两壁面之间为透热体，系统与外界绝热。

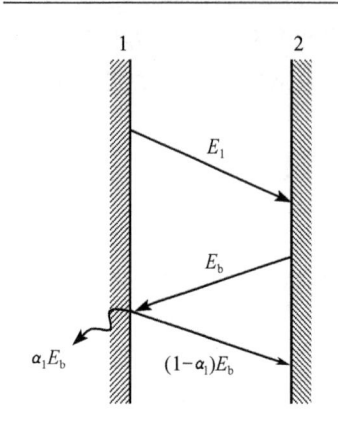

图 4-34 平行平壁间的辐射传热

壁面 1 发射出的辐射能为 E_1，这部分辐射能投射到壁面 2 上时，被黑体壁面 2 全部吸收。黑体表面 2 所发射出的辐射能为 E_b，这些能量落在灰体表面 1 上时，只有部分辐射能被吸收，即 $\alpha_1 E_b$，其余部分则被灰体壁面 1 反射回去，即 $(1-\alpha_1)E_b$，并被表面 2 全部吸收。

当两个壁面温度相等时，即 $T_1 = T_2$，则两个壁面之间的辐射传热达到平衡，壁面 1 发射的能量与吸收的能量必然相等，即

$$E_1 = \alpha_1 E_b$$

或

$$\frac{E_1}{\alpha_1} = E_b$$

上述关系可以推广到任意灰体，都可以建立灰体的吸收率与辐射能力之间的关系，即

$$\frac{E}{\alpha} = \frac{E_1}{\alpha_1} = E_b = f(T) \tag{4-110}$$

式(4-110)即为克希霍夫定律的数学表达式。克希霍夫定律说明，在热平衡条件下，任何物体的辐射能力与吸收率的比值恒等于同温度下黑体的辐射能力，其值仅与物体的温度有关。

克希霍夫定律表明，物体的吸收率越大，其发射能力也越强，即善于吸收的物体必然善于发射。因而，在所有物体中，黑体的辐射能力最强。反之，对于吸收率很小的物体，其辐射能力也很小。

由式(4-110)可以得到 $\alpha = \dfrac{E}{E_b}$，对比式(4-108)中对物体黑度的定义，则有

$$\boxed{\alpha = \varepsilon = \frac{E}{E_b}} \tag{4-111}$$

式(4-111)是克希霍夫定律的另一种表达形式。它可以表述如下:热平衡时,灰体的吸收率在数值上等于同温度下该物体的黑度。

4.5.3 固体间的辐射传热

1. 角系数

在工业上常遇到两固体之间的辐射传热,大多数工程材料可近似按灰体处理。

灰体表面之间的辐射传热比较复杂,其原因一是灰体的吸收率都小于1,当灰体之间辐射传热时,存在辐射能的多次被吸收和多次被反射的过程。它比灰体与黑体之间的辐射传热过程复杂;二是由于实际物体的形状、大小和相互位置等因素的影响,一个物体表面发射的辐射能可能只有部分落到了其他物体的表面上。为此引入角系数 φ 的概念。

角系数 φ_{ij} 表示物体 i 的表面辐射总能量落到另一物体 j 上的份额,即

$$\varphi_{ij} = \frac{\text{落到表面} A_j \text{上的由表面} A_i \text{发出的辐射能}}{\text{由表面} A_i \text{发出的总辐射能}}$$

它与物体的形状、大小、相互位置以及两物体之间的距离等几何因素有关,因而又称为几何因子。

如图 4-35 所示,图 4-35(a)表示两平行壁面之间的辐射传热。壁面1所发出的辐射能部分地落在壁面2上,因此 $\varphi_{12}<1$。在如图 4-35(b)所示的情况下,壁面1所发出的辐射能全部地落入壁面2上,因而 $\varphi_{12}=1$;此外,由于壁面1上的任何部分均不能直接辐射到自身表面上,因此 $\varphi_{11}=0$;而壁面2的辐射能只是部分地投射到了壁面1上,另一部分辐射能则投射到了其自身上,因此 $\varphi_{21}<1,\varphi_{22}\neq0$。

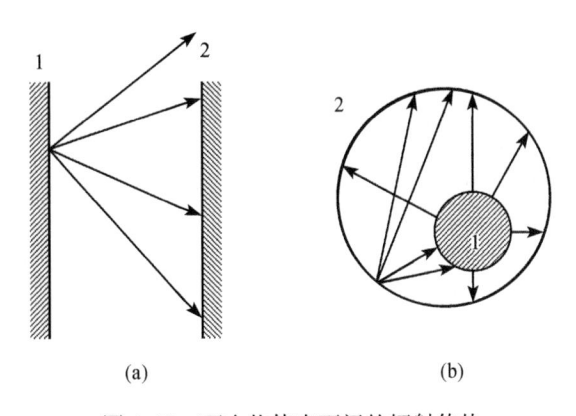

图 4-35 两个物体表面间的辐射传热

理论上可以证明,对于任意两物体壁面之间的辐射,如图 4-36 所示,其角系数可以表示为

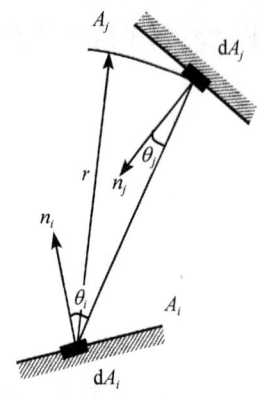

图 4-36　任意两个表面间辐射的几何关系

$$\varphi_{ij} = \frac{1}{A_i}\int_{A_i}\int_{A_j} \frac{\cos\theta_i\cos\theta_j}{\pi r^2} dA_j dA_i \quad (4\text{-}112\text{a})$$

$$\varphi_{ji} = \frac{1}{A_j}\int_{A_j}\int_{A_i} \frac{\cos\theta_i\cos\theta_j}{\pi r^2} dA_i dA_j \quad (4\text{-}112\text{b})$$

式中,θ_i 和 θ_j 分别为辐射射线与壁面微元法线之间的夹角;A_i 和 A_j 分别为两任意物体壁面的面积;r 为两壁面微元面积之间的距离。

角系数具有如下性质:

1) 角系数的相对性

根据式(4-112),两任意物体壁面 i、j 之间进行辐射传热时,有

$$\varphi_{ij}A_i = \varphi_{ji}A_j \quad (4\text{-}113)$$

这个性质称为角系数的相对性。它表明角系数 φ_{ij} 与 φ_{ji} 不是独立的,而受式(4-113)的制约。

2) 角系数的完整性

对于由 n 个物体壁面组成的封闭系统,根据能量守恒原理,从任何一个壁面发出的辐射能必然全部落入到封闭系统中的各个壁面上。因此,任一壁面 i 对封闭系统的各表面的角系数一定存在如下关系:

$$\sum_{j=1}^{n} \varphi_{ij} = 1 \quad (4\text{-}114)$$

对于如图 4-37 所示的由 7 个壁面组成的封闭系统,角系数的完整性要求:表面 1 对自身和其他壁面的角系数应满足

$$\varphi_{11} + \varphi_{12} + \varphi_{13} + \varphi_{14} + \varphi_{15} + \varphi_{16} + \varphi_{17} = 1$$

如果壁面 1 为凸面或平面,则由壁面 1 所发出的辐射射线不会落到其自身上,即 $\varphi_{11}=0$,如果壁面 1 为凹面,如图中虚线所示,则 $\varphi_{11}\neq 0$。

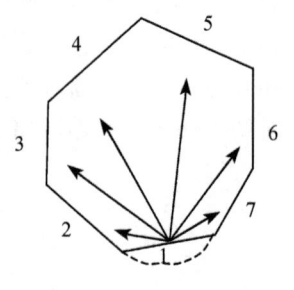

图 4-37　角系数的完整性

3) 角系数的可加性

对于如图 4-38 所示壁面 i 对壁面 j 的角系数,由于从壁面 i(不妨设为黑体)上发出而落在壁面 j 上的总辐射能量等于落到壁面 j 上各部分的辐射能量之和,于是

$$\varphi_{ij}A_iE_{bi} = \varphi_{ia}A_iE_{bi} + \varphi_{ib}A_iE_{bi}$$

即

$$\varphi_{ij} = \varphi_{ia} + \varphi_{ib}$$

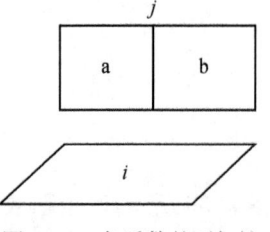

图 4-38　角系数的可加性

如果将壁面 j 划分为 n 块,则有

$$\varphi_{ij} = \sum_{k=1}^{n} \varphi_{ik} \tag{4-115}$$

式(4-115)即为角系数可加性的数学表达式。需要注意的是,在利用角系数的可加性时,只是对角系数符号中的第二个角标是可加的,对第一个角标则不存在可加的关系。由于从壁面 j 发出的落在壁面 i 上的总辐射能,等于从壁面 j 的各个组成部分发出而落在壁面 i 上的辐射能之和。对于如图 4-38 所示的情况可以写出(不妨设壁面 j 为黑体)

$$\varphi_{ji} A_j E_{bj} = \varphi_{ai} A_a E_{bj} + \varphi_{bi} A_b E_{bj}$$

则有

$$\varphi_{ji} = \varphi_{ai} \frac{A_a}{A_j} + \varphi_{bi} \frac{A_b}{A_j} \tag{4-116}$$

角系数所具有的上述性质,给实际计算带来了许多方便,可以根据一些简单情况下已知的角系数数值推算出另外一些较复杂系统的角系数。

图 4-39 给出了平行壁面间的角系数的图线。其他情况下的角系数可以查阅有关手册。

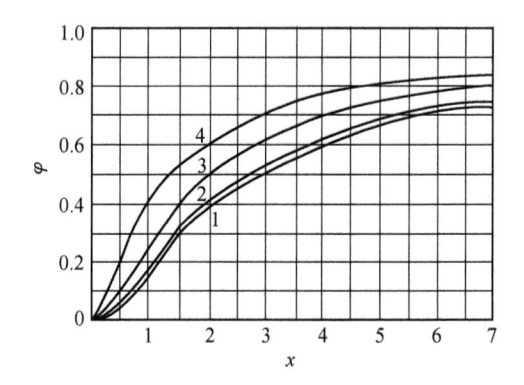

图 4-39 平行平壁间辐射传热的角系数
1. 圆盘形;2. 正方形;3. 长方形(边长之比为 2∶1);4. 长方形(狭长)

$$x = \frac{l}{b} \left(\text{或} \frac{d}{b} \right) = \frac{\text{边长(长方形用短边)或直径}}{\text{辐射面间的距离}}$$

2. 灰体间的辐射传热

前已述及,在灰体之间的辐射传热过程中,辐射能多次被吸收和多次被反射,这给辐射传热的分析和计算带来了很大的困难。为此可将所有离开灰体表面的辐射能量视为一个整体而引入有效辐射的概念,以简化传热过程的分析和计算。

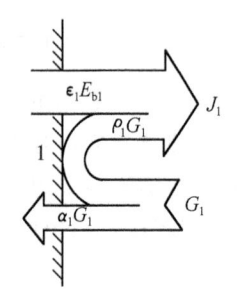

设壁面的吸收率为 α，反射率为 ρ，黑度为 ε。定义单位时间内投射到壁面的单位面积上的总辐射能为投入辐射，记为 G；再定义单位时间内离开壁面单位面积的总辐射能为该壁面的有效辐射，以 J 表示。有效辐射 J 中不仅包括壁面的自身辐射 $E(E=\varepsilon E_b)$，而且还包括投入辐射 G 中的被壁面所反射的部分 ρG 或 $(1-\alpha)G$，即 $(1-\varepsilon)G$。

图 4-40 有效辐射示意图

现考察一壁面温度均匀、壁面辐射特性恒定的壁面，如图 4-40 所示。根据有效辐射的定义，壁面上的有效辐射可以表示为

$$J = E + \rho G = \varepsilon E_b + (1-\alpha)G = \varepsilon E_b + (1-\varepsilon)G \qquad (4\text{-}117\text{a})$$

由壁面的外部看，壁面能量的收支差额应等于壁面 1 与外界的辐射传热量

$$Q = (J - G)A \qquad (4\text{-}117\text{b})$$

由壁面的内部看，壁面与外界进行的辐射传热量为

$$Q = (E - \alpha G)A \qquad (4\text{-}117\text{c})$$

由式(4-117b)和式(4-117c)消去投入辐射项 G，即可得到有效辐射与壁面的净辐射传热量之间的关系：

$$J = \frac{E}{\alpha} - \frac{1-\alpha}{\alpha}\frac{Q}{A} = E_b - \left(\frac{1}{\varepsilon} - 1\right)\frac{Q}{A} \qquad (4\text{-}118\text{a})$$

由式(4-117a)和式(4-117b)消去投入辐射项 G，还可将壁面的净辐射传热量与有效辐射之间的关系写为

$$Q = \frac{E_b - J}{\dfrac{1-\varepsilon}{A\varepsilon}} = \frac{E_b - J}{R} \qquad (4\text{-}118\text{b})$$

式中，$(E_b - J)$ 称为辐射势差；$R = \dfrac{1-\varepsilon}{A\varepsilon}$，定义为表面辐射热阻或简称为表面热阻，它仅与壁面的黑度和表面积有关。若壁面为黑体，$\varepsilon = 1$，则由式(4-118a)得到壁面的有效辐射为 $J = E_b$。

当任意两个壁面 A_1 和 A_2 作相互辐射传热时，壁面 A_1 与壁面 A_2 的净辐射传热量 Q_{12} 可以表示为

$$Q_{12} = \varphi_{12} A_1 J_1 - \varphi_{21} A_2 J_2 \qquad (4\text{-}119\text{a})$$

式中，J_1、J_2 分别表示壁面 A_1 与壁面 A_2 的有效辐射。

由角系数的相对性，可将式(4-119a)改写为

$$Q_{12} = \varphi_{12} A_1 (J_1 - J_2) = \frac{J_1 - J_2}{\dfrac{1}{\varphi_{12} A_1}} = \frac{J_1 - J_2}{R_{12}} \qquad (4\text{-}119\text{b})$$

式中，$R_{12}=\dfrac{1}{\varphi_{12}A_1}$，定义为壁面辐射的空间热阻。空间热阻仅与角系数和壁面的表面积有关。当角系数 $\varphi_{12}=0$，空间热阻 $R_{12}\to\infty$，即表示没有辐射能由壁面 A_1 传向壁面 A_2。

将式(4-118b)和式(4-119b)与电学中的欧姆定律相比可见，辐射传热量 Q_{12} 相当于电流强度；(E_b-J) 或 (J_1-J_2) 相当于电势差，其中 E_b 相当于电源电势，J 相当于节点电压；而表面热阻 R 或空间热阻 R_{12} 则相当于电阻，如图 4-41 所示。因此，对于辐射传热计算，可以采用与电路中电流计算相类似的方法来计算辐射传热量。这种将辐射热阻类比为等效电阻，从而通过等效网络图来求解辐射传热的方法称为辐射传热的网络法。

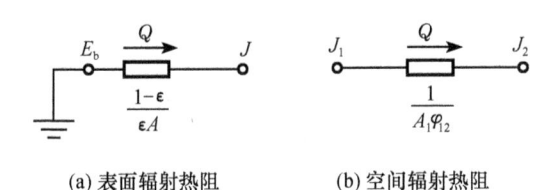

(a) 表面辐射热阻　　(b) 空间辐射热阻

图 4-41　辐射传热的热阻

建立了表面热阻和空间热阻的概念后，就可应用有效辐射及网络法来计算灰体之间的辐射传热。

1) 两个灰体表面间的辐射传热

设由两个灰体表面组成的封闭系统，表面 1 和表面 2 的温度、表面积和黑度分别为 T_1、T_2、A_1、A_2、ε_1 和 ε_2，如图 4-42(a)所示。

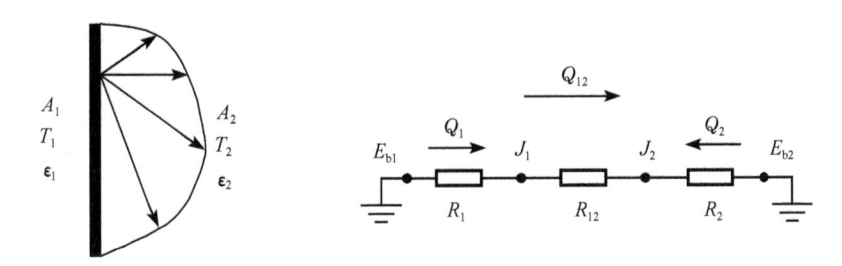

(a) 由两个灰体表面组成的封闭腔　　(b) 辐射传热等效网络

图 4-42　两个灰体表面之间的辐射传热

由式(4-118b)可以写出表面 1 和表面 2 上的净辐射传热量

$$Q_1=\dfrac{E_{b1}-J_1}{\dfrac{1-\varepsilon_1}{A_1\varepsilon_1}}=\dfrac{E_{b1}-J_1}{R_1} \tag{4-120a}$$

$$Q_2 = \frac{E_{b2} - J_2}{\dfrac{1-\varepsilon_2}{A_2\varepsilon_2}} = \frac{E_{b2} - J_2}{R_2} \qquad (4\text{-}120\text{b})$$

按空间热阻的概念,从表面 1 到表面 2 的净辐射传热量可以表示为

$$Q_{12} = \varphi_{12} A_1 (J_1 - J_2) = \frac{J_1 - J_2}{\dfrac{1}{\varphi_{12} A_1}} = \frac{J_1 - J_2}{R_{12}} \qquad (4\text{-}120\text{c})$$

由辐射传热的各个环节可以画出等效辐射传热的网络图,如图 4-42(b)所示。联立式(4-120a)~式(4-120c),消去 J_1 和 J_2,而且 $Q_1 = Q_{12} = -Q_2$,可得

$$Q_{12} = \frac{E_{b1} - E_{b2}}{R_1 + R_{12} + R_2} = \frac{E_{b1} - E_{b2}}{\dfrac{1-\varepsilon_1}{A_1\varepsilon_1} + \dfrac{1}{\varphi_{12} A_1} + \dfrac{1-\varepsilon_2}{A_2\varepsilon_2}} \qquad (4\text{-}120\text{d})$$

进而还可以写为

$$\boxed{Q_{12} = \frac{C_0\left[\left(\dfrac{T_1}{100}\right)^4 - \left(\dfrac{T_2}{100}\right)^4\right]}{\dfrac{1-\varepsilon_1}{A_1\varepsilon_1} + \dfrac{1}{\varphi_{12} A_1} + \dfrac{1-\varepsilon_2}{A_2\varepsilon_2}}} \qquad (4\text{-}120\text{e})$$

式(4-120e)即为计算两个灰体表面之间辐射传热量的一般式。

2) 三个灰体表面间的辐射传热

设由三个灰体表面组成的封闭系统,表面 1、表面 2 和表面 3 的温度、表面积和黑度分别为 T_1、T_2、T_3、A_1、A_2、A_3、ε_1、ε_2 和 ε_3,如图 4-43(a)所示。

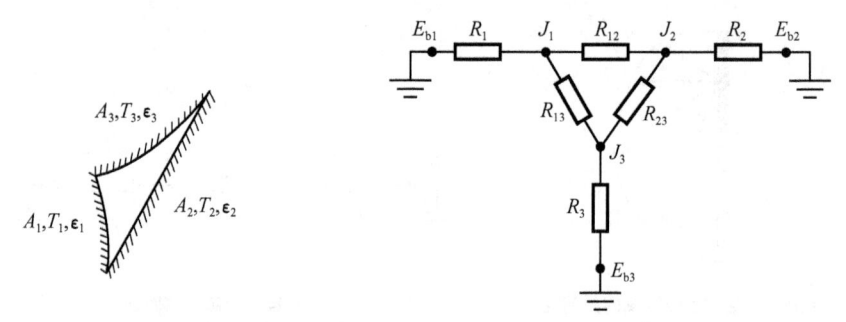

(a) 由三个灰体表面组成的封闭腔　　(b) 辐射传热等效网络

图 4-43　三个灰体表面之间的辐射传热

将两个灰体表面组成的封闭腔的辐射传热网络加以拓展,即可得到由三个灰体表面组成的封闭腔的辐射传热的等效网络图,如图 4-43(b)所示。在作辐射传热计算时,可以先对节点 J_1、J_2 和 J_3 列出热量平衡方程式,并利用角系数的相对性,可得

$$J_1: \quad \frac{E_{b1}-J_1}{\dfrac{1-\varepsilon_1}{A_1\varepsilon_1}} + \frac{J_2-J_1}{\dfrac{1}{\varphi_{12}A_1}} + \frac{J_3-J_1}{\dfrac{1}{\varphi_{13}A_1}} = 0 \qquad (4\text{-}121\text{a})$$

$$J_2: \quad \frac{E_{b2}-J_2}{\dfrac{1-\varepsilon_2}{A_2\varepsilon_2}} + \frac{J_1-J_2}{\dfrac{1}{\varphi_{12}A_1}} + \frac{J_3-J_2}{\dfrac{1}{\varphi_{23}A_2}} = 0 \qquad (4\text{-}121\text{b})$$

$$J_3: \quad \frac{E_{b3}-J_3}{\dfrac{1-\varepsilon_3}{A_3\varepsilon_3}} + \frac{J_1-J_3}{\dfrac{1}{\varphi_{13}A_1}} + \frac{J_2-J_3}{\dfrac{1}{\varphi_{23}A_2}} = 0 \qquad (4\text{-}121\text{c})$$

求解上述方程可以得到三个表面上的有效辐射 J_1、J_2 和 J_3。再利用公式

$$Q_i = \frac{E_{bi}-J_i}{\dfrac{1-\varepsilon_i}{A_i\varepsilon_i}} \qquad (i=1,2,3) \qquad (4\text{-}121\text{d})$$

计算每个表面上的净辐射传热量。

在由三个灰体表面组成的封闭系统中有两个重要的特例可以使计算大为简化，这就是三个表面中的一个表面为黑体或有一个表面绝热的情况。

(1) 有一个表面为黑体

设表面 3 为黑体，此时表面 3 上的表面热阻为零，从而使 $J_3 = E_{b3}$，辐射传热的等效网络简化为图 4-44(a)。这时节点上的热量平衡方程简化为一个二阶代数方程组。

(a) 有一个表面为黑体　　　　　　　(b) 有一个表面为绝热表面

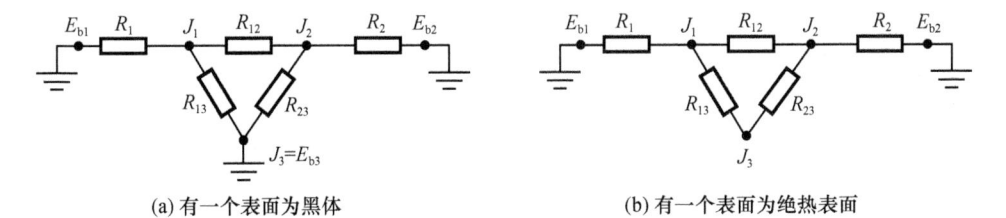

图 4-44　三个灰体表面之间辐射传热的特例

(2) 有一个表面为绝热表面

此时在表面 3 上的净辐射传热量为零，满足

$$Q_3 = \frac{E_{b3}-J_3}{\dfrac{1-\varepsilon_3}{A_3\varepsilon_3}} = 0$$

即

$$J_3 = E_{b3}$$

也就是说，在该表面上的有效辐射等于同温度下的黑体辐射。然而，与前一种特例不同的是，在这种情况下，绝热表面的温度是未知的，其温度是由其他两个表面的传热情况所决定，其等效的辐射传热网络如图 4-44(b)所示。

在辐射传热中，这种表面温度未知而净辐射传热量为零的表面称为重辐射面。在工程中经常会遇到重辐射面的情形，如加热炉窑内部保温很好的耐火墙就是这种绝热表面。这时可以认为绝热表面把落在其表面上的辐射能又重新全部辐射出去。虽然重辐射面与传热表面间无净

辐射热量交换,但是它的重辐射作用却影响着其他传热表面之间的辐射传热。

对于具有重辐射面的三表面封闭腔内的辐射传热,按图 4-44(b)所示的情况,辐射传热的传热量可以表示为

$$Q_1 = -Q_2 = \frac{E_{b1} - E_{b2}}{R}$$

式中,R 为表面 1 与表面 2 之间的等效热阻,由于 J_3 为悬浮节点,因而可根据热阻的串、并联关系写出

$$R = R_1 + \frac{1}{\dfrac{1}{R_{12}} + \dfrac{1}{R_{13} + R_{23}}} + R_2$$

$$= \frac{1-\varepsilon_1}{A_1\varepsilon_1} + \frac{1}{\varphi_{12}A_1 + \dfrac{1}{\dfrac{1}{\varphi_{13}A_1} + \dfrac{1}{\varphi_{23}A_2}}} + \frac{1-\varepsilon_2}{A_2\varepsilon_2}$$

例 4-7 某车间内有一高度为 0.5m,宽度为 1m 的铸铁炉门(已氧化),其表面温度为 500℃,室温为 25℃。为了减少炉门的辐射散热,在距离炉门 30mm 处放置一块与炉门同样大小的铝质遮热板(已氧化)。试计算放置遮热板前后炉门因辐射而散失的热量。

解 铸铁炉门与车间四壁或遮热板之间的辐射传热可按灰体表面间的辐射传热计算。

由表 4-6 查得铸铁和铝板的黑度分别为 $\varepsilon_1 = 0.78, \varepsilon_2 = 0.19$。

(1) 在放置遮热板前,炉门壁面 1 为车间的四壁(统称为表面 3)所包围,故炉门对车间四壁的角系数 $\varphi_{13} = 1$,又因为炉门的面积相对于车间四壁的面积很小,即 $A_1 \ll A_3$,因此由式(4-120e)可得炉门与车间四壁的辐射传热量为

$$Q_{13} = \frac{C_0\left[\left(\dfrac{T_1}{100}\right)^4 - \left(\dfrac{T_3}{100}\right)^4\right]}{\dfrac{1-\varepsilon_1}{A_1\varepsilon_1} + \dfrac{1}{\varphi_{13}A_1} + \dfrac{1-\varepsilon_3}{A_3\varepsilon_3}} = \frac{A_1\varepsilon_1 C_0\left[\left(\dfrac{T_1}{100}\right)^4 - \left(\dfrac{T_3}{100}\right)^4\right]}{1 + \dfrac{A_1}{A_3}\dfrac{\varepsilon_1(1-\varepsilon_3)}{\varepsilon_3}}$$

$$\approx A_1\varepsilon_1 C_0\left[\left(\dfrac{T_1}{100}\right)^4 - \left(\dfrac{T_3}{100}\right)^4\right]$$

$$= 0.5 \times 1 \times 0.78 \times 5.67 \times \left[\left(\dfrac{500+273}{100}\right)^4 - \left(\dfrac{25+273}{100}\right)^4\right]$$

$$= 7721(\text{W})$$

(2) 在放置遮热板后,由于炉门壁面 1 与遮热板壁面 2 的距离很近,可以近似视为两个无限大灰体平壁之间的辐射传热,即 $\varphi_{12} = 1, A_1 = A_2$,因此由式(4-120e)可得炉门与遮热板壁的辐射传热量为

$$Q_{12} = \frac{C_0\left[\left(\frac{T_1}{100}\right)^4 - \left(\frac{T_2}{100}\right)^4\right]}{\frac{1-\varepsilon_1}{A_1\varepsilon_1} + \frac{1}{\varphi_{12}A_1} + \frac{1-\varepsilon_2}{A_2\varepsilon_2}} = \frac{A_1C_0\left[\left(\frac{T_1}{100}\right)^4 - \left(\frac{T_2}{100}\right)^4\right]}{\frac{1}{\varepsilon_1} + \frac{1}{\varepsilon_2} - 1}$$

同时遮热板与车间四壁之间也存在辐射传热,其传热量可表示为

$$Q_{23} = A_2\varepsilon_2 C_0\left[\left(\frac{T_2}{100}\right)^4 - \left(\frac{T_3}{100}\right)^4\right]$$

在稳态时,$Q_{12} = Q_{23}$,即

$$\frac{\left(\frac{T_1}{100}\right)^4 - \left(\frac{T_2}{100}\right)^4}{\frac{1}{\varepsilon_1} + \frac{1}{\varepsilon_2} - 1} = \varepsilon_2\left[\left(\frac{T_2}{100}\right)^4 - \left(\frac{T_3}{100}\right)^4\right]$$

代入有关数据得

$$\frac{\left(\frac{500+273}{100}\right)^4 - \left(\frac{T_2}{100}\right)^4}{\frac{1}{0.78} + \frac{1}{0.19} - 1} = 0.19 \times \left[\left(\frac{T_2}{100}\right)^4 - \left(\frac{25+273}{100}\right)^4\right]$$

经整理后,可得遮热板的温度 $T_2 = 649.4\text{K}$,$t_2 = 376.4℃$,从而可计算出炉门的辐射散热量

$$Q_{12} = \frac{A_1C_0\left[\left(\frac{T_1}{100}\right)^4 - \left(\frac{T_2}{100}\right)^4\right]}{\frac{1}{\varepsilon_1} + \frac{1}{\varepsilon_2} - 1}$$

$$= \frac{0.5 \times 1 \times 5.67 \times \left[\left(\frac{500+273}{100}\right)^4 - \left(\frac{649.4}{100}\right)^4\right]}{\frac{1}{0.78} + \frac{1}{0.19} - 1}$$

$$= 916.1(\text{W})$$

在炉门外设置遮热板后,炉门的辐射传热损失减少为

$$\frac{Q_{12}}{Q_{13}} = \frac{916.1}{7721} \times 100\% = 11.9\%$$

讨论 由此可见,设置遮热板是减少辐射散热损失的有效方法,遮热板材料的黑度越小,遮热板的数目越多,则热损失越小。

4.5.4 气体的热辐射

前面所讨论的固体之间的辐射传热均假定固体间的介质为透热介质,未涉及气体与固体之间的辐射传热。对于多原子气体和不对称的双原子气体,如水蒸气、CO_2、CO、SO_2、CH_4、烃类和醇类等,一般都具有相当大的辐射能力和吸收能力,当

这类气体出现在高温传热的场合时,就涉及气体与固体之间的辐射传热问题。例如,在各种加热炉中,高温气体与管壁或设备壁面间的传热过程,不仅包含了流体的对流传热过程,而且必须考虑气体的热辐射对传热过程的影响。

与固体间辐射传热相比,气体的热辐射具有以下两个主要特点:

(1) 气体的辐射和吸收对波长具有强烈的选择性

气体只能辐射或吸收某些波长范围内的辐射能,通常把这种有辐射或吸收能力的波长范围称为光带。在光带以外,气体既不辐射也不吸收,对热射线呈现出透明体的性质。对于二氧化碳和水蒸气,它们的光带主要分为三段,如表4-7所示。

表 4-7　二氧化碳和水蒸气的辐射和吸收光带

序　号	二氧化碳波长区段/μm	水蒸气波长区段/μm
1	2.65~2.80	2.55~2.84
2	4.15~4.45	5.60~7.60
3	13.0~17.0	12.0~30.0

这些光带均位于红外线的波长范围,而且二氧化碳的光带与水蒸气的光带有重叠。由于气体辐射对波长具有选择性的特点,气体不是灰体。

(2) 气体的辐射和吸收在整个容积内进行

固体或液体的辐射都是在物体的表面上进行,而气体的辐射和吸收在整个容积内进行。当热射线穿过气体层时,一方面,热射线的能量由于沿途被气体部分吸收而逐渐减弱;另一方面,在气体界面上所接受到的气体辐射应为到达界面上的整个容积气体辐射的总和。因此,气体的辐射和吸收与气体层的形状和容积大小有关。

虽然气体辐射是一个容积过程,但是气体辐射能力同样可定义如下:在所有光带范围内,单位气体表面在单位时间内所辐射的总能量,以 E_g 表示,单位 W/m²。与固体辐射类似,按照黑度的定义,气体黑度可定义为气体的辐射能力与同温度下黑体辐射能力之比,即 $\varepsilon_g = E_g/E_b$。气体的黑度取决于气体的种类,不同气体的黑度不同。在一定温度下,气体的辐射能力不仅取决于气体的容积和形状,而且还与表面所处的位置有关,这是由于射线的行程长度不等而引起的。

在工程计算中,为了避免射线行程长度不等所引起的气体辐射传热计算的复杂性,可通过实验对各种不同形状气体的不同表面位置测定其平均射线行程 L。平均射线行程取决于气体容积的几何形状、尺寸以及被辐射表面在气体容积壁面上的位置。常见几何形状气体的平均射线行程如表4-8中所示。在缺少资料的情况下,各种几何形状的气体对整个外壳的平均射线行程 L 可按下式估算:

$$L = 3.6 \frac{V}{A} \tag{4-122}$$

式中,V 表示气体所占据的容积,m³;A 表示气体占据容积所具有的表面积,m²。

表 4-8　几种不同形状下气体的平均射线行程

气体的形状	平均射线行程 L
直径为 d 的球体	$0.60d$
每边边长为 a 的立方体	$0.60a$
直径为 d 的无限长圆柱体	$0.90d$
高度等于直径的圆柱体对圆柱侧表面的辐射	$0.60d$
高度等于直径的圆柱体对圆柱底面中心的辐射	$0.77d$
直径为 d 的无限长半圆柱体对平侧面的辐射	$1.26d$
距离为 d 的两个无限大平行平面之间的辐射	$1.8d$
正三角形排列的管束间气体对管束表面的辐射：$t=2d_o$	$2.8(t-d_o)$
正三角形排列的管束间气体对管束表面的辐射：$t=3d_o$	$3.8(t-d_o)$
正方形排列的管束间气体对管束表面的辐射：$t=2d_o$	$3.5(t-d_o)$

注：表中 d_o 为管束中的管子外径；t 为管束的中心距。

根据平均射线行程概念，气体辐射能力或黑度只与气体的温度和平均射线行程上具有辐射能力的气体分子数目有关，而后者显然与气体的分压 p_g 和平均射线行程 L 的乘积成正比。因此，气体黑度可表示为如下的函数关系：

$$\varepsilon_g = f(T_g, p_g L) \tag{4-123}$$

函数的具体形式由实验测定。图 4-45 给出了水蒸气的黑度随温度和 $p_g L$ 的变化关系曲线。

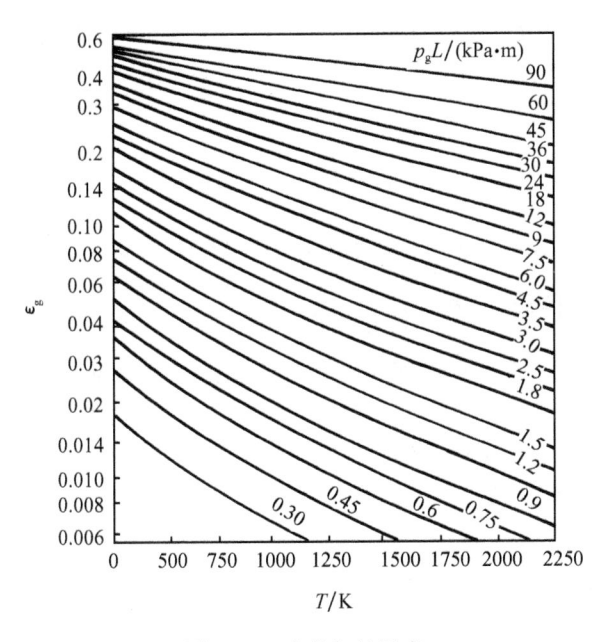

图 4-45　水蒸气的黑度

气体只能选择性地吸收处于光带内的辐射能，因此气体的吸收率不仅与本身

状况有关,而且还与外来辐射有关,气体的吸收率不等于气体的黑度。对于特定的外来辐射,气体的吸收率也可以表示为

$$\alpha_g = f(T_g, p_g L) \tag{4-124}$$

其具体形式也需由实验测定。

虽然气体的辐射能不遵从四次方定律,但在工程上,为了计算方便,气体的辐射能仍写成四次方定律的形式:

$$E_g = \varepsilon_g C_0 \left(\frac{T_g}{100}\right)^4 \tag{4-125}$$

只不过将计算误差归结到气体的黑度中进行修正。

气体与容器壁面之间的净辐射传热因壁是黑体或灰体而有所不同。

当容器器壁为黑体时,设气体温度为 T_g,器壁温度为 T_w,气体以热辐射方式传递给器壁的净辐射传热通量等于气体本身辐射的辐射能减去气体吸收器壁所发出的辐射能,即

$$q = \varepsilon_g E_g - \alpha_g E_{bw} = C_0 \left[\varepsilon_g \left(\frac{T_g}{100}\right)^4 - \alpha_g \left(\frac{T_w}{100}\right)^4\right] \tag{4-126}$$

式中,ε_g 为气体在温度 T_g 下的黑度;α_g 为气体对温度为 T_w 的容器器壁所发出的辐射能量的吸收率。

在工程上,包围气体的容器器壁多为灰体,气体与灰体器壁之间的辐射传热较器壁为黑体时的情况复杂。在计算中,既要考虑灰体壁面的多次反射,又要考虑气体对辐射能吸收的选择性。当器壁黑度大于 0.8 时,气体对灰体器壁的净辐射传热通量可按下式估算:

$$q = \varepsilon'_w C_0 \left[\varepsilon_g \left(\frac{T_g}{100}\right)^4 - \alpha_g \left(\frac{T_w}{100}\right)^4\right] \tag{4-127}$$

式中的修正系数 ε'_w 称为器壁的有效黑度,一般可按 $\varepsilon'_w = 0.5(1+\varepsilon_w)$ 估算。

4.5.5 对流与辐射的复合传热

在化工生产中,通常许多暴露在大气中的设备外壁温度高于周围的环境大气温度。因此热量将由设备壁面散失到周围环境中。由于周围气体对设备壁面的对流传热强度较小,无论设备壁面温度的高低,设备壁面的热辐射作用所占的份额一般都不能忽略。在设备壁面上的热损失应等于壁面上的对流传热与辐射传热的热流量之和。

由对流传热而散失的热量为

$$Q_c = \alpha_c A_w (t_w - t_0) \tag{4-128}$$

式中,α_c 为气体对设备壁面的对流传热系数;A_w 为设备壁面的表面积;t_w 为设备壁面的温度;t_0 为周围大气的温度。

由辐射而散失的热量为

$$Q_r = \varepsilon_w C_0 A_w \left[\left(\frac{T_w}{100}\right)^4 - \left(\frac{T_0}{100}\right)^4 \right] \tag{4-129}$$

式中,ε_w 为设备壁面的黑度。

尽管辐射传热和对流传热的机理完全不同,但在对流传热与辐射传热同时存在的场合,为了计算方便,常将辐射传热的传热速率也表达为牛顿冷却公式的形式,即

$$Q_r = \alpha_r A_w (t_w - t_0) \tag{4-130}$$

式中,α_r 称为辐射传热系数。

对比式(4-129)和式(4-130)可得辐射传热系数 α_r 的表达式:

$$\alpha_r = \frac{\varepsilon_w C_0 \left[\left(\frac{T_w}{100}\right)^4 - \left(\frac{T_0}{100}\right)^4 \right]}{t_w - t_0} \tag{4-131}$$

因此,设备壁面上由对流传热和辐射传热引起的总热损失 Q 为

$$Q = Q_c + Q_r \tag{4-132}$$

由式(4-128)和式(4-130),可将式(4-132)改写为

$$Q = Q_c + Q_r = (\alpha_c + \alpha_r) A_w (t_w - t_0) = \alpha_T A_w (t_w - t_0) \tag{4-133}$$

式中,$\alpha_T = \alpha_c + \alpha_r$,称为对流与辐射复合传热系数,$W/(m^2 \cdot K)$。

对于有保温层的设备、管道等,外壁对周围环境气体的复合传热系数 α_T 可以用以下近似计算式进行估算:

(1) 空气做自然对流

平壁保温层外: $\alpha_T = 9.8 + 0.07(t_w - t_0)$ $W/(m^2 \cdot K)$ (4-134)

管道或圆筒保温层外:$\alpha_T = 9.4 + 0.052(t_w - t_0)$ $W/(m^2 \cdot K)$ (4-135)

式(4-134)和式(4-135)适用于 $t_w < 150℃$ 的情况。

(2) 空气沿粗糙壁面的强制对流

空气流速 $u \leqslant 5 m/s$ 时: $\alpha_T = 6.2 + 4.2u$ $W/(m^2 \cdot K)$ (4-136)

空气流速 $u > 5 m/s$ 时: $\alpha_T = 7.8 u^{0.78}$ $W/(m^2 \cdot K)$ (4-137)

主要符号说明

符　　号	意　　义	单　　位
A	传热面积	m^2
a	导温系数	m^2/s
b	厚度	m
C_0	黑体辐射系数	$W/(m^2 \cdot K^4)$
c_p	定压比热容	$J/(kg \cdot K)$

d	直径	m
d_e	当量直径	m
d_o	管外径	m
E_b	黑体的发射能力	W/m²
G	投射辐射	W/m²
g	重力加速度	m/s²
J	有效辐射	W/m²
L	特征长度	m
l	长度	m
M	摩尔质量	kg/kmol
m	质量流率	kg/s
p	压力	Pa
Q	传热速率	W
q	热通量或热流密度	W/m²
R	热阻	K/W
r	半径	m
r	潜热	kJ/kg
T	热力学温度	K
t	温度	℃
u	流速(平均速度)	m/s
v	点速度	m/s
V	体积	m³
w	质量分数	—
x, y, z	空间坐标	m
α	对流传热系数	W/(m²·K)
α	吸收率	—
β	体积膨胀系数	1/K
δ	速度边界层厚度	m
δ_t	热边界层厚度	m
ε	发射率或黑度	—
ε_n	管排修正系数	—
φ	角系数	—
λ	导热系数	W/(m·K)
μ	黏度	Pa·s
ν	运动黏度	m²/s
θ	过余温度	℃
ρ	密度	kg/m³
ρ	反射率	—
σ	表面张力	N/m
σ_0	黑体辐射常数	W/(m²·K⁴)
τ	时间坐标	s
τ	穿透率	—

参 考 文 献

[1] 杨世铭,陶文铨. 传热学. 第三版. 北京:高等教育出版社,1998
[2] 蒋维钧,戴猷元,顾惠君. 化工原理(上册). 北京:清华大学出版社,1992
[3] 陈维杻. 传递过程与单元操作(上册). 杭州:浙江大学出版社,1993
[4] 大连理工大学化工原理教研室. 化工原理(上册). 大连:大连理工大学出版社,1993
[5] 成都科技大学化工原理编写组. 化工原理(上册). 第二版. 成都:成都科技大学出版社,1991
[6] 谭天恩,麦本熙,丁惠华. 化工原理(上册). 第二版. 北京:化学工业出版社,1990
[7] 陈敏恒,丛德滋,方图南,齐鸣斋. 化工原理(上册). 第二版. 北京:化学工业出版社,1999
[8] 王绍亭,陈涛. 化工传递过程基础. 北京:化学工业出版社,1987

习　题

1. 有一厚度为 20mm 的平面墙,导热系数为 $1.3W/(m \cdot ℃)$。为了使每平方米墙的热损失不超过 1500W,在其外表面覆盖了一层导热系数为 $0.12W/(m \cdot ℃)$ 的保温材料。已知此复合壁两侧的温度分别为 750℃ 和 55℃,试确定此时保温层的厚度。

〔答:0.056m〕

2. 外径为 50mm 的高温气体管道外,包覆有厚度为 40mm、平均导热系数为 $0.11W/(m \cdot ℃)$ 的矿渣棉,以及厚 45mm、平均导热系数为 $0.12W/(m \cdot ℃)$ 的煤灰泡沫砖。泡沫砖的外表面温度为 50℃。试计算矿渣棉与煤灰泡沫砖交界面处的温度。若增加煤灰泡沫砖的厚度,而其外表面温度保持不变,则对热损失和交界面处的温度有何影响?已知高温气体管道的表面温度为 400℃。

〔答:167.4℃〕

3. 一根直径为 3mm 的铜导线,每米长度上的电阻为 $2.22×10^{-3}Ω$。导线外包有厚为 1mm、导热系数为 $0.15W/(m \cdot ℃)$ 的绝缘层。若限定绝缘层的最高温度为 65℃,最低温度为 0℃,试计算确定在这种条件下导线中允许通过的最大电流。

〔答:232.4A〕

4. 用稳态加热平板法测定材料的导热系数。方法如下:在由某材料制成的平板一侧用电加热器加热,另一侧以冷水通过夹层将热量移走,并用热电偶测试平板两侧的表面壁温,加热器的加热功率可由电流表和电压表读数得到。设某材料的加热面积为 $0.02m^2$,平板的厚度为 0.01m。测定的数据如附表所示,试确定该材料的平均导热系数。如果该材料的导热系数与温度的依赖关系遵从线性函数关系,即 $λ=λ_0(1+kt)$,试确定关系式中的常数 $λ_0$ 和 k。

习题 4 附表

电加热器		材料的表面温度/℃	
电流/A	电压/V	高温壁面	低温壁面
2.80	140	300	100
2.28	114	200	50

〔答:$0.923W/(m \cdot K)$,$0.676W/(m \cdot K)$,$2.25×10^{-3}℃^{-1}$〕

5. 一外径为 60mm、壁厚为 3mm 的铝合金管道(其导热系数可近似按钢管选取),管外先包覆一层厚为

30mm 的石棉,再包覆一层 30mm 厚的软木。石棉和软木的导热系数分别为 0.16W/(m·℃)和 0.04 W/(m·℃)。

(1) 已知管内的温度为 −110℃,软木外侧的温度为 10℃,求单位管长上的冷量损失。

(2) 若将两保温材料互换,假设互换后石棉的外壁温度也为 10℃,则单位管长上的冷量损失又是多少?

(3) 在保温材料互换后,试分析石棉外壁的温度是否能维持在 10℃ 不变。若否,此时石棉外壁的温度为多少?单位管长上的冷量损失是多少?设大气温度为 20℃,互换前后空气对于外壁的对流传热系数不变。

(4) 试定性分析将导热系数值大的保温材料放在内层和外层对冷量损失的影响(厚度相同)。

〔答:(1)−52.1W/m;(2)−38.0W/m;(3)12.6℃,−38.8W/m;(4)略〕

6. 一热电偶的接点可近似看作是直径为 0.2mm 的球。初始温度为 25℃,然后置于温度为 200℃ 的气流中。试问在 1s、10s 和 1min 后热电偶的读数分别为多少?已知热接点与气流之间的对流传热系数为 350W/(m²·℃),热接点的物性如下:密度为 8500kg/m³,比热容为 400J/(kg·K),导热系数为 20W/(m·℃)。热电偶的电流引线的影响可忽略不计。

〔答:192℃,200℃,200℃〕

7. 有一初始温度为 250℃、直径为 0.1m 的铜球,将其突然浸没在温度为 50℃ 的液体中,假设液体搅拌良好,球体与液体的对流传热系数为 150W/(m²·℃)。试问:

(1) 在这种情况下,是否可采用集总参数法计算球体温度随时间的变化?

(2) 如果可以采用集总参数法计算,试计算 5min、10min 和 30min 后球体的温度分别是多少?已知铜的密度为 8900kg/m³,比热容为 380J/(kg·K),导热系数为 360W/(m·℃)。

〔答:(1)略;(2)140℃,90.5℃,51.7℃〕

8. 在地下埋设冷却水输送管道时,必须考虑每年冬季结冰的可能性。假设泥土的初始均匀温度为 20℃,在冬季的 60 天里土层表面的温度常保持在 −15℃,为了避免管内的水结冰,试求埋管的最小深度为多少?已知土层的物性如下:密度为 2050kg/m³,比热容为 1840J/(kg·K),导热系数为 0.52W/(m·℃)。

〔答:0.68m〕

9. 试采用因次分析方法推导流体与壁面之间做自然对流传热时的准数方程。已知自然对流传热系数为下列变量的函数:$\alpha = f(\lambda, c_p, \rho, \mu, \beta, \Delta t, L)$,式中 λ、c_p、ρ、μ 和 β 分别为流体的导热系数、定压比热容、密度、运动黏度和体积膨胀系数,Δt 为流体与壁面之间的温差,L 为壁面的特征长度。

10. 某流体流过内径为 50mm 的圆管时,其对流传热系数为 90W/(m²·℃)。现改用矩形管,矩形管截面的高与宽之比为 1/3。问:当矩形管与圆管的周长相等,而且流体的流速不变时,其对流传热系数为多少?假设流动为湍流。

〔答:100.0W/(m²·℃)〕

11. 水以 1.2m/s 的平均流速流过内径为 20mm 的长直管。如果(1)管壁温度为 75℃,水从 20℃ 加热到 70℃;(2)管壁温度为 15℃,水从 70℃ 冷却到 20℃。试计算这两种情况下的对流传热系数之比,并讨论产生差别的原因。

〔答:$\alpha_1/\alpha_2 = 1.147$〕

12. 苯蒸气于常压下在 ϕ25mm×2.5mm 的单根竖直管外冷凝,管长为 3m,设壁温为 60℃,试计算苯蒸气冷凝时的对流传热系数。已知苯蒸气的冷凝温度为 80℃,80℃ 苯的汽化潜热为 93.9kJ/kg,定性温度下冷凝液的物性如下:$\mu = 0.34 \times 10^{-3}$Pa·s,$\lambda = 0.131$W/(m·K),$\rho = 830$kg/m³。若此管改为水平放置时,其冷凝传热系数又为多少?

〔答:$\alpha_v = 831.7$W/(m²·℃),$\alpha_h = 1763$W/(m²·℃)〕

13. 一水平放置的蒸气管道,其保温层外径为 583mm,其外表面温度为 48℃,周围的空气温度为 23℃。试计算单位长度蒸气管道上由于自然对流引起的散热量。

〔答:160W/m〕

14. 压力为 $1.013×10^5$Pa 的饱和水蒸气,用水平放置的壁温为 90℃的铜管冷凝。有两种情形:(1)用一根直径为 10cm 的铜管;(2)用 10 根直径为 1cm 的铜管。试计算这两种情形下所产生的冷凝液量是否相同。如不相同,相差多少?

〔答:小直径管是大直径管的 1.778 倍〕

15. 水在一直径为 0.34m 的铜质加热板上做大容器沸腾。在常压下,其产汽量为 101kg/h,试求加热板上的沸腾传热系数。

〔答:$4.1×10^4$W/(m²·℃)〕

16. 在常压下,水在磨光的不锈钢表面做大容器沸腾,不锈钢壁面的温度为 113.9℃,求不锈钢表面的沸腾传热系数。

〔答:$2.6×10^4$W/(m²·℃)〕

17. 两块相互平行的长方形平板,长为 2m,宽为 1m,间距为 1m。平板可视为黑体。试计算平板温度分别为 727℃和 227℃时的辐射传热量。

〔答:26.6kW〕

18. 两平行平板 1 和 2 的温度分别为 300℃和 100℃,板 1 的黑度为 0.5,板 2 的黑度为 0.8。今在两板之间插入第 3 块平行平板。该板的厚度极小,两侧面的温度相同但黑度不同。当其中的一个面(设为 A)面朝板 1 时,板 3 的平衡温度为 176.4℃;当其中的另一个面(设为 B)面朝板 1 时,板 3 的平衡温度为 255.5℃。各板之间的距离很小,求板 3 的 A、B 面的黑度为多少?

〔答:ε_A=0.2,ε_B=0.6〕

19. 试证明在稳态辐射传热过程中,两高、低温($T_A>T_B$)的固体平板间装有 n 片很薄的平行遮热板时,传热量减少到原来不安装遮热板时的 $1/(n+1)$ 倍。设所有平板的间距很小,表面积、黑度均相等。

第 5 章　传热过程计算与换热器

工业过程中热量传递可以通过导热、对流、辐射及其组合过程来实现，如电阻加热器中的导热、换热器中的导热和对流传热、加热炉中的对流和辐射传热等。通常换热设备在稳态操作，但也有周期性操作的过程，如再生式加热炉和容器中搅拌加热等。

5.1　换热器的分类与型式

5.1.1　换热器的分类

换热器种类很多，按热量交换的原理和方式，可分为混合式、蓄热式和间壁式。

1. 混合式

混合式(或直接接触式)换热器是依靠冷、热流体直接接触进行传热，这种传热方式避免了传热间壁及其两侧污垢的热阻，只要流体间的接触情况良好，就具有较大的传热速率，它具有设备结构简单、传热效率高和易于防腐等特点。因此，在生产工艺上允许两种流体相互混合的情况下，都可以采用混合式换热器，例如气体的洗涤和冷却、循环水的冷却、蒸气-水之间的混合加热等。混合式冷凝器的原理示意图如图5-1所示。

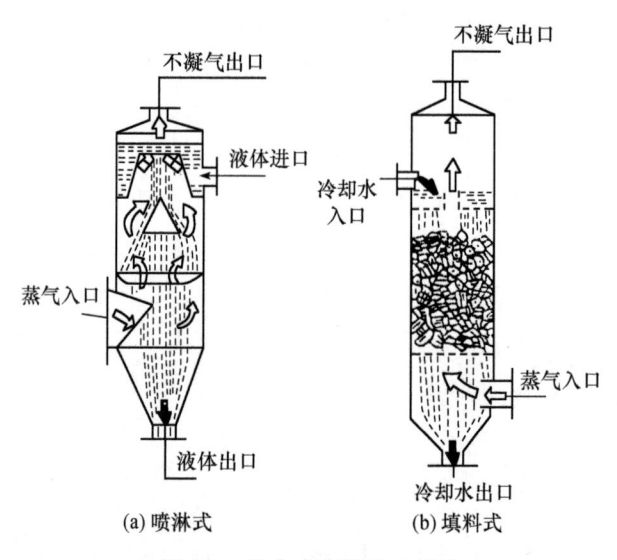

图 5-1　混合式冷凝器示意图

2. 蓄热式

蓄热式(或回热式)换热器又称蓄热器,它主要是由热容量较大的蓄热室构成,蓄热室内的填料一般是耐火材料或金属材料。当冷、热两种流体交替通过蓄热室时,即可通过蓄热室将热流体传给蓄热室的热量间接地传给冷流体,以达到换热的目的。蓄热式换热器的结构较简单,可耐受高温,但其缺点是设备庞大,冷、热流体之间存在一定程度的混合。它常用于气体的余热或冷量的回收利用。传统的蓄热室是由耐火砖砌成的格子体,单位体积蓄热室的传热面积较小,而近年开发的高效而紧凑的蓄热器则大大地改善了设备庞大的缺点,如旋转型蓄热器和流化床型蓄热器。图 5-2 为旋转型蓄热器的示意图。

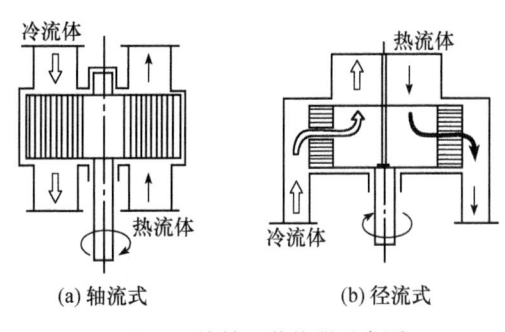

图 5-2 旋转型蓄热器示意图

3. 间壁式

这类换热器的特点是冷、热两种流体之间有一固体壁面,两流体分别在固体壁面的两侧流动,两种流体不直接接触,热量通过壁面进行传递。工业上应用最广泛的换热器即是间壁式,因而本节将重点介绍间壁式换热器。

换热器还可按其用途分为加热器、冷却器、蒸发器、冷凝器和再沸器等;按换热器制造材料分为金属、陶瓷、塑料、石墨和玻璃换热器等。

5.1.2 间壁式换热器

按照传热面的型式,间壁式换热器可分为夹套式、管式、板式和各种异型传热面组成的特殊型式换热器。

1. 夹套式

夹套式换热器主要用于反应器的加热或冷却,如图 5-3 所示,夹套安装在容器外部。在用蒸

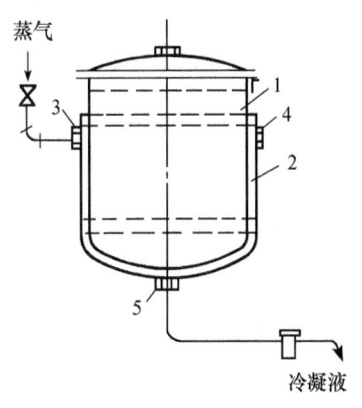

图 5-3 夹套式换热器
1. 反应器;2. 夹套;3、4. 蒸气或冷却水接管;5. 冷凝水或冷却水接管

气进行加热时,蒸气由上部连接管进入夹套,冷凝水由下部连接管流出;用冷却水进行冷却时,冷却水由夹套下部进入,而由上部流出。

夹套式换热器由于传热面积的限制,常常难以满足及时移走大量反应热的换热需求,这时就需要在反应器内部加装冷却盘管,以保证反应器内一定的温度条件。有时为了提高夹套内冷却水侧的对流传热系数,还在夹套内加设挡板,这样可使冷却水按一定的方向流动,并提高流速,从而增大传热系数。

2. 管式换热器

1) 沉浸式换热器

沉浸式换热器是将金属管弯制成各种与容器相适应的形状(如蛇管或螺旋状盘管),并沉浸在容器内的液体中,如图 5-4 所示。

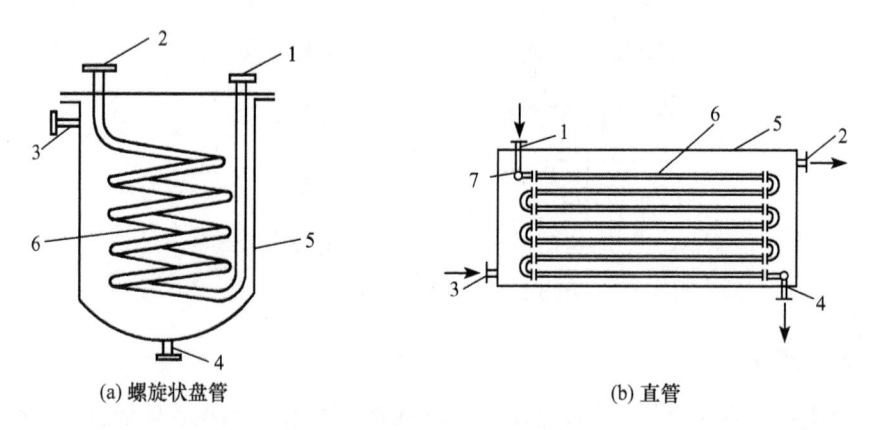

图 5-4 沉浸式换热器
1~4. 流体的进、出口;5. 容器;6. 管子;7. 分配管

这种换热器可用于液体的预热或蒸发,也可用于气体和液体的冷却。由于容器内管外液体的体积大,流速低,因而传热系数低,而且对工况的变化不够敏感。然而它具有构造简单,制造、维护方便和容易清洗等优点。由于更换管子方便,所以它还适用于有腐蚀性的流体。为了增强容器内液体的湍动程度,提高传热系数,可在容器内装搅拌器。

2) 喷淋式换热器

喷淋式换热器是将冷却水直接喷洒在管外,使管内的热流体冷却或冷凝,如图 5-5 所示。在上下排列的管子之间用 U 形弯管连接。为了分散喷淋水,在管组的上部装有带锯齿形边缘的斜槽,也可用喷头直接向排管喷淋。在换热器的下部设有水池,以收集流下来的水。

喷淋式换热器的优点是:结构简单,易于制造和检修,便于清除污垢;其传热系

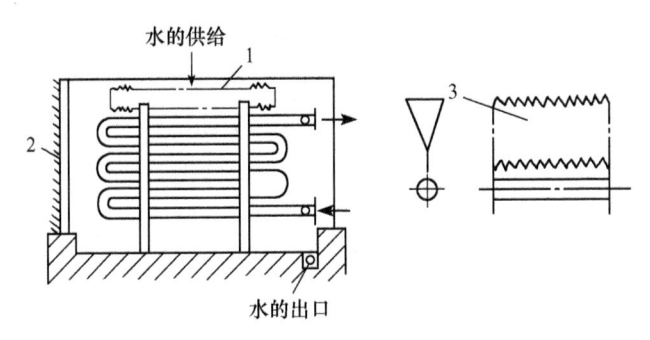

图 5-5 喷淋式换热器
1. 布水槽；2. 百叶窗；3. 布水槽的结构

数通常比沉浸式换热器大,加上管外水的蒸发汽化以及空气冷却的共同作用,传热效果好。它适用于高压流体的冷却或冷凝。由于它可用耐腐蚀的铸铁管作冷却排管,因而可用于冷却具有腐蚀性的流体。

它的主要缺点是：当冷却水过分少时,下部的管子不能被润湿,几乎不参与换热。因此,容易发生意外事故的石油产品或有机液体的冷却不宜采用这种型式的换热器。

3) 套管式换热器

套管式换热器是将不同直径的两根管子套成同心套管作元件,然后将多个元件用 U 形弯管连接而成的换热器,其结构如图 5-6 所示。在套管式换热器中,可以实现两种流体以纯并流或纯逆流方式流动。其内管直径通常为 38~57mm,外管直径则通常为 76~108mm,每根套管的有效长度一般不超过 4~6m。

套管式换热器的优点是结构简单,易于维修和清洗,适用于高温、高压流体,特别是小容积流量流体的传热。如果工艺条件变动,只要改变套管的根数,即可以增减传热负荷。

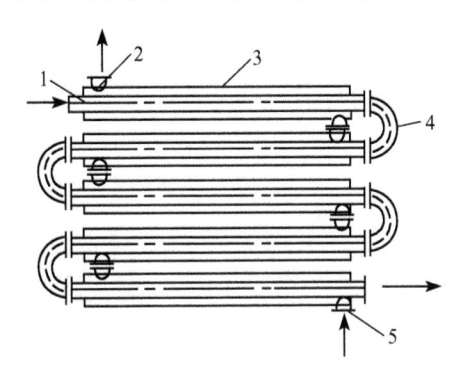

图 5-6 套管式换热器
1. 内管；2、5. 接口；3. 外管；4. U 形弯管

它的主要缺点是流动阻力大,金属耗量多,而且体积较大,因而多用于所需传热面积较小的传热过程。

4) 列管式换热器

列管式换热器(又称管壳式换热器)是工业上应用最广泛的换热设备。与前述几种换热器相比,它的主要优点是单位体积所具有的传热面积大、结构紧凑、传热效果好。由于结构坚固,而且可以选用的结构材料范围广,故适应性强、操作弹性较大,因此,在高温、高压和大型装置上多采用列管式换热器。

列管式换热器主要由壳体、管束、折流板、管板和封头等部件组成。管束安装在壳体内,两端固定在管板上。封头用螺栓与壳体两端的法兰相连。这种结构易于检修和清洗。在进行热交换时,一种流体由封头的进口接管进入,通过平行管束的管内,从另一端封头出口接管流出,称为管程;另一流体则由壳体的接管进入,在壳体内从管束的空隙处流过,通过折流板的引导,由壳体的另一个接管流出,称为壳程。

在列管式换热器中,由于管内外流体的温度不同,管束和壳体的温度和材料不同,因此它们的热膨胀程度也有差别。若两流体的温差较大,就可能由热应力引起设备的变形,管束弯曲,甚至破裂或从管板上松脱。因此,当两流体的温差超过50℃时,就必须采用一定的热补偿措施。按热补偿的方法不同,列管式换热器可分为以下几种主要型式:

(1) 固定管板式换热器

当冷、热流体的温差不大时,可采用固定管板的结构型式,如图5-7所示,即两端管板与壳体是连成一体的。这种换热器的特点是结构简单,制造成本低。但是由于壳程不易清洗或检修,要求壳程流体必须是洁净而且不易结垢的流体。当两流体的温差较大时,应考虑热补偿。图中示出具有膨胀节的壳体。当壳体和管束的热膨胀不同时,膨胀节即发生弹性变形(拉伸或压缩),以适应壳体和管束不同的热膨胀程度。这种热补偿方法简单,但是不宜用于两流体温差过大(>70℃)和壳程流体压力过高的场合。

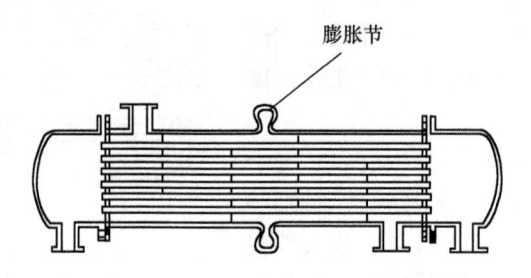

图5-7 固定管板式换热器

(2) U形管式换热器

U形管式换热器的管束是由U字形弯管组成,如图5-8所示。管子的两端固定在同一块管板上,弯曲端不加固定,使每根管子具有自由伸缩的余地而不受其他管子或壳体的影响。这种换热器壳程易于清洗,而清除管子内壁的污垢则比较困难,且制造时需要不同曲率的模子弯管,管板的有效利用率较低。此外,损坏的管子也难以调换,U形管管束的中心部分空间对换热器的工作存在不利的影响。由于上述缺点,这种型式的换热器的应用受到很大的限制。

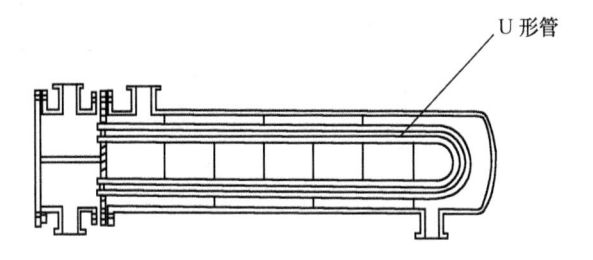

图 5-8 U形管式换热器

(3) 浮头式换热器

浮头式换热器的结构如图 5-9 所示,它的两端管板只有一端与壳体以法兰实行固定连接,这一端称为固定端;另一端的管板不与壳体连接而可相对于壳体滑动,这一端称为浮头端。因此,这种型式换热器的管束热膨胀不受壳体的约束,壳体与管束之间不会因热膨胀程度的差异而产生热应力。在换热器的检修和清洗时,只要将整个管束从固定端抽出即可进行。但是其缺点是结构较复杂,金属耗量较多,造价较高。浮头式换热器适用于冷、热流体温差较大,壳程介质腐蚀性强、易结垢的情况。

3. 板式换热器

1) 螺旋板式换热器

螺旋板式换热器是由螺旋形传热板片构成的换热器。它比列管式换热器的传热性能好,结构紧凑,制造简单,安装方便。

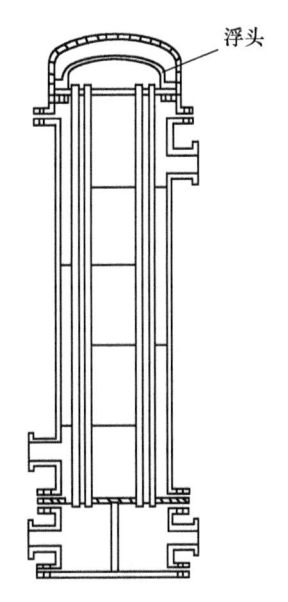

图 5-9 浮头式换热器

螺旋板式换热器的结构包括螺旋形传热板、隔板、盖板、定距柱和连接管等部件,其结构因型式不同而异。各种型式的螺旋板式换热器均包含由两张厚约 2~6mm 的钢板卷制而成、构成一对相互隔开的同心螺旋流道。冷、热流体以螺旋板为传热面相间流动。

按流体在流道内的流动方式和使用条件不同,螺旋板式换热器可分为Ⅰ、Ⅱ、Ⅲ三种结构型式,如图 5-10 所示。

Ⅰ型:两流体在螺旋流道的两侧均做螺旋流动。通常是冷流体由外周边流向中心并排出,热流体由中心流向外周排出,可实现严格的逆流传热,常用于液-液换热。由于通道两侧完全焊接密封,因此Ⅰ型结构为不可拆卸结构。

Ⅱ型:在这种型式中,一种流体在螺旋形流道内进行螺旋流动,而另一种流体

(a) Ⅰ型

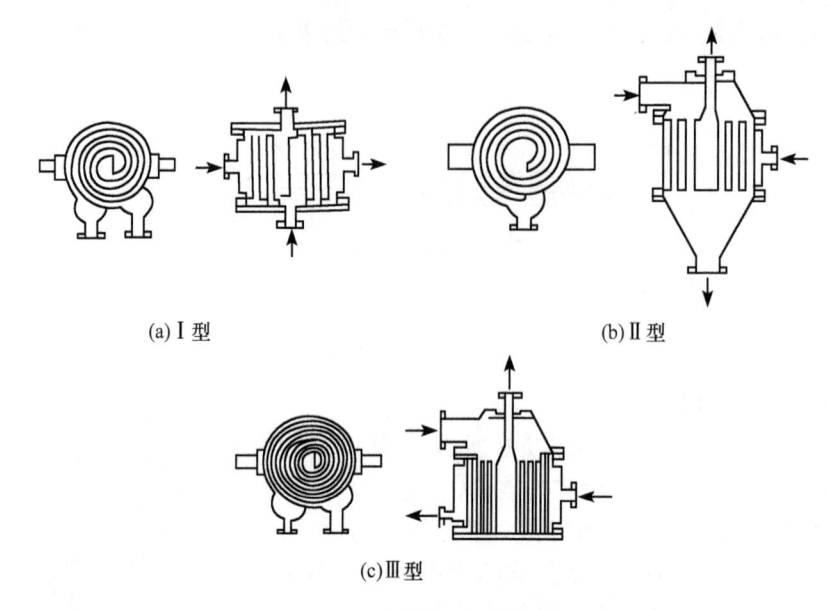

(b) Ⅱ型

(c) Ⅲ型

图 5-10　螺旋板式换热器

则在另一侧螺旋流道中做轴向流动。因此,轴向流道的两端是敞开的,螺旋流道的两端是密封的。这种型式适用于两侧流体的流率差别很大的情况,常用作冷凝器、气体冷却器等。

Ⅲ型:在这种型式中,一种流体在螺旋形流道内进行螺旋流动,另一种流体则在另一侧螺旋流道中做轴向流动和螺旋流动的组合。这种型式适用于蒸气的冷凝冷却,蒸气先进入轴流部分冷凝,体积减少后再转入螺旋形流道进一步冷却。

由上述结构可见,由于流体在螺旋板间流动时离心力形成二次环流和定距柱扰流作用,流体在较低的雷诺数下($Re=1400\sim1800$)就形成湍流,换热器中的允许流速较高(液体 2m/s,气体 20m/s),传热系数比较高。由于流体的流速较高,又是在螺旋形通道内流动,一旦流道某处沉积了污垢,该处的流通截面减小,流体在该处的局部流速相应提高,使污垢较易被冲刷掉,具有一定的自洁作用,适于处理悬浮液和黏度较大的流体。由于流道较长而且可实现逆流传热,故有助于精密控制流体的出口温度和有利于回收低温热能,在纯逆流的情况下,两流体的出口端温差最小仅为 3℃。

螺旋板式换热器的主要缺点是操作压力和温度不能太高,一般只能在 2.0MPa 以下、300~400℃ 及以下运行,而且流动阻力较大。此外还存在检修和维护困难的问题。

2) 板式换热器

板式换热器主要由一组长方形的薄金属传热板片构成,用框架将板片夹紧组装于支架上。两相邻板片的边缘衬以橡胶或石棉垫片。板片四角有圆孔,形成流体通道。冷、热流体相间地在板片两侧流过,通过板片传热。板片一般压制成各种槽形或波纹形,既提高了板片的刚度,增强流体的扰流,也增加了传热面积和使流体在传热面上分布均匀。如图 5-11(a)所示为人字形波纹板片,图 5-11(b)表示板式换热器中冷、热流体的流动。

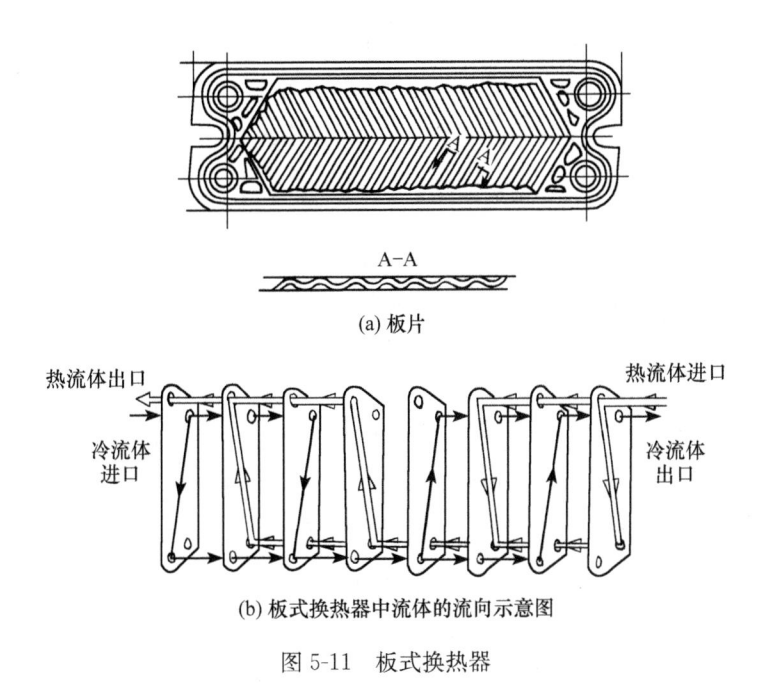

(a) 板片

(b) 板式换热器中流体的流向示意图

图 5-11 板式换热器

板式换热器的主要优点是传热系数高。由于板片上有波纹或沟槽,可使流体在很低的雷诺数($Re=200$)下达到湍流,而流动阻力却不大。板式换热器的结构紧凑,一般板片的间距为 4~6mm,单位体积的传热面积可达 250~1000m^2/m^3,比列管式换热器(40~150m^2/m^3)高出许多。它还具有可拆卸结构,可根据传热过程需要,用增减板片数目的方法方便地调节传热面积,提高了换热器的操作灵活性。此外,板式换热器的检修和清洗都比较方便。

板式换热器的主要缺点是允许的操作压力和温度都比较低。通常操作压力低于 1.5MPa,最高不超过 2.0MPa,操作压力过高容易引起泄漏。它的操作温度受到板片密封垫片的耐热性限制,一般不超过 250℃。由于板片的间距较小,故操作的处理量也较小。

与螺旋板式换热器类似,板式换热器适用于操作压力和温度较低、流体的腐蚀性强而需要采用贵重材料的场合。

3）板翅式换热器

板翅式换热器是一种更为高效、紧凑、轻巧的新型换热器。

隔板、翅片和封条三部分构成了板翅式换热器的基本单元。冷、热流体在相邻基本单元体的通道中流动，通过翅片及与翅片连成一体的隔板进行热交换。将这样的基本结构单元根据流体流动方式的布置叠置起来，钎焊成一体组成板翅式换热器的板束或芯体。如图5-12(a)所示为常用的逆流、错流和错逆流板束，图5-12(b)表示常用的翅片型式，主要有光直翅片、锯齿翅片和多孔翅片三种。一般情况下，从换热器的强度、绝热和制造工艺等要求出发，板束的顶部和底部还有若干层假翅片层，又称强度层。在板束两端配置适当的流体进出口集流箱即可组成板翅式换热器。

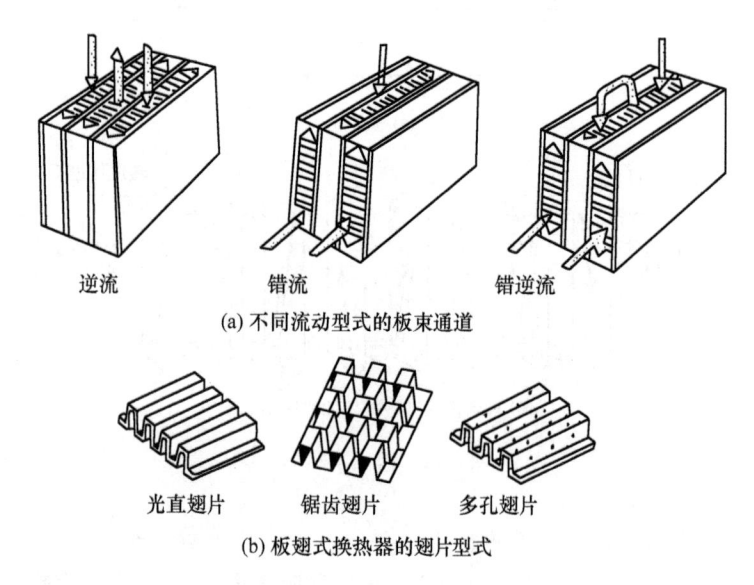

(a) 不同流动型式的板束通道

逆流　　　错流　　　错逆流

(b) 板翅式换热器的翅片型式

光直翅片　　锯齿翅片　　多孔翅片

图5-12　板翅式换热器

板翅式换热器的主要优点是传热性能好。由于翅片在不同程度上促进了湍流，并破坏了传热边界层的发展，故传热系数很大。冷、热流体间的传热不仅仅以隔板为传热面，大部分热量是通过翅片传递的，结构高度紧凑，单位体积的传热面积可达 $2500m^2/m^3$，最高可达 $4300m^2/m^3$。通常板翅式换热器采用铝合金制造，因此换热器的质量小。由于铝合金在低温条件下的延展性和抗拉强度均很高，因此板翅式换热器适用于低温和超低温操作场合。同时由于翅片对隔板的支撑作用，其允许的操作压力也较高，可达 5MPa。此外板翅式换热器还可用于多种不同介质在同一换热器内进行多股流换热。

板翅式换热器的主要缺点是流道尺寸小，容易堵塞，而且检修和清洗困难，因此所处理的物料应较洁净或预先净制。另外,由于隔板和翅片均由薄铝板制成,故要求换热介质不腐蚀铝材。

5.2 间壁式换热器中的传热过程分析

如图 5-13 所示,热流体通过间壁与冷流体进行热量交换,传热过程分三步进行:

(Ⅰ)热流体以对流传热方式将热量传至固体壁面;

(Ⅱ)热量以热传导方式由间壁的热侧面传到冷侧面;

(Ⅲ)冷流体以对流传热方式将间壁传来的热量带走。

在上述三个步骤中,第(Ⅱ)步通过间壁的传热纯属热传导,第(Ⅰ)、(Ⅲ)步为流体与间壁固体之间的传热,主要依靠对流传热,但是对于高温的多原子气体或含固体颗粒的气体,流体与壁面之间的辐射传热也不容忽视。对于温度不太高的流体之间的传热过程,其传热过程计算中通常忽略流体与间壁之间的辐射传热。

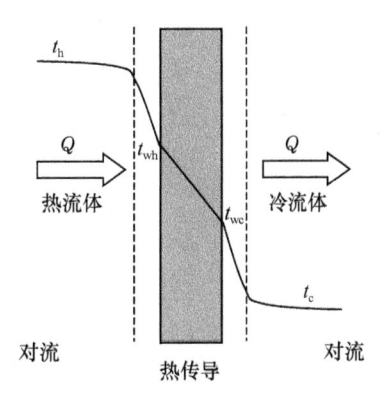

图 5-13 流体通过间壁的热量交换

图 5-13 中示出了沿热量传递方向从热流体到冷流体的温度分布情况。热流体以对流方式将热量传给间壁的一侧,如果热流体不发生相变,则热流体的温度逐渐降低;在间壁中沿热流方向温度降低;当热量传给冷流体后,如果冷流体也不发生相变,则其温度将逐渐升高。

5.3 传热过程的基本方程

5.3.1 热量衡算方程

热量衡算方程反映了冷、热流体在传热过程中温度变化的相互关系。根据能量守恒定律,在传热过程中,若忽略热损失,单位时间内热流体放出的热量等于冷流体吸收的热量。

图 5-14 为一稳态逆流操作的套管式换热器,热流体走管内,冷流体走环隙。由于冷、热流体沿壁面平行流动,而流动方向彼此相反,所以称为逆流。若方向相同,则称为并流。

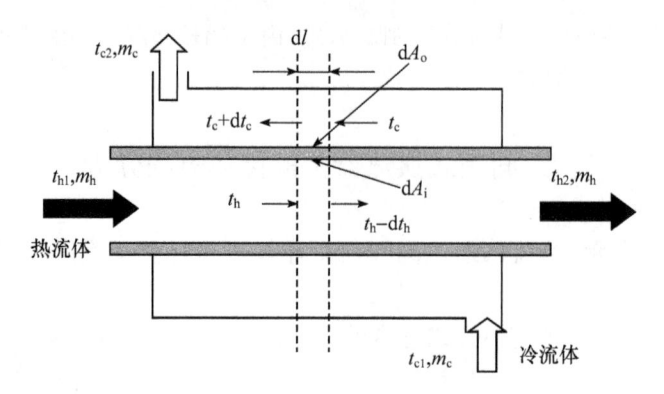

图 5-14 套管换热器中的传热过程

对于换热器的一个微元段 dl,冷热流体之间的热量传递满足

$$dQ = m_h dH_h = m_c dH_c \tag{5-1}$$

式中,m 为流体质量流率,kg/s;dH 为单位质量流体焓值增量,kJ/kg;dQ 为微元传热面积 dA 上的传热速率,W;下标 h 和 c 分别表示热流体和冷流体。

对于整个换热器,其热量的衡算式为

$$Q = m_h(H_{h1} - H_{h2}) = m_c(H_{c2} - H_{c1}) \tag{5-2}$$

式中,Q 为整个换热器的传热速率,或称为换热器的热负荷,W;H 为单位质量流体焓值,kJ/kg;下标 1 和 2 分别表示流体的进口和出口。

如果换热器中的流体均无相变,且流体的比热容不随流体温度变化而为常数时,式(5-1)和式(5-2)可分别表示为

$$dQ = m_h c_{ph} dt_h = m_c c_{pc} dt_c \tag{5-3}$$

$$\boxed{Q = m_h c_{ph}(t_{h1} - t_{h2}) = m_c c_{pc}(t_{c2} - t_{c1})} \tag{5-4}$$

式中,c_p 为流体的定压比热容,kJ/(kg·℃);t_h 和 t_c 分别为热流体和冷流体的温度,℃。

若换热器中的流体有相变,如冷流体被加热沸腾,冷流体的进口为饱和液体,出口为饱和蒸气的情况下,式(5-2)可变为

$$Q = m_h c_{ph}(t_{h1} - t_{h2}) = m_c r \tag{5-5}$$

式中,r 为冷流体的汽化潜热,kJ/kg。如果冷流体在换热器的进出口处存在液体过冷和蒸气过热,则应加入显热部分,即

$$Q = m_h c_{ph}(t_{h1} - t_{h2}) = m_c [c_{pl}(t_s - t_{c1}) + r + c_{pv}(t_{c2} - t_s)] \tag{5-6}$$

式中,t_s 为冷流体的饱和温度,℃。

如果在换热器中存在热损失,则在换热器中的传热速率为

$$Q = m_h(H_{h1} - H_{h2}) - Q'_h = m_c(H_{c2} - H_{c1}) + Q'_c \tag{5-7}$$

式中，Q'_h 为热流体对环境的散热量，W；Q'_c 为冷流体对环境的散热量，W。

5.3.2 传热速率方程

对于间壁式传热，第 4 章已经分别介绍了通过固体的热传导方程和对流传热速率方程。然而在应用这些方程进行传热计算时，都涉及壁面的温度，而壁面温度通常是未知的。为了避免在传热速率方程中出现未知的壁面温度，在实际的传热过程计算中，通常采用以间壁两侧流体的温度差为推动力的总传热速率方程，简称传热速率方程。

如图 5-14 所示，在换热器中，任取一微元段 dl，对应于间壁的微元传热面积为 dA，热流体对冷流体传递热量的传热速率可表示为微分传热速率方程：

$$\mathrm{d}Q = K'(t_h - t_c)\mathrm{d}A = \frac{t_h - t_c}{\dfrac{1}{K'\mathrm{d}A}} \tag{5-8}$$

式中，K' 为局部传热系数，W/(m² · ℃)；t_h、t_c 分别为热流体和冷流体的局部平均温度，℃。因为式(5-8)仅针对换热器的 dl 段列出，故式中各量均具有局部的性质。

由于换热器内的冷、热流体的温度和物性是变化的，因而在传热过程中的局部传热温差和局部传热系数都是变化的，但在工程计算中，在沿程温度和物性变化不是很大的情况下，通常传热系数 K 和传热温差 Δt 均可采用整个换热器上的积分平均值，因此，对于整个换热器，传热速率方程可写为

$$\boxed{Q = K\Delta t_m A} \tag{5-9}$$

式中，K 为基于换热器总传热面积 A 的总平均传热系数，简称总传热系数或传热系数，W/(m² · ℃)；Δt_m 为冷、热流体的平均传热温差，℃。

由传热热阻的概念，传热速率方程还可以写为

$$Q = \frac{\Delta t_m}{R} = \frac{\Delta t_m}{\dfrac{1}{KA}} \tag{5-10}$$

式中，$R = 1/(KA)$，称为换热器的总传热热阻，℃/W。

5.3.3 总传热系数与壁温计算

总传热系数 K 是反映换热器传热性能的重要参数，也是对换热器进行传热过程计算的基本依据。它可以通过查阅相关手册、实验测定和分析计算获得。总传热系数 K 的数值取决于流体的物性、传热过程的操作条件和换热器的类型等因素。

1. 总传热系数的计算

在如图 5-14 所示的换热器中任取一微元段 dl，间壁内、外侧的传热面积分别

为 dA_i 和 dA_o。壁面的导热系数为 λ,壁厚为 b。内、外侧流体的温度分别为 t_h 和 t_c,相应的对流传热系数分别为 α_i 和 α_o。间壁内侧、外侧的温度分别为 t_{wh} 和 t_{wc}。

根据牛顿冷却定律和傅里叶定律,有

$$\text{内侧} \quad dQ_i = \frac{t_h - t_{wh}}{\dfrac{1}{\alpha_i dA_i}} \tag{5-11a}$$

$$\text{间壁} \quad dQ_m = \frac{t_{wh} - t_{wc}}{\dfrac{b}{\lambda dA_m}} \tag{5-11b}$$

$$\text{外侧} \quad dQ_o = \frac{t_{wc} - t_c}{\dfrac{1}{\alpha_o dA_o}} \tag{5-11c}$$

式中,dA_m 为间壁的平均导热面积,m^2。

在稳态条件下,由热流体到冷流体的传热过程中,各个环节的传热速率处处相等,即

$$dQ_i = dQ_m = dQ_o = dQ \tag{5-12}$$

利用式(5-11)和式(5-12),可得

$$dQ = \frac{t_h - t_{wh}}{\dfrac{1}{\alpha_i dA_i}} = \frac{t_{wh} - t_{wc}}{\dfrac{b}{\lambda dA_m}} = \frac{t_{wc} - t_c}{\dfrac{1}{\alpha_o dA_o}} = \frac{t_h - t_c}{\dfrac{1}{\alpha_i dA_i} + \dfrac{b}{\lambda dA_m} + \dfrac{1}{\alpha_o dA_o}} \tag{5-13}$$

式中,Q 为换热器总传热面积上的传热速率,W;$(t_h - t_c)$ 为传热的总推动力,℃。

对比式(5-8)和式(5-13),若以间壁外侧面为传热面积计算基准,则其局部传热系数 K'_o 为

$$\frac{1}{K'_o dA_o} = \frac{1}{\alpha_i dA_i} + \frac{b}{\lambda dA_m} + \frac{1}{\alpha_o dA_o} \tag{5-14a}$$

或

$$\frac{1}{K'_o} = \frac{1}{\alpha_i} \frac{dA_o}{dA_i} + \frac{b}{\lambda} \frac{dA_o}{dA_m} + \frac{1}{\alpha_o} \tag{5-14b}$$

由于流体温度沿传热面随流动距离而不断变化(除流体发生相变外),因而流体物性随之改变,致使对流传热系数也改变。然而,在工程计算中,通常是按某一定性温度确定物性参数(如第 4 章所述)来计算对流传热系数 α,而将 α 看作常数,因而求得的局部传热系数 K' 也为常数,不随管长变化,而作为全管长上的总传热系数 K,又微元面积的比值也可用全管长上总面积的比值代替,故式(5-14b)可改写为

$$\frac{1}{K_o} = \frac{1}{\alpha_i} \frac{A_o}{A_i} + \frac{b}{\lambda} \frac{A_o}{A_m} + \frac{1}{\alpha_o} \tag{5-15}$$

由式(5-15)可知,对于一个确定的传热过程,总传热系数 K 的数值与换热器

传热面积的计算基准有关。对于平壁,由于间壁两侧的传热面积相等,因而总传热系数的数值对任一侧都相等;而对于沿热流方向传热面积变化的间壁而言,如圆管壁或带有扩展表面的壁面,在选取不同的传热面积作为传热过程计算基准时,其总传热系数的数值不同。因此,在指出总传热系数的同时,还必须注明传热面的计算基准。

同理,还可写出对应于 A_i 的总传热系数 K_i 的倒数

$$\frac{1}{K_i} = \frac{1}{\alpha_i} + \frac{b}{\lambda}\frac{A_i}{A_m} + \frac{1}{\alpha_o}\frac{A_i}{A_o} \tag{5-16}$$

对于内、外径分别为 d_i 和 d_o,长为 L 的圆管,由于 $A=\pi dL$,总传热系数 K_o 的倒数还可以表示为

$$\frac{1}{K_o} = \frac{1}{\alpha_i}\frac{d_o}{d_i} + \frac{b}{\lambda}\frac{d_o}{d_m} + \frac{1}{\alpha_o} \tag{5-17}$$

式中,d_m 表示管壁的平均直径,m。在工程上,一般以圆管外表面作为传热过程中传热面积的计算基准,相应的传热系数 K_o 也简记作 K。本章中如不作说明,K 即以管外表面为基准。

对于厚度为 b 的平壁,由于内、外侧的传热面积相等,其总传热系数 K 可表示为

$$\frac{1}{K} = \frac{1}{\alpha_i} + \frac{b}{\lambda} + \frac{1}{\alpha_o} \tag{5-18}$$

2. 污垢热阻

换热器在经过一段时间的运行后,传热表面往往积存有污垢,在计算传热系数时污垢层的传热热阻不容忽视。污垢热阻的大小与流体性质、流速、温度、换热器结构和运行时间等因素有关。污垢热阻对换热器的操作影响很大,在操作中需采取必要的措施以防止污垢的积累。对一定的流体和换热器结构,增大流体的流速,可以降低污垢在传热面上沉积的可能性,而减小污垢热阻。由于污垢层厚度及导热系数难以测定,通常只能根据经验选取污垢热阻,作为计算的依据。

如果间壁内、外两侧的污垢热阻分别用 R_{si} 和 R_{so} 表示,则根据串联热阻的叠加原理,总传热热阻可以表示为

$$\boxed{\frac{1}{K} = \frac{1}{\alpha_i}\frac{A_o}{A_i} + R_{si}\frac{A_o}{A_i} + \frac{b}{\lambda}\frac{A_o}{A_m} + R_{so} + \frac{1}{\alpha_o}} \tag{5-19}$$

工业上常见流体污垢热阻的大致范围为 $0.9 \times 10^{-4} \sim 17.6 \times 10^{-4}$ m² · K/W,详见附录十一。

3. 换热器中总传热系数的范围

在进行换热器的传热计算时,通常需要先估计传热系数。表 5-1 列出了常见

的列管式换热器中传热系数经验值的大致范围。

表 5-1 列管式换热器中总传热系数的大致范围[5]

热流体	冷流体	总传热系数 $K/\text{W}/(\text{m}^2 \cdot \text{℃})$
水	水	850～1700
轻油	水	340～910
重油	水	60～280
气体	水	17～280
水蒸气冷凝	水	1420～4250
水蒸气冷凝	气体	30～300
低沸点烃类蒸气冷凝(常压)	水	455～1140
高沸点烃类蒸气冷凝(减压)	水	60～170
水蒸气冷凝	水沸腾	2000～4250
水蒸气冷凝	轻油沸腾	455～1020
水蒸气冷凝	重油沸腾	140～425

由表 5-1 中的数据可见,总传热系数的变化范围很大。

4. 壁温的计算

在选用换热器的类型和材料时都需要知道间壁的壁温,根据式(5-11a)可以写出热流体侧的壁温计算式:

$$t_{\text{wh}} = t_{\text{h}} - \frac{Q}{\alpha_i A_i} \tag{5-20a}$$

由式(5-11b)和式(5-11c)同样可写出冷流体侧的壁温计算式:

$$t_{\text{wc}} = t_{\text{wh}} - \frac{bQ}{\lambda A_m} \tag{5-20b}$$

$$t_{\text{wc}} = t_{\text{c}} + \frac{Q}{\alpha_o A_o} \tag{5-20c}$$

以上关系式表明,当间壁的导热系数很大时,间壁两侧的壁面温度可近似认为相等,而且间壁的温度较接近于对流传热系数较大一侧的流体温度。

例5-1 一空气冷却器,空气横向流过管外壁,对流传热系数 $\alpha_o = 100\text{W}/(\text{m}^2 \cdot \text{℃})$。冷却水在管内流动,$\alpha_i = 6000\text{W}/(\text{m}^2 \cdot \text{℃})$。冷却水管为 $\phi 25\text{mm} \times 2.5\text{mm}$ 的钢管,其导热系数 $\lambda = 45\text{W}/(\text{m} \cdot \text{℃})$。试问:

(1) 该状况下的总传热系数;

(2) 若将管外空气一侧的对流传热系数提高 1 倍,其他条件不变,总传热系数有何变化?

(3) 若将管内冷却水一侧的对流传热系数提高 1 倍,其他条件不变,总传热系数又有何变化?

解 (1) 由式(5-17)可得,以管外壁为基准的总传热系数为

$$K = \cfrac{1}{\cfrac{1}{\alpha_i}\cfrac{d_o}{d_i} + \cfrac{b}{\lambda}\cfrac{d_o}{d_m} + \cfrac{1}{\alpha_o}} = \cfrac{1}{\cfrac{1}{6000} \times \cfrac{25}{20} + \cfrac{0.0025}{45} \times \cfrac{25}{22.5} + \cfrac{1}{100}}$$

$$= 97.4 [W/(m^2 \cdot ℃)]$$

由以上计算可以看出管壁的热阻很小,可忽略不计。

(2) 若将管外空气一侧的对流传热系数 α_o 提高 1 倍,则总传热系数为(忽略管壁热阻)

$$K = \cfrac{1}{\cfrac{1}{\alpha_i}\cfrac{d_o}{d_i} + \cfrac{1}{2\alpha_o}} = \cfrac{1}{\cfrac{1}{6000} \times \cfrac{25}{20} + \cfrac{1}{2 \times 100}} = 192 [W/(m^2 \cdot ℃)]$$

总传热系数增加了 $\cfrac{192-97.4}{97.4} \times 100\% = 97.1\%$。

(3) 若将管内冷却水一侧的对流传热系数 α_i 提高 1 倍,则总传热系数为

$$K = \cfrac{1}{\cfrac{1}{2\alpha_i}\cfrac{d_o}{d_i} + \cfrac{1}{\alpha_o}} = \cfrac{1}{\cfrac{1}{2 \times 6000} \times \cfrac{25}{20} + \cfrac{1}{100}} = 99 [W/(m^2 \cdot ℃)]$$

总传热系数只增加了 $\cfrac{99-97.4}{97.4} \times 100\% = 1.6\%$。

讨论 由上述计算可以看出,强化空气侧的对流传热所提高的总传热系数远较强化冷却水侧的对流传热的效果显著。因此,要提高一个具体传热过程的总传热系数,必须首先比较传热过程各个环节上的分热阻,对分热阻最大的环节进行强化,这样才能使总传热系数显著提高。

5.4 传热过程的平均温差计算

间壁两侧流体传热平均温差(又称为平均推动力)Δt_m 的大小和计算方法与换热器中参与换热流体的温度变化情况以及流体的相对流动方向有关。

5.4.1 恒温差传热

在换热器中,间壁两侧的流体均存在相变时,两流体温度分别保持不变,这种传热称为恒温差传热。例如在蒸发器中,饱和蒸气冷凝与另一侧液体沸腾之间的传热,其传热温差保持恒定不变。在恒温差传热中,由于两流体的温差处处相等,传热过程的平均温差即是发生相变时两流体的饱和温度之差。

5.4.2 变温差传热

若间壁传热过程中有一侧流体没有相变,则流体的温度沿流动方向是变化的,传热温差也随流体流动的位置发生变化,这种情况下的传热称为变温差传热。

在变温差传热时,传热过程平均温差的计算方法与流体的流动排布型式有关。下面分别讨论常见流动排布型式传热过程的平均传热温差计算方法。

1. 并流和逆流时的传热温差

图 5-15 定性地表示出两流体做变温差传热时传热温差的变化情况,其中图 5-15(a)为冷、热流体间呈逆流流动,图 5-15(b)为并流的情形。

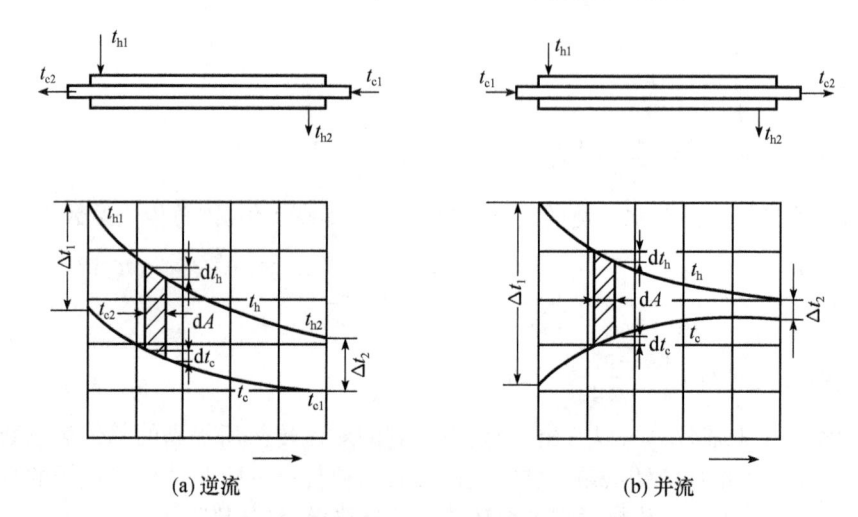

(a) 逆流

(b) 并流

图 5-15 两侧流体呈逆流和并流时的传热温差变化

下面以逆流传热过程为例,推导平均温差计算公式。

设热流体的进、出口温度分别为 t_{h1} 和 t_{h2};冷流体的进、出口温度分别为 t_{c1} 和 t_{c2}。假定:①冷、热流体的比热容 c_{pc}、c_{ph} 在整个传热面上都是常量;②总传热系数 K 在整个传热面上不变;③换热器无散热损失。

如图 5-15 所示,先研究微元传热面积 dA 上的传热情况。在 dA 两侧,冷、热流体的温度分别为 t_c 和 t_h,传热温差为 Δt,即

$$\Delta t = t_h - t_c$$

通过微元面积 dA 的传热量为

$$dQ = K(t_h - t_c)dA = K\Delta t dA \qquad (5\text{-}21a)$$

热流体放出热量 dQ 后温度下降了 dt_h;冷流体在吸收了热量 dQ 后,温度上升了 dt_c。沿热流体的流动方向,冷、热流体的温度均下降,由热量衡算方程可得

$$dt_h = -\frac{dQ}{m_h c_{ph}}$$

$$dt_c = -\frac{dQ}{m_c c_{pc}}$$

从而有

$$d(\Delta t) = dt_h - dt_c = \left(\frac{1}{m_c c_{pc}} - \frac{1}{m_h c_{ph}}\right)dQ \tag{5-21b}$$

将式(5-21a)代入式(5-21b)可以得到微元传热面积 dA 与微分传热温差 d(Δt) 的关系，即

$$\frac{d(\Delta t)}{\Delta t} = K\left(\frac{1}{m_c c_{pc}} - \frac{1}{m_h c_{ph}}\right)dA$$

以 $\Delta t_1 = t_{h1} - t_{c2}$、$\Delta t_2 = t_{h2} - t_{c1}$ 表示换热器两端的温差，对上式在整个传热面积 A 上积分有

$$\int_{\Delta t_1}^{\Delta t_2} \frac{1}{\Delta t} d(\Delta t) = K\left(\frac{1}{m_c c_{pc}} - \frac{1}{m_h c_{ph}}\right)\int_0^A dA$$

即

$$\ln\frac{\Delta t_2}{\Delta t_1} = KA\left(\frac{1}{m_c c_{pc}} - \frac{1}{m_h c_{ph}}\right) \tag{5-21c}$$

由式(5-4)，即 $Q = m_h c_{ph}(t_{h1} - t_{h2}) = m_c c_{pc}(t_{c2} - t_{c1})$，得

$$\frac{1}{m_c c_{pc}} - \frac{1}{m_h c_{ph}} = \frac{t_{c2} - t_{c1}}{Q} - \frac{t_{h1} - t_{h2}}{Q} = \frac{(t_{h2} - t_{c1}) - (t_{h1} - t_{c2})}{Q}$$

$$= \frac{\Delta t_2 - \Delta t_1}{Q}$$

将上式代入式(5-21c)，得

$$\ln\frac{\Delta t_2}{\Delta t_1} = KA\frac{\Delta t_2 - \Delta t_1}{Q}$$

即

$$Q = KA\frac{\Delta t_2 - \Delta t_1}{\ln\frac{\Delta t_2}{\Delta t_1}}$$

对比式(5-9)与上式，可得平均传热温差的表达式：

$$\boxed{\Delta t_m = \frac{\Delta t_2 - \Delta t_1}{\ln\frac{\Delta t_2}{\Delta t_1}}} \tag{5-22}$$

上述所推导的平均传热温差称为对数平均温差。对于冷、热流体做并流流动的传热过程，同样可以导出与式(5-22)相同的结果。因此，式(5-22)是计算逆流和并流情况下平均传热温差的通用计算公式。

在应用式(5-22)计算平均温差时，为了计算方便，当换热器的端部温差满足 $0.5 < \Delta t_2/\Delta t_1 < 2$ 时，上述对数平均温差可以用算术平均温差 $(\Delta t_1 + \Delta t_2)/2$ 代替，其误差不超过 4%。

例 5-2 在一套管式换热器中，用机油来加热原油。机油的进、出口温度分别

为 200℃和 150℃；原油的进、出口温度分别为 90℃和 130℃。试求在这种温度条件下，机油与原油做逆流和并流流动时的平均传热温差。

解 由题设条件，可根据式(5-22)计算机油与原油传热过程的平均温差。计算的条件和计算结果如表 5-2 所示。

表 5-2 例 5-2 附表

逆流	机油 原油	150←200 90→130	$\Delta t_1=150-90=60(℃)$ $\Delta t_2=200-130=70(℃)$	$\Delta t_m=\dfrac{70-60}{\ln(70/60)}=64.9(℃)$
并流	机油 原油	200→150 90→130	$\Delta t_1=200-90=110(℃)$ $\Delta t_2=150-130=20(℃)$	$\Delta t_m=\dfrac{110-20}{\ln(110/20)}=52.8(℃)$

讨论 由计算结果可见：在同样的进、出口温度条件下，逆流的传热温差比并流的大。因此，当换热器中传热速率和传热系数都相同时，采用逆流流动所需的传热面积比并流的小。

2. 错流和折流时的传热温差

在实际的换热器设计中，流体的流向一般都比较复杂。流体的流动通常不是纯粹的逆流或并流，因为在设计中除了考虑传热温差外，还要考虑到影响传热系数的多种因素以及换热器结构方面的问题。

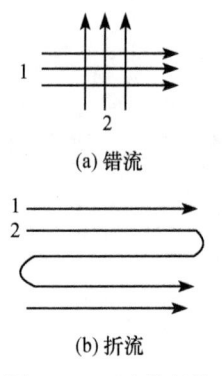

如图 5-16 所示，按照冷、热流体之间的相对流动方向，流体之间做垂直交叉的流动，称为错流；如一流体只沿一个方向流动，而另一流体反复地折流，使两侧流体间并流和逆流交替出现，这种情况称为简单折流。在列管式换热器中可以有多种流动排布型式。为了强化传热，列管式换热器的管程或壳程通常是多流程，即流体经过两次或多次折流后才流出换热器，这样就使平均温差的计算变得复杂。

图 5-17 示出简单折流中热流体做单程流动、冷流体做双程流动的组合（简称 1-2 折流）。在这种情况下，传热过程的平均温差计算远比单纯并流或逆流时的计算复杂。经过推导，对于 1-2 折流的平均温差可表示为

图 5-16 两流体间的错流与折流

(a) 错流
(b) 折流

$$\Delta t_m = \dfrac{\sqrt{(t_{h1}-t_{h2})^2+(t_{c2}-t_{c1})^2}}{\ln\left[\dfrac{(t_{h1}-t_{c2})+(t_{h2}-t_{c1})+\sqrt{(t_{h1}-t_{h2})^2+(t_{c2}-t_{c1})^2}}{(t_{h1}-t_{c2})+(t_{h2}-t_{c1})-\sqrt{(t_{h1}-t_{h2})^2+(t_{c2}-t_{c1})^2}}\right]} \tag{5-23}$$

式(5-23)适用于图 5-17 中的两种情况。

对于常用换热器中的各种流动组合，尽管可以通过理论分析得到平均温差的计算公式，但是形式上将更加复杂。在工程上，对于错流或复杂流动的平均温差，

(a) 先逆流后并流　　(b) 先并流后逆流

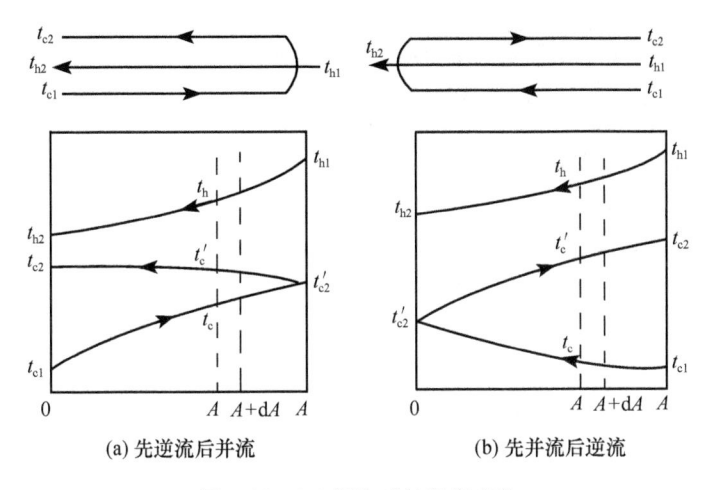

图 5-17　1-2 折流时的温度变化

常采用安德伍德和鲍曼提出的一种简单方法,即先按逆流计算对数平均温差 $\Delta t_m'$,再乘以考虑流动排布型式的温差修正系数 φ,从而得到复杂流动排布型式的平均温差 Δt_m,即

$$\Delta t_m = \varphi \Delta t_m' \tag{5-24}$$

温差修正系数 φ 与换热器内流体的温度变化有关。对于给定的流动排布型式,温差修正系数 φ 可以表示为无因次参数 P 和 R 的函数,参数 P 和 R 的定义如下:

$$P = \frac{t_{c2} - t_{c1}}{t_{h1} - t_{c1}} = \frac{冷流体的温升}{两流体的最初温差} \tag{5-25}$$

$$R = \frac{t_{h1} - t_{h2}}{t_{c2} - t_{c1}} = \frac{热流体的温降}{冷流体的温升} \tag{5-26}$$

温差修正系数 φ 与参数 P 和 R 的关系可通过理论导出。例如,对于 1-2 折流,联立式(5-22)、式(5-23)、式(5-25)和式(5-26),可得 φ 与参数 P 和 R 的函数关系:

$$\varphi = \frac{\dfrac{\sqrt{R^2+1}}{R-1}\ln\left(\dfrac{1-P}{1-PR}\right)}{\ln\dfrac{2-P(1+R-\sqrt{R^2+1})}{2-P(1+R+\sqrt{R^2+1})}} \tag{5-27}$$

对于 1-2n 型(如 1-4、1-6、1-8 等)折流,也可以近似采用式(5-27)计算温差修正系数。

图 5-18 给出一些常见流动排布型式下温差修正系数 φ 与 P 和 R 的函数曲线图,可供计算平均温差时查用。对于其他型式的流动排布型式,其平均传热温差的修正系数可查阅相关手册。

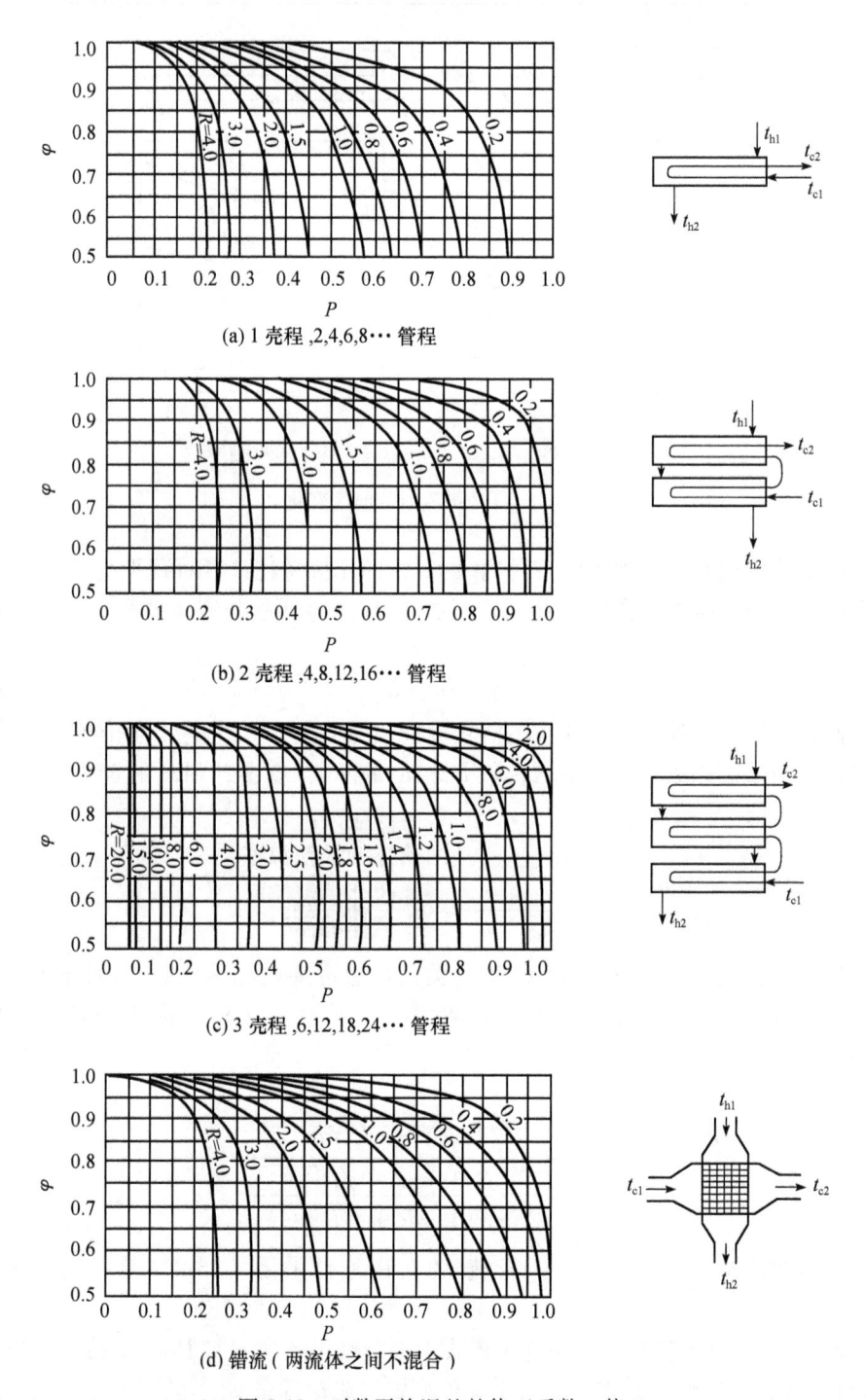

图 5-18 对数平均温差的修正系数 φ 值

例 5-3 在一台 1-2 型换热器中,用机油来加热原油。机油的进、出口温度分别为 200℃ 和 150℃;原油的进出、口温度分别为 90℃ 和 130℃。试求在这种温度条件下,机油与原油的平均传热温差。

解 本题冷、热流体温度条件与例 5-2 相同,根据例 5-2,机油与原油作逆流时的平均温差 $\Delta t'_m = 64.9℃$,则有

$$P = \frac{t_{c2} - t_{c1}}{t_{h1} - t_{c1}} = \frac{130 - 90}{200 - 90} = 0.36$$

$$R = \frac{t_{h1} - t_{h2}}{t_{c2} - t_{c1}} = \frac{200 - 150}{130 - 90} = 1.25$$

由图 5-18,查得温差修正系数 $\varphi = 0.92$,故平均传热温差为

$$\Delta t_m = \varphi \Delta t'_m = 0.92 \times 64.9 = 59.7(℃)$$

讨论 由计算结果可见:在同样的温度条件下,折流的传热平均温差小于逆流,但大于并流(例 5-2)。温差修正系数 φ 可以用来表征在给定传热工况下换热器内流体流动与逆流型式的接近程度。

3. 不同流动排布型式的比较

在前述各种流动排布型式中,并流和逆流是两种极端情况。由例 5-2 和例 5-3 可以看出,两流体做变温传热时,在进、出口温度条件相同时,逆流的平均温差最大,并流的平均温差最小,对于其他的流动排布型式,其平均温差介于两者之间。因此,就提高传热温差推动力而言,逆流优于其他型式的流动。

逆流的另一优点是可以节省加热或冷却介质的用量。因为并流时,冷流体的出口温度 t_{c2} 总是低于热流体的出口温度 t_{h2},而在逆流时,冷流体的出口温度 t_{c2} 可以高于热流体的出口温度 t_{h2}。因此,在逆流冷却时,冷流体的温升可比并流时的大,由热量衡算方程可知,相应的冷流体的流量可以少些。与此类似,在逆流加热时,热流体的温降可比并流时的大,所需的热流体流量较少。

因此,在实际的换热器中应尽量采用逆流流动,而避免并流流动。但是在一些特殊场合下仍采用并流流动,以满足特定的生产工艺需要。例如,要求冷流体被加热时不能超过某一规定温度或者热流体被冷却时不能低于某一规定温度,则采用并流流动较容易控制。此外,在高温换热器中,如果采用逆流流动,则热流体和冷流体的最高温度均集中在换热器的同一端,使得该处的壁温特别高,将导致管壁处产生较大的热应力和热变形,这种情况也不宜采用逆流流动。

当换热器中有一侧流体发生相变,由于发生相变流体的温度保持不变,无论何种流动排布型式,只要另一侧流体的进、出口温度保持恒定,则传热过程的平均温差均相同。这时也就没有并流和逆流之分了。

采用折流和其他复杂流动的目的是为了提高传热系数,然而其代价是减小了

平均传热温差,因为折流的平均温差总是小于逆流流动。所以,在换热器的设计中,一方面要采用流体折流来提高传热系数,另一方面还要使流动尽量接近于逆流流动,以接近于逆流的传热温差,即要求温差修正系数 φ 尽量接近于1。一般在换热器设计时,应注意使 φ 值不小于0.9,至少也不应低于0.8,否则经济上不合理,同时换热器操作温度变化时会引起参数 P 的变化,可能使 φ 值急剧下降(图5-18),导致实际换热器操作稳定性变差。增大 φ 值的一个方法是改用多壳程的换热器[对比图5-18(a)～(c)]。

5.5 传热效率和传热单元数

在传热过程的计算中,热量衡算方程和传热速率方程将换热器和换热流体的各参数关联起来。当已知冷、热流体的流量和进出口温度时,可以根据传热系数、平均传热温差和传热量计算传热过程所需的传热面积。然而,当给定冷、热流体的流量、进口温度、传热面积以及传热系数,则往往需要采用试差法来确定两流体的出口温度。为了避免应用试差法而方便地求解流体的出口温度,凯斯和伦敦提出了传热效率和传热单元数的概念。

5.5.1 传热效率

换热器传热效率 ε 的定义为实际传热速率 Q 与理论上可能的最大传热速率 Q_{max} 之比:

$$\varepsilon = \frac{Q}{Q_{max}} \tag{5-28}$$

当忽略换热器的热损失时,实际的传热速率等于冷流体吸收热量的速率或者是热流体放出热量的速率。在间壁两侧的流体均无相变时,由式(5-4),实际传热速率为

$$Q = m_h c_{ph}(t_{h1} - t_{h2}) = m_c c_{pc}(t_{c2} - t_{c1})$$

无论何种型式的换热器,其最大可能的传热速率应遵循热力学所规定的极限。根据热力学第二定律,换热后热流体温度下降的极限为冷流体的进口温度 t_{c1};冷流体温度上升的极限也只能是热流体的进口温度 t_{h1}。由式(5-4)可知,只有热容量 (mc_p) 较小的流体,其温度才可能发生最大的变化,因此最大可能的传热速率应为冷、热流体之间的最大极限传热温差 $(t_{h1} - t_{c1})$ 乘以热容量较小的流体的热容量 $(mc_p)_{min}$,即

$$Q_{max} = (mc_p)_{min}(t_{h1} - t_{c1}) \tag{5-29}$$

式中,$(mc_p)_{min}$ 为冷、热流体中较小的一个数值。显然,Q_{max} 仅是一个理想值,在实际操作中是不可能实现的。

如果热流体的热容量较小,则传热效率 ε 为

$$\varepsilon = \frac{m_h c_{ph}(t_{h1} - t_{h2})}{m_h c_{ph}(t_{h1} - t_{c1})} = \boxed{\frac{t_{h1} - t_{h2}}{t_{h1} - t_{c1}} = \varepsilon_h} \tag{5-30}$$

如果冷流体的热容量较小,则传热效率 ε 为

$$\varepsilon = \frac{m_c c_{pc}(t_{c2} - t_{c1})}{m_c c_{pc}(t_{h1} - t_{c1})} = \boxed{\frac{t_{c2} - t_{c1}}{t_{h1} - t_{c1}} = \varepsilon_c} \tag{5-31}$$

由式(5-30)和式(5-31)可知,传热效率即为小热容量流体的进出口温差与冷、热流体的进口温差之比。传热效率 ε 大,表明流体的可用热量已被利用的程度高,即换热效果好;反之,则传热效果差。需要指出,传热效率仅表征了流体可用热量被利用的程度,并不说明换热器经济性的优劣。

如果已知换热器的传热效率 ε,就可以根据冷、热流体的进口温度确定换热器的传热速率 Q,即

$$Q = \varepsilon Q_{\max} = \varepsilon (mc_p)_{\min}(t_{h1} - t_{c1}) \tag{5-32}$$

求得 Q 后便容易由热量衡算获得冷、热流体的出口温度。这样问题就集中在如何求取换热器的传热效率上了。为此先引入传热单元数的概念。

5.5.2 传热单元数

在换热器中的微元传热面积 dA 上,由热量衡算方程式(5-3)和传热速率方程(5-8)可得

$$dQ = m_h c_{ph} dt_h = m_c c_{pc} dt_c = K(t_h - t_c) dA = K \Delta t dA$$

对于冷流体,满足

$$\frac{dt_c}{\Delta t} = \frac{KdA}{m_c c_{pc}}$$

当传热系数 K 和比热容 c_{pc} 为常数时,积分上式可得

$$NTU_c = \int_{t_{c1}}^{t_{c2}} \frac{dt_c}{\Delta t} = \frac{t_{c2} - t_{c1}}{\Delta t_m} = \frac{KA}{m_c c_{pc}} \tag{5-33a}$$

式中,NTU_c(number of transfer unit)称为对冷流体而言的传热单元数,Δt_m 为换热器的对数平均温差。

同理,以热流体为基准的传热单元数可表示为

$$NTU_h = \frac{t_{h1} - t_{h2}}{\Delta t_m} = \frac{KA}{m_h c_{ph}} \tag{5-33b}$$

在换热器中,传热单元数定义为

$$\boxed{NTU = \frac{KA}{(mc_p)_{\min}}} \tag{5-34}$$

它是小热容量流体的温度变化与平均温差的比值。NTU 中包括的 A 和 K 两个

量分别反映换热器的初投资和运行费用。因此,它可作为衡量换热器综合技术经济性能的指标。

5.5.3 传热效率和传热单元数的关系

对一定型式的换热器,其传热效率与传热单元数之间的关系可根据热量衡算方程和传热速率方程导出。下面以逆流式换热器为例,推导传热效率 ε 与传热单元数 NTU 的关系。

利用关系 $\Delta t_1 = t_{h1} - t_{c2}$、$\Delta t_2 = t_{h2} - t_{c1}$,将前面推导对数平均温差所得到的式(5-21c)改写为

$$\ln \frac{t_{h1} - t_{c2}}{t_{h2} - t_{c1}} = KA \left(\frac{1}{m_h c_{ph}} - \frac{1}{m_c c_{pc}} \right)$$

设热流体的热容量较小,即 $(mc_p)_{\min} = (m_h c_{ph})$,上式可以写为

$$\ln \frac{t_{h1} - t_{c2}}{t_{h2} - t_{c1}} = \frac{KA}{m_h c_{ph}} \left(1 - \frac{m_h c_{ph}}{m_c c_{pc}} \right)$$

设 $C_{Rh} = \dfrac{m_h c_{ph}}{m_c c_{pc}}$,并将式(5-33b)代入上式,得

$$\ln \frac{t_{h1} - t_{c2}}{t_{h2} - t_{c1}} = (1 - C_{Rh}) NTU_h \tag{5-35}$$

结合传热效率 ε 的定义[式(5-30)和式(5-31)],可将式(5-35)左侧的温差$(t_{h1} - t_{c2})$、$(t_{h2} - t_{c1})$写为

$$t_{h2} - t_{c1} = t_{h1} - \frac{t_{h1} - t_{h2}}{t_{h1} - t_{c1}}(t_{h1} - t_{c1}) - t_{c1} = (1 - \varepsilon_h)(t_{h1} - t_{c1})$$

$$t_{h1} - t_{c2} = t_{h1} - \frac{t_{c2} - t_{c1}}{t_{h1} - t_{c2}} \cdot \frac{t_{h1} - t_{h2}}{t_{h1} - t_{c1}}(t_{h1} - t_{c1}) - t_{c1}$$

$$= t_{h1} - \frac{m_h c_{ph}}{m_c c_{pc}} \cdot \frac{t_{h1} - t_{h2}}{t_{h1} - t_{c1}}(t_{h1} - t_{c1}) - t_{c1}$$

$$= (1 - C_{Rh} \varepsilon_h)(t_{h1} - t_{c1})$$

将上两式代入式(5-35)中,并整理得

$$\varepsilon_h = \frac{1 - \exp[(1 - C_{Rh}) NTU_h]}{C_{Rh} - \exp[(1 - C_{Rh}) NTU_h]} \tag{5-36}$$

若冷流体的热容量较小,即 $(mc_p)_{\min} = (m_c c_{pc})$,则设 $C_{Rc} = \dfrac{m_c c_{pc}}{m_h c_{ph}}$,同样可得

$$\varepsilon_c = \frac{1 - \exp[(1 - C_{Rc}) NTU_c]}{C_{Rc} - \exp[(1 - C_{Rc}) NTU_c]} \tag{5-37}$$

令

第 5 章 传热过程计算与换热器

$$C_R = \frac{(mc_p)_{\min}}{(mc_p)_{\max}} \tag{5-38}$$

式中,$(mc_p)_{\max}$ 为流体热容量较大者。则式(5-36)和式(5-37)可以写成相同的形式

$$\varepsilon = \frac{1 - \exp[(1 - C_R)NTU]}{C_R - \exp[(1 - C_R)NTU]} \tag{5-39}$$

式中,C_R 称为热容量比。

同理,对于并流换热器,经过类似的推导,也可得到传热效率 ε 与传热单元数 NTU 之间的关系

$$\varepsilon = \frac{1 - \exp[-(1 + C_R)NTU]}{1 + C_R} \tag{5-40}$$

由此可见,传热效率 ε 一般是传热单元数 NTU、热容量比 C_R 和流动排布型式的函数。不同情况下传热效率 ε 与传热单元数 NTU、热容量比 C_R 的关系已导出了计算公式,并绘制成图,供设计时使用。图 5-19～图 5-22 分别表示并流、逆流、1 壳程 2 管程以及 2 壳程 4 管程时传热效率 ε 与传热单元数 NTU、热容量比 C_R 的关系。各图对冷、热流体均适用。在使用时应注意各图所对应的换热器类型,同时图中参数均需对应同一流体。对于其他类型的换热器,传热效率与传热单元数之间的关系可查阅有关手册或专著。

由图 5-19～图 5-22 可见,对于给定的热容量比 C_R,传热效率 ε 总是随传热单元数 NTU 的增加而增大,并且渐近趋向某一定值。因此,在传热效率较高时,若要进一步提高传热效率 ε,则必须增加较大的传热单元数 NTU,这将导致传热面积的大幅度增加。以逆流为例,对于 $C_R = 1$ 的情况,当 $NTU = 9$ 时,$\varepsilon = 0.9$;当

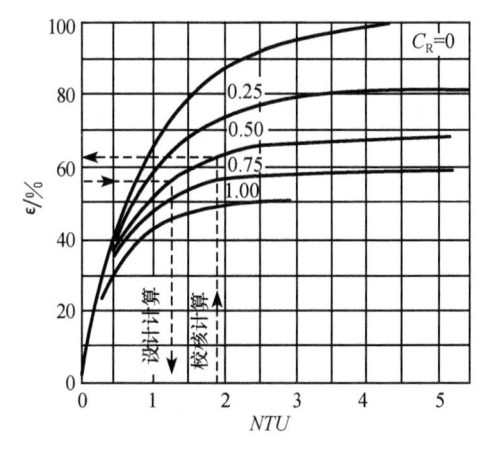

图 5-19 并流换热器的 ε-NTU 关系

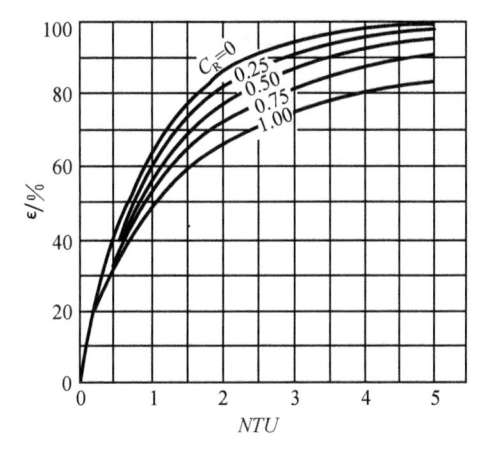

图 5-20 逆流换热器的 ε-NTU 关系

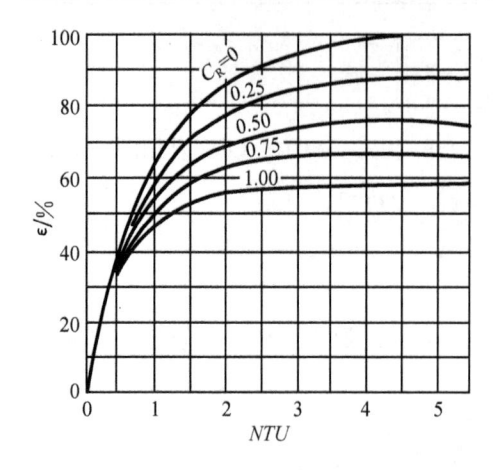

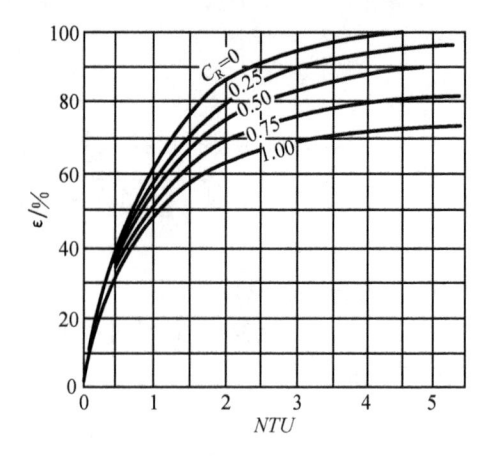

图 5-21　1 壳程 2 管程换热器的 ε-NTU 关系

图 5-22　2 壳程 4 管程换热器的 ε-NTU 关系

$NTU=11.5$ 时，$\varepsilon=0.92$。这表明欲使传热效率提高 2%，则传热单元数需增加 28%，使传热面积大大增加。因而，在传热效率较高时，尽量减少换热器的散热损失就显得更为重要。

对于给定的传热单元数 NTU，传热效率 ε 随热容量比 C_R 的减小而增加；当 $\varepsilon<0.4$ 时，C_R 对传热效率的影响很小。

下面再对热容量比 C_R 的两种极限情况进行讨论。

（Ⅰ）当冷、热流体之一发生相变，此时 $C_R \to 0$，因为发生相变一侧的流体温度始终处于操作压力下的饱和温度，进、出口温度不变，相当于该侧流体热容量无限大，即 $C_R \to 0$。由此，式（5-39）和式（5-40）均可简化为

$$\varepsilon = 1 - \exp(-NTU) \tag{5-41}$$

式（5-41）表明，无论是逆流或并流换热器，当一侧有相变时，则只要传热单元数相同，两者的传热效率相等。这个结果证实了在蒸发器或冷凝器中传热效率与流体流动方向无关的结论。

（Ⅱ）当两侧流体的热容量相等，即 $C_R \to 1$ 时，对式（5-39）和式（5-40）取极限，则可分别简化为

$$\text{逆流}\quad \varepsilon = \frac{NTU}{1+NTU} \tag{5-42}$$

$$\text{并流}\quad \varepsilon = \frac{1-\exp(-2NTU)}{2} \tag{5-43}$$

最后要指出，对于一组串联的换热器，其传热单元数为各个换热器的传热单元数之和，即

$$NTU_h = \frac{K_1 A_1 + K_2 A_2 + K_3 A_3 + \cdots + K_n A_n}{m_h c_{ph}} = \sum_{i=1}^{n}(NTU_h)_i \tag{5-44}$$

式中，K_i 为第 i 个换热器的传热系数；A_i 为第 i 个换热器的传热面积。式(5-44)是针对热流体写出的，同样也可按冷流体的传热单元进行叠加。因此对串联换热器组，ε-NTU 法仍很方便。

5.6 换热器计算的设计型和操作型问题

在工程应用上，对换热器的计算可分为两种类型：一类是设计型计算（或称为设计计算），即根据生产要求的传热速率和工艺条件，确定所需换热器的传热面积及其他有关尺寸，进而设计或选用换热器；另一类是操作型计算（或称为校核计算），即根据给定换热器的结构参数及冷、热流体进入换热器的初始条件，通过计算判断一个换热器是否能满足生产要求，或预测生产过程中某些参数（如流体的流量、初温等）的变化对换热器传热能力的影响。两类计算所依据的基本方程都是热量衡算方程和传热速率方程，计算方法有对数平均温差(LMTD)法和传热效率-传热单元数(ε-NTU)法两种。

5.6.1 设计型计算

设计型计算一般是指根据给定的换热任务，通常为已知冷、热流体的流量以及冷、热流体进、出口端四个温度中的任意三个。当选定换热表面几何情况及流体的流动排布型式后计算传热面积，并进一步作结构设计，或者合理地选择换热器的型号。

对于设计型计算，既可以采用对数平均温差法，也可以采用传热效率-传热单元数法，其计算的一般步骤如表 5-3 所示。

表 5-3 设计型计算的计算步骤

LMTD 法	ε-NTU 法
1. 根据已知的三个端部温度，由热量衡算方程计算另一个端部温度； 2. 由选定的换热器型式计算传热系数 K； 3. 由规定的冷、热流体进、出口温度计算参数 P,R； 4. 由计算的 P,R 值以及流动排布型式，由 φ-P、R 曲线确定温度修正系数 φ； 5. 由热量衡算方程计算传热速率 Q，由端部温度计算逆流时的对数平均温差 Δt_m； 6. 由传热速率方程计算传热面积 $A=\dfrac{Q}{K\varphi\Delta t_m}$	1. 根据已知的三个端部温度，由热量衡算方程计算另一个端部温度； 2. 由选定的换热器型式计算传热系数 K； 3. 由规定的冷、热流体进、出口温度计算参数 ε,C_R； 4. 由计算的 ε,C_R 值及选定的流动排布型式查取 ε-NTU 算图，以确定 NTU。可能需由 ε-NTU 关系反复计算 NTU； 5. 计算所需的传热面积 $A=\dfrac{(mc_p)_{\min}}{K}NTU$

例 5-4 一列管式换热器中，苯在换热器的管内流动，流量为 1.25kg/s，由 80℃冷却至 30℃；冷却水在管间与苯呈逆流流动，冷却水进口温度为 20℃，出口温度不超过 50℃。若已知换热器的传热系数为 470W/(m²·℃)，苯的平均比热容

为 1900J/(kg·℃)。若忽略换热器的散热损失,试分别采用对数平均温差法和传热效率-传热单元数法计算所需要的传热面积。

解 (1) 对数平均温差法

由热量衡算方程,换热器的传热速率为

$$Q = m_h c_{ph}(t_{h1} - t_{h2}) = 1.25 \times 1900 \times (80 - 30) = 118.8 \times 10^3 (\text{W})$$

苯与冷却水之间的平均传热温差为

$$\Delta t_m = \frac{\Delta t_2 - \Delta t_1}{\ln \frac{\Delta t_2}{\Delta t_1}} = \frac{(80-50)-(30-20)}{\ln \frac{80-50}{30-20}} = 18.2(℃) \qquad \begin{matrix} 80 \rightarrow 30 \\ 50 \leftarrow 20 \end{matrix}$$

由传热速率方程,换热器的传热面积为

$$A = \frac{Q}{K \Delta t_m} = \frac{118.8 \times 10^3}{470 \times 18.2} = 13.9(\text{m}^2)$$

(2) 传热效率-传热单元数法

苯侧

$$m_h c_{ph} = 1.25 \times 1900 = 2375(\text{W}/℃)$$

冷却水侧

$$m_c c_{pc} = m_h c_{ph} \frac{t_{h1} - t_{h2}}{t_{c2} - t_{c1}} = 2375 \times \frac{80-30}{50-20} = 3958.3(\text{W}/℃)$$

因此有

$$(mc_p)_{\min} = m_h c_{ph} = 2375 \text{W}/℃$$

故

$$C_R = \frac{m_h c_{ph}}{m_c c_{pc}} = \frac{2375}{3958.3} = 0.6$$

$$\varepsilon = \frac{t_{h1} - t_{h2}}{t_{h1} - t_{c1}} = \frac{80-30}{80-20} = 0.833$$

由式(5-39)有

$$0.833 = \frac{1 - \exp[(1-0.6)NTU]}{0.6 - \exp[(1-0.6)NTU]}$$

可求出传热单元数 $NTU = 2.74$,则换热器的传热面积为

$$A = \frac{(mc_p)_{\min}}{K} NTU = \frac{2375}{470} \times 2.74 = 13.8(\text{m}^2)$$

讨论 由计算结果可见:采用两种方法计算传热面积,由于计算原理相同,计算结果十分接近,而对数平均温差法较为简单。

5.6.2 操作型计算

对于换热器的操作型计算,其特点是换热器给定,计算类型主要有以下两种:

（Ⅰ）对指定的换热任务,校核给定的换热器是否适用。一般给定换热器的传热面积和结构尺寸,冷、热流体的流动排布型式,冷、热流体的流量和进、出口温度,需校核计算传热速率或流体出口温度是否能满足生产工艺要求。

（Ⅱ）对一个给定的换热器,当某一操作条件改变时,考察传热速率及冷、热流体出口温度的变化情况;或者为了达到指定的工艺条件所需采取的调节措施。例如,对于一个给定的换热器,当冷、热流体的流量和冷流体进口温度不变时,热流体的进口温度升高,分析传热速率和流体出口温度的变化;或者当热流体的流量和冷流体进口温度不变时,提高热流体的进口温度,则为了维持热流体的出口温度不变,需计算冷流体的流量调节策略。

在前述设计型计算中,由于已知冷、热流体的进出口温度,因而采用对数平均温差法计算传热平均温差比较方便。而在操作型计算中则不然,由于流体的出口温度是未知的,为了计算对数平均温差就必须先假设流体出口温度,然后根据该温度需同时满足热量衡算方程和传热速率方程进行逐步试算。因此,采用对数平均温差法进行操作型计算比较繁杂,而应用传热效率-传热单元数法则比较方便。

对于操作型计算,采用传热效率-传热单元数法和对数平均温差法计算的一般步骤如表 5-4 所示。

表 5-4　操作型计算的计算步骤

ε-NTU 法	LMTD 法
1. 由已知换热器型式计算传热系数 K;	1. 假设出口温度,根据热量衡算方程计算另一个出口温度;
2. 由已知条件计算 NTU、C_R;	2. 由已知换热器型式计算传热系数 K;
3. 通过计算式或算图,由计算的 NTU、C_R 值和流动排布型式确定 ε;	3. 计算逆流平均温差 Δt_m;
4. 由 $Q=\varepsilon(mc_p)_{min}(t_{h1}-t_{c1})$ 计算传热速率,并由热量衡算方程或 ε 的定义式计算出口温度	4. 由 P、R 值,并根据流动排布型式由 φ-P、R 曲线确定 φ;
	5. 由 $Q=KA\varphi\Delta t_m$ 计算传热速率;
	6. 由已知的传热速率 Q 和 $(m_c c_{pc})$、$(m_h c_{ph})$ 通过热量衡算方程计算出口温度;
	7. 对比第一步所假定的出口温度。如果不一致,则重新假定反复计算,直到出口温度计算值与假定值的偏差符合精度要求

例 5-5　在列管式换热器中用锅炉给水冷却原油。已知换热器的传热面积为 100m²,原油的流量为 8.33kg/s,温度要求由 150℃降到 65℃;锅炉给水的流量为 9.17kg/s,其进口温度为 35℃;原油与水之间呈逆流流动。若已知换热器的传热系数为 250W/(m²·℃),原油的平均比热容为 2160J/(kg·℃)。若忽略换热器的散热损失,试问该换热器是否合用? 若在实际操作中采用该换热器,则原油的出口温度将为多少?

解 （1）对数平均温差法

所要求的传热速率 Q_r 可由热量衡算方程得到

$$Q_r = m_h c_{ph}(t_{h1} - t_{h2}) = 8.33 \times 2160 \times (150 - 65) = 1529.4 \times 10^3 (\text{W})$$

校核换热器是否合用，取决于冷、热流体间由传热速率方程决定的 $Q = KA\Delta t_m$ 是否大于所要求的传热速率 Q_r。若 $Q > Q_r$，则表明该换热器合用。或者由 $Q_r = KA_r\Delta t_m$，求出完成传热任务所必须的传热面积 A_r，若 A_r 小于给定的实际传热面积 A，则也表示该换热器合用。

由热量衡算方程可计算出锅炉给水的出口温度

$$t_{c2} = \frac{Q_r}{m_c c_{pc}} + t_{c1} = \frac{1529.4 \times 10^3}{9.17 \times 4187} + 35 = 74.8(\text{℃})$$

按逆流计算平均传热温差

$$\Delta t_m = \frac{\Delta t_2 - \Delta t_1}{\ln \frac{\Delta t_2}{\Delta t_1}} = \frac{(150 - 74.8) - (65 - 35)}{\ln \frac{150 - 74.8}{65 - 35}} = 49.2(\text{℃}) \qquad \begin{array}{l} 150 \rightarrow 65 \\ 74.8 \leftarrow 35 \end{array}$$

由传热速率方程，在此条件下换热器实际传热速率为

$$Q = KA\Delta t_m = 250 \times 100 \times 49.2 = 1230 \times 10^3 (\text{W}) < Q_r = 1529.4 \times 10^3 \text{W}$$

由于实际传热速率小于所要求的传热速率，因而该换热器不合用。或者计算

$$A_r = \frac{Q_r}{K\Delta t_m} = \frac{1529.4 \times 10^3}{250 \times 49.2} = 124.3(\text{m}^2) > 100\text{m}^2$$

也可说明该换热器不合用。

下面计算采用该换热器进行实际操作时原油的出口温度。

设原油和锅炉给水的实际出口温度为 t'_{h2}、t'_{c2}，换热器的实际传热速率为 Q'，并假定传热系数不变。根据热量衡算方程和传热速率方程，有

$$Q' = m_h c_{ph}(t_{h1} - t'_{h2}) = 8.33 \times 2160 \times (150 - t'_{h2}) \qquad 150 \rightarrow t'_{h2}$$

$$Q' = m_c c_{pc}(t'_{c2} - t'_{c1}) = 9.17 \times 4187 \times (t'_{c2} - 35) \qquad t'_{c2} \leftarrow 35$$

$$Q' = KA\Delta t_m = 250 \times 100 \times \frac{(150 - t'_{c2}) - (t'_{h2} - 35)}{\ln \frac{150 - t'_{c2}}{t'_{h2} - 35}}$$

联立上述三式求解（注意不必试差），得

$$Q' = 1386\text{kW}, \qquad t'_{h2} = 73\text{℃}, \qquad t'_{c2} = 71.2\text{℃}$$

可见，由于实际传热速率小于所要求的数值，则原油的实际出口温度大于 65℃，锅炉给水的出口温度也低于 74.8℃，说明该换热器不能满足工艺条件的需要。

（2）传热效率-传热单元数法

由已知条件可计算出

$$m_h c_{ph} = 8.33 \times 2160 = 17992.8 (\text{W}/\text{℃})$$
$$m_c c_{pc} = 9.17 \times 4187 = 38394.8 (\text{W}/\text{℃})$$

因而取 $(mc_p)_{min} = m_h c_{ph}$。

据此可计算换热器的热容流量比 C_R 和传热单元数 NTU

$$C_R = \frac{m_h c_{ph}}{m_c c_{pc}} = \frac{8.33 \times 2160}{9.17 \times 4187} = 0.47$$

$$NTU = \frac{KA}{m_h c_{ph}} = \frac{250 \times 100}{8.33 \times 2160} = 1.39$$

根据式(5-39)可得传热效率

$$\varepsilon = \frac{1 - \exp[(1-C_R)NTU]}{C_R - \exp[(1-C_R)NTU]} = \frac{1 - \exp[(1-0.47) \times 1.39]}{0.47 - \exp[(1-0.47) \times 1.39]} = 0.67$$

计算该换热器的实际传热速率

$$\dot{Q}' = \varepsilon (mc_p)_{min}(t_{h1} - t_{c1}) = 0.67 \times 8.33 \times 2160 \times (150 - 35)$$
$$= 1386 \times 10^3 (\text{W}) < 1529.4 \times 10^3 \text{W}$$

上式说明该换热器的实际传热速率小于所需要的传热速率,故不合用。

根据传热效率 ε 的定义式,可得原油的实际出口温度

$$t'_{h2} = t_{h1} - \varepsilon(t_{h1} - t_{c1}) = 150 - 0.67 \times (150 - 35) = 73(\text{℃})$$

由热容量比 C_R 的定义式和热量衡算方程,可得锅炉给水的实际出口温度

$$t'_{c2} = t_{c1} + C_R(t_{h1} - t'_{h2}) = 35 + 0.47 \times (150 - 73) = 71.2(\text{℃})$$

由此可见,原油的出口温度未能降至规定的要求。

讨论 由对数平均温差法和传热效率-传热单元数法的计算过程可见:对于这类操作型的计算,采用传热效率-传热单元数法要简便得多,它可直接得到换热器的出口温度和传热速率。

由例 5-5 及表 5-3 和表 5-4 的计算步骤可见,对于设计型计算,应用对数平均温差法,可以方便地将所选换热器中流体流动排布型式与最理想的逆流型式作出优劣对比,有利于流动排布型式的选择;对于操作型计算,采用传热效率-传热单元数法较简便,特别是在传热系数 K 为常数时,无需试差即可直接得到计算结果。因此,两种计算方法各有特点,分别适用于不同的计算类型。

5.7 传热系数变化的传热过程计算

在换热器中,随着传热过程的进行,流体温度沿传热面不断变化(流体发生相变时除外)。在稳态传热过程的计算中,一般均假设流体的物性及传热系数 K 为一平均值而在整个换热器的传热过程中维持恒定。但当加热或冷却黏度较高的流体,或流体进出口温度变化较大时,流体物性

的变化较显著,此时将物性和传热系数 K 作为常数处理时将导致传热过程计算中产生较大误差。

减小这一误差的最简单方法是假定传热系数 K 与传热温差呈线性关系。对于并流和逆流流动,忽略换热器散热损失,则传热速率可表示为

$$Q = A \frac{K_1 \Delta t_2 - K_2 \Delta t_1}{\ln \dfrac{K_1 \Delta t_2}{K_2 \Delta t_1}} \tag{5-45}$$

式中,传热温差 Δt 和传热系数 K 的下标 1、2 分别表示换热器两端。对于其他流动排布型式,作为一种近似计算方法,可在式(5-45)右侧乘以温差修正系数 φ 加以校正,而温差 Δt_1、Δt_2 为按逆流情况计算的端部温差。

对于传热系数变化的传热过程,更严格准确的方法是采用积分方法计算传热速率。由式(5-8)积分可得传热速率 Q 为

$$Q = \int_0^A K'(t_h - t_c) dA \tag{5-46}$$

联立式(5-3)和式(5-8),并积分可得换热器的传热面积

$$A = \int_{t_{c1}}^{t_{c2}} \frac{m_c c_{pc}}{K'(t_h - t_c)} dt_c = \int_{t_{h1}}^{t_{h2}} \frac{m_h c_{ph}}{K'(t_h - t_c)} dt_h \tag{5-47}$$

如果已知 c_p、K'、t_h 与 t_c 的函数关系,即可求出传热面积 A,其中 t_h 与 t_c 的关系由热量衡算方程确定。当 c_p、K'、t_h 与 t_c 的函数关系复杂,不能用解析法求解上述积分时,可采用微元分段的计算方法,将每一个微元段 j 中的物性、传热系数 K'_j 视为常数,分段计算微元段上的平均传热温差 Δt_{mj} 和传热速率 ΔQ_j。对于任一微元段 dA_j 的传热速率方程可以写为

$$\Delta Q_j = K'_j \Delta t_{mj} \Delta A_j \tag{5-48}$$

对整个换热器而言的总传热速率为

$$Q = \sum_{j=1}^n \Delta Q_j = \sum_{j=1}^n (K'_j \Delta t_{mj} \Delta A_j) \tag{5-49}$$

式中,n 为换热器所分微元的总段数。

对于换热器的总传热面积可以表示为

$$A = \sum_{j=1}^n \frac{\Delta Q_j}{K'_j \Delta t_{mj}} \tag{5-50}$$

因此,分段计算传热过程的计算工作量较大,宜采用计算机进行计算。

5.8 列管式换热器的选用与设计原则

换热器的设计即是通过传热过程计算确定经济合理的传热面积以及换热器的结构尺寸,以完成生产工艺中所要求的传热任务。换热器的选用也是根据生产任务,计算所需的传热面积,选择合适的换热器。由于参与换热流体特性的不同,换热设备结构特点的差异,为了适应生产工艺的实际需要,设计或选用换热器时需要考虑多方面因素,并通过方案比较才能设计或选用出经济上合理和技术上可行的换热器。

本节将以列管式换热器为例,说明换热器选用或设计时需要考虑的问题。

5.8.1 流体通道的选择

流体通道的选择可参考以下原则进行：

（Ⅰ）不洁净和易结垢的流体宜走管程，以便清洗管子；

（Ⅱ）腐蚀性流体宜走管程，以免管束和壳体同时受腐蚀，而且管内也便于检修和清洗；

（Ⅲ）高压流体宜走管程，以免壳体受压，并且可节省壳体金属的消耗量；

（Ⅳ）有毒流体宜走管程，以减少流体泄漏；

（Ⅴ）饱和蒸气宜走壳程，以便及时排出冷凝液，且蒸气较洁净，不易污染壳程；

（Ⅵ）被冷却的流体宜走壳程，可利用壳体散热，增强冷却效果；

（Ⅶ）黏度较大或流量较小的流体宜走壳程，因流体在有折流板的壳程流动时，由于流体流向和流速不断改变，在很低的雷诺数（$Re<100$）下即可达到湍流，可提高对流传热系数。但是有时在动力设备允许的条件下，将上述流体通入多管程中也可得到较高的对流传热系数。

在选择流体通道时，以上各点常常不能兼顾，在实际选择时应抓住主要矛盾，如首先要考虑流体的压力、腐蚀性和清洗等要求，然后再校核对流传热系数和阻力系数等，以便作出合理选择。

5.8.2 流体流速的选择

换热器中流体流速的增加可使对流传热系数增加，有利于减少污垢在管子表面沉积的可能性，即降低污垢热阻，使总传热系数增大。然而流速的增加又使流体流动阻力增大，动力消耗增大。因此，适宜的流体流速需通过技术经济核算来确定。充分利用系统动力设备的允许压降来提高流速是换热器设计的一个重要原则。在选择流体流速时，除了经济核算以外，还应考虑换热器结构上的要求。

表 5-5 给出工业上的常用流速范围。除此之外，还可按照液体的黏度选择流速，按材料选择允许流速以及按照液体的易燃、易爆程度选择安全允许流速。

表 5-5 列管式换热器中常用的流速范围

流体种类		一般液体	易结垢液体	气 体
流速/(m/s)	管 程	0.5～3	>1	5～30
	壳 程	0.2～1.5	>0.5	3～15

5.8.3 流体两端温度的确定

若换热器中冷、热流体的温度都由工艺条件所规定，则不存在确定流体两端温度的问题。若其中一流体仅已知进口温度，则出口温度应由设计者来确定。例如，用冷水冷却一热流体，冷却水的进口温度可根据当地的气温条件作出估计，而其出口温度则可根据经济核算来确定。为了节省冷却水量，可使出口温度提高一些，但是传热面积需要增加；为了减小传热面积，则需要增加冷却水量，两者是相互矛盾的。一般来说，水源丰富的地区宜选用较小的温差，缺水地区选用较大的温差。不过，工业冷却水的出口温度一般不宜高于 45℃，因为工业用水中所含的部分盐类（如 $CaCO_3$、$CaSO_4$、$MgCO_3$ 和 $MgSO_4$ 等）的溶解度随温度升高而减小，如出口温度过高，盐类析出，将形成传热性能很差的污垢，而使传热过程恶化。如果是用加热介质加热冷流体，可按同样的原则选择加热介质的出口温度。

5.8.4 管径、管子排列方式和壳体直径的确定

小直径管子能使单位体积的传热面积大，因而在同样体积内可布置更多的传热面。或者说，当传热面积一定时，采用小管径可使管子长度缩短，增强传热，易于清洗。但是减小管径将使流动阻力增加，容易积垢。对于不清洁、易结垢或黏度较大的流体，宜采用较大的管径。因此，管径的选择要视所用材料和操作条件而定，在可能的条件下尽量采用小直径管子。

管长的选择以合理使用管材和清洗方便为原则。国产管材的长度一般为 6m，因此管壳式换热器系列标准中换热管的长度分为 1.5、2、3 或 6m 几种，常用 3m 或 6m 的规格。长管不易清洗，且易弯曲。此外，管长 L 与壳体 D 的比例应适当，一般 $L/D=4\sim 6$。

管子的排列方式有等边三角形、正方形直列和正方形错列三种。等边三角形排列比较紧凑，管外流体湍动程度高，对流传热系数大；正方形直列比较松散，对流传热系数较三角形排列时低，但管外壁清洗方便，适用于壳程流体易结垢的场合；正方形错列则介于上述两者之间，对流传热系数较直列高。

管子在管板上的间距 t 跟管子与管板的连接方式有关。胀管法一般取 $t=(1.3\sim 1.5)d_o$，且相邻两管外壁的间距不小于 6mm；焊接法取 $t=1.25d_o$。

换热器壳体内径应等于或稍大于管板的直径。通常是根据管径、管数、管间距及管子的排列方式用作图法确定。

5.8.5 管程和壳程数的确定

当流体的流量较小而所需的传热面积较大时，需要管数很多，这可能会使流速降低，对流传热系数减小。为了提高流速，可采用多管程。但是管程数过多将导致流动阻力增大，平均温差下降，同时由于隔板占据一定面积，使管板上可利用的面积减少，故设计时应综合考虑。采用多管程时，一般应使各程管数大致相同。

当列管式换热器的温差修正系数 $\varphi<0.8$ 时，可采用多壳程，在壳体内安装与

管束平行的隔板。但由于在壳体内纵向隔板的制造、安装和检修都比较困难,故一般将壳体分为两个或多个,将所需总管数分装在直径相等而较小的壳体中,然后将这些换热器串联使用,如图 5-23 所示。

图 5-23 换热器的串联

5.8.6 折流板

折流板又称折流挡板,安装折流板的目的是为了提高壳程流体的对流传热系数。其型式有弓形折流板、圆盘形折流板(图 5-24)以及螺旋折流板等。常用型式为弓形折流板。折流板的形状和间距对壳程流体的流动和传热具有重要影响。

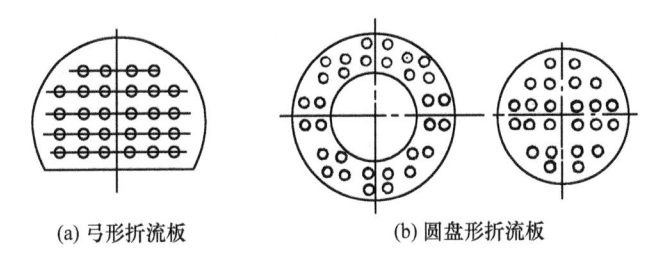

(a) 弓形折流板 (b) 圆盘形折流板

图 5-24 折流板的型式

通常弓形缺口的高度约为壳体直径的 10%～40%,一般取 20%～25%。两相邻折流板的间距也需选择适当,间距过大,则不能保证流体垂直流过管束,流速减小,对流传热系数降低;间距过小,则流动阻力增大,也不利于制造和检修。一般折流板的间距取为壳体内径的 20%～100%。

5.8.7 换热器中传热与流体流动阻力计算

有关列管式换热器的传热计算可按已选定的结构型式,按第 4 章相关内容,根据传热过程各个环节分别计算出两侧流体的对流传热热阻及导热热阻,得到总传热系数,再按本章前述内容进行换热器传热计算。

列管式换热器中流动阻力计算应按壳程和管程两个方面分别进行。它与换热器的结构型式和流体特性有关。一般对特定型式换热器可按经验方程计算,计算式比较繁杂,具体内容可参阅有关的换热器设计教科书或手册。

5.8.8 列管式换热器的选用和设计的一般步骤

列管式换热器的选用和设计计算步骤基本上是一致的,其基本步骤如下:

1. 估算传热面积,初选换热器型号

(Ⅰ)根据传热任务,计算传热速率;

（Ⅱ）确定流体在换热器中两端的温度,并按定性温度计算流体物性;

（Ⅲ）计算传热温差,并根据温差修正系数不小于 0.8 的原则,确定壳程数或调整加热介质或冷却介质的终温;

（Ⅳ）根据两流体的温差,确定换热器的型式;

（Ⅴ）选择流体在换热器中的通道;

（Ⅵ）依据总传热系数的经验值范围,估取总传热系数值;

（Ⅶ）依据传热基本方程,估算传热面积,并确定换热器的基本尺寸或按系列标准选择换热器的规格;

（Ⅷ）选择流体的流速,确定换热器的管程数和折流板间距。

2. 计算管程和壳程流体的流动阻力

根据初选的设备规格,计算管程和壳程流体的流动阻力,具体的计算方法可参见参考文献[1,3,5]的有关内容。检查计算结果是否合理和满足工艺要求。若不符合要求,再调整管程数或折流板间距或选择其他型号的换热器,重新计算流动阻力,直到满足要求为止。

3. 计算传热系数与校核传热面积

计算管程、壳程的对流传热系数,确定污垢热阻,计算传热系数和所需的传热面积。一般选用换热器的实际传热面积比计算所需传热面积大 10%～25%,否则另设总传热系数,另选换热器,返回第一步,重新进行校核计算。

上述步骤为一般原则,可视具体情况作适当调整,对设计结果应进行分析,发现不合理处要反复计算。在计算时应尝试改变设计参数或结构尺寸甚至改变结构型式,对不同的方案进行比较,以获得技术经济性较好的换热器。

5.9 换热器的传热强化途径

换热器的传热强化是指采取一定的技术措施以提高换热器中冷、热流体之间的传热速率。由传热速率方程可以看出,增大传热系数 K、扩展传热面积 A 和增大传热平均温差 Δt_m 均可提高传热速率。

5.9.1 扩展传热面积

扩展传热面积 A 的方法应以合理地提高设备单位体积的传热面积,如采用翅片管、波纹管、螺纹管来代替光管等,从改进传热面结构和布置的角度出发加大传热面积,以达到换热设备高效、紧凑的目的。不应单纯理解为通过扩大设备的体积来增加传热面积,或增加换热器的台数来增加传热量。

5.9.2 增大传热平均温差

传热平均温差 Δt_m 与生产工艺所确定的冷、热流体温度条件有关,且加热或冷却介质的温度因所选介质不同而存在很大差异。例如,在化工生产中常用的加热介质是饱和水蒸气,提高蒸气压力就可提高蒸气加热温度,从而增大传热温差;又如,采用深井水来代替循环冷却水,也可以增大传热温差。但在增加传热温差时应综合考虑技术可行性和经济合理性。当换热器中冷、热流体均无相变时,应尽可能在结构上采用逆流或接近于逆流的流动排布型式以增大平均传热温差。然而,传热温差的增大将使整个系统的热力学不可逆性增加。因此,不能一味追求传热温差的增加,而需兼顾整个系统能量的合理利用。

5.9.3 提高传热系数

提高传热系数 K 是强化传热过程的积极措施。欲提高传热系数,就必须减小传热过程各个环节的热阻。由于各项热阻所占份额不同,故应设法减小传热过程中的主要热阻。

在换热设备中,金属间壁比较薄且导热系数较高,一般不会成为主要热阻。

污垢热阻是一个可变因素。在换热器投入使用的初期,污垢热阻很小。随着使用时间的增长,污垢将逐渐集聚在传热面上,成为阻碍传热的重要因素。因此,应通过增大流体流速等措施减弱污垢的形成和发展,并注意及时清除传热面上的污垢。

通常,流体的对流传热热阻是传热过程的主要热阻。当间壁两侧流体的对流传热系数相差较大时,应设法强化对流传热系数较小一侧的对流传热。

目前增强对流传热的方法主要有如下几种:

1. 改变流体的流动状况

1) 提高流速

提高流速可增加流体流动的湍动程度,降低层流底层厚度,从而强化传热,如在列管式换热器中通过增加管程数和壳程中的折流板数来提高流速。

2) 增加人工扰流装置

在管内安放或管外套装如麻花铁、螺旋圈、盘状构件、金属丝、翼形物等以破坏流动边界层而增强传热。加入人工扰流装置后,对流传热可显著增强,但也使流动阻力增加,易产生通道堵塞和结垢等运行上的问题。

2. 改变流体物性

流体物性对传热有很大影响,一般导热系数与比热容较大的流体,其对流传热系数也较大。例如，空气冷却器改用水冷却后，传热效果大大提高。另一种改变流体性能的方法是在流体中加入添加剂。例如，在气体中加入少量固体颗粒以形成气-固悬浮体系，固体颗粒可增强气流的湍流程度；在液体中添加固体颗粒（如在油中加入聚苯乙烯悬浮物），其强化传热的机理类似于搅拌完善的液体传热；以及在蒸气中加入硬脂酸等促进珠状冷凝而增强传热等。

3. 改变传热表面状况

通过改变传热表面的性质、形状、大小以增强传热的方法主要有如下几种：

1) 增加传热面的粗糙程度

增加传热面的粗糙程度不仅有利于强化单相流体对流传热，也有利于沸腾传热。在不同的流动和换热条件下粗糙度对传热的影响程度是不同的，增加粗糙度也将引起流动阻力的增加。

2) 改进表面结构

对金属管表面进行烧结、电火花加工、涂层等方法可制成多孔表面管或涂层管，可以有效地改善沸腾或冷凝传热。

3) 改变传热面的形状和大小

为了增大对流传热系数，可采用各种异形管，如椭圆管、波纹管、螺旋管和变截面管等。由于传热表面形状的变化，流体在流动中将不断改变流动方向和流动速度，促进湍流形成，降低边界层厚度，从而加强传热。

综上所述，强化传热应权衡利弊，在采用强化传热措施时，对设备结构、制造费用、动力消耗、检修操作等方面作综合考虑，以获得经济、合理的强化传热方案。

主要符号说明

符号	意义	单位
A	传热面积	m^2
b	厚度	m
c_p	定压比热容	$J/(kg \cdot K)$
C_R	热容量比	—
d	直径	m
d_o	管外径	m
H	焓	kJ/kg
K	传热系数	$W/(m^2 \cdot K)$
l	长度	m
m	质量流率	kg/s
NTU	传热单元数	—
Q	传热速率	W
q	热通量或热流密度	W/m^2

R	热阻	K/W
r	半径	m
r	汽化潜热	kJ/kg
R_s	污垢热阻	$m^2 \cdot K/W$
t	温度	℃
α	对流传热系数	$W/(m^2 \cdot ℃)$
Δt	传热温差	℃ 或 K
Δt_m	传热平均温差(推动力)	℃ 或 K
ε	传热效率	—
φ	温差修正系数	—
λ	导热系数	$W/(m \cdot K)$

下标

c	冷流体
h	热流体
i	管内
o	管外
1	进口
2	出口

参 考 文 献

[1] 史美中,王中铮. 热交换器原理与设计. 第二版. 南京:东南大学出版社,1996
[2] 杨世铭,陶文铨. 传热学. 第三版. 北京:高等教育出版社,1998
[3] 蒋维钧,戴猷元,顾惠君. 化工原理(上册). 北京:清华大学出版社,1992
[4] 陈敏恒,丛德滋,方图南,齐鸣斋. 化工原理(上册). 第二版. 北京:化学工业出版社,1999
[5] 大连理工大学化工原理教研室. 化工原理(上册). 大连:大连理工大学出版社,1993
[6] 谭天恩,麦本熙,丁惠华. 化工原理(上册). 第二版. 北京:化学工业出版社,1990
[7] 阎皓峰,甘永平. 新型换热器与传热强化. 北京:宇航出版社,1991

习　题

1. 一列管式换热器,管子为 $\phi 25mm \times 2.5mm$ 的钢管,用水蒸气加热管内的原油。已知管外蒸气冷凝的对流传热系数为 $10000W/(m^2 \cdot ℃)$;管内原油的对流传热系数为 $1000W/(m^2 \cdot ℃)$;钢的导热系数为 $45 W/(m \cdot ℃)$;管内的污垢热阻为 $1.5 \times 10^{-3}(m^2 \cdot ℃)/W$;管外的污垢热阻不计。试求其总传热系数及各部分热阻的分配比例。

〔答:$304.2W/(m^2 \cdot ℃)$,管外 3.0%;管壁 1.9%;污垢 57.0%;管内 38.0%〕

2. 用不同的水流速度对某列管式冷凝器做了两次实验,第一次冷凝器是新的,第二次冷凝器已使用过一段时间。实验结果如附表所示。表中的传热系数均以管外表面为基准。管子尺寸为 $\phi 28mm \times 2.5mm$,导热系数为 $45W/(m \cdot ℃)$。水在管内作湍流,饱和蒸气在管外冷凝。两次实验条件相同。

(1) 试求在第一次实验中,管外的对流传热系数,以及当水速为 2.0m/s 时管内的对流传热系数;
(2) 试分析在相同的水速条件下,两次实验的传热系数不同的原因,并得出定量的计算结果。

习题 2 附表

实验次数	第一次		第二次
水流速/m/s	1.0	2.0	1.0
传热系数/W/(m² · ℃)	1200	1860	1100

〔答:(1)管外 $1.3×10^4$ W/(m² · ℃),管内 3047W/(m² · ℃);(2)污垢热阻 $7.58×10^{-5}$ m² · ℃/W〕

3. 某列管式冷凝器,管内流冷却水,管外为有机蒸气冷凝。在新使用时,冷却水的进、出口温度分别为 20℃ 和 30℃。使用一段时间后,在冷却水进口温度与流量相同的条件下,冷却水的出口温度降为 26℃。求此时换热器的污垢热阻。已知换热器的传热面积为 16.5m²,有机蒸气的冷凝温度为 80℃,冷却水的流量为 2.5kg/s。

〔答:污垢热阻 $6.3×10^{-3}$ m² · ℃/W〕

4. 一换热器用热柴油加热原油。柴油和原油的进口温度分别为 243℃ 和 128℃。已知逆流操作时,柴油的出口温度为 155℃,原油的出口温度为 162℃,试求其传热的平均温差。若采用并流,则传热平均温差又是多少?设柴油和原油的进口温度不变,它们的流量和换热器的传热系数也与逆流时相同。

〔答:49.2℃,42.5℃。提示:并流时,柴油和原油的出口温度与逆流时的不同。〕

5. 在一单壳程、单管程列管式换热器中进行水-水换热,热水流量为 2000kg/h,冷水流量为 3000kg/h,热水和冷水的进口温度分别为 80℃ 和 10℃。如果要求将冷水加热到 30℃,试计算采用并流和逆流时的平均传热温差。若改用单壳程、双管程换热器,冷水走壳程,热水走管程,则传热温差变为多少?

〔答:39.9℃,44.8℃,42.6℃〕

6. 用 175℃ 的油将 300kg/h 的水由 25℃ 加热至 90℃。已知油的比热容为 2.1kJ/(kg · ℃),其流量为 360kg/h。今有两台换热器,传热面积均为 0.8m²。

换热器 1:传热系数为 625W/(m² · ℃),单壳程,双管程;

换热器 2:传热系数为 500W/(m² · ℃),单壳程,单管程;

为了保证满足所需的传热量,应选择哪台换热器?

〔答:第 2 台〕

7. 在一套管式换热器中,用冷却水将 1.25kg/s 的苯由 350K 冷却至 300K,冷却水在 ϕ25mm×2.5mm 的内管流动,其进出口温度分别为 290K 和 320K。已知水和苯的对流传热系数分别为 850W/(m² · K) 和 1700W/(m² · K),忽略污垢热阻,试求所需管长和冷却水的消耗量。

〔答:164.4m,0.912kg/s〕

8. 单相冷、热流体在套管式换热器中作逆流传热。管内、环隙内的流体对流传热系数数量级相同。试分析以下三种情况:

(1) 当冷流体的进口温度和冷、热流体的质量流量不变,热流体的进口温度升高时;

(2) 当冷、热流体的进口温度和冷流体的质量流量不变,热流体的质量流量增加时;

(3) 当冷、热流体的进口温度和质量流量均不变,换热器的污垢热阻增加时;

冷、热流体的出口温度及传热速率如何变化?若改为并流传热,上述三种情况又如何?

〔答:(略)〕

9. 用一单程列管式换热器冷凝 1.4kg/s 的有机蒸气。蒸气在管外的冷凝热阻可以忽略,冷凝温度为 60℃,冷凝潜热为 395kJ/kg。管束由 n 根 ϕ25mm×2.5mm 的钢管组成,管内通入 25℃ 的冷却水,不计污垢和管壁的热阻,试计算:

(1) 冷却水的用量(选择冷却水的出口温度为 45℃);

(2) 管数 n 及管长(水在管内的流速为 1.0m/s);

第5章 传热过程计算与换热器

(3) 若保持上述计算所得的总管数不变,将上述换热器制成双管程换热器投入使用,冷却水流量及进口温度仍维持原设计值,求操作时有机蒸气的冷凝量。

〔答:(1)6.62kg/s;(2)3.63m,22根;(3)1.89kg/s〕

10. 某冷凝器的传热面积为 $20m^2$,用来冷凝 100℃ 的饱和水蒸气。冷流体的进口温度为 40℃,流量为 0.917kg/s,比热容为 4kJ/(kg·℃)。换热器的传热系数为 125W/(m²·℃)。求水蒸气的冷凝量。

〔答:0.048 kg/s〕

11. 一列管式换热器用 110℃ 的饱和蒸气加热甲苯,可使甲苯由 30℃ 加热到 100℃。今甲苯的流量增加 50%,试求:

(1) 甲苯的出口温度;

(2) 在原来的设备条件下,可采用何种措施以使甲苯出口温度仍然维持在 100℃,作定量计算。

〔答:(1)98.2℃;(2)(略)〕

12. 一套管式换热器,冷、热流体的进口温度分别为 40℃ 和 100℃。已知并流操作时冷流体的出口温度为 60℃,热流体为 80℃。试问逆流操作时,冷、热流体的出口温度各为多少?设传热系数为定值。

〔答:61.3℃;78.7℃〕

13. 一台列管式换热器,管子为 $\phi25mm×2.5mm$,冷、热流体在换热器中做逆流流动。冷流体走管内,进、出口温度分别为 20℃ 和 80℃;热流体走管外,进、出口温度分别为 200℃ 和 120℃。已知冷、热流体的对流传热系数均为 900W/(m²·℃)。运行一年后,发现热流体的出口温度变为 130℃,而冷、热流体的流量和进口温度均未变化。为了使热流体的出口温度维持在 120℃ 以下,拟将冷流体的流量增大 60%,问此时热流体的出口温度为多少?设冷流体的流动雷诺数大于 10000,忽略管壁热阻。

〔答:118.5℃〕

14. 有一列管式换热器,传热面积为 $40m^2$,管子为 $\phi25mm×2.5mm$ 的钢管。用 0.2MPa(绝压)的饱和水蒸气可将油从 40℃ 加热到 80℃,油走管内,处理量为 25t/h,流动为湍流状态。已知冷凝传热系数为 $1.2×10^4 W/(m^2·℃)$,油的平均比热容为 2.1kJ/(kg·℃)。试计算:

(1) 如果用该换热器加热一种黏度更大的油,黏度提高 1 倍,油的处理量仍为 $2.5×10^4 kg/h$,假设其他物性不变,流动仍为湍流,则油的出口温度为多少?

(2) 如果换热器的运行时间较长,油侧集聚了一层厚度为 2mm、导热系数为 0.2W/(m·℃)的污垢,则油的出口温度为多少?

(3) 对于(1)、(2)两种情况,为了保持油的出口温度为 80℃,可采取什么措施?

〔答:(1)72.7℃;(2)55.4℃;(3)(略)〕

15. 一传热面积为 $0.4m^2$ 的套管式换热器,油在内管从 75℃ 被冷却至 65℃。冷却水在环隙内作逆流流动,由 30℃ 加热到 40℃。冷却水的对流传热系数为 4000W/(m²·℃)。内管直径为 $\phi25mm$,管壁较薄,热阻可忽略不计。试求该换热器能冷却的最大油量。已知油在平均温度下的导热系数为 0.56W/(m·℃),黏度为 $1.8×10^{-3} Pa·s$,比热容为 2.1kJ/(kg·℃)。

〔答:1.38 kg/s〕

第 6 章 蒸 发

6.1 概 述

蒸发是化工、医药、海水淡化等领域中广泛应用的一种生产操作过程,例如硝铵、烧碱、制糖等生产中将溶液加以浓缩;在海水淡化中通过脱除溶液中的杂质以制取较纯溶剂。从原理上说,蒸发是利用加热的方法,使稀溶液中的溶剂在沸腾状态下部分汽化并将其移除的一种单元操作。被处理的料液通常是由不挥发的溶质和挥发性的溶剂组成,故蒸发也是溶剂与溶质的分离过程,但分离过程的速率即溶剂的汽化速率完全取决于传热,所以蒸发属于传热过程。

化工生产中进行蒸发操作的主要目的有:

(Ⅰ)获得浓缩的溶液作为产品或半成品,以利于储运或加工利用;

(Ⅱ)借蒸发以脱除溶剂,作为结晶等操作的前道工序;

(Ⅲ)脱除溶剂中的杂质,制取较纯的溶剂组分,如制取蒸馏水等。

图 6-1 为蒸发过程的基本流程。其中蒸发器为主体设备,由加热室和蒸发室构成。加热蒸气(又称生蒸气,一般为饱和蒸气)在加热室管间冷凝,所放出的热量通过管壁传给管内的溶液。加热蒸气的冷凝液由疏水器排出。需要蒸发的料液从蒸发室加入,浓缩至规定的溶液(称为完成液)并由蒸发器底部排出,蒸发所产生的溶剂蒸气(称为二次蒸气)经分离所夹带的液体后,引至冷凝器(或其他蒸发器)加以冷凝,其中不凝性气体先经分离器,再由真空泵排入大气。

显然,蒸发实质是壳侧为蒸气冷凝,管侧为液体沸腾的传热过程,故蒸发器也是一种换热器。但蒸发过程与通常的换热过程相比,又有自身的特点:

(Ⅰ)由于不挥发性溶质的存在,致使在相同的温度下,溶液的饱和蒸气压较纯溶剂低。或在相同的压力下,溶液的沸点较纯溶剂沸点高,加之其他因素造成的影响也使溶液的沸点升高。这样,在一定的加热蒸气温度下,蒸发溶液时的传热温差比加热纯溶剂时要小,且溶液越浓,这种影响越大。

(Ⅱ)溶液可能析出结晶,在传热表面上形成污垢,从而使传热过程恶化;有时物料由于沸点升高易分解或变质;有些物料由于浓缩而使黏度和腐蚀性增大。因此,蒸发器的结构应适应这些特殊性而易于清理加热面。

(Ⅲ)溶剂汽化时要吸收大量的汽化潜热,故蒸发过程是一个消耗大量热能的过程。如何利用有限的热能,使单位蒸气量移去较多的溶剂,是蒸发中要考虑的经

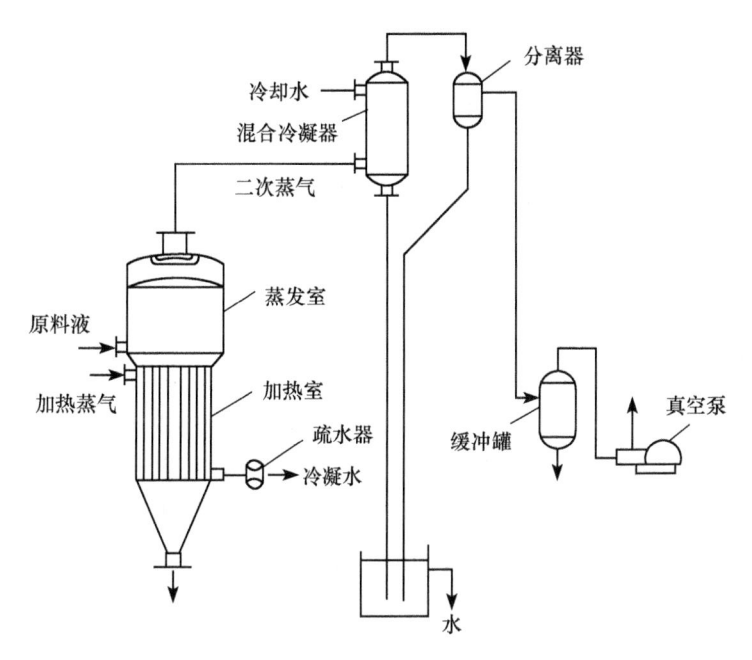

图 6-1 蒸发的基本流程

济性问题。

为了适应这些特点,采取了许多操作方式。蒸发操作可连续或间歇地进行,操作压力可以在加压、常压或减压下进行,减压下的蒸发又称作真空蒸发。另外,由于蒸发是高温位的蒸气向低温位转化,较低温位的二次蒸气是否再利用,又形成了单效蒸发和多效蒸发方式。前者不再利用二次蒸气,而多效蒸发则多次(一般为 2~4 次)利用二次蒸气。

本章将重点介绍溶剂为水的蒸发过程及其计算。

6.2 蒸发器及辅助设备

蒸发设备和一般传热设备并无本质上的区别。但蒸发时需不断除去产生的二次蒸气,所以蒸发设备除包括用来进行传热的加热室及进行气、液分离的蒸发室(这两部分组成蒸发设备的主体——蒸发器)外,还应有使液沫得到进一步分离的除沫器和使二次蒸气全部冷凝的冷凝器;减压操作时还需真空装置。现分别介绍如下:

6.2.1 蒸发器的结构及特点

按溶液在蒸发器中停留的情况,目前常用的间壁传热式蒸发器大致可分为循环型和单程型两大类。

1. 循环型蒸发器

这类型的蒸发器溶液都在蒸发器中做循环流动。由于引起循环的原因不同,又可分为自然循环和强制循环两类。

1) 中央循环管式蒸发器

这种蒸发器又称为标准式蒸发器,其结构如图 6-2 所示。它的加热室由垂直管束组成,中间有一根直径很大的中央循环管,其余管径较小的加热管称为沸腾管。由于中央循环管较大,其单位体积溶液占有的传热面,比沸腾管内单位溶液所占有的要小,即中央循环管和其他加热管内溶液受热程度不同,从而沸腾管内的气、液混合物的密度要比中央循环管中溶液的密度小。加之上升蒸气的向上的抽吸作用,会使蒸发器中的溶液形成由中央循环管下降、由沸腾管上升的循环流动。这种循环主要是由溶液的密度差引起,故称为自然循环。这种作用有利于蒸发器内的传热效果的提高。

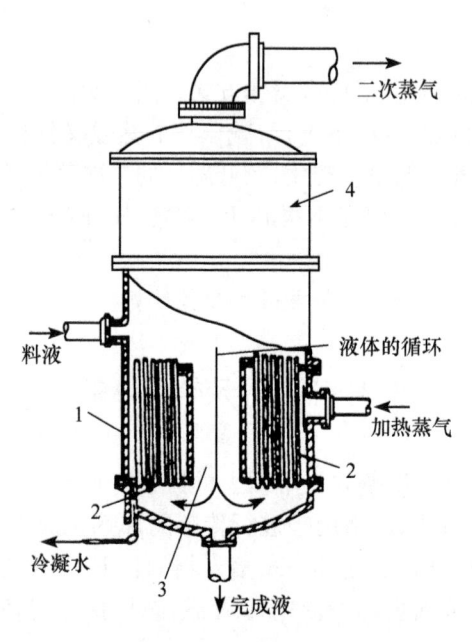

图 6-2 中央循环管式蒸发器
1. 外壳;2. 加热室;3. 中央循环管;4. 蒸发室

为了使溶液有良好的循环,中央循环管的截面积一般为其他加热管总截面积的40%～100%;加热管高度一般为1～2m;加热管直径为25～75mm。这种蒸发器由于具有结构紧凑、制造方便、传热较好及操作可靠等优点,应用十分广泛。但是由于结构上的限制,循环速度不大。加上溶液在加热室中不断循环,使其浓度始终接近完成液的浓度,因而溶液的沸点高,有效温度差就减小。这是循环式蒸发器的共同缺点。此外,设备的清洗和维修也不方便,所以这种蒸发器难以完全满足生产的要求。

2) 悬筐式蒸发器

为了克服循环式蒸发器中的蒸发液易结晶、易结垢且不易清洗等缺点,研究人员对标准式蒸发器结构进行了更合理的改进,这就是悬筐式蒸发器,其结构如图6-3所示。加热室4像个篮筐,悬挂在蒸发器壳体的下部,并且以加热室外壁与蒸发器内壁之间的环形孔道代替中央循环管。溶液沿加热管中央上升,而后循着悬筐式加热室外壁与蒸发器内壁间的环隙向下流动而构成循环。由于环隙面积约为加热管总截面积的100%～150%,故溶液循环速度比标准式蒸发器大,可达1.5m/s。此外,这种蒸发器的加热室可由顶部取出进行检修或更换,且热损失也较小。它的主要缺点是结构复杂,单位传热面积的金属消耗较多。

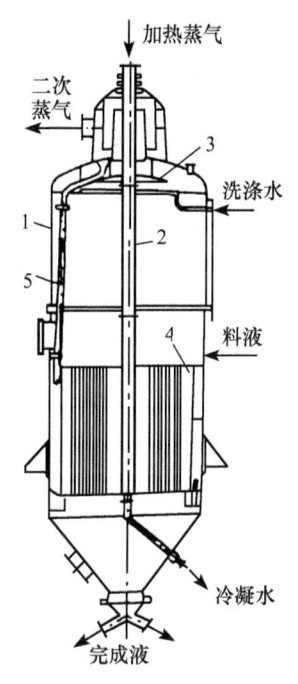

图6-3 悬筐式蒸发器
1. 外壳;2. 加热蒸气管;
3. 除沫器;4. 加热室;
5. 液沫回流管

3) 列文式蒸发器

上述的自然循环蒸发器其循环速度不够大,一般均在1.5m/s以下。为使蒸发器更适用于蒸发黏度较大、易结晶或结垢严重的溶液,并提高溶液循环速度以延长操作周期和减少清洗次数,可采用如图6-4所示的列文式蒸发器。

列文式蒸发器的结构特点是在加热室上增设沸腾室。加热室中的溶液因受到沸腾室液柱附加的静压力的作用而不在加热管内沸腾,直到上升至沸腾室内当其所受压力降低后才能开始沸腾,因而溶液的沸腾汽化由加热室移到了没有传热面的沸腾室,从而避免了结晶或污垢在加热管内的形成。另外,这种蒸发器的循环管的截面积约为加热管的总截面积的2～3倍,溶液循环速度可达2.5～3m/s以上,故总传热系数也较大。这种蒸发器的主要缺点是液柱静压头效应引起的温度差损失(意义详见6.3.1节)较大,为了保持一定的有效温度差要求加热蒸气有较高的压力。此外,设备庞大、消耗的材料多、需要高大的厂房等也是这种蒸发器的缺点。

除了上述自然循环蒸发器外,在蒸发黏度大、易结晶和结垢的物料时,还经常采用强制循环蒸发器。在这种蒸发器中，溶液的循环主要依靠外加的动力，用泵迫使它沿一定方向流动而产生循环。循环速度的大小可通过调节泵的流量来控制，一般在 2.5m/s 以上。强制循环蒸发器的传热系数也比一般自然循环的大。但它的明显缺点是能量消耗大，每平方米加热面积约需 0.4～0.8kW。

2. 单程型蒸发器

这一大类蒸发器的主要特点是溶液在蒸发器中只通过加热室一次，不做循环流动即成为浓缩液排出。溶液通过加热室时，在管壁上呈膜状流动，故习惯上又称为液膜式蒸发器。根据物料在蒸发器中流向的不同，单程型蒸发器又分为以下几种：

1) 升膜式蒸发器

升膜式蒸发器加热室由许多竖直长管组成，如图 6-5 所示。常用的加热管直径为 25～50mm，管长和管径之比约为 100～150。料液经预热后由蒸发器底部引入，在加热管内受热沸腾并迅速汽化，生成的蒸气在加热管内高速上升，一般常压下操作时适宜的出口速为 20～50m/s，减压操作时气速可达 100～160m/s 或更大。溶液则被上升的蒸气所带动，沿管壁成膜状上升并继续蒸发，气、液混合物在分离器 2 内分离，完成液由分离器底部排出，二次蒸气则在顶部导出。需注意的是，如果从料液中蒸发

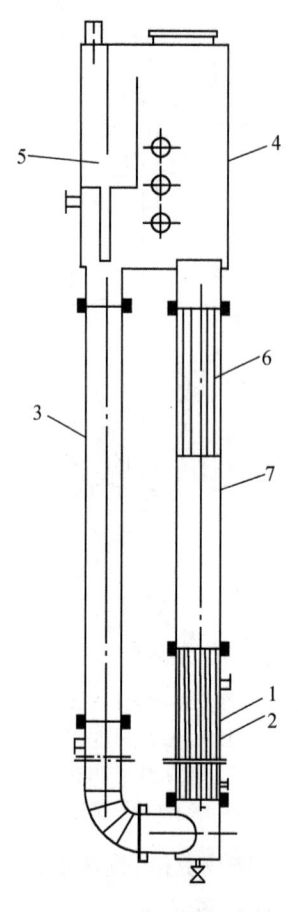

图 6-4 列文式蒸发器
1. 加热室；2. 加热管；
3. 循环管；4. 蒸发室；
5. 除沫器；6. 挡板；7. 沸腾室

的水量不多，就难以达到上述要求的气速，即升膜式蒸发器不适用于较浓溶液的蒸发；它对黏度较大、易结晶或易结垢的物料也不适用。

2) 降膜式蒸发器

如图 6-6 所示，降膜式蒸发器和升膜式蒸发器的区别在于：料液是从蒸发器的顶部加入，在重力作用下沿管壁成膜状下降，并在此过程中蒸发增浓，在其底部得到浓缩液。由于成膜机理不同于升膜式蒸发器，故降膜式蒸发器可以蒸发浓度较高、黏度较大（如为 0.05～0.45N·s/m^2）、热敏性的物料。但因液膜在管内分布不易均匀，传热系数比升膜式蒸发器的较小，仍不适用于易结晶或易结垢的物料。

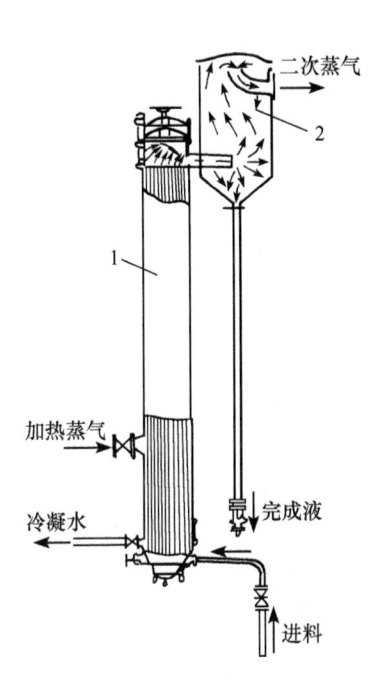

图 6-5 升膜式蒸发器
1. 蒸发器；2. 分离器

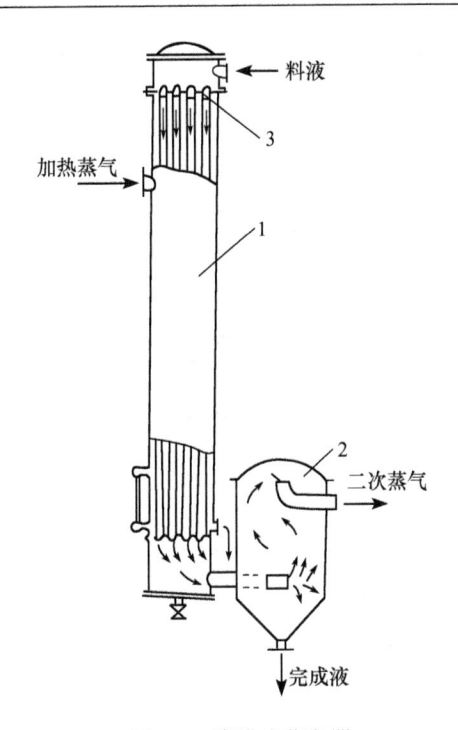

图 6-6 降膜式蒸发器
1. 蒸发器；2. 分离器；3. 液体分布器

由于溶液在单程型蒸发器中呈膜状流动，因而对流传热系数大为提高，使得溶液能在加热室中一次通过、不再循环就达到要求的浓度，因此比循环型蒸发器具有更大的优点。溶液不循环带来的好处有：①溶液在蒸发器中的停留时间短，因而特别适用于热敏性物料的蒸发；②整个溶液的浓度不像循环型那样总是接近于完成液的浓度，因而这种蒸发器的有效温差较大。其主要缺点是：对进料负荷的波动相当敏感，当设计或操作不适当时不易成膜，此时对流传热系数将明显下降。

3) 刮板式蒸发器

如图 6-7 所示，蒸发器外壳内带有加热蒸气夹套，其内装有可旋转的叶片即刮板。刮板有固定式和转子式两种，前者与壳体内壁的间隙为 0.5～1.5mm，后者与器壁的间隙随转子的转数而变。料液由蒸发器上部沿切线方向加入（也有加至与刮板同轴的甩料盘上的）。由于重力、离心力和旋转刮板刮带作用，溶液在器内壁形成下旋的薄膜，并在此过程中被蒸发浓缩，完成液在底部排出。这种蒸发器是一种利用外加动力成膜的单程型蒸发器，其突出的优点是对物料的适应性很强，且停留时间短，一般为数秒或几十秒，故可适用于高黏度（如栲胶、蜂蜜等）和易结晶、结垢、热敏性的物料。但其结构复杂，动力消耗大，每平方米传热面约需 1.5～3kW。

此外,其处理量很小且制造安装要求高。

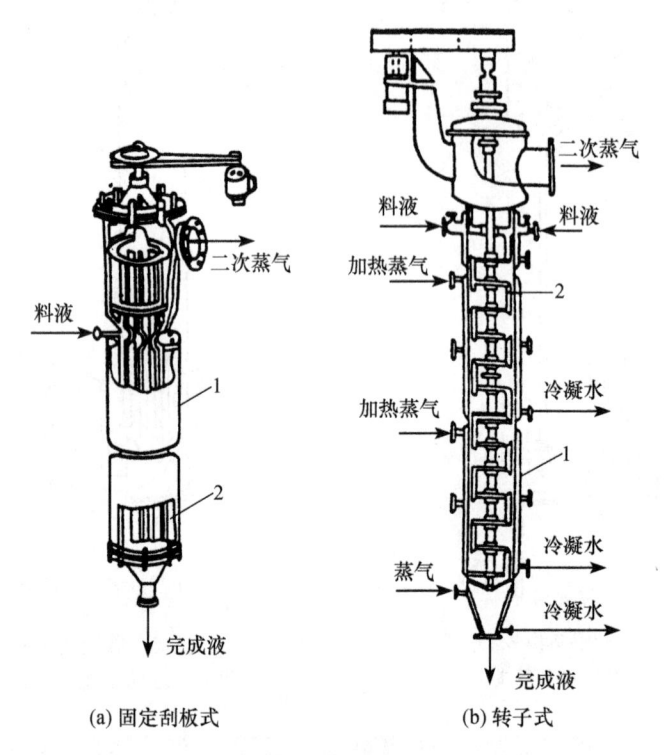

(a) 固定刮板式　　(b) 转子式

图 6-7　刮板式蒸发器
1. 夹套;2. 刮板

3. 直接接触传热的蒸发器

实际生产中,有时还应用直接接触传热的蒸发器,其构造如图 6-8 所示。它是将燃料(通常为煤气和油)与空气混合后,在浸于溶液中的燃烧室内燃烧,产生的高温火焰和烟气经燃烧室下部的喷嘴直接喷入被蒸发的溶液中。高温气体和溶液直接接触,同时进行传热使水分蒸发汽化,产生的水汽和废烟气一起由蒸发器顶部排出。燃烧室在溶液中的浸没深度一般为 0.2~0.6m,由燃烧室出来的气体温度可达 1000℃以上。因为是直接接触传热,故它的传热效果很好,热利用率高。由于不需要固定的传热壁面,故结构简单,特别适用于易结晶、易结垢和具有腐蚀性物料的蒸发。目前在废酸处理和硫酸铵溶液的蒸发中,它已得到广泛应用。但若蒸发的料液不允许被烟气污染,则该类蒸发器一般不适用。而且由于有大量烟气的存在,限制了二次蒸气的利用。此外喷嘴由于浸没在高温液体中,较易损坏。

从上述介绍可以看出，蒸发器的结构型式很多，各有优缺点和适用的场合。在选择型式时，首先要看它能否适应所蒸发物料的工艺特性，包括物料的黏性、热敏性、腐蚀性以及是否容易结晶或结垢等，然后再要求其结构简单、易于制造、金属消耗量少、维修方便、传热效果好等。

6.2.2 除沫器、冷凝器和真空装置

1. 除沫器

蒸发操作时，产生的二次蒸气中往往夹带有大量液体。虽然气、液分离主要是在蒸发室中进行，但为了较彻底地除去液沫，还需在蒸气出口附近装设除沫器（或称分离器），否则会造成产品的损失，并污染冷凝液和堵塞管道。除沫器的型式很多，常见的几种如图 6-9 所示，它们主要是利用液沫的惯性以达到气、液的分离。

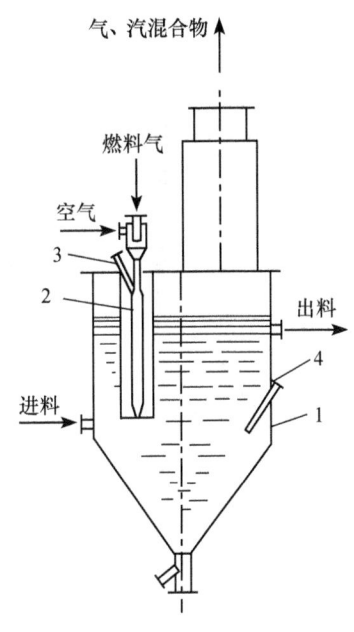

图 6-8　直接接触传热
（浸没燃烧）蒸发器
1. 外壳；2. 燃烧室；3. 点火管；
4. 测温管

2. 冷凝器和真空装置

除了二次蒸气是有价值的产品需要加以回收，或者它会污染冷却水的情况外，

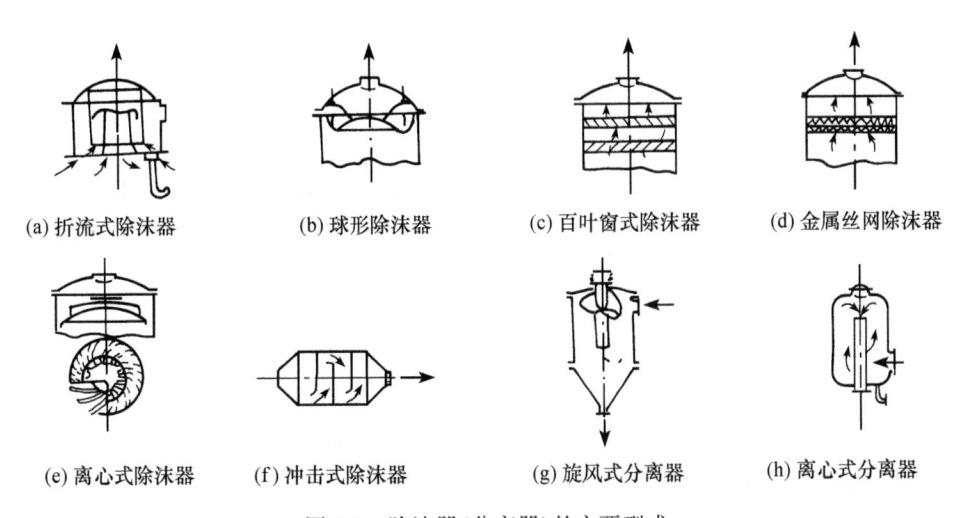

(a) 折流式除沫器　　(b) 球形除沫器　　(c) 百叶窗式除沫器　　(d) 金属丝网除沫器

(e) 离心式除沫器　　(f) 冲击式除沫器　　(g) 旋风式分离器　　(h) 离心式分离器

图 6-9　除沫器（分离器）的主要型式

蒸发操作中,通常采用气、液直接接触的混合式冷凝器来冷凝二次蒸气。常见的干式逆流高位冷凝器的构造如图 6-10 所示。冷却水由顶部加入,经淋水板的小孔或溢流堰流下,并与逆流上升的二次蒸气直接接触,使二次蒸气不断冷凝。水和冷凝液沿气压管(俗称"大气腿")流至地沟后排走。空气和其他不凝性气体则由顶部抽出,在分离器 7 中与夹带的液沫分离后进入真空装置。由于气、液两相分别排出,故称干式;又因其气压管需要足够的高度(大于 10m)才能使冷凝液自动流至地沟,所以称为高位式。工程中除干式高位冷凝器外,还有湿式、低位式冷凝器等。

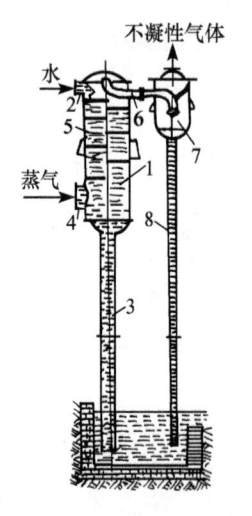

图 6-10 干式逆流高位冷凝器
1. 外壳;2. 进水口;3、8. 气压管;
4. 蒸气进口;5. 淋水板;
6. 不凝性气体管;7. 分离器

无论采用何种冷凝器,均需于其后设置真空装置以排除不凝性气体,并维持蒸发所要求的真空度。常用的真空装置有水环式真空泵、喷射泵及往复式真空泵。

6.3 蒸发计算基础

蒸发是一种特殊的传热过程,蒸发的计算除要涉及传热内容,如传热温差、总传热系数、传热速率外,还要考虑浓度与浓缩焓等对过程的影响。

6.3.1 蒸发中的温度差损失

1. 溶液的沸点升高与温度差损失

如前所述,由于非挥发性溶质的存在,可使溶液沸点有所升高,即溶液的沸点总比相同压力下水的沸点为高,二者之差称为沸点升高值,记为 Δ'。不同性质的溶液在不同范围内,其沸点升高值不同。稀溶液及有机胶体溶液的沸点升高值一般不显著,但高浓度无机盐溶液的沸点升高值却相当可观。如在 0.1MPa 下,70%NaOH 溶液的沸点升高值达 80℃以上。此外,由于蒸发操作中需维持一定的液位,下部溶液所受的压力将比液面溶液所受的压力高,故下部溶液的沸点就比液面的沸点高,通常把这部分由于液柱静压所引起的沸点升高值记为 Δ''。除此之外,由于二次蒸气要通往下一设备(如冷凝器),经过管道时有阻力损失,致使压力降低,就造成冷凝器二次蒸气的饱和温度低于蒸发室中二次蒸气的饱和温度。故在计算蒸发时,还应考虑到由于管道阻力引起的沸点升高,把这部分沸点升

高值记为 Δ'''。那么,溶液的沸点升高值(记为 Δ)将为这三部分沸点升高值之和,即

$$\Delta = \Delta' + \Delta'' + \Delta''' \tag{6-1}$$

当二次蒸气温度直接根据蒸发室压力来确定,则无 Δ''' 影响。

由于溶液沸点较纯溶剂沸点升高了一个值 Δ,故与蒸发纯溶剂时相比传热温差将减小 Δ,因此溶液的沸点升高值又叫传热温度差损失。温度差损失的存在将使传热推动力降低。扣除了溶液沸点升高值 Δ 后的传热温差称为有效传热温度差。

2. 各种温度差损失的计算

1) 由于溶液蒸气压降低而引起的温度差损失 Δ'

若记 t、T' 分别为溶液的沸点和二次蒸气的饱和温度,则温度差损失 Δ' 为

$$\Delta' = t - T' \tag{6-2}$$

溶液的种类、浓度及蒸气压力会影响 Δ' 的大小,Δ' 通常可由实验法测定。在计算 Δ' 时,关键是确定溶液的沸点 t。尽管常见溶液的沸点可由有关书籍或手册查得,但由文献查得的 t 往往是在常压条件下的溶液沸点,由于蒸发有可能在加压或减压下操作,故为了估算不同压力下溶液的沸点,提出了一些经验方法,其中较简明的是杜林(Duhring)法则。

杜林发现在相当宽的压力范围内,溶液的沸点与同压力下另一标准液体的沸点呈线性关系:

$$\frac{t - t°}{t_w - t_w°} = k \tag{6-3}$$

式中,$t - t°$ 为溶液在给定两种压力下的沸点差;$t_w - t_w°$ 为相应的两种压力下其标准液体的沸点差;k 为比例系数。由于不同压力下水的沸点可从水蒸气表中查得,故一般选水为标准液体。在直角坐标图上用溶液的沸点与相同压力下标准液体(水)的沸点绘图,得一条直线称为杜林线。图 6-11 给出了不同浓度下 NaOH 的杜林线,据此可获得不同浓度、不同压力下 NaOH 溶液的沸点,从而求出相应条件下的 Δ'。

2) 由蒸发器中溶液的液柱压力引起的温度差损失 Δ''

为简单起见,溶液内部的压力可按液面和底部间的平均压力进行计算,由静力学基本方程可得

$$p_m = p + \frac{\rho g L}{2} \tag{6-4}$$

式中,p_m 为液面与底部间的平均压力,Pa;p 为二次蒸气的压力,即液面处的压力,Pa;ρ 为溶液平均密度,kg/m³;L 为液柱高度,m;g 为重力加速度。

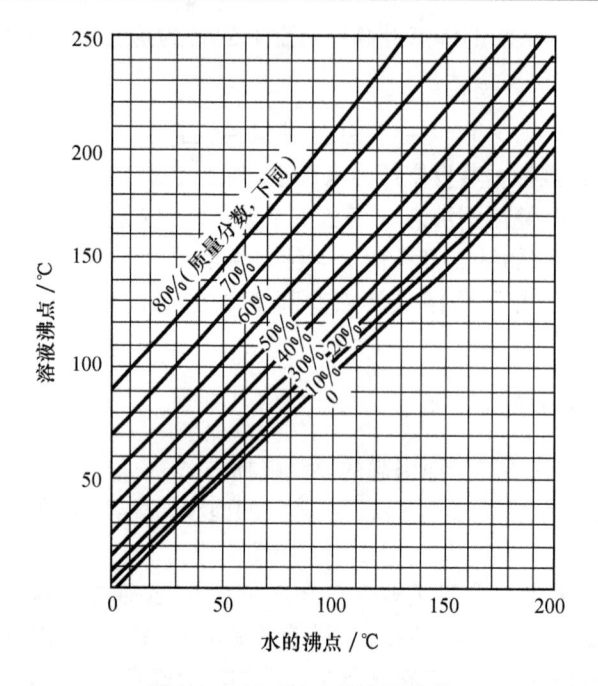

图 6-11　NaOH 水溶液的沸点

根据平均压力可查得该压力下水的沸点 t_m，继而可得出溶液由于静压力引起的温度差 Δ''，即

$$\Delta'' = t_m - t' \tag{6-5}$$

式中，t' 为根据二次蒸气压力 p 求得的水的沸点。

3) 由于管道阻力降所引起的温度差损失 Δ'''

Δ''' 的值与二次蒸气和管道状态有关，也称为二次蒸气的阻力损失。二次蒸气流速越大，管道越长，管件越多，Δ''' 的值越大。当然如果沸腾液体上方的压力已知，便不必求此项的值。但在蒸发器的设计和操作中，往往只规定生蒸气和冷凝器的压力。显然蒸发室内的压力高于冷凝器内的压力，此两压力所对应的饱和温度之差即为 Δ''' 的值，通常根据经验取为 1~1.5℃。

例 6-1　用某蒸发器增浓 NaOH 水溶液，蒸发器内液面高度约为 3m。已知完成液的浓度为 50%（质量分数），密度为 1500kg/m³，加热用饱和蒸气的饱和温度为 142.9℃，冷凝器的压力为 48kPa。求该蒸发器的有效传热温差、传热、温度差损失 Δ' 和 Δ''。假设蒸发器内溶液的浓度近似等于完成液的浓度。

解　由附录的水蒸气表查得，在冷凝器压力 48kPa 下水的沸点为 $T' = 80.4℃$。

取 $\Delta''' = 1℃$，则液面上的温度为 $T' + 1 = 80.4 + 1 = 81.4(℃)$，查出相应的压

力为 $p=5.0\times10^4\mathrm{Pa}$,又知液位高 $L=3\mathrm{m}$,则

$$p_\mathrm{m} = p + \frac{\rho g L}{2} = 5.0\times10^4 + \frac{1500\times9.81\times3}{2} = 7.2\times10^4(\mathrm{Pa})$$

查附录可知,在 p_m 下,水的沸点为 90.6℃,故由液柱高度引起的沸点升高值为

$$\Delta'' = 90.6 - 81.4 = 9.2(℃)$$

由水的沸点 90.6℃ 时查图 6-11 得,50%NaOH 溶液的沸点 $t=132℃$,故
传热温度差损失

$$\Delta' = t - 90.6 = 132 - 90.6 = 41.4(℃)$$

有效传热温差

$$\Delta t = T - t = 142.9 - 132 = 10.9(℃)$$

总温度差损失

$$\Delta = \Delta' + \Delta'' + \Delta''' = 41.4 + 9.2 + 1 = 51.6(℃)$$

6.3.2 蒸发过程的传热系数

蒸发过程中的传热系数 K 是影响蒸发设计计算的重要因素之一。根据传热学知识有

$$\frac{1}{K} = \frac{1}{\alpha_\mathrm{o}} + \frac{1}{\alpha_\mathrm{i}} + R_\mathrm{w} + R_\mathrm{s} \tag{6-6}$$

式(6-6)忽略了管壁厚度的影响。式中蒸气冷凝传热系数 α_o 可按膜式冷凝的公式计算;管壁热阻 R_w 往往可以忽略;污垢热阻 R_s 可按经验值估计,确定蒸发总传热系数 K 的关键是确定溶液在管内沸腾的传热膜系数 α_i。研究表明影响 α_i 的因素较多,如溶液的性质、浓度、沸腾方式、蒸发器结构型式及操作条件等,具体计算可参阅参考文献[1,6]。

1. 总传热系数的经验值

目前,虽然已有较多的管内沸腾传热研究,但因各种蒸发器内的流动情况难以准确预料,使用一般的经验公式有时并不可靠;加之管内污垢热阻会有较大变化,蒸发的总传热系数往往主要靠现场实测。表 6-1 给出了常用蒸发器的传热系数范围,可供参考。

表 6-1 常用蒸发器传热系数 K 的经验值

蒸发器的型式	总传热系数 $K/\mathrm{W/(m^2\cdot K)}$	蒸发器的型式	总传热系数 $K/\mathrm{W/(m^2\cdot K)}$
标准式(自然循环)	600~3000	升膜式	1200~6000
标准式(强制循环)	1200~6000	降膜式	1200~3500
悬筐式	600~3000		

2. 提高总传热系数的方法

管外蒸气冷凝的传热膜系数 α_o 通常较大,但加热室内不凝性气体的不断积累将使管外传热膜系数 α_o 减小,故须注意及时排除其中的不凝性气体以降低热阻。管内沸腾传热膜系数 α_i 涉及管内液体自下而上经过管子的两相流动。在管子底部,液体接受热量但尚未沸腾,液体与管壁之间传热属单相对流传热,传热系数较小;沿管子向上,液体逐渐沸腾气泡渐多,起初的传热方式与大容积沸腾相近。由于密度差引起的自然对流会造成虹吸作用,管中心的气泡快速带动液体在管壁四周形成液膜向上流动,流动液膜与管壁之间的传热膜系数逐渐增加并达最大值。但如果管子长度足够,沿管子再向上液膜会被蒸干,气流夹带着雾滴一起流动,传热系数又趋下降。因此,为提高全管长内的平均传热系数,应尽可能扩大膜状流动的区域。

管内壁液体一侧的污垢热阻 R_s 与溶液的性质、管内液体的运动状况有关。由于溶液中常含有少量的杂质盐类如 $CaSO_4$、$CaCO_3$、$Mg(OH)_2$ 等,溶液在加热表面汽化会使这些盐的局部浓度达到过饱和状态,从而在加热面上析出,形成污垢层。尤其是 $CaSO_4$ 等,其溶解度随温度升高而下降,更易在传热面上结垢,且质地较硬,难以清除;以 $CaCO_3$ 为主的垢层质地虽软利于清除,但导热系数较小;此外,垢层的多孔性也使其导热系数较低。所以即使厚度为 $1\sim 2mm$ 的垢层也具有较大的热阻。为降低 R_s,工程上可采取定期清理、提高循环速度、加阻垢剂或添加少量晶种使易结晶的物料在溶液中而不是在加热面上析出等方法。

6.3.3 溶液的浓缩热及焓浓图

在工程计算中,经常要确定一定压力下溶液某个状态相对于另一特定状态的热焓变化。为方便计,多以 0℃ 为热焓计算基础。同样,蒸发设计计算中也按此来计算蒸发所涉及的焓变。对于纯物质,当所考虑的两个状态不存在相变时,常以比热及温度表示两状态的焓差即

$$\Delta H = c_p t_2 - c_p t_1 \tag{6-7}$$

对于稀溶液,这种关系近似成立。但对于某些溶液,这种近似将会给工程计算带来显著误差。例如,当 $CaCl_2$、$NaOH$ 等水溶液被浓缩时,除需供给蒸发水分所必需的汽化潜热外,还需供给与稀释这些盐时所放出的稀释热所相当的浓缩热;而且浓度越大,这种影响越显著。这时,进行蒸发计算时,其溶液的焓值就必须通过焓浓图查取。

图 6-12 是以 0℃ 为基准的 NaOH 水溶液的焓浓图。图中横坐标为 NaOH 水溶液的浓度,纵坐标为溶液的焓值。若已知溶液的浓度和温度,即可由图中相应的等温线查得该溶液的焓值。

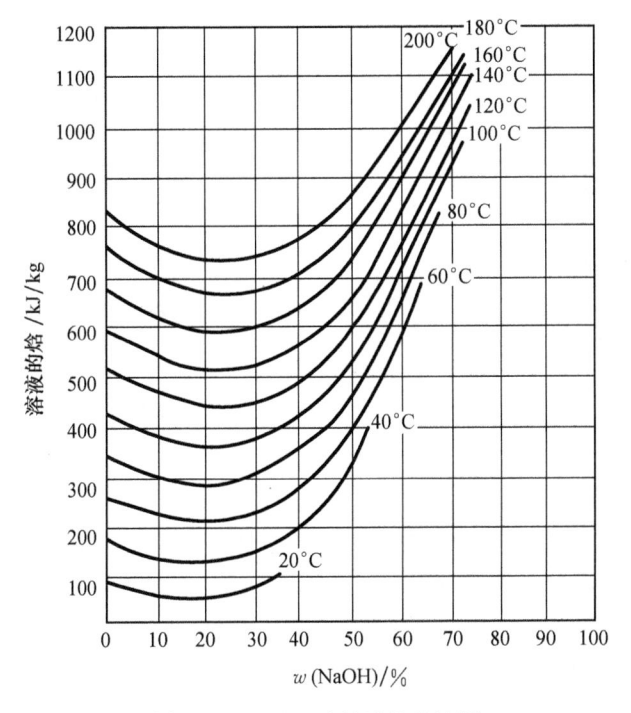

图 6-12　NaOH 水溶液的焓浓图

6.4　单效蒸发的计算

单效蒸发计算的主要内容有:单位时间内的蒸发水量 W(单位:kg/s),简称蒸发量;加热蒸气消耗量 D(单位:kg/s);蒸发器的传热面积 A。

通常已知的条件有:原料的流量 F(单位:kg/s)、料液的温度 t_0 和浓度 x_0(质量分数,下同)、完成液的浓度 x_1、加热蒸气的压力 p 或饱和温度 T、冷凝器内的压力 p^0。

单效蒸发的计算涉及蒸发器的物料衡算、热量衡算及传热速率方程。

6.4.1　蒸发器的物料衡算

单效蒸发装置如图 6-13 所示。在稳态操作下,单位时间内随原料进入蒸发器的溶质质量与随完成液离开蒸发器的溶质质量相等,即

$$Fx_0 = (F-W)x_1 \tag{6-8}$$

得水分蒸发量

$$\boxed{W = F\left(1 - \frac{x_0}{x_1}\right)} \tag{6-9}$$

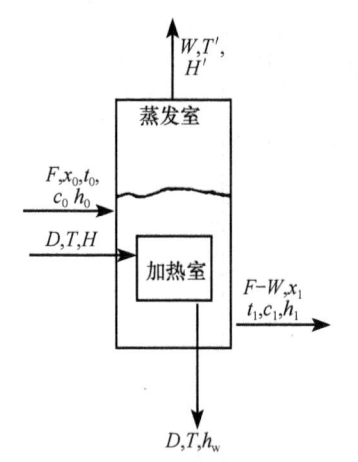

完成液浓度

$$x_1 = \frac{Fx_0}{F-W} \quad (6\text{-}10)$$

完成液量

$$\boxed{L = F - W = F\frac{x_0}{x_1}} \quad (6\text{-}11)$$

6.4.2 蒸发器的热量衡算

设加热蒸气的冷凝液在饱和温度下排出,则蒸发器的热量衡算为(图 6-13)

$$DH + Fh_0 = WH' + (F-W)h_1 + Dh_w + Q_L \quad (6\text{-}12)$$

图 6-13 单效蒸发示意图

式中,H、h 分别为蒸气和料液的焓;Q_L 为热损失。当溶液的浓缩热可以忽略时,溶液的焓可用比热容及温度来表示,若以 0℃ 为计算基准,则冷凝水的焓 $h_w = c_w T$,原料液的焓 $h_0 = c_0 t_0$,完成液的焓 $h_1 = c_1 t_1$,将以上关系代入式(6-12),整理得

$$D(H - c_w T) = WH' + (F-W)c_1 t_1 - Fc_0 t_0 + Q_L \quad (6\text{-}13)$$

溶液的比热容可按下式求得,即

$$c = c_w(1-x) + c_B x \quad (6\text{-}14)$$

式中,c_B 表示溶质的定压比热容,kJ/(kg·K)。于是有

$$c_0 = c_w(1-x_0) + c_B x_0 = c_w - (c_w - c_B)x_0 \quad (6\text{-}15)$$

$$c_1 = c_w(1-x_1) + c_B x_1 = c_w - (c_w - c_B)x_1 \quad (6\text{-}16)$$

联立求解式(6-15)、式(6-16)及式(6-14),整理得

$$(F-W)c_1 = Fc_0 - Wc_w \quad (6\text{-}17)$$

将式(6-17)代入式(6-13)中得

$$D(H - c_w T) = WH' + (Fc_0 - Wc_w)t_1 - Fc_0 t_0 + Q_L \quad (6\text{-}18)$$

由于 $H - c_w T = r$ 及 $H' - c_w t_1 \approx r'$,其中 r、r' 分别为加热蒸气和二次蒸气的汽化潜热。故式(6-18)整理可得

$$\boxed{D = \frac{Fc_0(t_1 - t_0) + Wr' + Q_L}{r}} \quad (6\text{-}19)$$

若原料在沸点下进入蒸发器,即 $t_0 = t_1$,并且蒸发器的热损失可以忽略,即 $Q_L = 0$,则由式(6-19)知

$$\frac{D}{W} = \frac{r'}{r} \quad (6\text{-}20)$$

式中，D/W 称为单位蒸气消耗量。由于蒸气的潜热随压力变化不大，即 r' 和 r 的值相差很小，故有 $D/W \approx 1$，即单效蒸发时每蒸出 1kg 水，约需 1kg 的加热蒸气。但实际上因为有热损失及浓缩热等因素存在，D/W 约为 1.1 或更大。

蒸发器的传热量或热负荷 Q 可直接从式(6-12)或式(6-19)求得

$$Q = D(H - h_w) - Q_L = WH' + (F - W)h_1 - Fh_0 \tag{6-21}$$

或

$$Q = Dr - Q_L = Fc_0(t_1 - t_0) + Wr' \tag{6-22}$$

6.4.3 蒸发器的传热面积

由传热方程可计算蒸发器的传热面积

$$A = \frac{Q}{K \Delta t_m} = \frac{Dr}{K(T - t_1)} \tag{6-23}$$

例 6-2 用单效蒸发浓缩 NH_4NO_3 水溶液。设进料为 2.78kg/s，用压力为 686kPa(绝压)的饱和水蒸气将溶液由 68%(质量分数，下同)浓缩至 90%。若蒸发室压力为 20kPa(绝压)，溶液的沸点为 373K，蒸发器的总传热系数为 1.2 kW/(m²·K)，沸点进料，试求不计热损失时加热蒸气消耗量及蒸发器的传热面积。

解 水分蒸发量 $W = F\left(1 - \dfrac{x_0}{x_1}\right) = 2.78 \times \left(1 - \dfrac{0.68}{0.90}\right) = 0.68 \text{(kg/s)}$

由水蒸气表查得加热蒸气在绝压为 686kPa 时的饱和温度和汽化潜热为

$$T = 437.4\text{K}, \quad r = 2073\text{kJ/kg}$$

蒸发室的压力为 20kPa(绝压)时，二次蒸气的汽化潜热为

$$r' = 2356\text{kJ/kg}$$

故在沸点进料及忽略热损失时，加热蒸气消耗量为

$$D = W \frac{r'}{r} = 0.68 \times \frac{2356}{2073} = 0.773 \text{(kg/s)}$$

蒸发器的传热面积

$$A = \frac{Dr}{K(T - t_1)} = \frac{0.773 \times 2073}{1.2 \times (437.4 - 373)} = 20.6 \text{(m}^2\text{)}$$

6.5 多效蒸发

如前所述，单效蒸发中每蒸出 1kg 水需要多于 1kg 的加热蒸气。在工业上往往蒸发水量很大，这就意味着要消耗大量的加热蒸气。为了节约加热蒸气耗量，可采用多效蒸发。

6.5.1 多效蒸发的流程

多效蒸发中,通入生蒸气的蒸发器为第 1 效,利用第 1 效的二次蒸气作为加热蒸气的蒸发器为第 2 效,依此类推串接成多效蒸发。根据溶液与二次蒸气的流向,可有不同的加料方法与相应的流程。下面以三效为例来说明。

1. 并流加料流程

图 6-14 为 NaOH 水溶液的并流加料蒸发流程。生蒸气通入第 1 效加热室,蒸发所得二次蒸气送第 2 效作为加热蒸气,第 2 效的二次蒸气送第 3 效作为加热蒸气,第 3 效(末效)的二次蒸气则送至冷凝器全部冷凝。NaOH 溶液进入第 1 效浓缩后由底部排出,再依次送入第 2 效和第 3 效继续蒸浓得到完成液。在这种流程中,溶液的流向和蒸气的流向相同,故称为并流(或顺流)加料。由于多效蒸发时,后一效的压力总是比前一效的低,所以,并流加料有以下特点:

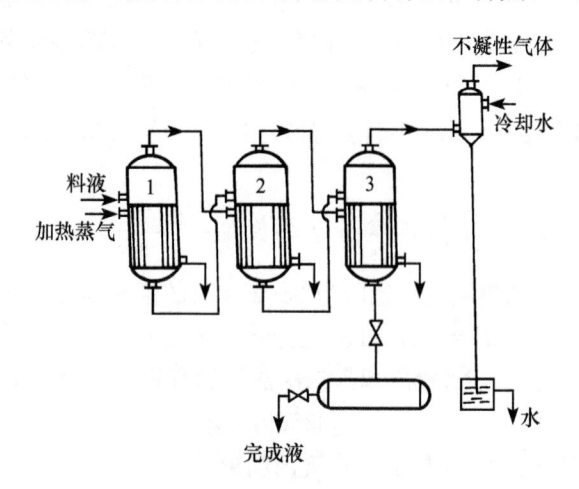

图 6-14 并流加料蒸发流程

(Ⅰ)溶液的输送可以利用各效间的压差进行,而不必另外用泵;

(Ⅱ)后一效溶液的沸点也相应地比前一效的低,所以当溶液由前一效进入后一效时,往往由于过热而自行蒸发,常称为自蒸发或闪蒸,这就使后一效可产生稍多一些的二次蒸气;

(Ⅲ)并流加料时,后一效溶液的浓度较前一效的为大,而沸点又低,溶液的黏度相应也较大,使得后一效蒸发器的传热系数常较前一效的为小,这在最末一、二效更为严重。因此,并流加料时,第 1 效的传热系数有可能比末效的大得多。

2. 逆流加料流程

此时溶液的流向和蒸气的流向相反,其流程如图 6-15 所示。

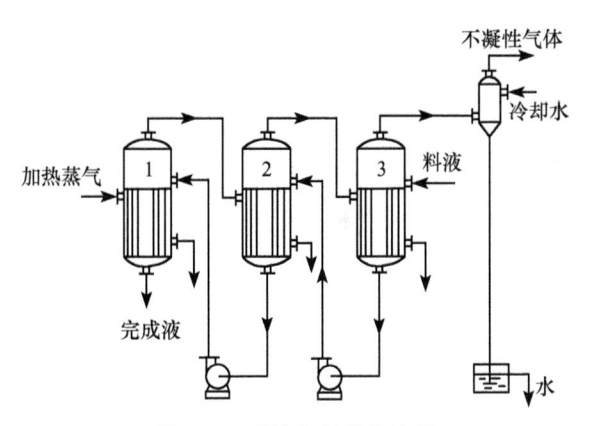

图 6-15 逆流加料蒸发流程

显然,逆流加料时,各效之间溶液的输送需要泵。由于多效蒸发时,前一效溶液的沸点总是比后一效的高,所以,当溶液由后一效逆流进入前一效时,不仅没有自蒸发,还需多消耗部分热量将溶液加热至沸点。另外,在逆流加料时虽然前一效蒸发器的浓度比后一效的大,但其温度也较后一效的高,所以各效溶液的黏度比较接近,从而各效的传热系数不会像并流加料时那样相差较大。当完成液由第1效排出时,其温度也较其余各效的高。

逆流加料适用于黏度随浓度和温度变化较大的溶液,而不适用于热敏性物料的蒸发。

3. 平流加料流程

此时料液由各效分别加入,同时完成液也分别由各效排出,各效溶液的流向互相平行,其流程如图 6-16 所示。

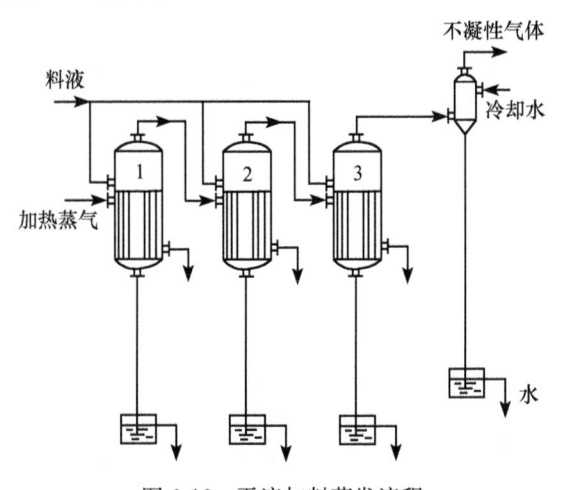

图 6-16 平流加料蒸发流程

这种加料流程主要应用于蒸发过程中容易析出晶体的场合，例如，食盐水溶液的蒸发，它在较低浓度下即达饱和而有晶体析出。为了避免夹带大量晶体的溶液在各效之间输送，常采用平流加料，并用析晶器将晶体分出。

以上介绍的是几种基本的加料方法及其相应流程。在实际生产中，还常根据具体情况采用上述流程的变形。例如，NaOH 水溶液的蒸发，也有采用并流、逆流加料相结合或交替操作的方法；有些蒸发操作，即使是并流加料，又有双效三体（有两个蒸发器作为第 2 效）或三效四体的流程等等。

6.5.2 多效蒸发的优缺点

1. 多效蒸发的经济性

多效蒸发时，除末效外，各效的二次蒸气都作为下一效蒸发器的加热蒸气加以利用，因而和单效相比，相同的生蒸气量 D 可蒸发更多的水量 W，亦即提高了生蒸气的经济性 W/D。如前所述，在若干假定条件下，单效时的 W/D 约为 1。同理，双效时约为 2，三效时约为 3，……。考虑实际情况，根据经验，不同效数时生蒸气的经济性大致如表 6-2 所示。

表 6-2　生蒸气经济性 W/D 的经验值

效数	单效	双效	三效	四效	五效
W/D	0.91	1.75	2.5	3.33	3.70

由于多效蒸发时生蒸气的经济性较高，所以在蒸发大量水分时广泛采用多效蒸发。但表 6-2 也说明，当效数增加时，W/D 值虽然增加，但并不和效数成正比。

2. 多效蒸发的代价

首先，多效蒸发时需要多个蒸发器，为便于制造和维修，各蒸发器的传热面积常相同，此时多效蒸发的设备费近似和效数成正比。因此，多效蒸发时生蒸气经济性的提高是以设备费为代价的。

其次，当生蒸气的压力（温度）和冷凝器的压力（温度）给定时，不论单效或多效蒸发，其理论传热温度差均为 $\Delta t_{\tau}=T-T'$。式中，T 和 T' 分别为加热蒸气和冷凝器处二次蒸气的温度。换句话说，理论传热温差与效数无关，多效蒸发只是将上述传热温度差按某种规律分配至各效。而且，多效蒸发的每一效都存在沸点上升或传热温度差损失，因而各效有效传热温度差之和——总有效传热温度差必然小于单效时的有效传热温度差，结果导致多效时的生产能力小于单效。下面作进一步的说明。

由于蒸发是由传热控制的单元操作，因此蒸发时的生产能力可近似以传热速率 Q 来衡量。对于单效蒸发，由传热速率方程得

$$Q_{\mathrm{s}} = K_{\mathrm{s}} A_{\mathrm{s}} \Delta t_{\mathrm{s}} \tag{6-24}$$

式中,下标 s 表示单效。

对于 m 效的多效蒸发,有

$$Q_m = \sum_{i=1}^{m} Q_i = \sum_{i=1}^{m} K_i A_i \Delta t_i \tag{6-25}$$

式中,m 表示效数;i 表示多效蒸发中的第 i 效。作为粗略计算,设各效传热系数可取其平均值,各效的传热面积相等,且它们分别均和单效时同,则有

$$Q_m = K_{\mathrm{s}} A_{\mathrm{s}} \sum_{i=1}^{m} \Delta t_i \tag{6-26}$$

有效传热温度差 Δt 为理论传热温度差 Δt_r 与传热温度差损失 Δ 之差。

对于单效

$$\Delta t_{\mathrm{s}} = \Delta t_r - \Delta_{\mathrm{s}} \tag{6-27a}$$

对于多效

$$\sum_{i=1}^{m} \Delta t_i = \Delta t_r - \sum_{i=1}^{m} \Delta_i \tag{6-27b}$$

一般情况下,多效蒸发中末效的温度差损失和单效时的温度差损失相等,故必有 $\sum_{i=1}^{m} \Delta_i > \Delta_{\mathrm{s}}$,因而 $\sum_{i=1}^{m} \Delta t_i < \Delta t_{\mathrm{s}}$。比较式(6-24)和式(6-26)可知 $Q_m < Q_{\mathrm{s}}$,即多效时的生产能力总是小于单效,且效数越多,其生产能力越小。

蒸发器的单位传热面积上蒸发水分的能力称为蒸发器的生产强度 U,它也是衡量蒸发过程的一个重要生产指标,即

$$U = W/A \tag{6-28}$$

式中,U 为蒸发器的生产强度,$kg/(m^2 \cdot h)$。

由于多效蒸发时的生产能力小于单效时的生产能力,而传热面积又等于单效时的 m 倍,所以多效时的生产强度远较单效蒸发时的小。

3. 多效蒸发中效数的限制和选择

随着效数的增加,各效传热温度差损失之和 $\sum \Delta_i$ 增加,各效总有效传热温度差 $\sum \Delta t_i$ 减小,蒸发的生产能力降低。极限情况下,若由于效数的增加使 $\sum \Delta_i \to \Delta t_r$,则 $\sum \Delta t_i \to 0$,蒸发操作将无法进行,因此,多效蒸发的效数必存在一定的限制。

实际上,由于效数增加时,生蒸气经济性提高的幅度越来越小,例如由单效变为双效,生蒸气的经济性约提高了(1.75−0.91)/0.91=92.3%,而自四效增加为五效,则仅提高(3.7−3.33)/3.33=11.1%;而设备的投资费用却始终随效数的增

加成比例地增加。所以,即使在相同生产能力条件下,也不可无限制地增加效数。

基于上述理由,实际的多效蒸发过程效数不是很多的,除特殊情况(如海水淡化等)外,一般来说,对于电解质溶液,如 $NaOH$、NH_4NO_3 等水溶液的蒸发,由于其沸点升高较大,故通常为 2~3 效;对于非电解质溶液,如糖的水溶液或其他有机溶液的蒸发,其沸点上升较小,所用的效数可为 4~6 效。而从传热角度考虑,为使溶液的沸腾传热维持在核状沸腾阶段,在确定效数时,应注意使各效分配到的有效温度差不小于 5~7℃。近年来,为了更充分地利用热能,已出现了适当增加效数的趋势,但适宜效数的选择还需要通过经济核算来确定,原则上应使单位生产能力下的设备与操作费之和为最小。

6.5.3 多效蒸发计算

多效蒸发计算与单效蒸发相似,主要内容有:
(Ⅰ)各效水分蒸发量 W_i 及完成液浓度 x_i;
(Ⅱ)加热蒸气消耗量 D 及各效传热面积 A_i。
计算所依据的仍然是物料衡算、热量衡算和传热速率方程。

1. 物料衡算

如图 6-17 所示为 m 效并流加料流程的衡算用图。

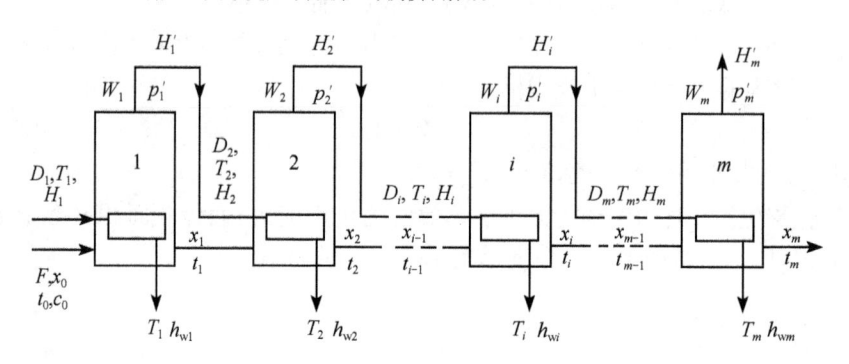

图 6-17 m 效并流衡算用图

显然总水分蒸发量 W 应为各效水分蒸发量之和,即

$$W = W_1 + W_2 + \cdots + W_m \tag{6-29}$$

对全流程以溶质作物料衡算,有

$$Fx_0 = (F-W)x_m$$

即

$$W = \frac{F(x_m - x_0)}{x_m} = F\left(1 - \frac{x_0}{x_m}\right) \tag{6-30}$$

若在第1效至第i效之间作溶质衡算,有

$$x_i = \frac{Fx_0}{F-W_1-W_2-\cdots-W_i} \quad (i \geqslant 2) \tag{6-31}$$

2. 热量衡算

由图6-17可对各效作热量衡算:

$$\left.\begin{array}{ll} \text{第1效} & Fh_0+D(H_1-h_{w1})=L_1h_1+W_1H_1'+Q_{L1} \\ \text{第2效} & L_1h_1+W_1(H_1'-h_{w2})=L_2h_2+W_2H_2'+Q_{L2} \\ \text{第3效} & L_2h_2+W_2(H_2'-h_{w3})=L_3h_3+W_3H_3'+Q_{L3} \\ \text{第}i\text{效} & L_{i-1}h_{i-1}+W_{i-1}(H_{i-1}'-h_{wi})=L_ih_i+W_iH_i'+Q_{Li} \quad (i \geqslant 2) \end{array}\right\} \tag{6-32}$$

式中,$L_1=F-W_1, L_2=L_1-W_2,\cdots,L_i=L_{i-1}-W_i$。

若溶液的浓缩热和热损失可以忽略,加热蒸气冷凝液在饱和温度下排出,则利用单效蒸发中热量衡算的结果式(6-22)得

$$Q_1 = D_1 r_1 = W_1 r_1' + Fc_0(t_1-t_0) \tag{6-33}$$

同理,对第2效写出热量衡算式,并进行化简(类似于6.4.2节,详细过程略),得

第2效

$$Q_2 = D_2 r_2 = (Fc_0-W_1c_w)(t_2-t_1) + W_2 r_2'$$

式中,$D_2=W_1, r_2=r_1'$。

第i效

$$Q_i = D_i r_i = (Fc_0-W_1c_w-W_2c_w-\cdots-W_{i-1}c_w)(t_i-t_{i-1}) + W_i r_i' \tag{6-34}$$

式中,$D_i=W_{i-1}, r_i=r_{i-1}'$。

由式(6-34)可得第i效的水分蒸发量W_i,即

$$W_i = D_i \frac{r_i}{r_i'} + (Fc_0-W_1c_w-\cdots-W_{i-1}c_w)\frac{t_{i-1}-t_i}{r_i'} \tag{6-35}$$

应该指出,如果蒸发器各效的热损失及溶液的浓缩热不能忽略,且又无溶液的焓浓图可查用时,常对式(6-35)加以校正后使用,即

$$W_i = \left[D_i \frac{r_i}{r_i'} + (Fc_0-W_1c_w-\cdots-W_{i-1}c_w)\frac{t_{i-1}-t_i}{r_i'}\right]\eta_i \tag{6-36}$$

式中,校正系数η_i称为热利用系数,通常可取为$0.96\sim0.98$。对于浓缩热较大的溶液,η_i值还与溶液的浓度变化有关。如对于NaOH水溶液,η_i值可由下式确定,即

$$\eta_i = 0.98 - 0.007\Delta x_i$$

式中,Δx_i代表i效溶质浓度的变化值。

3. 有效温度差在各效的分配

分配有效传热温度差的目的,是为了求取各效的传热面积。

对于多效蒸发中的第i效,其传热速率方程为

$$Q_i = K_i A_i \Delta t_i \quad (i \leqslant m)$$

或

$$A_i = \frac{Q_i}{K_i \Delta t_i}$$

1) Δt_i 的初步分配

在工程设计中，为了制造和安装方便，常将各效传热面积取成相等。以三效为例，即要求 $A_1 = A_2 = A_3$，按此原则分配有效传热温差，则有

$$\left. \begin{array}{c} \Delta t_1 : \Delta t_2 : \Delta t_3 = \dfrac{Q_1}{K_1} : \dfrac{Q_2}{K_2} : \dfrac{Q_3}{K_3} \\[2mm] \Delta t_i = \dfrac{\dfrac{Q_i}{K_i} \sum \Delta t_i}{\sum \dfrac{Q_i}{K_i}} \end{array} \right\} \quad (6\text{-}37)$$

式中，$\sum \Delta t_i$ 为总传热温差，即为 $T - T' - \Delta$。且

$$Q_1 = D_1 r_1, \quad Q_2 = D_2 r_2, \quad Q_3 = D_3 r_3$$

一般来说，在初次计算中按式(6-37)来分配有效传热温差，其所求得的各效传热面积不相等，应按下述方法调整各效的传热温差。

2) 有效传热温差的重新分配

设 $\Delta t_i'$ 为各效传热面积均等于 A 时的有效传热温差，则

$$Q_1 = K_1 A \Delta t_1', \quad Q_2 = K_2 A \Delta t_2', \quad Q_3 = K_3 A \Delta t_3' \quad (6\text{-}38)$$

又因为

$$Q_1 = K_1 A_1 \Delta t_1, \quad Q_2 = K_2 A_2 \Delta t_2, \quad Q_3 = K_3 A_3 \Delta t_3 \quad (6\text{-}39)$$

从而

$$\Delta t_1' = \frac{A_1}{A} \Delta t_1, \quad \Delta t_2' = \frac{A_2}{A} \Delta t_2, \quad \Delta t_3' = \frac{A_3}{A} \Delta t_3 \quad (6\text{-}40)$$

式(6-40)中三个公式相加得

$$\Delta t_1' + \Delta t_2' + \Delta t_3' = \frac{A_1 \Delta t_1 + A_2 \Delta t_2 + A_3 \Delta t_3}{A}$$

或

$$A = \frac{A_1 \Delta t_1 + A_2 \Delta t_2 + A_3 \Delta t_3}{\Delta t_1' + \Delta t_2' + \Delta t_3'} = \frac{A_1 \Delta t_1 + A_2 \Delta t_2 + A_3 \Delta t_3}{\sum \Delta t_i'} \quad (6\text{-}41)$$

同理有

$$\Delta t_i' = \frac{A_i}{A} \Delta t_i, \quad \sum \Delta t_i' = \frac{\sum A_i \Delta t_i}{A}, \quad A = \frac{\sum A_i \Delta t_i}{\sum \Delta t_i'} \quad (6\text{-}42)$$

若按式(6-41)或式(6-42)求得传热面积 A 后，再按式(6-40)重新分配有效传热温差，可得 $\Delta t_1''$、$\Delta t_2''$、$\Delta t_3''$，反复下去，直至所求的各效传热面积接近或相等为止。

蒸发过程中有效传热温差的分配还有按各效传热面积总和为最小的原则进行的，但计算结果是各效传热面积不等。这样做虽然节约了传热面积，但在加工成本上却有所增加。因此在具体工作中，要根据实际情况灵活掌握。

4. 多效蒸发计算步骤

由于多效蒸发计算较繁杂，因此手算中常要试差求解，机算中往往要迭代计算。在试算前，为了加快收敛以节省人力机时，先作一些假设条件开始计算，最后再作验算。

现将计算步骤归纳如下：

（Ⅰ）根据物料衡算式(6-30)求出总水分蒸发量 W。

（Ⅱ）依据假设估算各效的浓度 x_i。这些假设通常是按各效的水分蒸发量相等的原则 $W_i = \dfrac{W}{m}$，或对于并流按以下比例估算：

$$W_1 : W_2 : W_3 = 1 : 1.1 : 1.2$$

这是由于并流时有自蒸发现象。

（Ⅲ）按照各效蒸气压力等压降原则，估算各效沸点和有效传热温差

$$\Delta p_i = \frac{\Delta p}{m} = \frac{p - p^*}{m} \tag{6-43}$$

即第 1 效加热蒸气压力为 $p_1 = p$，第 2 效加热蒸气压力为 $p_2 = p - \Delta p_i$，第 3 效加热蒸气压力为 $p_3 = p - 2\Delta p_i$，……，则有效传热温差为

$$\Delta t_i = T_i(p_i) - t_i$$

（Ⅳ）由热量衡算中的式(6-35)或式(6-36)计算各效水分蒸发量 W_i；再根据操作温度、压力等条件，查得有关物性数据，如 c、r 等，由式(6-34)计算各效传热量 Q_i；

（Ⅴ）按各效传热面积相等原则，即式(6-37)分配各效传热温差，并求出各效传热面积。要反复分配各项传热温差，直至各效传热面积相等或接近为止。

多效蒸发的计算繁复，宜编程后采用计算机计算。手算例题可参见参考文献[1~4]。

6.6 提高蒸发经济性的其他措施

6.6.1 额外蒸气的引出

多效蒸发中有时还引出额外蒸气作为其他加热设备的热源，如图 6-18 所示。

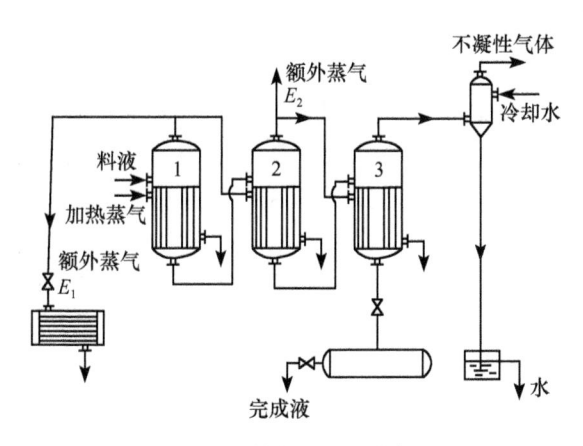

图 6-18 引出额外蒸气的三效蒸发流程图

为方便起见，这里不考虑不同压力下蒸发潜热的差别、热损失等次要因素，并假定进料是在沸点下进入，则根据式(6-20)，每 1kg 加热蒸气能蒸发 1kg 水。以三

效蒸发器为例,可推出下列近似关系:
$$W_1 = D$$
$$W_2 = W_1 - E_1 = D - E_1$$
$$W_3 = W_2 - E_2 = D - E_1 - E_2$$

水的总蒸发量
$$W = W_1 + W_2 + W_3 = 3D - 2E_1 - E_2$$

或
$$D = \frac{W}{3} + \frac{2}{3}E_1 + \frac{1}{3}E_2 \tag{6-44a}$$

推广至 m 效则有
$$D = \frac{W}{m} + \frac{m-1}{m}E_1 + \frac{m-2}{m}E_2 + \cdots + \frac{1}{m}E_{m-1} \tag{6-44b}$$

式(6-44b)表明:从多效蒸发设备中,每抽出 1kg 二次蒸气作为额外蒸气时,所需增加的生蒸气消耗量不是 1kg 而是低于 1kg。越从后几效取出额外蒸气,则需增加的生蒸气消耗量越少,即生蒸气的经济性也越高。但要注意这并不意味着用最后一效的二次蒸气作为额外蒸气最经济,因为此时该二次蒸气压力很低,其冷凝时的饱和温度也很低,将它作为额外蒸气时用途有限。

6.6.2 热泵蒸发器

热泵蒸发器是借压缩机的绝热压缩作用,将二次蒸气的饱和温度提高,再送回原来的蒸发器中,作为加热蒸气。这样,除了在开工时外,蒸发操作时不需另行供给加热蒸气。

利用动力压缩二次蒸气作加热蒸气,看来似乎不太经济,其实不然。问题的核心在于二次蒸气的热焓并不比加热蒸气的低,只是压力较低,从而温度也低,不能直接作为热源,故通常冷凝后排除。这样做的后果是完全弃去了蒸气的潜热,很不经济。所以,若使此二次蒸气通过压缩机以提高其压力,从而提高其温度,再用作加热蒸气,则其潜热可得到反复利用。因此,理论上采用热泵蒸发的经济程度是比较高的。实际上,热泵蒸发器的经济程度根据二次蒸气在压缩机内需要提高的压力与温度而定,需要提高得越多,蒸气的经济程度就越小。对于沸点升高大的溶液的蒸发,热泵蒸发器的经济程度较低,因此热泵蒸发器用于蒸发沸点升高小的溶液时较为有利。

主要符号说明

符 号	意 义	单 位
A	传热面积	m^2
c	比热容	$kJ/(kg \cdot K)$

Q	传热速率	W
R	热阻	$m^2 \cdot K/W$
D	加热蒸气消耗量	kg/s, kg/h
r	蒸发潜热	kJ/kg
E	额外蒸气量	kg/s
T	蒸气温度	℃
F	进料量	kg/h
t	液体温度	℃
g	重力加速度	m/s^2
U	生产强度	$kg/(m^2 \cdot s)$
H	蒸气的焓	kJ/kg
W	蒸发量	kg/s
h	液体的焓	kJ/kg
K	总传热系数	$W/(m^2 \cdot K)$
α	对流传热系数	$W/(m^2 \cdot K)$
L	液面高度	m
Δ	温度差损失	℃，K
L	完成液量	kg/s
ρ	密度	kg/m^3
p	压力	Pa

上标

$'$	二次蒸气	
0	冷凝器	

下标

v	蒸气	
w	冷凝水	
m	平均，m 效	
$1,2,\cdots,i$	效序号	

参 考 文 献

[1] 成都科技大学. 化工原理(上册). 第二版. 成都：成都科技大学出版社，1991
[2] 谭天恩，麦本熙，丁惠华. 化工原理(上册). 第二版. 北京：化学工业出版社，1990
[3] 大连理工大学化工原理教研室. 化工原理(上册). 大连：大连理工出版社，1993
[4] 陈敏恒，丛德滋，方图南，齐鸣斋. 化工原理(上册). 第二版. 北京：化学工业出版社，1999
[5] 姚玉英. 化工原理例题与习题. 第二版. 北京：化学工业出版社，1990
[6] 时钧，汪家鼎，余国琮等. 化学工程手册. 北京：化学工业出版社，1996
[7] 苏发福. 化工原理. 上海：上海科学技术出版社，1998
[8] Foust A S, et al. Principles of Unit Operations. 2nd ed. New York：John Wiley and Sons，Inc，1980
[9] Geankoplis C J. Transport Processes and Unit Operations. Boston：Allyn and Bacon，Inc，1983

习　题

1. 已知25%NaCl水溶液在0.1MPa下沸点为107℃，在0.02MPa下沸点为65.8℃。试利用杜林规则计算在0.05MPa下的沸点。

〔答：$t=87.8$℃〕

2. 试计算密度为1200kg/m³的溶液在蒸发时因液柱压头引起的温度差损失，已知蒸发器加热管底端以上液柱深度为2m，液面操作压力为20kPa(绝压)。

〔答：$\Delta''=7.9$℃〕

3. 当二次蒸气的压力为19.62kPa时，试计算24.24%NaCl水溶液的沸点升高值。

〔答：$\Delta'=4.6$℃〕

4. 在传热面积为85m²的单效蒸发器中，每小时蒸发1600kg浓度为10%(质量分数)的某种水溶液。原料液温度为30℃，蒸发操作的压强为100 kPa，加热蒸气总压为200kPa，已估计出有效温度差为12℃。试求完成液浓度。已知蒸发器的总传热系数为900W/(m²·K)，设溶液比热容 $c_0=3.7$ kJ/(kg·K)。

〔答：$x_1=0.466$〕

5. 某真空蒸发器中，每小时蒸发10^4kg浓度为8%的NaOH水溶液。原料液温度为75℃，蒸发室压力为40kPa(绝压)，加热蒸气绝压为200kPa。若需求完成液浓度为42.5%，试求蒸发器的传热面积和加热蒸气量。已知蒸发器的传热系数$K=950$W/(m²·K)，热损失为总传热量的3%，并忽略静压效应，设溶液比热容近似取为$c_0=4.0$ kJ/(kg·K)。

〔答：$D=9432$kg/h, $A=596$m²〕

6. 在双效逆流蒸发器装置中，将含2%(质量分数，下同)的有机固体化合物水溶液连续浓缩到浓度为25%的溶液，两蒸发器的加热面积各为200m²。原料液从第2效进入，料液温度为30℃，而该效的沸点为38.9℃，比热容为4.187kJ/(kg·K)。生蒸气的加热温度为164.9℃，两效的总传热系数分别为$K_1=2800$W/(m²·K)、$K_2=4000$W/(m²·K)。若忽略溶液的沸点升高值和热损失，试求该装置的生产能力(以完成液计)。(上机题)

7. 有一双效并流蒸发装置。已知某水溶液的加料量为2000kg/h，料液浓度为5%(质量分数，下同)。设各效溶液的比热容均近似取为4.18kJ/(kg·K)，且不随浓度和温度变化。进料温度为93℃，完成液浓度为45%，加热蒸气温度为120℃，汽化潜热为2205kJ/kg。第2效的二次蒸气温度为53℃。各效传热面积相等，已知各效传热系数分别为$K_1=2000$W/(m²·K)、$K_2=1500$W/(m²·K)。假设各种温差损失及热损失均不考虑，且冷凝液在饱和温度下排出，无额外蒸气引出，试求各效传热面积。(上机题)

附　录

一、单位换算表

说明：下列表格中，各单位名称上标注的数字代表不同的单位制：①SI 制，②cgs 制，③工程制。没有标注数字的是制外单位，标有 * 号的是英制单位。

1. 长度

①③ m 米	② cm 厘米	* ft 英尺	* in 英寸
1	100	3.281	39.37
10^{-2}	1	0.03281	0.3937
0.3048	30.48	1	12
0.0254	2.54	0.08333	1

2. 面积

①③ m^2 米^2	② cm^2 厘米^2	* ft^2 英尺^2	* in^2 英寸^2
1	10^4	10.76	1550
10^{-4}	1	0.001076	0.1550
0.0929	929.0	1	144.0
0.0006452	6.452	0.006944	1

3. 体积

①③ m^3 米^3	② cm^3 厘米^3	升	* ft^3 英尺^3	* 加仑(英)	* 加仑(美)
1	10^6	10^3	35.3147	219.975	264.171
10^{-6}	1	10^{-3}	3.531×10^{-5}	0.0002200	0.0002642
10^{-3}	10^3	1	0.03531	0.21998	0.26417
0.02832	28320	28.32	1	6.2288	7.48048
0.004546	4545.9	4.5459	0.16054	1	1.20095
0.003785	3785.3	3.7853	0.13368	0.8327	1

4. 质量

① kg 千克	② g 克	③ $kgf \cdot s^2/m$, 千克(力)·秒^2/米	吨	* lb 磅
1	1000	0.1020	10^{-3}	2.20462
10^{-3}	1	1.020×10^{-4}	10^{-6}	0.002205
9.807	9807	1	9.807×10^{-3}	21.62071
0.4536	453.6	4.625×10^{-2}	4.536×10^{-4}	1

5. 力

① N 牛顿	② dyn 达因	③ kgf 千克(力)	* lbf 磅(力)
1	10^5	0.1020	0.2248
10^{-5}	1	1.020×10^{-6}	2.248×10^{-6}
9.807	9.807×10^5	1	2.2046
4.448	4.448×10^5	0.4536	1

6. 密度

① kg/m^3 千克/m^3	② g/cm^3 克/厘米^3	* lb/ft^3 磅/英尺^3
1	10^{-3}	0.06243
1000	1	62.43
16.02	0.01602	1

7. 压力

① $Pa=N/m^2$ 帕斯卡=牛顿/米^2	② bar 巴	③ $kgf/m^2=mmH_2O$ 毫米水柱	atm 物理大气压	kgf/cm^2 工程大气压	mmHg 毫米汞柱	* lbf/in^2 磅/英寸^2
1	10^{-5}	0.1020	9.869×10^{-6}	1.02×10^{-5}	0.00750	1.45×10^{-4}
10^5	1	10200	0.9869	1.02	750.0	14.5
9.807	9.807×10^{-5}	1	9.678×10^{-5}	10^{-4}	0.07355	0.001422
1.013×10^5	1.013	10330	1	1.033	760.0	14.70
9.807×10^4	0.9807	10^4	0.9678	1	735.5	14.22
133.32	0.001333	0.001360	0.001316	0.001360	1	0.0193
6895	0.06895	703.1	0.06804	0.07031	51.72	1

8. 黏度

① Pa·s=kg/m·s 帕斯卡·秒	② P=g/cm·s 泊	③ $kgf\cdot s/m^2$ 千克(力)·秒/米^2	cP 厘泊	* lb/ft·s 磅/英尺·秒
1	10	0.1020	1000	0.6719
10^{-1}	1	0.01020	100	0.06719
9.807	98.07	1	9807	6.589
10^{-3}	10^{-2}	1.020×10^{-4}	1	6.719×10^{-4}
1.488	14.88	0.1517	1488	1

9. 运动黏度,扩散系数

①③ m^2/s 米^2/秒	② cm^2/s 厘米^2/秒	* ft^2/h 英尺^2/时
1	10^4	38750
10^{-4}	1	3.875
2.581×10^{-5}	0.2581	1

10. 表面张力

① N/m 牛顿/米	② dyn/cm 达因/厘米	③ kgf/m 千克(力)/米	* lbf/ft 磅(力)/英尺
1	1000	0.1020	0.06852
0.001	1	1.020×10^{-4}	6.854×10^{-5}
9.807	9807	1	0.672
14.59	14590	1.488	1

11. 能量,功,热

① J=N·m 焦耳	② erg=dyn·cm 尔格	③ kgf·m 千克(力)·米	③ kcal=1000cal 千卡	kW·h 千瓦时	* lbf·ft 磅(力)·英尺	* B.t.u 英热单位
10^{-7}	1					
1	10^7	0.1020	2.39×10^{-4}	2.778×10^{-7}	0.7377	9.486×10^{-4}
9.807		1	2.342×10^{-3}	2.724×10^{-6}	7.233	9.296×10^{-3}
4186.8		426.9	1	1.162×10^{-3}	3087	3.968
3.6×10^6		3.671×10^5	860.0	1	2.655×10^6	3413
1.3558		0.1383	3.239×10^{-4}	3.766×10^{-7}	1	1.285×10^{-3}
1055		107.58	0.2520	2.928×10^{-4}	778.1	1

12. 功率,传热速率

① kW=1000J/s 千瓦	② erg/s 尔格/秒	③ kgf·m/s 千克(力)·米/秒	③ kcal/s=1000cal/s 千卡/秒	* lbf·ft/s 磅(力)·英尺/秒	* B.t.u./s 英热单位/秒
1	10^{10}	101.97	0.2389	735.56	0.9486
10^{-10}	1				
0.009807		1	0.002342	7.233	0.009293
4.1868		426.85	1	3087.44	3.9683
0.001356		0.13825	3.2389×10^{-4}	1	0.001285
1.055		107.58	0.251996	778.168	1

13. 导热系数

① W/(m·K) 瓦/(米·K)	② cal/(cm·s·℃) 卡/(厘米·秒·℃)	③ kcal/(m·s·℃) 千卡/(米·秒·℃)	kcal/(m·h·℃) 千卡/(米·时·℃)	* B.t.u./(ft·h·℉) 英热单位/(英尺·时·℉)
1	2.389×10^{-3}	2.389×10^{-4}	0.8598	0.578
418.68	1	10^{-1}	360	241.9
4186.8	10	1	3600	2419
1.163	2.778×10^{-3}	2.778×10^{-4}	1	0.6720
1.731	4.134×10^{-3}	4.134×10^{-4}	1.488	1

14. 焓,潜热

① J/kg 焦耳/千克	③ kcal/kg 千卡/千克	* B.t.u./lb 英热单位/磅
1	2.389×10^{-4}	4.299×10^{-4}
4187	1	1.8
2326	0.5556	1

15. 比热容,熵

① J/(kg·K) 焦耳/(千克·K)	③ kcal/(kg·℃) 千卡/(千克·℃)	* B.t.u./(lb·℉) 英热单位/(磅·℉)
1	2.389×10^{-4}	2.389×10^{-4}
4187	1	1

16. 传热系数

① W/(m²·K) 瓦/(米²·K)	② cal/(cm²·s·℃) 卡/(厘米²·秒·℃)	③ kcal/(m²·s·℃) 千卡/(米²·秒·℃)	* B.t.u./(ft²·h·°F) 英热单位/(英尺²·时·°F)
1	2.389×10^{-5}	2.389×10^{-4}	0.1761
4.187×10^{4}	1	10	7374
4187	0.1	1	737.4
5.678	1.356×10^{-4}	1.356×10^{-3}	1

17. 标准重力加速度

$g = 980.7 \text{cm/s}^2$
$= 9.807 \text{m/s}^2$
$= 32.17 \text{ft/s}^2$

18. 摩尔气体常量

$R = 1.987 \text{cal/(mol·K)} = 8.314 \text{kJ/(kmol·K)}$
$= 82.06 \text{atm·cm}^3/\text{(mol·K)}$
$= 0.08206 \text{atm·m}^3/\text{(kmol·K)}$
$= 1.987 \text{B.t.u.}/(\text{1bmol·°R})$

二、空气的重要物性

温度 /℃	密度 /(kg/m³)	比热容 /[kJ/(kg·K)]	比热容 /[kcal/(kg·℃)]	导热系数 /[W/(m·K)]	导热系数 /[kcal/(m·h·℃)]	黏度 /10^{-5}Pa·s	运动黏度 /10^{-6}m²/s	普兰特数 Pr
−50	1.584	1.013	0.242	0.0204	0.0175	1.46	9.23	0.728
−40	1.515	1.013	0.242	0.0212	0.0182	1.52	10.04	0.728
−30	1.453	1.013	0.242	0.0220	0.0189	1.57	10.80	0.723
−20	1.395	1.009	0.241	0.0228	0.0196	1.62	11.60	0.716
−10	1.342	1.009	0.241	0.0236	0.0203	1.67	12.43	0.712
0	1.293	1.005	0.240	0.0244	0.0210	1.72	13.28	0.707
10	1.247	1.005	0.240	0.0251	0.0216	1.77	14.16	0.705
20	1.205	1.005	0.240	0.0259	0.0223	1.81	15.06	0.703
30	1.165	1.005	0.240	0.0267	0.0230	1.86	16.00	0.701
40	1.128	1.005	0.240	0.0276	0.0237	1.91	16.96	0.699
50	1.093	1.005	0.240	0.0283	0.0243	1.96	17.95	0.698
60	1.060	1.005	0.240	0.0290	0.0249	2.01	18.97	0.696
70	1.029	1.009	0.241	0.0297	0.0255	2.06	20.02	0.694
80	1.000	1.009	0.241	0.0305	0.0262	2.11	21.09	0.692
90	0.972	1.009	0.241	0.0313	0.0269	2.15	22.10	0.690
100	0.946	1.009	0.241	0.0321	0.0276	2.19	23.13	0.688
120	0.898	1.009	0.241	0.0334	0.0287	2.29	25.45	0.686

续表

温度/℃	密度/(kg/m³)	比热容/[kJ/(kg·K)]	比热容/[kcal/(kg·℃)]	导热系数/[W/(m·K)]	导热系数/[kcal/(m·h·℃)]	黏度/10⁻⁵Pa·s	运动黏度/10⁻⁶m²/s	普兰特数 Pr
140	0.854	1.013	0.242	0.0349	0.0300	2.37	27.80	0.684
160	0.815	1.017	0.243	0.0364	0.0313	2.45	30.09	0.682
180	0.779	1.022	0.244	0.0378	0.0325	2.53	32.49	0.681
200	0.746	1.026	0.245	0.0393	0.0338	2.60	34.85	0.680
250	0.674	1.038	0.248	0.0429	0.0367	2.74	40.61	0.677
300	0.615	1.048	0.250	0.0461	0.0396	2.97	48.33	0.674
350	0.566	1.059	0.253	0.0491	0.0422	3.14	55.46	0.676
400	0.524	1.068	0.255	0.0521	0.0448	3.31	63.09	0.678
500	0.456	1.093	0.261	0.0575	0.0494	3.62	79.38	0.687
600	0.404	1.114	0.266	0.0622	0.0535	3.91	96.89	0.699
700	0.362	1.135	0.271	0.0671	0.0577	4.18	115.4	0.706
800	0.329	1.156	0.276	0.0718	0.0617	4.43	134.8	0.713
900	0.301	1.172	0.280	0.0763	0.0656	4.67	155.1	0.717
1000	0.277	1.185	0.283	0.0804	0.0694	4.90	177.1	0.719
1100	0.257	1.197	0.286	0.0850	0.0731	5.12	199.3	0.722
1200	0.239	1.206	0.288	0.0915	0.0787	5.35	233.7	0.724

三、水的重要物性

1. 水的重要物性

温度/℃	压力/(10⁵Pa)	密度/(kg/m³)	焓/(kJ/kg)	比热容/[kJ/(kg·K)]	导热系数/[W/(m·K)]	导温系数/(10⁻⁷m²/s)	黏度/(10⁻³Pa·s)或cP	运动黏度/(10⁻⁶m²/s)	体积膨胀系数/10⁻³/℃	表面张力/(10⁻³N/m)	普兰特数 Pr
0	1.013	999.9	0	4.212	0.551	1.31	1.789	1.789	−0.063	75.61	13.67
10	1.013	999.7	42.04	4.191	0.575	1.37	1.305	1.306	+0.070	74.14	9.52
20	1.013	998.2	83.90	4.183	0.599	1.43	1.005	1.006	0.182	72.67	7.02
30	1.013	995.7	125.69	4.174	0.618	1.49	0.801	0.805	0.321	71.20	5.42
40	1.013	992.2	167.51	4.174	0.634	1.53	0.653	0.659	0.387	69.63	4.31
50	1.013	988.1	209.30	4.174	0.648	1.57	0.549	0.556	0.449	67.67	3.54
60	1.013	983.2	251.12	4.178	0.659	1.61	0.470	0.478	0.511	66.20	2.98
70	1.013	977.8	292.99	4.187	0.668	1.63	0.406	0.415	0.570	64.33	2.55

续表

温度 /℃	压力 /(10^5 Pa)	密度 /(kg/m^3)	焓 /(kJ/kg)	比热容 /[kJ/(kg·K)]	导热系数 /[W/(m·K)]	导温系数 /($10^{-7}m^2$/s)	黏度 /(10^{-3}Pa·s)或cP	运动黏度 /($10^{-6}m^2$/s)	体积膨胀系数 /10^{-3}/℃	表面张力 /(10^{-3}N/m)	普兰特数 Pr
80	1.013	971.8	334.94	4.195	0.675	1.66	0.335	0.365	0.632	62.57	2.21
90	1.013	965.3	376.98	4.208	0.680	1.68	0.315	0.326	0.695	60.71	1.95
100	1.013	958.4	419.19	4.220	0.683	1.69	0.283	0.295	0.752	58.84	1.75
110	1.433	951.0	461.34	4.233	0.685	1.70	0.259	0.272	0.808	56.88	1.60
120	1.986	943.1	503.67	4.250	0.686	1.71	0.237	0.252	0.864	54.82	1.47
130	2.702	934.8	546.38	4.266	0.686	1.72	0.218	0.233	0.919	52.86	1.36
140	3.624	926.1	589.08	4.287	0.685	1.73	0.201	0.217	0.972	50.70	1.26
150	4.761	917.0	632.20	4.312	0.684	1.73	0.186	0.203	1.03	48.64	1.17
160	6.181	907.4	675.33	4.346	0.683	1.73	0.173	0.191	1.07	46.58	1.10
170	7.924	897.3	719.29	4.379	0.679	1.73	0.163	0.181	1.13	44.33	1.05
180	10.03	886.9	763.25	4.417	0.675	1.72	0.153	0.173	1.19	42.27	1.00
190	12.55	876.0	807.63	4.460	0.671	1.71	0.144	0.165	1.26	40.01	0.96
200	15.55	863.0	852.43	4.505	0.663	1.70	0.136	0.158	1.33	37.66	0.93
210	19.08	852.8	897.65	4.555	0.655	1.69	0.130	0.153	1.41	35.40	0.91
220	23.20	840.3	943.71	4.614	0.645	1.66	0.125	0.148	1.48	33.15	0.89
230	27.98	827.3	990.18	4.681	0.637	1.64	0.120	0.145	1.59	30.99	0.88
240	33.48	813.6	1037.49	4.756	0.628	1.62	0.115	0.141	1.68	28.55	0.87
250	39.78	799.0	1085.64	4.844	0.618	1.59	0.110	0.137	1.81	26.19	0.86
260	46.95	784.0	1135.04	4.949	0.604	1.56	0.106	0.135	1.97	23.73	0.87
270	55.06	767.9	1185.28	5.070	0.590	1.51	0.102	0.133	2.16	21.48	0.88
280	64.20	750.7	1236.28	5.229	0.575	1.46	0.0981	0.131	2.37	19.12	0.90
290	74.46	732.3	1289.95	5.485	0.558	1.39	0.0942	0.129	2.62	16.87	0.93
300	85.92	712.5	1344.80	5.736	0.540	1.32	0.0912	0.128	2.92	14.42	0.97
310	98.70	691.1	1402.16	6.071	0.523	1.25	0.0883	0.128	3.29	12.06	1.03
320	112.90	667.1	1462.03	6.573	0.506	1.15	0.0853	0.128	3.82	9.81	1.11
330	128.65	640.2	1526.19	7.243	0.484	1.04	0.0814	0.127	4.33	7.67	1.22
340	146.09	610.1	1594.75	8.164	0.457	0.92	0.0775	0.127	5.34	5.67	1.39
350	165.38	574.4	1671.37	9.504	0.430	0.79	0.0726	0.126	6.68	3.82	1.60
360	186.75	528.0	1761.39	13.984	0.395	0.54	0.0667	0.126	10.9	2.02	2.35
370	210.54	450.5	1892.43	40.319	0.337	0.19	0.0569	0.126	26.4	0.47	6.79

2. 水的黏度(0~100℃)

温度/℃	黏度/cP 或 mPa·s	温度/℃	黏度/cP 或 mPa·s	温度/℃	黏度/cP 或 mPa·s
0	1.7921	33	0.7523	67	0.4233
1	1.7313	34	0.7371	68	0.4174
2	1.6728	35	0.7225	69	0.4117
3	1.6191	36	0.7085	70	0.4061
4	1.5674	37	0.6947	71	0.4006
5	1.5188	38	0.6814	72	0.3952
6	1.4728	39	0.6685	73	0.3900
7	1.4284	40	0.6560	74	0.3849
8	1.3860	41	0.6439	75	0.3799
9	1.3462	42	0.6321	76	0.3750
10	1.3077	43	0.6207	77	0.3702
11	1.2713	44	0.6097	78	0.3655
12	1.2363	45	0.5988	79	0.3610
13	1.2028	46	0.5883	80	0.3565
14	1.1709	47	0.5782	81	0.3521
15	1.1403	48	0.5683	82	0.3478
16	1.1111	49	0.5588	83	0.3436
17	1.0828	50	0.5494	84	0.3395
18	1.0559	51	0.5404	85	0.3355
19	1.0299	52	0.5315	86	0.3315
20	1.0050	53	0.5229	87	0.3276
20.2	1.0000	54	0.5146	88	0.3239
21	0.9810	55	0.5064	89	0.3202
22	0.9579	56	0.4985	90	0.3165
23	0.9359	57	0.4907	91	0.3130
24	0.9142	58	0.4832	92	0.3095
25	0.8973	59	0.4759	93	0.3060
26	0.8737	60	0.4688	94	0.3027
27	0.8545	61	0.4618	95	0.2994
28	0.8360	62	0.4550	96	0.2962
29	0.8180	63	0.4483	97	0.2930
30	0.8007	64	0.4418	98	0.2899
31	0.7840	65	0.4355	99	0.2868
32	0.7679	66	0.4293	100	0.2838

3. 水的饱和蒸气压(-20～100℃)

温度/℃	压力/Pa	/mmHg	温度/℃	压力/Pa	/mmHg	温度/℃	压力/Pa	/mmHg
-20	102.92	0.772	20	2338.43	17.54	60	19910.00	149.4
-19	113.2	0.850	21	2486.42	18.65	61	20851.25	156.4
-18	124.65	0.935	22	2646.40	19.85	62	21837.82	163.8
-17	136.92	1.027	23	2809.05	21.07	63	22851.05	171.4
-16	150.39	1.128	24	2983.70	22.38	64	23904.28	179.3
-15	165.05	1.238	25	3167.68	23.76	65	24997.50	187.5
-14	180.92	1.357	26	3361.00	25.21	66	26144.05	196.1
-13	198.11	1.486	27	3564.98	26.74	67	27330.60	205.0
-12	216.91	1.627	28	3779.62	28.35	68	28557.14	214.2
-11	237.31	1.780	29	4004.93	30.04	69	29823.68	223.7
-10	259.44	1.946	30	4242.24	31.82	70	31156.88	233.7
-9	283.31	2.125	31	4492.88	33.70	71	32516.75	243.9
-8	309.44	2.321	32	4754.19	35.66	72	33943.27	254.6
-7	337.57	2.532	33	5030.16	37.73	73	35423.12	265.7
-6	368.10	2.761	34	5319.47	39.90	74	36956.30	277.2
-5	401.03	3.008	35	5623.44	42.18	75	38542.81	289.1
-4	436.76	3.276	36	5940.74	44.56	76	40182.65	301.4
-3	475.42	3.566	37	6275.37	47.07	77	41875.81	314.1
-2	516.75	3.876	38	6619.34	49.65	78	43635.64	327.3
-1	562.08	4.216	39	6991.30	52.44	79	45462.12	341.0
0	610.47	4.579	40	7375.26	55.32	80	47341.93	355.1
+1	657.27	4.93	41	7777.89	58.34	81	49288.40	369.7
2	705.26	5.29	42	8199.18	61.50	82	51314.87	384.9
3	758.59	5.69	43	8639.14	64.80	83	53407.99	400.6
4	813.25	6.10	44	9100.42	68.26	84	55567.78	416.8
5	871.91	6.54	45	9583.04	71.88	85	57807.55	433.6
6	934.57	7.01	46	10085.66	75.65	86	60113.99	450.9
7	1001.23	7.51	47	10612.27	79.60	87	62220.44	466.7
8	1073.23	8.05	48	11160.22	83.71	88	64940.17	487.1
9	1147.89	8.61	49	11734.83	88.02	89	67473.25	506.1
10	1227.88	9.21	50	12333.43	92.51	90	70099.66	525.8
11	1311.87	9.84	51	12958.70	97.20	91	72806.05	546.1
12	1402.53	10.52	52	13611.97	102.1	92	75592.44	567.0
13	1497.18	11.23	53	14291.90	107.2	93	78472.15	588.6
14	1598.51	11.99	54	14998.50	112.5	94	81445.19	610.9
15	1750.16	12.79	55	15731.76	118.0	95	84511.55	633.9
16	1817.15	13.63	56	16505.02	123.8	96	87671.23	657.6
17	1937.14	14.53	57	17304.94	129.8	97	90937.57	682.1
18	2063.79	15.48	58	18144.85	136.1	98	94297.24	707.3
19	2197.11	16.48	59	19011.43	142.6	99	97750.22	733.2
						100	101325.00	760.0

四、饱和水蒸气的物性

1. 以温度为准

温度/℃	绝对压力/kPa	蒸汽密度/kg/m³	焓 液体 /kcal/kg	/kJ/kg	焓 蒸汽 /kcal/kg	/kJ/kg	汽化热 /kcal/kg	/kJ/kg
0	0.6082	0.00484	0	0	595	2491.1	595	2491.1
5	0.8730	0.00680	5.0	20.94	597.3	2500.8	592.3	2479.80
10	1.2262	0.00940	10.0	41.87	599.6	2510.4	589.6	2468.53
15	1.7068	0.01283	15.0	62.80	602.0	2520.5	587.0	2457.7
20	2.3346	0.01719	20.0	83.74	604.3	2530.1	584.3	2446.3
25	3.1684	0.02304	25.0	104.67	606.0	2539.7	581.6	2435.0
30	4.2474	0.03036	30.0	125.60	608.9	2549.3	578.9	2423.7
35	5.6207	0.03960	35.0	146.54	611.2	2559.0	576.2	2412.4
40	7.3766	0.05114	40.0	167.47	613.5	2568.6	573.5	2401.1
45	9.5837	0.06543	45.0	188.41	615.7	2577.8	570.7	2389.4
50	12.340	0.0830	50.0	209.34	618.0	2587.4	568.0	2378.1
55	15.743	0.1043	55.0	230.27	620.2	2596.6	565.2	2366.4
60	19.923	0.1301	60.0	251.21	622.5	2606.3	562.0	2355.1
65	25.014	0.1611	65.0	272.14	624.7	2615.5	559.7	2343.4
70	31.164	0.1979	70.0	293.08	626.8	2624.3	556.8	2331.2
75	38.551	0.2416	75.0	314.01	629.0	2633.5	554.0	2319.5
80	47.379	0.2929	80.0	334.94	631.1	2642.3	551.2	2307.8
85	57.875	0.3531	85.0	355.88	633.2	2651.1	548.2	2295.2
90	70.136	0.4229	90.0	376.81	635.3	2659.9	545.3	2283.1
95	84.556	0.5039	95.0	397.75	637.4	2668.7	524.4	2270.9
100	101.33	0.5970	100.0	418.68	639.4	2677.0	539.4	2258.4
105	120.85	0.7036	105.1	440.03	641.3	2685.0	536.3	2245.4
110	143.31	0.8254	110.1	460.97	643.3	2693.4	533.1	2232.0
115	169.11	0.9635	115.2	482.32	645.2	2701.3	530.0	2219.0
120	198.64	1.1199	120.3	503.67	647.0	2708.9	526.7	2205.2
125	232.19	1.296	125.4	525.02	648.8	2716.4	523.5	2192.8
130	270.25	1.494	130.5	546.38	650.6	2723.9	520.1	2177.6
135	313.11	1.715	135.6	567.73	652.3	2731.0	516.7	2163.3
140	361.47	1.962	140.7	589.08	653.9	2737.7	513.2	2148.7
145	415.72	2.238	145.9	610.85	655.5	2744.4	509.7	2134.0
150	476.24	2.543	151.0	632.21	657.0	2750.7	506.0	2118.5
160	618.28	3.252	161.4	675.75	659.9	2762.9	498.5	2087.1
170	792.59	4.113	171.8	719.29	662.4	2773.3	490.6	2054.0
180	1003.5	5.145	182.3	763.25	664.6	2782.5	482.3	2019.3
190	1255.6	6.378	192.9	807.64	666.4	2790.1	473.5	1982.4
200	1554.77	7.840	203.5	852.01	667.7	2795.5	464.2	1943.5
210	1917.72	9.567	214.3	897.23	668.8	2799.3	454.4	1902.5
220	2320.88	11.60	225.1	942.45	669.0	2801.5	443.9	1858.5
230	2798.59	13.98	236.1	988.50	668.8	2800.1	432.7	1811.6
240	3347.91	16.76	247.1	1034.56	668.0	2796.8	420.8	1761.8
250	3977.67	20.01	258.3	1081.45	664.0	2790.1	408.1	1708.6
260	4693.75	23.82	269.6	1128.76	664.2	2780.9	394.5	1651.7
270	5503.99	28.27	281.1	1176.91	661.2	2768.3	380.1	1591.4
280	6417.24	33.47	292.7	1225.48	657.3	2752.0	364.6	1526.5
290	7443.29	39.60	304.4	1274.46	652.6	2732.3	348.1	1457.4
300	8592.94	46.93	316.6	1325.54	646.8	2708.0	330.2	1382.5
310	9877.96	55.59	329.3	1378.71	640.1	2680.0	310.8	1301.3
320	11300.3	65.95	343.0	1436.07	632.5	2648.2	289.5	1212.1
330	12879.6	78.53	357.5	1446.78	623.5	2610.5	266.6	1116.2
340	14615.8	93.98	373.3	1562.93	613.5	2568.6	240.2	1005.7
350	16538.5	113.2	390.8	1636.20	601.1	2516.7	210.3	880.5
360	18667.1	139.6	413.0	1729.15	583.4	2442.6	170.3	713.0
370	21040.9	171.0	451.0	1888.25	549.8	2301.9	98.2	411.1
374	22070.9	322.6	501.1	2098.0	501.1	2098.0	0	0

2. 以压力为准

绝对压力 /kPa	温度 /℃	蒸汽密度 /kg/m³	焓/kJ/kg 液体	焓/kJ/kg 蒸汽	汽化热 /kJ/kg
1.0	6.3	0.00773	26.48	2503.1	2476.8
1.5	12.5	0.01133	52.26	2515.3	2463.0
2.0	17.0	0.01486	71.21	2524.2	2452.9
2.5	20.9	0.01836	87.45	2531.8	2444.3
3.0	23.5	0.02179	98.38	2536.8	2438.4
3.5	26.1	0.02523	109.30	2541.8	2432.5
4.0	28.7	0.02867	120.23	2546.8	2426.6
4.5	30.8	0.03205	129.00	2550.9	2421.9
5.0	32.4	0.03537	135.69	2554.0	2418.3
6.0	35.6	0.04200	149.06	2560.1	2411.0
7.0	38.8	0.04864	162.44	2566.3	2403.8
8.0	41.3	0.05514	172.73	2571.0	2398.2
9.0	43.3	0.06156	181.16	2574.8	2393.6
10.0	45.3	0.06798	189.59	2578.5	2388.9
15.0	53.5	0.09956	224.03	2594.0	2370.0
20.0	60.1	0.13068	251.51	2606.4	2354.9
30.0	66.5	0.19093	288.77	2622.4	2333.7
40.0	75.0	0.24975	315.93	2634.1	2312.2
50.0	81.2	0.30799	339.80	2644.3	2304.5
60.0	85.6	0.36514	358.21	2652.1	2393.9
70.0	89.9	0.42229	376.61	2659.8	2283.2
80.0	93.2	0.47807	390.08	2665.3	2275.3
90.0	96.4	0.53384	403.49	2670.8	2267.4
100.0	99.6	0.58961	416.90	2676.3	2259.5
120.0	104.5	0.69868	437.51	2684.3	2246.8
140.0	109.2	0.80758	457.67	2692.1	2234.4
160.0	113.0	0.82981	473.88	2698.1	2224.2
180.0	116.6	1.0209	489.32	2703.7	2214.3
200.0	120.2	1.1273	493.71	2709.2	2204.6
250.0	127.2	1.3904	534.39	2719.7	2185.4
300.0	133.3	1.6501	560.38	2728.5	2168.1
350.0	138.8	1.9074	583.76	2736.1	2152.3

续表

绝对压力/kPa	温度/℃	蒸汽密度/kg/m³	焓/kJ/kg 液体	焓/kJ/kg 蒸汽	汽化热/kJ/kg
400.0	143.4	2.1618	603.61	2742.1	2138.5
450.0	147.7	2.4152	622.42	2747.8	2125.4
500.0	151.7	2.6673	639.59	2752.8	2113.2
600.0	158.7	3.1686	670.22	2761.4	2091.1
700.0	164.7	3.6657	696.27	2767.8	2071.5
800.0	170.4	4.1614	720.96	2773.7	2052.7
900.0	175.1	4.6525	741.82	2778.1	2036.2
1×10^3	179.9	5.1432	762.68	2782.5	2019.7
1.1×10^3	180.2	5.6339	780.34	2785.5	2005.1
1.2×10^3	187.8	6.1241	797.92	2788.5	1990.6
1.3×10^3	191.5	6.6141	814.25	2790.9	1976.7
1.4×10^3	194.8	7.1038	829.06	2792.4	1963.7
1.5×10^3	198.2	7.5935	843.86	2794.5	1950.7
1.6×10^3	201.3	8.0814	857.77	2796.0	1938.2
1.7×10^3	204.1	8.5674	870.58	2792.1	1926.5
1.8×10^3	206.9	9.0533	883.39	2798.1	1914.8
1.9×10^3	209.8	9.5392	896.21	2799.2	1903.0
2×10^3	212.2	10.0338	907.32	2799.7	1892.4
3×10^3	233.7	15.0075	1005.4	2798.9	1793.5
4×10^3	250.3	20.0969	1082.9	2789.8	1706.8
5×10^3	263.8	25.3663	1146.9	2776.2	1629.2
6×10^3	275.4	30.8494	1203.2	2759.5	1556.3
7×10^3	285.7	36.5744	1253.2	2740.8	1487.6
8×10^3	294.8	42.5768	1299.2	2720.5	1403.7
9×10^3	303.2	48.8945	1343.5	2699.1	1356.6
10×10^3	310.9	55.5407	1384.0	2677.1	1293.1
12×10^3	324.5	70.3075	1463.4	2631.2	1167.7
14×10^3	336.5	87.3020	1567.9	2583.2	1043.4
16×10^3	347.2	107.8010	1615.8	2531.1	915.4
18×10^3	356.9	134.4813	1699.8	2466.0	766.1
20×10^3	365.6	176.5961	1817.8	2364.2	544.9

五、某些气体的重要物性

1. 某些气体的物理性质 (101.3kPa)

名称	分子式	摩尔质量 /kg/kmol	密度(0℃) /kg/m³	沸点 /℃	汽化潜热 /kJ/kg	定压比热容(20℃) /kJ/(kg·℃)	$K=\dfrac{c_p}{c_V}$	黏度(0℃) /10⁻⁵Pa·s	导热系数(0℃) /[W/(m·℃)]	临界点 温度/℃	临界点 绝对压力/kPa
空气		28.95	1.293	−195	197	1.009	1.40	1.73	0.0244	−140.7	3768.4
氧	O_2	32	1.429	−132.98	213	0.653	1.40	2.03	0.0240	−118.82	5036.6
氮	N_2	28.02	1.251	−195.78	199.2	0.745	1.40	1.70	0.0228	−147.13	3392.5
氢	H_2	2.016	0.0899	−252.75	454.2	10.13	1.407	0.842	0.163	−239.9	1296.6
氦	He	4.00	0.1785	−268.95	19.5	3.18	1.66	1.88	0.144	−267.96	228.94
氩	Ar	39.94	1.7820	−185.87	163	0.322	1.66	2.09	0.0173	−122.44	4862.4
氯	Cl_2	70.91	3.217	−33.8	305	0.355	1.36	1.29(16℃)	0.0072	+144.0	7708.9
氨	NH_3	17.03	0.771	−33.4	1373	0.67	1.29	0.918	0.0215	+132.4	11295
一氧化碳	CO	28.01	1.250	−191.48	211	0.754	1.40	1.66	0.0226	−140.2	3497.9
二氧化碳	CO_2	44.01	1.976	−78.2	574	0.653	1.30	1.37	0.0137	+31.1	7384.8
二氧化硫	SO_2	64.07	2.927	−10.8	394	0.502	1.25	1.17	0.0077	+157.5	7879.1
二氧化氮	NO_2	46.01	—	21.2	712	0.615	1.31	—	0.0400	+158.2	10130
硫化氢	H_2S	34.08	1.539	−60.2	548	0.804	1.30	1.166	0.0131	+100.4	19136
甲烷	CH_4	16.04	0.717	−161.58	511	1.70	1.31	1.03	0.0300	−82.15	4619.3
乙烷	C_2H_6	30.07	1.357	−88.50	486	1.44	1.20	0.850	0.0180	+32.1	4948.5
丙烷	C_3H_8	44.1	2.020	−42.1	427	1.65	1.13	0.795(18℃)	0.0148	+95.6	4355.9
正丁烷	C_4H_{10}	58.12	2.673	−0.5	386	1.73	1.108	0.810	0.0135	+152	3798.8
正戊烷	C_5H_{12}	72.15	—	−36.08	151	1.57	1.09	0.874	0.0128	+197.1	3342.9
乙烯	C_2H_4	28.05	1.261	103.7	481	1.222	1.25	0.985	0.0164	+9.7	5135.9
丙烯	C_3H_6	42.08	1.914	−47.7	440	1.436	1.17	0.835(20℃)	—	+91.4	4599.0
乙炔	C_2H_2	26.04	1.171	−83.66(升华)	829	1.352	1.24	0.935	0.0184	+35.7	6240.0
氯甲烷	CH_3Cl	50.49	2.308	−24.1	406	0.582	1.28	0.989	0.0085	+148	6685.8
苯	C_6H_6	78.11	—	80.2	394	1.139	1.1	0.72	0.0088	+288.5	4832.0

2. 某些气体和蒸气的导热系数

名 称	温度/℃	导热系数/W/(m·℃)	名 称	温度/℃	导热系数/W/(m·℃)	名 称	温度/℃	导热系数/W/(m·℃)
丙酮	0	0.0098	四氯化碳	46	0.0071		50	0.0267
	46	0.0128		100	0.0090		100	0.0279
	100	0.0171		184	0.0112	正庚烷	200	0.0194
	184	0.0254	三氯甲烷	0	0.0066		100	0.0178
空气	0	0.0242		46	0.0080	正己烷	0	0.0125
	100	0.0317		100	0.0100		20	0.0138
	200	0.0391		184	0.0133		−100	0.0113
	300	0.0459	硫化氢	0	0.0132		−50	0.0144
氮	−60	0.0164	水银	200	0.0341		0	0.0173
	0	0.0222	甲烷	−100	0.0173		50	0.0199
	50	0.0272		−50	0.0251		100	0.0223
	100	0.0320		0	0.0302		300	0.0308
苯	0	0.0090		50	0.0372	氮	−100	0.0164
	46	0.0126	甲醇	0	0.0144		0	0.0242
	100	0.0178		100	0.0222		50	0.0277
	184	0.0263	氯甲烷	0	0.0067		100	0.0312
	212	0.0305		46	0.0085	氧	−100	0.0164
正丁烷	0	0.0135		100	0.0109		−50	0.0206
	100	0.0234		212	0.0164		0	0.0246
异丁烷	0	0.0138	乙烷	−70	0.0114		50	0.0284
	100	0.0241		−34	0.0149		100	0.0321
二氧化碳	−50	0.0118		0	0.0183	丙烷	0	0.0151
	0	0.0147		100	0.0303		100	0.0261
	100	0.0230	乙醇	20	0.0154	二氧化硫	0	0.0087
	200	0.0313		100	0.0215		100	0.0119
	300	0.0396	乙醚	0	0.0133	水蒸气	46	0.0208
二硫化物	0	0.0069		46	0.0171		100	0.0237
	−73	0.0073		100	0.0227		200	0.0324
一氧化碳	−189	0.0071		184	0.0327		300	0.0429
	−179	0.0080		212	0.0362		400	0.0545
	−60	0.0234	乙烯	−71	0.0111		50	0.0763
氯	0	0.0074		0	0.0175			

3. 气体黏度共线图（常压下用）

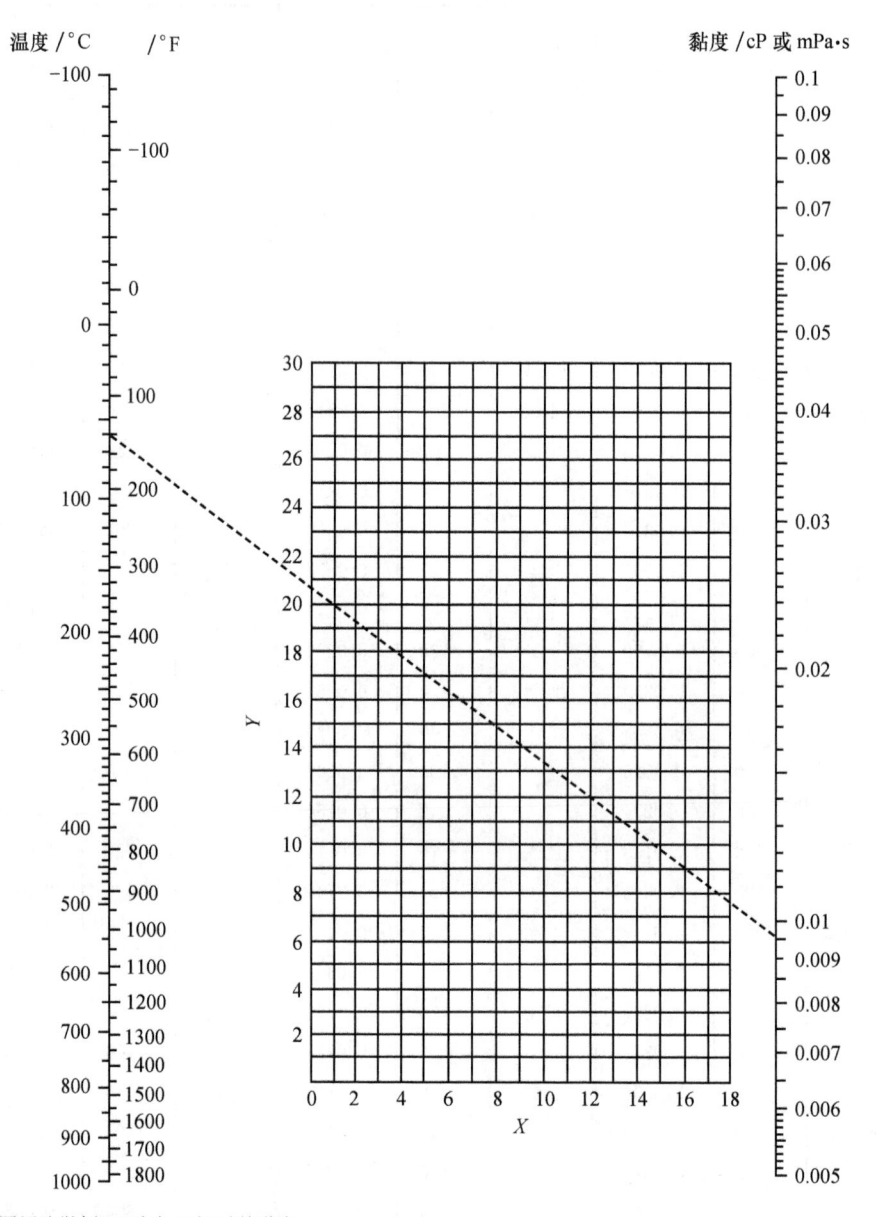

共线图用法举例：乙醇在60℃时的黏度。

从下表序号20中查得乙醇的坐标为$X=9.2$，$Y=14.2$，根据此坐标在上图中得一点，把这一点与图中左边的温度标尺上的60℃的点连成一直线，延长，与右边黏度标尺相交，由此交点读出60℃乙醇的黏度为0.0096cP。

气体黏度共线图坐标值

序号	气体	X	Y	序号	气体	X	Y
1	乙酸	7.7	14.3	29	氟利昂-113 (CCl$_2$FCClF$_2$)	11.3	14.0
2	丙酮	8.9	13.0	30	氦	10.9	20.5
3	乙炔	9.8	14.9	31	己烷	8.6	11.8
4	空气	11.0	20.0	32	氢	11.2	12.4
5	氨	8.4	16.0	33	3H$_2$+1N$_2$	11.2	17.2
6	氩	10.5	22.4	34	溴化氢	8.8	20.9
7	苯	8.5	13.2	35	氯化氢	8.8	18.7
8	溴	8.9	19.2	36	氰化氢	9.8	14.9
9	丁烯(butene)	9.2	13.7	37	碘化氢	9.0	21.3
10	丁烯(butylene)	8.9	13.0	38	硫化氢	8.6	18.0
11	二氧化碳	9.5	18.7	39	碘	9.0	18.4
12	二硫化碳	8.0	16.0	40	汞	5.3	22.9
13	一氧化碳	11.0	20.0	41	甲烷	9.9	15.5
14	氯	9.0	18.4	42	甲醇	8.5	15.6
15	三氯甲烷	8.9	15.7	43	一氧化氮	10.9	20.5
16	氰	9.2	15.2	44	氮	10.6	20.0
17	环己烷	9.2	12.0	45	五硝酰氯	8.0	17.6
18	乙烷	9.1	14.5	46	一氧化二氮	8.8	19.0
19	乙酸乙酯	8.5	13.2	47	氧	11.0	21.3
20	乙醇	9.2	14.2	48	戊烷	7.0	12.8
21	氯乙烷	8.5	15.6	49	丙烷	9.7	12.9
22	乙醚	8.9	13.0	50	丙醇	8.4	13.4
23	乙烯	9.5	15.1	51	丙烯	9.0	13.8
24	氟	7.3	23.8	52	二氧化硫	9.6	17.0
25	氟利昂-11(CCl$_3$F)	10.6	15.1	53	甲苯	8.6	12.4
26	氟利昂-12(CCl$_2$F$_2$)	11.1	16.0	54	2,3,3-三甲基丁烷	9.5	10.5
27	氟利昂-21(CHCl$_2$F)	10.8	15.3	55	水	8.0	16.0
28	氟利昂-22(CHClF$_2$)	10.1	17.0	56	氙	9.3	23.0

4. 气体比热容共线图(常压下用)

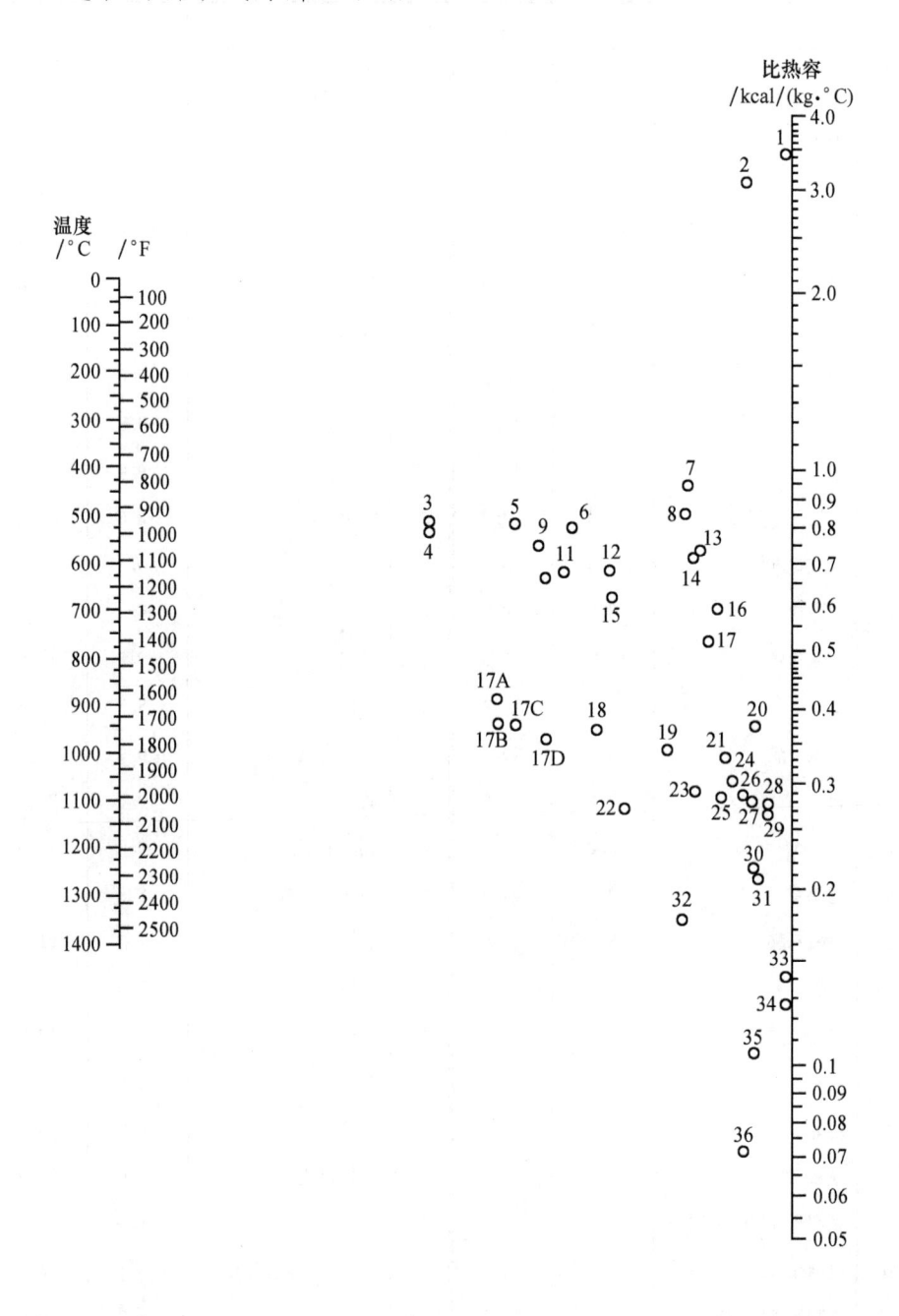

气体比热容共线图中的编号

编 号	气 体	温度范围/℃
27	空气	0～1400
23	氧	0～500
29	氧	500～1400
26	氮	0～1400
1	氢	0～600
2	氢	600～1400
32	氯	0～200
34	氯	200～1400
33	硫	300～1400
12	氨	0～600
14	氨	600～1400
25	一氧化氮	0～700
28	一氧化氮	700～1400
18	二氧化碳	0～400
24	二氧化碳	400～1400
22	二氧化硫	0～400
31	二氧化硫	400～1400
17	水蒸气	0～1400
19	硫化氢	0～700
21	硫化氢	700～1400
20	氟化氢	0～1400
30	氯化氢	0～1400
35	溴化氢	0～1400
36	碘化氢	0～1400
5	甲烷	0～300
6	甲烷	300～700
7	甲烷	700～1400
3	乙烷	0～200
9	乙烷	200～600
8	乙烷	600～1400
4	乙烯	0～200
11	乙烯	200～600
13	乙烯	600～1400
10	乙炔	0～200
15	乙炔	200～400
16	乙炔	400～1400
17B	氟利昂-11(CCl_3F)	0～500
17C	氟利昂-21($CHCl_2F$)	0～500
17A	氟利昂-22($CHClF_2$)	0～500
17D	氟利昂-113(CCl_2FCClF_2)	0～500

六、某些液体及溶液的物性

1. 某些液体的重要物性

序号	名称	分子式	摩尔质量 /(kg/kmol)	密度(20℃) /(kg/m³)	沸点(101.3kPa) /℃	汽化潜热(101.3kPa) /(kJ/kg)	比热容(20℃) /[kJ/(kg·K)]	黏度(20℃) /(10⁻³Pa·s 或 cP)	导热系数(20℃) /[W/(m·K)]	体积膨胀系数(20℃) /10⁻⁴/℃	表面张力(20℃) /10⁻³N/m
1	水	H₂O	18.02	998	100	2258	4.183	1.005	0.599	1.82	72.8
2	盐水(25%NaCl)	—		1186(25℃)	107		3.39	2.3	0.57(30℃)	(4.4)	
3	盐水(25%CaCl₂)	—		1228	107		2.89	2.5	0.57	(3.4)	
4	硫酸	H₂SO₄	98.08	1831	340(分解)		1.47(98%)		0.38	5.7	
5	硝酸	HNO₃	63.02	1513	86	481.1		1.17(10℃)			
6	盐酸(30%)	HCl	36.47	1149			2.55	2(31.5%)	0.42		
7	二硫化碳	CS₂	76.13	1262	46.3	352	1.005	0.38	0.16	12.1	32
8	戊烷	C₅H₁₂	72.15	626	36.07	357.4	2.24(15.6℃)	0.229	0.113	15.9	16.2
9	己烷	C₆H₁₄	86.17	659	68.74	335.1	2.31(15.6℃)	0.313	0.119		18.2
10	庚烷	C₇H₁₆	100.20	684	98.43	316.5	2.21(15.6℃)	0.411	0.123		20.1
11	辛烷	C₈H₁₈	114.22	703	125.67	306.4	2.19(15.6℃)	0.540	0.131		21.8
12	三氯甲烷	CHCl₃	119.38	1489	61.2	253.7	0.992	0.58	0.138(30℃)	12.6	28.5(10℃)
13	四氯化碳	CCl₄	153.82	1594	76.8	195	0.850	1.0	0.12		26.8
14	1,2-二氯乙烷	C₂H₄Cl₂	98.96	1253	83.6	324	1.260	0.83	0.14(50℃)		30.8
15	苯	C₆H₆	78.11	879	80.10	393.9	1.704	0.737	0.148	12.4	28.6
16	甲苯	C₇H₈	92.13	867	110.63	363	1.70	0.675	0.138	10.9	27.9
17	邻二甲苯	C₈H₁₀	106.16	880	144.42	347	1.74	0.811	0.142		30.2
18	间二甲苯	C₈H₁₀	106.16	864	139.10	343	1.70	0.611	0.167	10.1	29.0
19	对二甲苯	C₈H₁₀	106.16	861	138.35	340	1.704	0.643	0.129		28.0
20	苯乙烯	C₈H₈	104.1	911(15.6℃)	145.2	(352)	1.733	0.72			
21	氯苯	C₆H₅Cl	112.56	1106	131.8	325	1.298	0.85	0.14(30℃)		32
22	硝基苯	C₆H₅NO₂	123.17	1203	210.9	396	1.466	2.1	0.15		41
23	苯胺	C₆H₅NH₂	93.13	1022	184.4	448	2.07	4.3	0.17	8.5	42.9
24	酚	C₆H₅OH	94.1	1050(50℃)	181.8 40.9(熔点)	511	3.4(50℃)				
25	萘	C₁₀H₈	128.17	1145(固体)	217.9 80.2(熔点)	314	1.80(100℃)	0.59(100℃)			
26	甲醇	CH₃OH	32.04	791	64.7	1101	2.48	0.6	0.212	12.2	22.6
27	乙醇	C₂H₅OH	46.07	789	78.3	846	2.39	1.15	0.172	11.6	22.8
28	乙醇(95%)			804	78.3			1.4			
29	乙二醇	C₂H₄(OH)₂	62.05	1113	197.6	780	2.35	23			
30	甘油	C₃H₅(OH)₃	92.09	1261	290(分解)			1499	0.59	53	
31	乙醚	(C₂H₅)₂O	74.12	714	34.6	360	2.34	0.24	0.14	16.3	
32	乙醛	CH₃CHO	44.05	783(18℃)	20.2	574	1.9	1.3(18℃)			
33	糠醛	C₅H₄O₂	96.09	1168	161.7	452	1.6	1.15(50℃)			
34	丙酮	CH₃COCH₃	58.08	792	56.2	523	2.35	0.32	0.17		
35	甲酸	HCOOH	46.03	1220	100.7	494	2.17	1.9	0.26		
36	乙酸	CH₃COOH	60.03	1049	118.1	406	1.99	1.3	0.17	10.7	
37	乙酸乙酯	CH₃COOC₂H₅	88.41	901	77.1	368	1.92	0.48	0.14(10℃)		
38	煤油			780~820				3	0.15	10.0	
39	汽油			680~800				0.7~0.8	0.19(30℃)	12.5	

2. 某些液体的导热系数

名 称	导热系数/W/(m·K)						
	0	25℃	50℃	75℃	100℃	125℃	150℃
丁醇	0.1556	0.1521	0.1480	0.1440			
异丙醇	0.1533	0.1498	0.1457	0.1417			
甲醇	0.2136	0.2104	0.2067	0.2044			
乙醇	0.1887	0.1829	0.1771	0.1713			
乙酸	0.1765	0.1713	0.1660	0.1614			
甲酸	0.2601	0.2554	0.2514	0.2467			
丙酮	0.1742	0.1684	0.1626	0.1573	0.1509		
硝基苯	0.1538	0.1498	0.1463	0.1428	0.1393	0.1359	
二甲苯	0.1364	0.1312	0.1266	0.1213	0.1173	0.1111	
甲苯	0.1411	0.1359	0.1289	0.1231	0.1184	0.1120	
苯	0.1509	0.1446	0.1382	0.1318	0.1254	0.1202	
苯胺	0.1858	0.1811	0.1765	0.1718	0.1678	0.1631	0.1591
甘油	0.2763	0.2792	0.2827	0.2856	0.2885	0.2914	0.2949
凡士林	0.1284	0.1202	0.1219	0.1208	0.1184	0.1173	0.1155
蓖麻油	0.1835	0.1806	0.1771	0.1742	0.1707	0.1678	0.1649

3. 液体黏度共线图

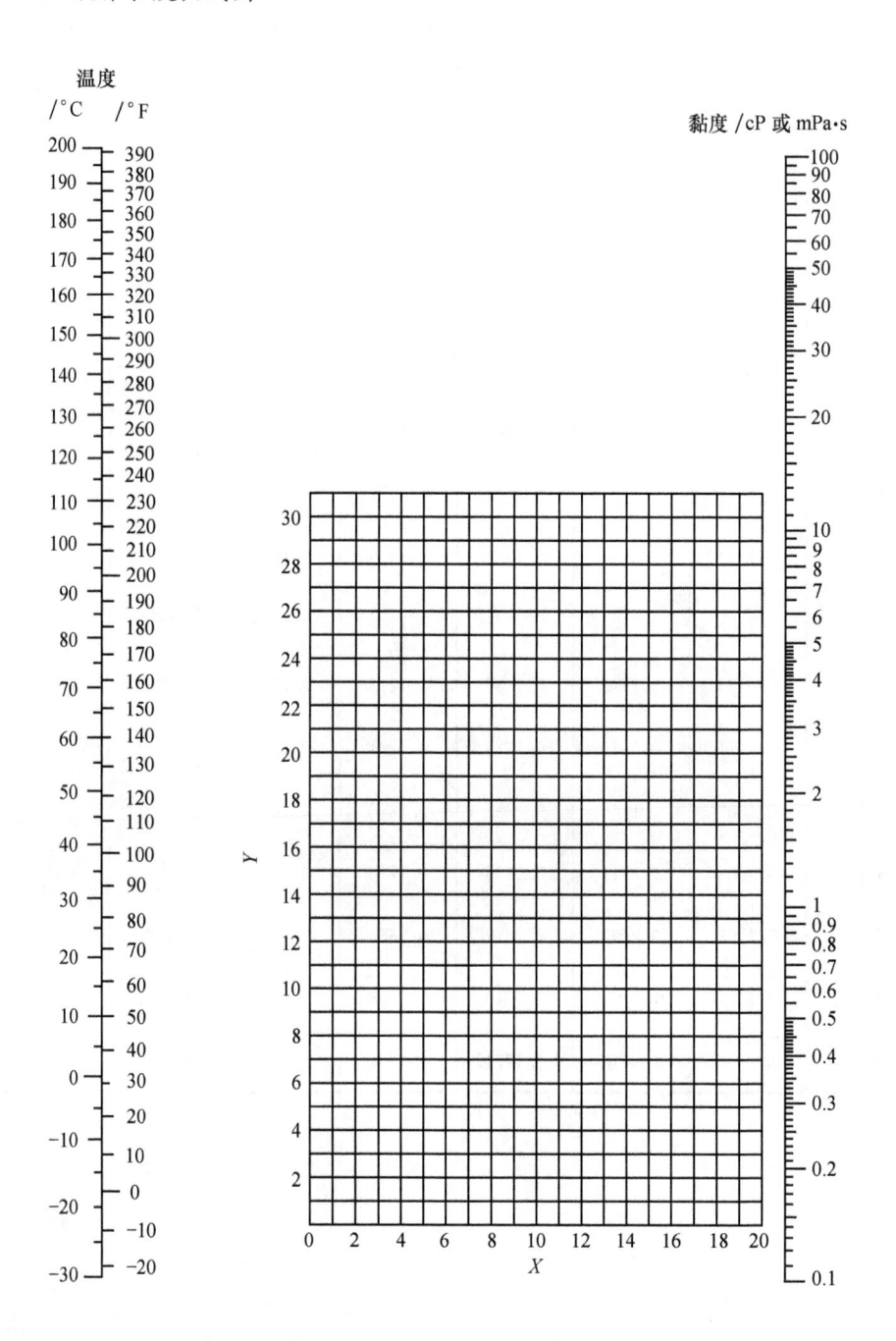

液体黏度共线图坐标值

序号	名　称	X	Y	序号	名　称	X	Y
1	水	10.2	13.0	31	乙苯	13.2	11.5
2	盐水(25%NaCl)	10.2	16.6	32	氯苯	12.3	12.4
3	盐水(25%CaCl$_2$)	6.6	15.9	33	硝基苯	10.6	16.2
4	氨	12.6	2.0	34	苯胺	8.1	18.7
5	氨水(26%)	10.1	13.9	35	酚	6.9	20.8
6	二氧化碳	11.6	0.3	36	联苯	12.0	18.3
7	二氧化硫	15.2	7.1	37	萘	7.9	18.1
8	二硫化碳	16.1	7.5	38	甲醇(100%)	12.4	10.5
9	溴	14.2	13.2	39	甲醇(90%)	12.3	11.8
10	汞	18.4	16.4	40	甲醇(40%)	7.8	15.5
11	硫酸(110%)	7.2	27.4	41	乙醇(100%)	10.5	13.8
12	硫酸(100%)	8.0	25.1	42	乙醇(95%)	9.8	14.3
13	硫酸(98%)	7.0	24.8	43	乙醇(40%)	6.5	16.6
14	硫酸(60%)	10.2	21.3	44	乙二醇	6.0	23.6
15	硝酸(95%)	12.8	13.8	45	甘油(100%)	2.0	30.0
16	硝酸(60%)	10.8	17.0	46	甘油(50%)	6.9	19.6
17	盐酸(31.5%)	13.0	16.6	47	乙醚	14.5	5.3
18	氢氧化钠(50%)	3.2	25.8	48	乙醛	15.2	14.8
19	戊烷	14.9	5.2	49	丙酮	14.5	7.2
20	乙烷	14.7	7.0	50	甲酸	10.7	15.8
21	庚烷	14.1	8.4	51	乙酸(100%)	12.1	14.2
22	辛烷	13.7	10.0	52	乙酸(70%)	9.5	17.0
23	三氯甲烷	14.4	10.2	53	乙酸酐	12.7	12.8
24	四氯化碳	12.7	13.1	54	乙酸乙酯	13.7	9.1
25	二氯乙烷	13.2	12.2	55	乙酸戊酯	11.8	12.5
26	苯	12.5	10.9	56	氟利昂-11	14.4	9.0
27	甲苯	13.7	10.4	57	氟利昂-12	16.8	5.6
28	邻二甲苯	13.5	12.1	58	氟利昂-21	15.7	7.5
29	间二甲苯	13.9	10.6	59	氟利昂-22	17.2	4.7
30	对二甲苯	13.9	10.9	60	煤油	10.2	16.9

4. 有机液体密度共线图(与 4℃水密度之比)

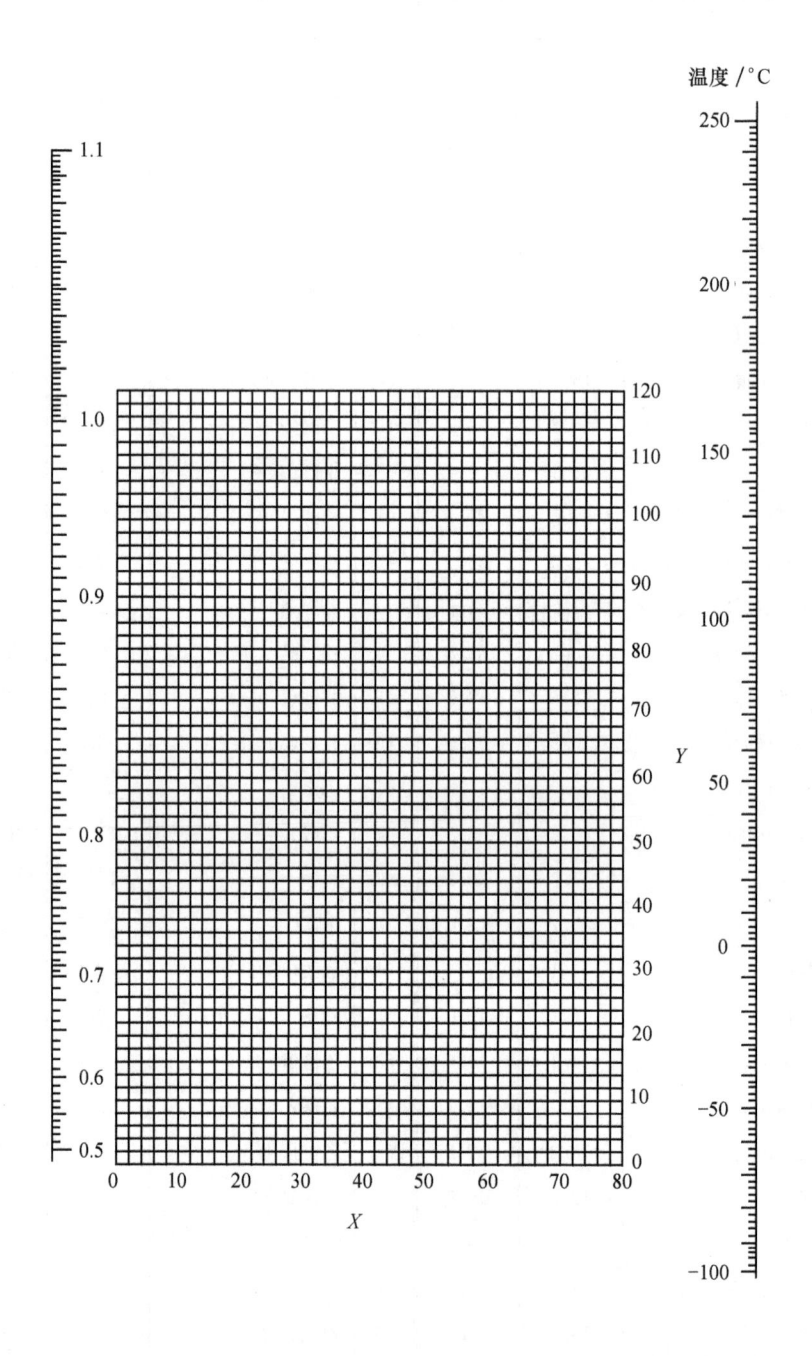

有机液体密度共线图坐标值

序号	名称	X	Y	序号	名称	X	Y
1	乙炔	20.8	10.1	31	甲酸乙酯	37.6	68.4
2	乙烷	10.3	4.4	32	甲酸丙酯	33.8	66.7
3	乙烯	17.0	3.5	33	丙烷	14.2	12.2
4	乙醇	24.2	48.6	34	丙酮	26.1	47.8
5	乙醚	22.6	35.8	35	丙醇	23.8	50.8
6	乙丙醚	20.0	37.0	36	丙酸	35.0	83.5
7	乙硫醇	32.0	55.5	37	丙酸甲酯	36.5	68.3
8	乙硫醚	25.7	55.3	38	丙酸乙酯	32.1	63.9
9	二乙胺	17.8	33.5	39	戊烷	12.6	22.6
10	二硫化碳	18.6	45.4	40	异戊烷	13.5	22.5
11	异丁烷	13.7	16.5	41	辛烷	12.7	32.5
12	丁酸	31.3	78.7	42	庚烷	12.6	29.8
13	丁酸甲酯	31.5	65.5	43	苯	32.7	63.0
14	异丁酸	31.5	75.9	44	苯酚	35.7	103.8
15	丁酸(异)甲酯	33.0	64.1	45	苯胺	33.5	92.5
16	十一烷	14.4	39.2	46	氟苯	41.9	86.7
17	十二烷	14.3	41.4	47	癸烷	16.0	38.2
18	十三烷	15.3	42.4	48	氨	22.4	24.6
19	十四烷	15.8	43.3	49	氯乙烷	42.7	62.4
20	三乙胺	17.9	37.0	50	氯甲烷	52.3	62.9
21	磷化氢	28.0	22.1	51	氯苯	41.7	105.0
22	己烷	13.5	27.0	52	氰丙烷	20.1	44.6
23	壬烷	16.2	36.5	53	氰甲烷	21.8	44.9
24	六氢吡啶	27.5	60.0	54	环己烷	19.6	44.0
25	甲乙醚	25.0	34.4	55	乙酸	40.6	93.5
26	甲醇	25.8	49.1	56	乙酸甲酯	40.1	70.3
27	甲硫醇	37.3	59.6	57	乙酸乙酯	35.0	65.0
28	甲硫醚	31.9	57.4	58	乙酸丙酯	33.0	65.5
29	甲醚	27.2	30.1	59	甲苯	27.0	61.0
30	甲酸甲酯	46.4	74.6	60	异戊醇	20.5	52.0

5. 液体比热容共线图

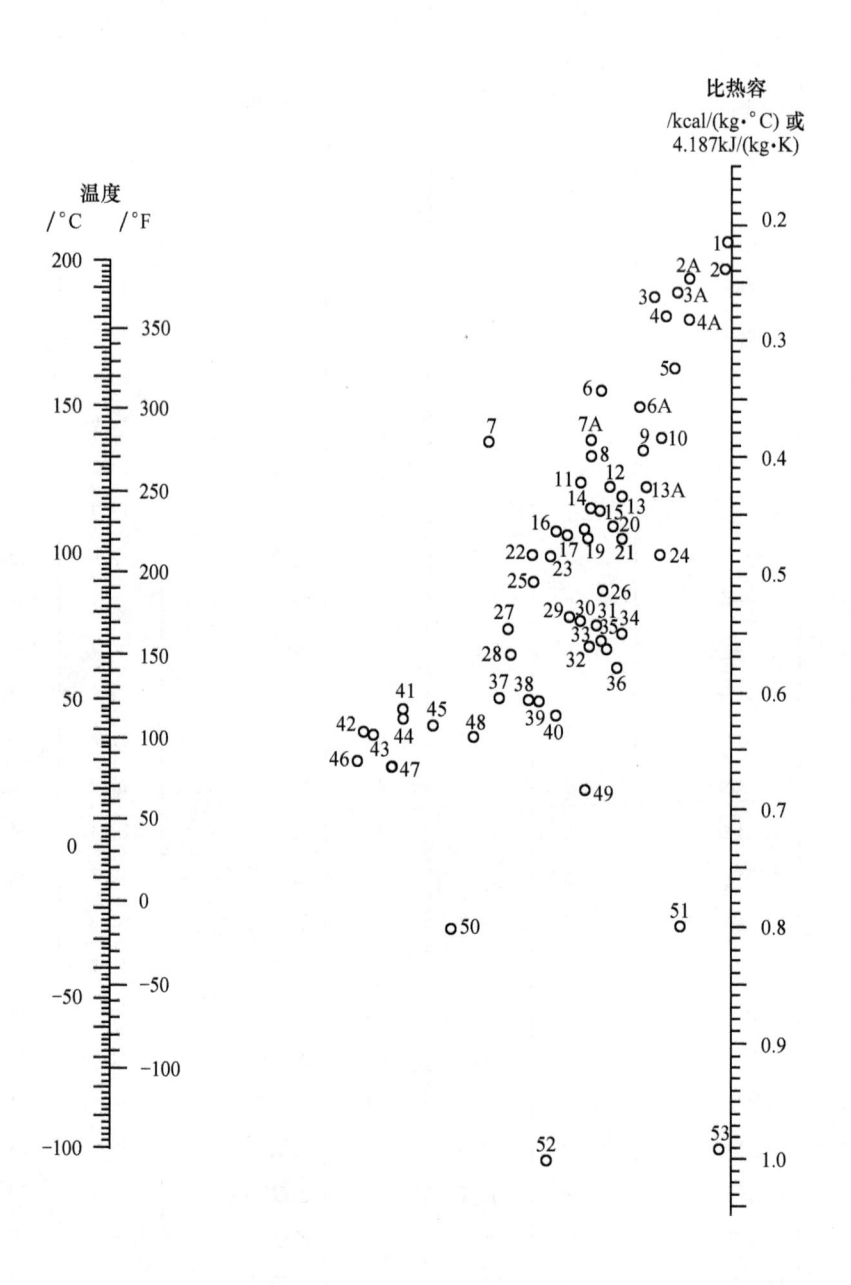

液体比热容共线图中的编号

编号	名称	温度范围/℃	编号	名称	温度范围/℃	编号	名称	温度范围/℃
53	水	10～200	6A	二氯乙烷	−30～60	47	异丙醇	−20～50
51	盐水(25%NaCl)	−40～20	3	过氯乙烯	−30～40	44	丁醇	0～100
49	盐水(25%CaCl$_2$)	−40～20	23	苯	10～80	43	异丁醇	0～100
52	氨	−70～50	23	甲苯	0～60	37	戊醇	−50～25
11	二氧化硫	−20～100	17	对二甲苯	0～100	41	异戊醇	10～100
2	二硫化碳	−100～25	18	间二甲苯	0～100	39	乙二醇	−40～200
9	硫酸(98%)	10～45	19	邻二甲苯	0～100	38	甘油	−40～20
48	盐酸(30%)	20～100	8	氯苯	0～100	27	苯甲基醇	−20～30
35	己烷	−80～20	12	硝基苯	0～100	36	乙醚	−100～25
28	庚烷	0～60	30	苯胺	0～130	31	异丙醚	−80～200
33	辛烷	−50～25	10	苯甲基氯	−20～30	32	丙酮	20～50
34	壬烷	−50～25	25	乙苯	0～100	29	乙酸	0～80
21	癸烷	−80～25	15	联苯	80～120	24	乙酸乙酯	−50～25
13A	氯甲烷	−80～20	16	联苯醚	0～200	26	乙酸戊酯	0～100
5	二氯甲烷	−40～50	16	联苯-联苯醚	0～200	20	吡啶	−50～25
4	三氯甲烷	0～50	14	萘	90～200	2A	氟利昂-11	−20～70
22	二苯基甲烷	30～100	40	甲醇	−40～20	6	氟利昂-12	−40～15
3	四氯化碳	10～60	42	乙醇(100%)	30～80	4A	氟利昂-21	−20～70
13	氯乙烷	−30～40	46	乙醇(95%)	20～80	7A	氟利昂-22	−20～60
1	溴乙烷	5～25	50	乙醇(50%)	20～80	3A	氟利昂-113	−20～70
7	碘乙烷	0～100	45	丙醇	−20～100			

6. 液体汽化潜热共线图

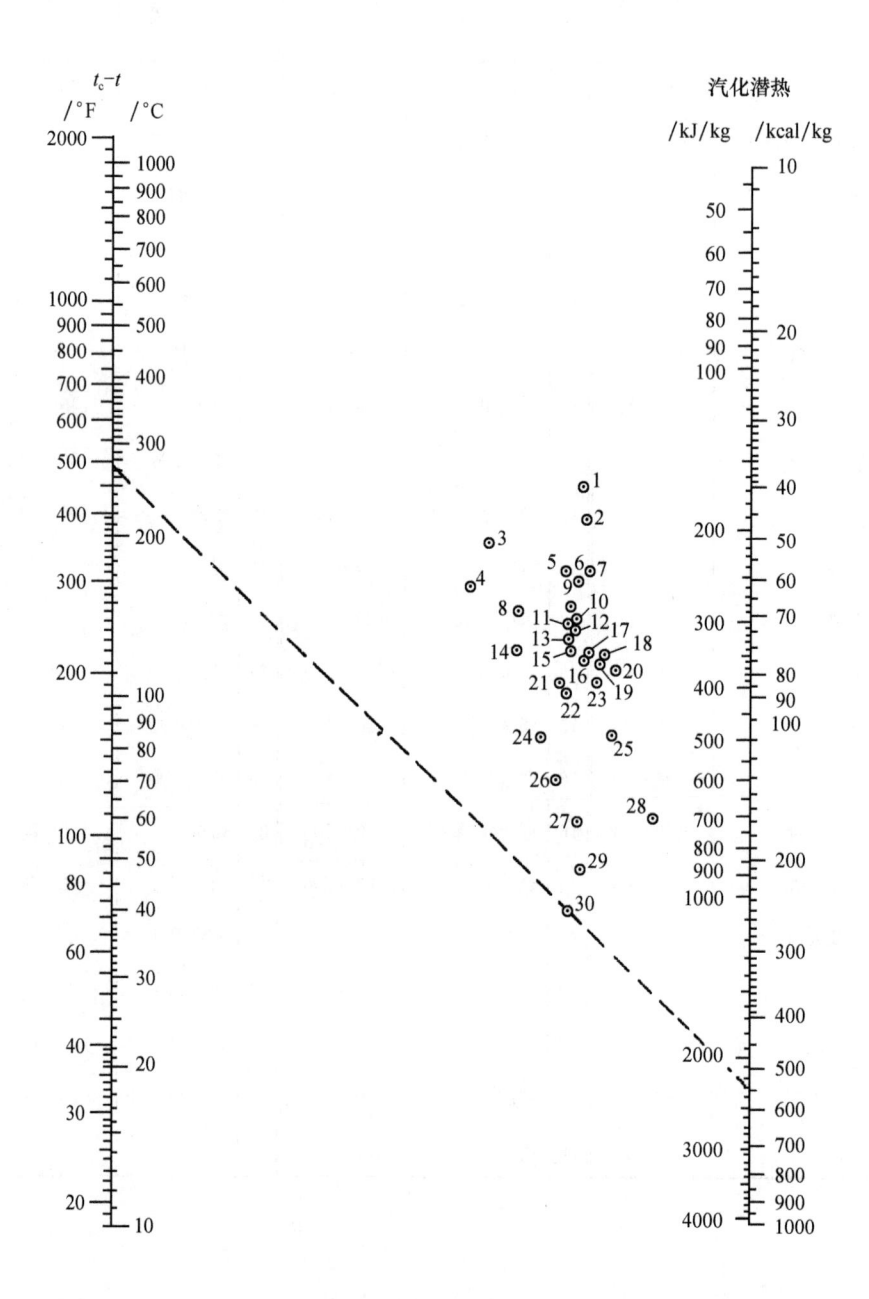

液体汽化潜热共线图中的编号

编号	名　称	t_c/℃	(t_c-t)/℃	编号	名　称	t_c/℃	(t_c-t)/℃
30	水	374	100～500	7	三氯甲烷	263	140～270
29	氨	133	50～200	2	四氯化碳	283	30～250
19	一氧化氮	36	25～150	17	氯乙烷	187	100～250
21	二氧化碳	31	10～100	13	苯	289	10～400
4	二硫化碳	273	140～275	3	联苯	527	175～400
14	二氧化硫	157	90～160	27	甲醇	240	40～250
25	乙烷	32	25～150	26	乙醇	243	20～140
23	丙烷	96	40～200	24	丙醇	264	20～200
16	丁烷	153	90～200	13	乙醚	194	10～400
15	异丁烷	134	80～200	22	丙酮	235	120～210
12	戊烷	197	20～200	18	乙酸	321	100～225
11	己烷	235	50～225	2	氟利昂-11	198	70～225
10	庚烷	267	20～300	2	氟利昂-12	111	40～200
9	辛烷	296	30～300	5	氟利昂-21	178	70～250
20	一氯甲烷	143	70～250	6	氟利昂-22	96	50～170
8	二氯甲烷	216	150～250	1	氟利昂-113	214	90～250

用法举例：求水在 $t=100$℃时的汽化潜热。从上表中查得水的编号为30，又查得水的 $t_c=374$℃，故得 $t_c-t=374-100=274$(℃)，在前页共线图的 t_c-t 标尺上定出274℃的点，与图中编号为30的圆圈中心连一直线，延长到汽化潜热的标尺上，读出交点读数为2260kJ/kg。

七、某些固体的性质

某些固体材料的重要物理性质

	名　称	密　度/kg/m³	导热系数/W/(m·K)	比热容/kJ/(kg·K)
金属	钢	7850	45.3	0.46
	不锈钢	7900	17	0.50
	铸铁	7220	62.8	0.50
	铜	8800	383.8	0.41
	青铜	8000	64.0	0.38
	黄铜	8600	85.5	0.38
	铝	2670	203.5	0.92
	镍	9000	58.2	0.46
	铅	11400	34.9	0.13
塑料	酚醛	1250～1300	0.13～0.26	1.3～1.7
	脲醛	1400～1500	0.30	1.3～1.7
	聚氯乙烯	1380～1400	0.16	1.8
	聚苯乙烯	1050～1070	0.08	1.3
	低压聚乙烯	940	0.29	2.6
	高压聚乙烯	920	0.26	2.2
	有机玻璃	1180～1190	0.14～0.20	
建筑材料、绝热材料、耐酸材料及其他	干砂	1500～1700	0.45～0.48	0.8
	黏土	1600～1800	0.47～0.53	0.75(−20～20℃)
	锅炉炉渣	700～1100	0.19～0.30	
	黏土砖	1600～1900	0.47～0.67	0.92
	耐火砖	1840	1.05(800～1100℃)	0.88～1.0
	绝热砖(多孔)	600～1400	0.16～0.37	
	混凝土	2000～2400	1.3～1.55	0.84
	松木	500～600	0.07～0.10	2.7(0～100℃)
	软木	100～300	0.041～0.064	0.96
	石棉板	770	0.11	0.816
	石棉水泥板	1600～1900	0.35	
	玻璃	500	0.74	0.67
	耐酸陶瓷制品	2200～2300	0.93～1.0	0.75～0.80
	耐酸砖和板	2100～2400		
	耐酸搪瓷	2300～2700	0.99～1.04	0.84～1.26
	橡胶	1200	0.16	1.38
	冰	900	2.3	2.11

八、管子规格

1. 水煤气管规格(摘自 GB3091—82,GB3092—82)

公称直径		外 径/mm	壁 厚/mm	
mm	in		普通级	加强级
8	$\frac{1}{4}$	13.50	2.25	2.75
10	$\frac{3}{8}$	17.00	2.25	2.75
15*(4分管)	$\frac{1}{2}$	21.25	2.75	3.25
20*(6分管)	$\frac{3}{4}$	26.75	2.75	3.50
25	1	33.50	3.25	4.00
32*	$1\frac{1}{4}$	42.25	3.25	4.00
40*	$1\frac{1}{2}$	48.00	3.50	4.25
50	2	60.00	3.50	4.50
65*	$2\frac{1}{2}$	75.50	3.75	4.50
80*	3	88.50	4.00	4.75
100*	4	114.00	4.00	5.00
125	5	140.00	4.50	5.50
150	6	165.00	4.50	5.50

1) "*"为常用规格。
2) 煤气钢管分不镀锌(黑管)和镀锌钢管;带螺纹(锥形或圆柱形螺纹)和不带螺纹(光管)的钢管;按壁厚分普通钢管、薄壁钢管和加厚钢管。
3) 钢管长度:不带螺纹的不镀锌钢管长度为4~12m;带螺纹的镀锌钢管和不镀锌钢管为4~9m。

2. 无缝钢管规格

1) 冷拔无缝钢管(摘自 GB8163—88)

外 径/mm	壁 厚/mm		外 径/mm	壁 厚/mm		外 径/mm	壁 厚/mm	
	从	到		从	到		从	到
6	0.25	2.0	20	0.25	6.0	40	0.40	9.0
7	0.25	2.5	22	0.40	6.0	42	1.0	9.0
8	0.25	2.5	25	0.40	7.0	44.5	1.0	9.0
9	0.25	2.8	27	0.40	7.0	45	1.0	10.0
10	0.25	3.5	28	0.40	7.0	48	1.0	10.0
11	0.25	3.5	29	0.40	7.5	50	1.0	12
12	0.25	4.0	30	0.40	8.0	51	1.0	12
14	0.25	4.0	32	0.40	8.0	53	1.0	12
16	0.25	5.0	36	0.40	8.0	54	1.0	12
18	0.25	5.0	36	0.40	8.0	56	1.0	12
19	0.25	6.0	38	0.40	9.0			

注:壁厚有 0.25,0.30,0.40,0.50,0.60,0.80,1.0,1.2,1.4,1.5,1.6,1.8,2.0,2.2,2.5,2.8,3.0,3.2,3.5,4.0,4.5,5.0,5.5,6.0,6.5,7.0,7.5,8.0,8.5,9,9.5,10,11,12mm。

2) 热轧无缝钢管(摘自 GB8163—87)

外 径/mm	壁 厚/mm 从	壁 厚/mm 到	外 径/mm	壁 厚/mm 从	壁 厚/mm 到	外 径/mm	壁 厚/mm 从	壁 厚/mm 到
32	2.5	8.0	63.5	3.0	14	102	3.5	22
38	2.5	8.0	68	3.0	16	108	4.0	28
42	2.5	10	70	3.0	16	114	4.0	28
45	2.5	10	73	3.0	19	121	4.0	28
50	2.5	10	76	3.0	19	127	4.0	30
54	3.0	11	83	3.5	19	133	4.0	32
57	3.0	13	89	3.5	22	140	4.5	36
60	3.0	14	95	3.5	22	146	4.5	36

注:壁厚有 2.5,3,3.5,4,4.5,5,5.5,6,6.5,7,7.5,8,8.5,9,9.5,10,11,12,13,14,15,16,17,18,19,20,22,25,28,30,32,36mm。

3. 热交换器用拉制黄铜管(摘自 GB1529—79)

外 径/mm	0.5	0.75	1.0	1.5	2.0	2.5	3.0	3.5	4.0	4.5	5.0	6.0	7.0	8.0	10.0
3,4,5,6,7	○	○	○												
8,9,10,11,12,14,15,16	○	○	○	○	○	○	○								
17,18,19	○	○	○	○	○	○	○	○							
20,21,22,23			○	○	○	○	○	○	○	○					
24,25,26,27,28,29,30				○	○	○	○	○	○	○	○				
31,32,33,34,35,36,37,38,39,40				○	○	○	○		○	○	○	○		○	
42,44,46,48,50				○	○		○		○	○	○				
52,54,56,58,60				○	○		○		○		○				
62,64					○		○		○				○		
(65)							○		○		○		○	○	○
66,68,70					○		○						○		
72,74,76,78,80,82,84,86,88,90					○	○			○				○		○
92,94,96					○		○							○	
(97)					○										
98,100					○		○		○					○	

续表

外径/mm	壁厚/mm													
	0.5	0.75	1.0	1.5	2.0	2.5	3.0	3.5	4.0	4.5	5.0	6.0	7.0	8.0	10.0
102,104,106,108,110,112,114,116,118,120,122,124,126,128,130					○	○	○	○	○		○	○	○		○
132,134,136,138,140,142,144,146,148,150					○	○	○	○			○	○	○		○
152,154,156,158,160							○	○	○	○	○				
165,170,175,180									○		○				
185,190,195,200							○	○	○		○				○

注：表中"○"表示有产品。

4. 承插式铸铁管规格

内径/mm	壁厚/mm	有效长度/mm	内径/mm	壁厚/mm	有效长度/mm
75	9	3000	450	13.4	6000
100	9	3000	500	14	6000
150	9.5	4000	600	15.4	6000
200	10	4000	700	16.5	6000
250	10.8	4000	800	18	6000
300	11.4	4000	900	19.5	4000
350	12	6000	1000	20.5	4000
400	12.8	6000			

九、离心泵和风机的规格

1. IS型单级单吸离心泵性能表

型号	转速n /r/min	流量 /m³/h	流量 /L/s	扬程 H/m	效率 η/%	轴功率 /kW	电机功率 /kW	允许气蚀余量 (NPSH)ᵣ/m	质量(泵/底座)/kg
IS 50-32-125	2900	7.5	2.08	22	47	0.96		2.0	32/46
		12.5	3.47	20	60	1.13	2.2	2.0	
		15	4.17	18.5	60	1.26		2.5	
	1450	3.75	1.04	5.4	43	0.13		2.0	32/38
		6.3	1.74	5	54	0.16	0.55	2.0	
		7.5	2.08	4.6	55	0.17		2.5	

续表

型 号	转速 n /r/min	流量 /m³/h	流量 /L/s	扬程 H/m	效率 η/%	功率/kW 轴功率	功率/kW 电机功率	允许气蚀余量 $(NPSH)_r$/m	质量（泵/底座）/kg
IS 50-32-160	2900	7.5	2.08	34.3	44	1.59	3	2.0	50/46
		12.5	3.47	32	54	2.02		2.0	
		15	4.17	29.6	56	2.16		2.5	
	1450	3.75	1.04	8.5	35	0.25	0.55	2.0	50/38
		6.3	1.74	8	4.8	0.29		2.0	
		7.5	2.08	7.5	49	0.31		2.5	
IS 50-32-200	2900	7.5	2.08	52.5	38	2.82	5.5	2.0	52/66
		12.5	3.47	50	48	3.54		2.0	
		15	4.17	48	51	3.95		2.5	
	1450	3.75	1.04	13.1	33	0.41	0.75	2.0	52/38
		6.3	1.74	12.5	42	0.51		2.0	
		7.5	2.08	12	44	0.56		2.5	
IS 50-32-250	2900	7.5	2.08	52.5	38	2.82	11	2.0	88/110
		12.5	3.47	80	38	7.16		2.0	
		15	4.17	78.5	41	7.83		2.5	
	1450	3.75	1.04	20.5	23	0.91	1.5	2.0	88/64
		6.3	1.74	20	32	1.07		2.0	
		7.5	2.08	19.5	35	1.14		3.0	
IS 65-50-125	2900	15	4.17	21.8	58	1.54	3	2.0	50/41
		25	6.94	20	69	1.97		2.5	
		30	8.33	18.5	68	2.22		3.0	
	1450	7.5	2.08	5.35	53	0.21	0.55	2.0	50/38
		12.5	3.47	5	64	0.27		2.0	
		15	4.17	4.7	65	0.30		2.5	
IS 65-50-160	2900	15	4.17	35	54	2.65	5.5	2.0	51/66
		25	6.94	32	65	3.35		2.0	
		30	8.33	30	66	3.71		2.5	
	1450	7.5	2.08	8.8	50	0.36	0.75	2.0	51/38
		12.5	3.47	8.0	60	0.45		2.0	
		15	4.17	7.2	60	0.49		2.5	
IS 65-40-200	2900	15	4.17	53	49	4.42	7.5	2.0	62/66
		25	6.94	50	60	5.67		2.0	
		30	8.33	47	61	6.29		2.5	
	1450	7.5	2.08	13.2	43	0.63	1.1	2.0	62/46
		12.5	3.47	12.5	55	0.77		2.0	
		15	4.17	11.8	57	0.85		2.5	

续表

型号	转速 n /r/min	流量 /m³/h	流量 /L/s	扬程 H/m	效率 η/%	轴功率	电机功率	允许气蚀余量 $(NPSH)_r$/m	质量(泵/底座)/kg
IS 50-40-250	2900	15	4.17	82	37	9.05	15	2.0	82/110
		25	6.94	80	50	10.89		2.0	
		30	8.33	78	53	12.02		2.5	
	1450	7.5	2.08	21	35	1.23	2.2	2.0	82/67
		12.5	3.47	20	46	1.48		2.0	
		15	4.17	19.4	48	1.65		2.5	
IS 65-45-315	2900	15	4.17	127	28	18.5	30	2.5	152/110
		25	6.94	125	40	21.3		2.5	
		30	8.33	123	44	22.8		3.0	
	1450	7.5	2.08	32.2	25	6.63	4	2.5	152/67
		12.5	3.47	32.0	37	2.94		2.5	
		15	4.17	31.7	41	3.16		3.0	
IS 80-65-125	2900	30	8.33	22.5	64	2.87	5.5	3.0	44/46
		50	13.9	20	75	3.63		3.0	
		60	16.7	18	74	3.98		3.5	
	1450	15	4.17	5.6	55	0.42	0.75	2.5	44/38
		25	6.94	5	71	0.48		2.5	
		30	8.33	4.5	72	0.51		3.0	
IS 80-65-160	2900	30	8.33	36	61	4.82	7.5	2.5	48/66
		50	13.9	32	73	5.97		2.5	
		60	16.7	29	72	6.59		3.0	
	1450	15	4.17	9	55	0.67	1.5	2.5	48/46
		25	6.94	8	69	0.79		2.5	
		30	8.33	7.2	68	0.86		3.0	
IS 80-50-200	2900	30	8.33	53	55	7.87	15	2.5	64/124
		50	13.9	50	69	9.87		2.5	
		60	16.7	47	71	10.8		3.0	
	1450	15	4.17	13.2	51	1.06	2.2	2.5	64/46
		25	6.94	12.5	65	1.31		2.5	
		30	8.33	11.8	67	1.44		3.0	
IS 80-50-250	2900	30	8.33	84	52	13.2	22	2.5	90/110
		50	13.9	80	63	17.3		2.5	
		60	16.7	75	64	19.2		3.0	
	1450	15	4.17	21	49	1.75	3	2.5	90/64
		25	6.94	20	60	2.27		2.5	
		30	8.33	18.8	61	2.52		3.0	

续表

型号	转速 n /r/min	流量 /m³/h	流量 /L/s	扬程 H/m	效率 η/%	轴功率	电机功率	允许气蚀余量 (NPSH)ᵣ/m	质量(泵/底座)/kg
IS 80-50-315	2900	30	8.33	128	41	25.5	37	2.5	125/160
		50	13.9	125	54	31.5		2.5	
		60	16.7	123	57	35.3		3.0	
	1450	15	4.17	32.5	39	3.4	5.5	2.5	125/66
		25	6.94	32	52	4.19		2.5	
		30	8.33	31.5	56	4.6		3.0	
IS 100-80-125	2900	60	16.7	24	67	5.86	11	4.0	49/64
		100	27.8	20	78	7.00		4.5	
		120	33.3	16.5	74	7.28		5.0	
	1450	30	8.33	6	64	0.77	1	2.5	49/46
		50	13.9	5	75	0.91		2.5	
		60	16.7	4	71	0.92		3.0	
IS 100-80-160	2900	60	16.7	36	70	8.42	15	3.5	69/110
		100	27.8	32	78	11.2		4.0	
		120	33.3	28	75	12.2		5.0	
	1450	30	8.33	9.2	67	1.12	2.2	2.0	69/64
		50	13.9	8.0	75	1.45		2.5	
		60	16.7	6.8	71	1.57		3.5	
IS 100-65-200	2900	60	16.7	54	65	13.6	22	3.0	81/110
		100	27.8	50	76	17.9		3.6	
		120	33.3	47	77	19.9		4.8	
	1450	30	8.33	13.5	60	1.84	4	2.0	81/64
		50	13.9	12.5	73	2.33		2.0	
		60	16.7	11.8	74	2.61		2.5	
IS 100-65-250	2900	60	16.7	87	61	23.4	37	3.5	90/160
		100	27.8	80	72	30.0		3.8	
		120	33.3	74.5	73	33.3		4.8	
	1450	30	8.33	21.3	55	3.16	5.5	2.0	90/66
		50	13.9	20	68	4.00		2.0	
		60	16.7	19	70	4.44		2.5	
IS 100-65-315	2900	60	16.7	133	55	39.6	75	3.0	180/295
		100	27.8	125	66	51.6		3.6	
		120	33.3	118	67	57.5		4.2	
	1450	30	8.33	34	51	5.44	11	2.0	180/112
		50	13.9	32	63	6.92		2.0	
		60	16.7	30	64	7.67		2.5	

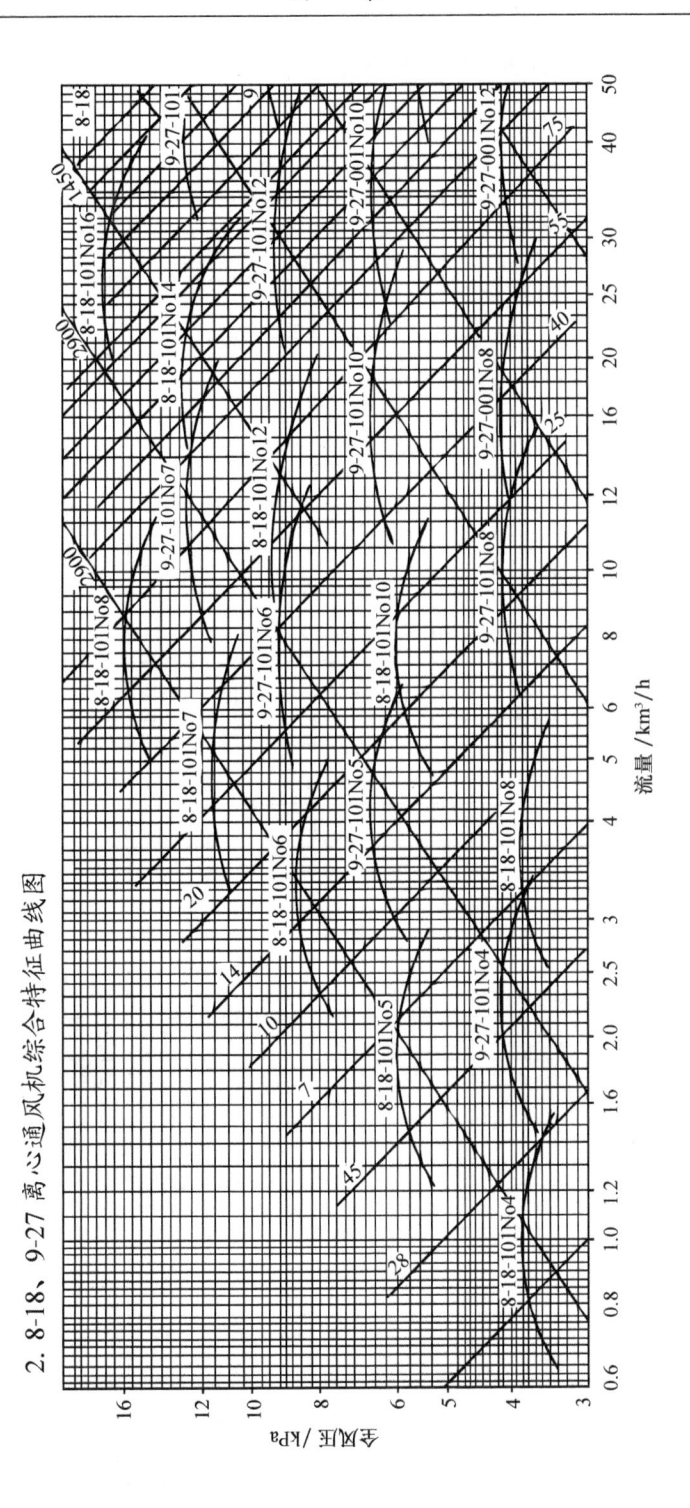

2. 8-18、9-27 离心通风机综合特征曲线图

十、列管式换热器规格(摘自 JB/T 4714、4715—92)

1. 固定管板式

1) 换热管为 $\phi 19mm$ 的换热器基本参数(管心距 25mm)

公称直径 DN/mm	公称压力 PN/MPa	管程数 N	管子根数 n	中心排管数	管程流通面积/m^2	计算换热面积/m^2 换热管长度 L/mm					
						1500	2000	3000	4500	6000	9000
159	1.60 2.50 4.00 6.40	1	15	5	0.0027	1.3	1.7	2.6	—	—	—
219		1	33	7	0.0058	2.8	3.7	5.7	—	—	—
273		1	65	9	0.0115	5.4	7.4	11.3	17.1	22.9	
		2	56	8	0.0049	4.7	6.4	9.7	14.7	19.7	
325		1	99	11	0.0175	8.3	11.2	17.1	26.0	34.9	
		2	88	10	0.0078	7.4	10.0	15.2	23.1	31.0	
		4	68	10	0.0030	5.7	7.7	11.8	17.9	23.9	
400	0.60	1	174	14	0.0307	14.5	19.7	30.1	45.7	61.3	
		2	16	15	0.0145	13.7	18.6	28.4	43.1	57.8	
		4	146	14	0.0065	12.2	16.6	25.3	38.3	51.4	
450	1.00	1	237	17	0.0419	19.8	26.9	41.0	62.2	83.5	
		2	220	16	0.0194	18.4	25.0	38.1	57.8	77.5	
		4	200	16	0.0088	16.7	22.7	34.6	52.5	70.4	
500	1.60	1	275	19	0.0486	—	31.2	47.6	72.2	96.8	
		2	256	18	0.0226	—	29.0	44.3	67.2	90.2	
		4	222	18	0.0098	—	25.0	38.4	58.3	78.2	
600	2.50	1	430	22	0.0760	—	48.8	74.4	112.9	151.4	—
		2	416	23	0.0368	—	47.2	72.0	109.3	146.5	
		4	370	22	0.0163	—	42.0	64.0	97.2	130.3	
		6	360	20	0.0106	—40.8	62.3	94.5	126.8	—	
700	4.00	1	607	27	0.1073	—	—	105.1	159.4	213.8	
		2	574	27	0.0507	—	—	99.4	150.8	202.1	
		4	542	27	0.0239	—	—	93.8	142.3	190.9	
		6	518	24	0.0153	—	—	89.7	136.0	182.4	
800	0.60 1.00 1.60 2.50 4.00	1	797	31	0.1408	—	—	138.0	209.3	280.7	
		2	776	31	0.0686	—	—	134.3	203.8	273.3	
		4	722	31	0.0319	—	—	125.0	189.8	254.3	
		6	710	30	0.0209	—	—	122.9	186.5	250.00	

续表

公称直径 DN/mm	公称压力 PN/MPa	管程数 N	管子根数 n	中心排管数	管程流通面积/m²	计算换热面积/m² 换热管长度 L/mm					
						1500	2000	3000	4500	6000	9000
900	0.60	1	1009	35	0.1783	—	—	174.7	265.0	355.3	536.0
		2	988	35	0.0873	—	—	171.0	259.5	347.9	524.9
	1.00	4	938	35	0.0414	—	—	162.4	246.4	330.3	498.3
		6	914	34	0.0269	—	—	219.3	332.8	446.2	673.1
1000	1.60	1	1267	39	0.2239	—	—	219.3	332.8	446.2	673.1
		2	1234	39	0.1090	—	—	213.6	324.1	434.6	655.6
		4	1186	39	0.0524	—	—	205.3	311.5	417.7	630.1
	2.50	6	1148	38	0.0338	—	—	198.7	301.5	404.3	609.9
		1	1501	43	0.2652	—	—	394.2	528.6	797.4	
(1100)	4.00	2	1470	43	0.1299	—	—	386.1	517.7	780.9	
		4	1450	43	0.0641	—	—	380.8	510.6	770.3	
		6	1380	42	0.0406	—	—	362.4	486.0	733.1	

注：表中的管程流通面积为各程平均值。括号内公称直径不推荐使用。管子为正三角形排列。

2）换热管为 $\phi25mm$ 的换热器基本参数（管心距 32mm）

公称直径 DN/mm	公称压力 PN/MPa	管程数 N	管子根数 n	中心排管数	管程流通面积/m²		计算换热面积/m² 换热管长度 L/mm				
					$\phi25\times2$	$\phi25\times2.5$	1500	2000	3000	4500	6000	9000
159	1.60	1	11	3	0.0038	0.0035	1.2	1.6	2.5	—	—	—
219			25	5	0.0087	0.0079	2.7	3.7	5.7	—	—	—
273	2.50	1	38	6	0.0132	0.0119	4.2	5.7	8.7	13.1	17.6	—
		2	32	7	0.0055	0.0050	3.5	4.8	7.3	11.1	14.8	
325	4.00	1	57	9	0.0197	0.0179	6.3	8.5	13.0	19.7	26.4	—
	6.40	2	56	9	0.0097	0.0088	6.2	8.4	12.7	19.3	25.9	
		4	40	9	0.0035	0.0031	4.4	6.0	9.1	13.8	18.5	
400	0.60 1.00 1.60 2.50 4.00	1	98	12	0.0339	0.0308	10.8	14.6	22.3	33.8	45.4	
		2	94	11	0.0163	0.0148	10.3	14.0	21.4	32.5	43.5	
		4	76	11	0.0066	0.0060	8.4	11.3	17.3	26.3	35.2	
450		1	135	13	0.0468	0.0424	14.8	20.1	30.7	46.6	62.5	
		2	126	12	0.0218	0.0198	13.9	18.8	28.7	43.5	58.4	
		4	106	13	0.0092	0.0083	11.7	15.8	24.1	36.6	49.1	

续表

公称直径 DN/mm	公称压力 PN/MPa	管程数 N	管子根数 n	中心排管数	管程流通面积/m² φ25×2	管程流通面积/m² φ25×2.5	计算换热面积/m² 1500	2000	3000	4500	6000	9000
500	0.60	1	174	14	0.0603	0.0546	—	26.0	39.6	60.1	80.6	—
		2	164	15	0.0284	0.0257	—	24.5	37.3	56.6	76.0	—
		4	144	15	0.0125	0.0113	—21.4	32.8	49.7	66.7	—	
600	1.00	1	245	17	0.0849	0.0769	—	36.5	55.8	84.6	113.5	—
		2	232	16	0.0402	0.0364	—	34.6	52.8	80.1	107.5	—
	1.60	4	222	17	0.0192	0.0174	—	33.1	50.0	76.7	102.8	—
		6	216	16	0.0125	0.0113	—	32.2	49.2	74.6	100.0	—
700	2.50	1	355	21	0.1230	0.1115	—	—	80.0	122.6	164.4	—
		2	342	21	0.0592	0.0537	—	—	77.9	118.1	158.4	—
	4.00	4	322	21	0.0279	0.0253	—	—	73.3	111.2	149.1	—
		6	304	20	0.0175	0.0159	—	—	69.2	105.0	140.8	—
800		1	467	23	0.1618	0.1466	—	—	106.3	161.3	216.3	—
		2	450	23	0.0779	0.0707	—	—	102.4	155.4	208.5	—
		4	442	23	0.0383	0.0347	—	—	100.6	152.7	204.7	—
	0.60	6	430	24	0.248	0.0225	—	—	97.9	148.5	119.2	—
900		1	605	27	0.2095	0.1900	—	—	137.8	209.0	280.2	422.7
		2	588	27	0.1018	0.0923	—	—	133.9	203.1	272.3	410.8
	1.60	4	554	27	0.0480	0.0435	—	—	126.1	191.4	256.6	387.1
		6	5.38	26	0.0311	0.0282	—	—	122.5	185.8	249.2	375.9
1000	2.50	1	749	30	0.2594	0.2352	—	—	170.5	258.7	346.9	523.3
		2	742	29	0.1285	0.1165	—	—	168.9	256.3	343.7	518.4
		4	710	29	0.0615	0.0557	—	—	161.6	245.2	328.8	496.0
	4.00	6	698	30	0.0403	0.0365	—	—	158.9	241.1	323.3	487.7
(1100)		1	931	33	0.3225	0.2923	—	—	—	321.6	431.2	650.4
		2	894	33	0.1548	0.1404	—	—	—	308.8	414.1	624.6
		4	848	33	0.0734	0.0666	—	—	—	292.9	392.8	592.5
		6	830	32	0.0479	0.0434	—	—	—	286.7	384.4	579.9

注：表中的管程流通面积为各程平均值。括号内公称直径不推荐使用。管子为正三角形排列。

2. 浮头式(内导流)换热器的主要参数

单位:mm

DN	N	$n^{1)}$ 19	$n^{1)}$ 25	中心排管数 d 19	中心排管数 d 25	管程流通面积/m² $d\delta_t$ 19×2	管程流通面积/m² $d\delta_t$ 25×2	管程流通面积/m² $d\delta_t$ 25×2.5	$A^{2)}$/m² $L=3m$ 19	$L=3m$ 25	$L=4.5m$ 19	$L=4.5m$ 25	$L=6m$ 19	$L=6m$ 25	$L=9m$ 19	$L=9m$ 25
325	2	60	32	7	5	0.0053	0.0055	0.0050	10.5	7.4	15.8	11.1	—	—	—	—
	4	52	28	6	4	0.0023	0.0024	0.0022	9.1	6.4	13.7	9.7	—	—	—	—
426	2	120	74	8	7	0.0106	0.0126	0.0116	20.9	16.9	31.6	25.6	42.3	34.4	—	—
400	4	108	68	9	6	0.0048	0.0059	0.0053	18.8	15.6	28.4	23.6	38.1	31.6	—	—
500	2	206	124	11	8	0.0182	0.0215	0.0194	35.5	28.3	54.1	42.8	72.5	57.4	—	—
	4	192	116	10	9	0.0085	0.0100	0.0091	33.2	26.4	50.4	40.1	67.6	53.7	—	—
600	2	324	198	14	11	0.0286	0.0343	0.311	55.8	44.9	84.8	68.2	113.9	91.5	—	—
	4	308	188	14	10	0.0136	0.0163	0.0148	53.1	42.6	80.7	64.8	108.2	86.9	—	—
700	2	284	158	14	10	0.0083	0.0091	0.0083	48.9	35.8	74.4	54.4	99.8	73.1	—	—
	2	468	268	16	13	0.0414	0.0464	0.0421	80.4	60.6	122.2	92.1	164.1	123.7	—	—
	4	448	256	17	12	0.0198	0.0222	0.0201	76.9	57.8	117.0	87.9	157.5	118.1	—	—
	6	382	224	15	10	0.0112	0.0129	0.0116	65.6	50.6	99.8	76.9	133.9	103.4	—	—
800	2	610	366	19	15	0.0539	0.0634	0.0575	—	—	158.9	125.4	213.5	168.5	—	—
	4	588	352	18	14	0.0260	0.0305	0.0276	—	—	153.2	120.6	205.8	162.1	—	—
	6	518	316	16	14	0.0152	0.0182	0.0165	—	—	134.9	108.3	181.3	145.5	—	—
900	2	800	472	22	17	0.0707	0.0817	0.0741	—	—	207.6	161.2	279.2	216.8	—	—
	4	776	456	21	16	0.0343	0.0395	0.0353	—	—	201.4	155.7	270.8	209.4	—	—
	6	720	426	21	16	0.0212	0.0246	0.0223	—	—	186.9	145.5	251.3	195.6	—	—
1000	2	1006	606	24	19	0.0890	0.105	0.0952	—	—	260.6	206.6	350.6	277.9	—	—
	4	980	588	23	18	0.0433	0.0500	0.0462	—	—	253.9	200.4	314.6	269.7	—	—
	6	892	564	21	18	0.0262	0.0326	0.0295	—	—	231.1	192.2	311.0	258.7	—	—
1100	2	1240	736	27	21	0.1100	0.1270	0.1160	—	—	320.3	250.2	431.3	336.8	—	—
	4	1212	716	26	20	0.0536	0.0620	0.0562	—	—	313.1	243.4	421.6	327.7	—	—
	6	1120	692	24	20	0.0329	0.0399	0.0362	—	—	289.3	235.2	389.6	316.7	—	—
1200	2	1452	880	28	22	0.1290	0.1520	0.1380	—	—	374.4	298.6	504.3	402.2	764.2	609.4
	4	1424	860	28	22	0.0629	0.0745	0.0675	—	—	367.2	291.8	494.6	393.1	749.5	595.6
	6	1348	828	27	21	0.0396	0.0478	0.0434	—	—	347.6	280.9	468.2	378.4	709.5	573.4
1300	2	1700	1024	31	24	0.0751	0.0887	0.0804	—	—	—	—	589.3	467.1	—	—
	6	1616	972	29	24	0.0476	0.0560	0.0509	—	—	—	—	560.2	443.3	—	—

1) 排管数按正方形旋转45°排列计算。
2) 计算换热面积按光管及公称压力2.5MPa的管板厚度确定。

十一、壁面污垢热阻(污垢系数)

	名　称	热　阻 /$10^{-4}m^2 \cdot ℃/W$		名　称	热　阻 /$10^{-4}m^2 \cdot ℃/W$
工业用水	自来水、软化锅炉水	1.72	石油分馏物	原油	3.44~12.1
	硬水	5.16		汽油	1.72
	河水	3.44		石脑油	1.72
	海水	0.86		煤油	1.72
	蒸馏水	0.86		柴油	3.44~5.16
				重油	4.60
				沥青油	17.2
工业用气体	有机化合物	0.86	工业用液体	有机化合物	1.72
	水蒸气	0.86		盐水	1.72
	空气	3.44		熔盐	0.86
	溶剂蒸气、天然气、焦炉气	1.72		植物油	5.16

科学出版社 高等教育出版中心

教学支持说明

科学出版社高等教育出版中心为了对教师的教学提供支持，特对教师免费提供本教材的电子课件，以方便教师教学。

获取电子课件的教师需要填写如下情况的调查表，以确保本电子课件仅为任课教师获得，并保证只能用于教学，不得复制传播用于商业用途。否则，科学出版社保留诉诸法律的权利。

地　址：北京市东黄城根北街 16 号，100717
　　　　科学出版社　高等教育出版中心　化学与资源环境分社　陈雅娴（收）
电　话：010-64011132
传　真：010-64011132

（登陆科学出版社网站：www.sciencep.com "教材天地"栏目可下载本表。）

请将本证明签字盖章后，传真或者邮寄到我社，我们确认销售记录后立即赠送。
如果您对本书有任何意见和建议，也欢迎您告诉我们。意见经采纳，我们将赠送书目，教师可以免费赠书一本。

证　明

兹证明＿＿＿＿＿＿＿大学＿＿＿＿＿＿＿＿学院/＿＿＿系第＿＿＿学年□上/□下学期开设的课程，采用科学出版社出版的＿＿＿＿＿＿＿＿＿＿＿＿/＿＿＿＿＿＿（书名/作者）作为上课教材。任课老师为＿＿＿＿＿＿＿＿＿＿＿共＿＿＿＿人，学生＿＿＿＿＿个班共＿＿＿＿人。

任课教师需要与本教材配套的电子课件。

电　话：＿＿＿＿＿＿＿＿＿＿＿＿＿＿＿＿
传　真：＿＿＿＿＿＿＿＿＿＿＿＿＿＿＿＿
E-mail：＿＿＿＿＿＿＿＿＿＿＿＿＿＿＿＿
地　址：＿＿＿＿＿＿＿＿＿＿＿＿＿＿＿＿
邮　编：＿＿＿＿＿＿＿＿＿＿＿＿＿＿＿＿

　　　　　　　　院长/系主任：＿＿＿＿＿＿＿＿（签字）
　　　　　　　　　　　　　　　　　　　　　　（盖章）
　　　　　　　　　　＿＿＿年＿＿＿月＿＿＿日